Günther Cyranek und
Wolfgang Coy (Hrsg.)

Die maschinelle Kunst des Denkens

Theorie der Informatik

herausgegeben von Wolfgang Coy

Das junge technische Arbeitsgebiet Informatik war bislang eng mit der Entwicklung der Maschine Computer verbunden. Diese Kopplung hat die wissenschaftliche Entwicklung der Informatik rasant vorangetrieben und gleichzeitig behindert, indem der Blick auf die Maschine andere Sichtweisen auf die Maschinisierung von Kopfarbeit verdrängte. Während die mathematisch-logisch ausgerichtete Forschung der Theoretischen Informatik bedeutende Einblicke vermitteln konnte, ist eine geisteswissenschaftlich fundierte Theoriebildung bisher nur bruchstückhaft gelungen.

Die Reihe "Theorie der Informatik" will diese Mängel thematisieren und ein Forum zur Diskussion von Ansätzen bieten, die die Grundlagen der Informatik in einem breiten Sinne bearbeiten. Philosophische, soziale, rechtliche, politische wie kulturelle Ansätze sollen hier ihren Platz finden neben den physikalischen, technischen, mathematischen und logischen Grundlagen der Wissenschaft Informatik und ihrer Anwendungen.

Bisher erschienene Bücher:

Sichtweisen der Informatik
von Wolfgang Coy et al. (Hrsg.)

Formale Methoden und kleine Systeme
von Dirk Siefkes

Die maschinelle Kunst des Denkens
von Günther Cyranek und Wolfgang Coy (Hrsg.)

Vieweg

Günther Cyranek und
Wolfgang Coy (Hrsg.)

Die maschinelle Kunst des Denkens

Perspektiven und Grenzen der Künstlichen Intelligenz

vieweg

Die Autoren:

K. Bena, L. Bonsiepen, F. Brunner, W. Coy,
M. Cooley, G. Cyranek, H. Dreyfus, C. Floyd,
V. Flusser, M. Gutknecht, E. Martens, M. Minsky,
J. Nievergelt, R. Pfeifer, T. Rothenfluh, G. Schmitt,
J. Siekmann, M. Stolze, B. Velichkovsky, W. Volpert

ISBN-13: 978-3-528-05230-0   e-ISBN-13: 978-3-322-84925-0
DOI: 10.1007/978-3-322-84925-0

Die Computergrafiken sind von Achim Heimbucher aus dem Zyklus „Alptraum" (1989)

Vorwort

Stand, Perspektiven und Grenzen der Künstlichen Intelligenz (KI) aufzuzeigen, ist kein leichtes Unterfangen. Wir haben deshalb versucht, die Facetten des Themas in vier Themenblöcken zu bündeln.

Dieser Band stellt zunächst im ersten Kapitel vor, was KI aus der Sicht beteiligter Wissenschaftler sein soll. Was die KI tatsächlich vermag, muß sich in der Praxis des Betriebsalltags zeigen; Beispiele veranschaulichen deshalb im zweiten Kapitel Erfahrungen in verschiedensten Einsatzgebieten. Eine Bewertung der KI unter Gesichtspunkten wie dem zugrundeliegenden Menschenbild, der Diskussion um Verantwortung der Laien wie der Experten oder nach den Chancen einer Technikfolgenabschätzung zur KI schließt sich an. Das letzte Kapitel umfaßt Beiträge, die über die heutige KI hinausweisen.

Die meisten der Autoren des vorliegenden Bandes waren an Workshops, Tagungen oder Einzelvorträgen am Gottlieb-Duttweiler-Institut in Rüschlikon beteiligt. Wir möchten uns bei den AutorInnen für ihr Engagement bedanken, ihre Beiträge für diese Publikation zu überarbeiten. Der jetzt vorliegende Band zeigt, daß sich die Mühe gelohnt hat. Darüber hinaus danken wir Rainald Klockenbusch vom Verlag für seine Unterstützung sowie Elke Kasimir für ihre Übersetzungen aus dem Englischen und Amerikanischen.

Günther Cyranek, Zürich

Wolfgang Coy, Bremen   im Oktober 1993

Inhalt

Bewertung der KI

Über die KI hinaus

Perspektiven und Grenzen der KI

Künstliche Intelligenz –
Positionen am Ende der Euphorie

Günther Cyranek

Ein Überblick über die Beiträge dieses Buches soll im folgenden die Orientierung erleichtern. Durch diese geraffte Darstellung wird gleich zu Beginn der Spannungsbogen kontroverser Positionen deutlich, der die vier Kapitel bis zur abschließenden Podiumsdiskussion zusammenhält.

Was soll KI sein?

Jörg Siekmann vertritt die Position, daß sich die KI in diesem Jahrzehnt zu einer Schlüsseltechnologie entwickeln wird. Die Forschung der KI wird am Ende dieses Jahrhunderts seiner Meinung nach so bedeutend sein wie die der Physik und Chemie zur letzten Jahrhundertwende. In seinem Beitrag zeichnet er die historische Entwicklung der Künstlichen Intelligenz in den fünf Spezialgebieten Natürlichsprachliche Systeme, Expertensysteme, Deduktionssysteme, Robotertechnologie und Bildverstehen nach. Die militärischen Wurzeln – abzulesen u.a. an der Fördermittelvergabe – werden deutlich. Nach Darstellung der KI-Geschichte in Deutschland werden Prognosen über die zukünftige KI-Entwicklung gewagt, u.a. werden Expertensysteme – in seiner Perspektive – als immer wichtigerer Bestandteil des geistigen Reichtums einer Nation gesehen werden müssen. Seiner Ansicht nach können die Mechanismen, die Intelligenz ermöglichen, unabhängig von ihrer Trägersubstanz – also der feuchten neuronalen »Hardware« oder dem Silicon-Chip – analysiert werden. Er warnt davor, die sozialen Auswirkungen der KI-Anwendungen in Produktion und Dienstleistung zu verharmlosen.

Rolf Pfeifer und *Thomas Rothenfluh* zeigen die Entwicklung der KI in der Schweiz von den verspäteten Anfängen bis zur aktuellen KI-Forschungslandschaft auf. Sie bemängeln die fehlende KI-Kultur in der Schweiz, da es offensichtlich nicht möglich ist, die Diskussion um Perspektiven und Grenzen auf einer breiteren Beteiligungsbasis zu führen. Die Frage, warum KI und nicht die ganze Disziplin Informatik als Ausgangspunkt für Diskussionen herhalten muß, beantworten Sie mit drei Hypothesen. Sie wagen Trends in der KI: Durch den Einsatz neuronaler

Netze und durch Lernen dieser Systeme aus der Interaktion mit der physikalischen Umwelt erwarten sie in den nächsten Jahren große Fortschritte.

Aus psychologischer Sicht unterstreicht *Boris Velichkovsky* die Notwendigkeit verstärkter interdisziplinärer Forschung zur Informationsverarbeitung des menschlichen Gehirns, zumal praktische Ergebnisse für eine technische Umsetzung erwartet werden können, wie seiner Ansicht nach das Beispiel konnektionistischer Maschinen zeigt. Er ist zuversichtlich, daß weitere Organisationsprinzipien der natürlichen Intelligenz technisch umgesetzt werden können. Nach der Darstellung psychometrischer Ansätze zur Beschreibung menschlicher Intelligenz in der Psychologie veranschaulicht er die bisherige wissenschaftliche Bedeutung der Computer-Metapher beim Vergleich von menschlicher und maschineller Intelligenz. Er stellt für den Einsatz von Expertensystemen relevante Untersuchungsergebnisse über den Vergleich zwischen menschlichen Experten und Novizen vor. Mit Ergebnissen aus der *Mind and Brain - Forschung* begründet er die unüberwindbare Unterscheidung der »Künstlichen Intelligenz« von der menschlichen Intelligenz an Hand unterscheidbarer Ebenen ihrer funktionalen Organisation. Emotion und Kognition lassen sich danach nicht trennen, denn Affekt und Intellekt bilden eine Einheit.

WAS IST KI? ZUR PRAXIS DER KI

Am Beispiel Entwurf und Planung in der Architektur zeigt *Gerhard Schmitt* wissensbasierte Anwendungen auf. Zwar läßt sich aus dem Bauauftrag keineswegs ein eindeutiger Bezug zur gebauten Architektur herstellen, aber geometrische Gesetzmäßigkeiten der Entstehung lassen sich aufspüren und seiner Ansicht nach als Regeln fassen. Deshalb ist für ihn fallbezogenes Schließen in der Architektur besonders zukunftsweisend. Liegt der Anteil an der Nutzung des Computers beim Zeichnen (CAD) in amerikanischen Architekturbüros bei 80%, so sind es heute bei der Computerunterstützung von Planung und Entwurf selbst in den USA weit weniger als 5%. Dieses Anwendungspotential kann seiner Ansicht nach wesentlich ausgebaut werden. Deshalb veranschaulicht er Methoden und Instrumente für den computerunterstützten Entwurf in der Architektur. Als Beispiele für qualitatives Schließen bei Planung und Entwurf werden eine integrierte Bauentwurfsumgebung, Aspekte der Entwurfssimulation sowie die wissensbasierte Produktion von Plan-Konfigurationen vorgestellt.

Klaus Bena berichtet über die Erfahrungen mit Expertensystemen bei Swissair in den zwei Bereichen Verkaufsunterstützung sowie Flugzeugunterhalt. Er empfiehlt, den Erfolg von Expertensystemen im Unternehmen gleich mitzuorganisieren: die Auswahl geeigneter Anwendungen ist für ihn entscheidend. Bei Swissair ist die Experimentierphase heute abgeschlossen. Die Expertensystemtechnik rechnet sich im Unternehmen und ist heute Teil der offiziell unterstützten Standardentwicklungsmethoden. Erfolgreiche Expertensystem-Anwendungen konnten bereits an kooperierende Fluggesellschaften verkauft werden. Die zukünftigen Weiterentwicklungen umfassen aus seiner Sicht den Einsatz neuronaler Netze in Anwendungen zur Sprachverarbeitung.

Aus seiner Erfahrung in einer Großbank stellt *Franz Brunner* Kriterien für und gegen den Einsatz von Expertensystemen vor. Einsatzgebiete, die einen Konkurrenzvorteil bieten, haben dabei die größten Verwirklichungschancen. Er ist der Ansicht, daß mit Hilfe der Expertensystemtechnik Expertenwissen an mehreren tausend Bankarbeitsplätzen verfügbar werden könnte, z.B. zur Bonitätsprüfung von Kunden. Im betrieblichen Umfeld wird in Zukunft, so seine Prognose, der Einsatz von Expertensystemen verstärkt mit Forderungen nach dem Wirtschaftlichkeitsnachweis konfrontiert werden.

Matthias Gutknecht, Rolf Pfeifer und *Markus Stolze* stellen ein Expertensystem vor, das einen Techniker bei der Fehlerdiagnose und Fehlerbehebung an einem Pipettierroboter unterstützen soll. Ihr Gestaltungsziel war, ein kooperatives und situativ angepaßtes wissensbasiertes System für den alltäglichen Einsatz zu entwickeln. Zwei neuronale Netze sollen dabei von den Strategien des Benutzers für die Auswahl von Fehlerhypothesen und von geeigneten Testverfahren lernen. Sie verwenden eine inkrementelle Wissensakquisitionsmethode, mit der nur Informationen über tatsächlich aufgetretene Fehlerfälle aufgenommen werden. Das Vorgehen des Benutzers im praktischen Einsatz wird an einer Beispielsitzung veranschaulicht.

BEWERTUNG DER KI

Als Fazit zur Technikfolgenabschätzung (TA) im Rahmen von KI-Projekten in Deutschland sieht *Lena Bonsiepen* die Entmythologisierung der KI. Die KI ist nach ihrer Bewertung aus TA-Projekten keine Schlüsseltechnologie, sondern eine Randerscheinung der Informatik. Sie sieht die Rolle der TA ernüchternd, denn nicht die Ergebnisse der TA-Projekte haben heute zu einer realistischen Einschätzung der KI verholfen, sondern die mangelnde Machbarkeit und Übertragbarkeit, das praktische Scheitern im industriellen Umfeld. Als Gewinn der TA-Diskurse zur KI sieht sie u.a. ein besseres Verständnis der Informatisierung.

Ansätze zur Technikfolgenabschätzung der KI in der Schweiz stellt *Günther Cyranek* vor. Der forschungspolitische Rahmen für das Schwerpunktprogramm Informatik schreibt explizit TA vor. Er plädiert für eine integrierte und diskursorientierte Technikfolgenabschätzung. Bewertungskriterien für wissensbasierte Systeme werden vorgestellt.

Die Aufmerksamkeit, die der KI-Forschung zuteil wird, erklärt _Wolfgang Coy_ mit der anhaltenden Software-Krise, aus der heraus nur neue Lösungsansätze führen könnten. Allerdings ist die regelgestützte Programmierung als eine Technik der Software-Entwicklung nicht aus theoretischen Forderungen heraus entstanden, sondern in exemplarischen Expertensystemen, deren Anwendungsfelder und Anwendungserfolg hier erläutert werden. Er stellt fest, daß der praktische Einsatz von Expertensystemen durch wenige kleine Systeme charakterisiert werden kann – neben einer Vielzahl von Prototypen. Problematisch ist aus seiner praktischen Erfahrung, daß sich die Wissensingenieure nur selten im kooperativen Dialog mit den Wissens- und Erfahrungsträgern austauschen. Wegen dieser unsicheren Lage der Wissensakquisition kommt er zum Schluß, daß Expertensysteme für riskante Anwendungen nicht verantwortbar sind.

Gesichtspunkte für einen verantwortungsvollen Umgang mit Expertensystemen am Beispiel der Medizin entwickelt _Christiane Floyd_. Dabei geht es ihr um Kriterien für Entwicklung und Einsatz wissensbasierter Systeme im gesellschaftlichen Kontext. Sie zeigt die in der KI impliziten erkenntnistheoretischen, psychologischen und soziologischen Grundannahmen zum Menschenbild auf, die dann beim Einsatz von Expertensystemen zum Tragen kommen. Sie fordert einlösbare Gestaltungsmetaphern, die zu einer überschaubaren, beherrschbaren, der Kompetenz förderlichen KI-Technologie führen.

Werden Expertensysteme zum Delphischen Orakel? Für _Ekkehard Martens_ sind derlei Positionen nur die Projektion von Mythen und Ideologien. Die Verantwortung der Laien wie der Experten bei der partizipativen Gestaltung von Expertensystemen muß seiner Ansicht nach im Kontext einer Mitverantwortung an der wissenschaftlich-technischen Lebensform insgesamt gesehen werden. Die Frage, ob wir der KI-Provokation mehr als nur ein intuitives Unbehagen entgegensetzen können, läßt für ihn die Grenzen des Machbaren unscharf werden. Er führt aus, warum für ihn das Argument nicht überzeugend ist, daß eine Algorithmisierung menschlichen Denkens und Handelns an der Leib- und Geschichtsgebundenheit des Menschen scheitern müsse.

ÜBER DIE KI HINAUS

Aus der Erfahrung des Praktikers in der industriellen Fertigung kritisiert _Mike Cooley_, daß der heutige Einsatz von Expertensystemen häufig kontraproduktiv ist. Stattdessen zeigt er Wege auf, wie KI-Techniken in mensch-zentrierten Systemen eingesetzt werden können, um Fertigkeiten zu erweitern statt verkümmern zu lassen. Um das Potential neuer Technologien kreativ nutzen zu können, fordert er eine kulturelle und industrielle Renaissance.

Walter Volpert erläutert aus der Sicht der Arbeitswissenschaft arbeitsorientierte Gestaltungskonzepte – in Abgrenzung zu technikorientierten Ansätzen und deren implizites Menschenbild, das er mit drei »Dogmen« kennzeichnet. Mit Hilfe des Verfahrens der kontrastiven Arbeitsanalyse können in der Arbeitsgestaltung Stärken und Besonderheiten des Menschen gefördert werden – ein Baustein zur »Arbeitsinformatik«. In seinem Beitrag werden darauf aufbauend Anforderungen an eine arbeitsorientierte KI herausgearbeitet. Möglichkeiten für expertenunterstützende Systeme im Sinne einer »sanften« KI sind danach z.B. der »Risikominderer« oder Anwendungen, die Teamarbeit unterstützen.

Hubert Dreyfus zeichnet die geschichtliche Entwicklung der Künstlichen Intelligenz seit ihren Anfängen in den 50er Jahren nach. Insbesondere wird die Auseinandersetzung um die Forschungsideen einer symbolischen Informationsverarbeitung und einem holistischen Verständnis kognitiver Prozesse plastisch. Dabei werden die philosophischen Traditionen deutlich, die für eine symbolische Repräsentation der Welt stehen – in Abgrenzung zum konnektionistischen Verständnis. Der Streit um eine Theorie der Alltagswelt – das *common sense* Problem – hat nach Ansicht von Dreyfus in den letzten zwanzig Jahren den immer wieder verkündeten Durchbruch in der KI verhindert. Auch für den Ansatz neuronaler Netze ist aus seiner Sicht die Lösung des *common sense* Problems entscheidend – auch wenn es Konnektionisten noch nicht wahr haben wollen, wie er es formuliert.

Die Entwicklungsgeschichte der Intelligenz im Kontext der Evolution zeichnet *Marvin Minsky* bis zur heutigen Computerentwicklung nach. Aus der evolutionsgeschichtlichen Entwicklung des menschlichen Gehirns versucht er, Gestaltungsideen für die nächsten Computergenerationen abzuleiten. Die Entwicklung des Lernvermögens heutiger Schachprogramme stimmt ihn für die Weiterentwicklung der KI optimistisch, doch müßte seiner Ansicht nach mehr in die Forschung zur Integration heute bekannter maschineller Problemlöse-Ansätze investiert werden. Für ihn ist auch denkbar, daß eines Tages Robotergenerationen unsere Nachfolger werden könnten.

Seine Ausführungen über »Computer«, »Wirklichkeit« und »Vernetzung« haben für *Vilém Flusser* das Ziel, das althergebrachte Menschenbild des Humanismus zu verlassen. Er skizziert die Hoffnung, über den Computer einen neuen Weg zum Menschen zu finden. In seiner Analyse zeigt er auf, wie die historische Vernunft der reinen Vernunft weichen mußte und wie sich seiner Ansicht nach die Hoffnung des Rationalismus, die letztendlichen Bausteine dieser Welt finden und erklären zu können, als falsch erweist. Den Computer sieht er als Instrument zur Erkenntnis der Wirklichkeit und des Menschen. Sein neues Menschenbild realisiert sich in den Knoten unseres Beziehungsnetzes. Die über Computer vermittelten Beziehungen, dieser »virtuelle Raum« eröffnet uns, so Flusser, die Chance, mit Hilfe der Künstlichen Intelligenz und der Telematik neue Welten, d.h. neue Möglichkeitsfelder für uns zu realisieren.

Perspektiven und Grenzen der KI

Die abschließend dokumentierte Podiumsdiskussion über Perspektiven und Grenzen der KI stellt die Frage nach den in absehbarer Zukunft zu erwartenden Entwicklungen. Die Antworten fallen kontrovers aus, sind aber glücklicherweise nicht unversöhnlich. Viel schwieriger zu beantworten sind Fragen nach (Gestaltungs-) Kriterien für eine verantwortbare KI-Technikentwicklung und ihre Anwendungsfelder.

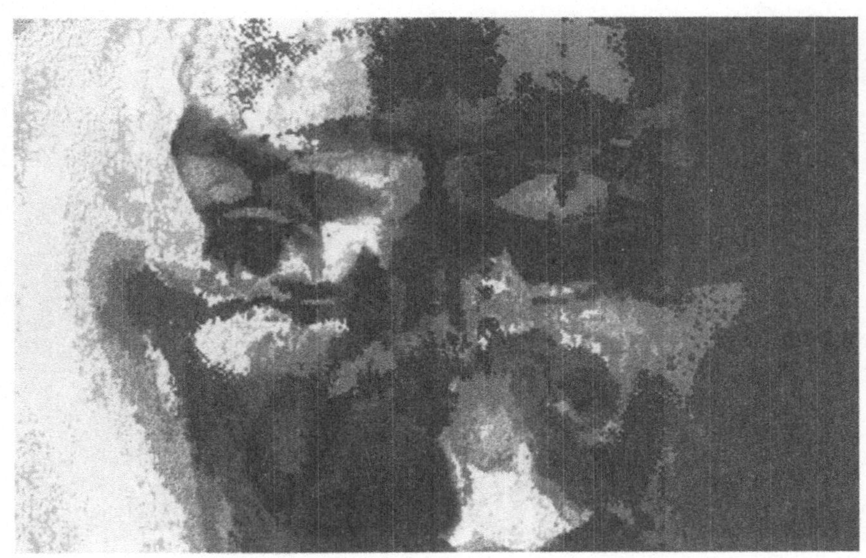

Was soll KI sein?

KÜNSTLICHE INTELLIGENZ:
VON DEN ANFÄNGEN IN DIE ZUKUNFT

JÖRG SIEKMANN

»At the end of the century, the use of words and general educated opinion will have changed so much that one will be able to speak of ›machines thinking‹ without expecting to be contradicted.«

A. Turing, 1950

Gewisse menschliche Aktivitäten wie das Planen einer kombinierten Bahn-Bus-Reise, das Verstehen gesprochener Sprache, das Beweisen mathematischer Sätze, das Erstellen einer medizinischen Diagnose oder das Sehen und Erkennen bestimmter Gegenstände erfordern zweifellos Intelligenz – unabhängig davon, welche Definition dieses Begriffes man bevorzugt. Die ›Künstliche Intelligenz (KI)‹ [DA 56] faßt diese bisher dem Menschen vorbehaltenen kognitiven Fähigkeiten als informationsverarbeitende Prozesse auf und macht sie naturwissenschaftlichen Untersuchungsmethoden (und ingenieurmäßiger Verwendung) zugänglich. Die wissenschaftlichen Ergebnisse der KI werden zu einer wichtigen technologischen Basis für den Einsatz von Computern in diesem Jahrzehnt, und es ist bereits absehbar, daß sich die KI zu einer Schlüsseltechnologie entwickeln wird.

Die wichtigsten, nicht nur von der KI, sondern auch von der Standardinformatik verursachten technologischen Veränderungen werden sich vor allem in zwei gesellschaftlichen Bereichen bemerkbar machen:

- in der *Produktion* und
- in der *Verwaltung.*

Die Produktion von Gütern wird durch immer stärkere Automatisierung und schließlich durch den Einsatz von Robotern gekennzeichnet sein (fully automated factory). In der Verwaltung wird das ›papierlose Büro‹ zunächst durch Standardtechniken der Informatik und dann zunehmend durch den Einfluß von KI-Techniken geprägt werden. Dies wird weitgehende soziale Folgen haben: So wie die Mechanisierung der Landwirtschaft dazu führte, daß in den hochindustrialisierten Ländern nur noch 8-10% der Bevölkerung zur Sicherung der Ernährung notwendig sind (in den unterentwickelten Ländern der Dritten Welt je nach Entwicklungsgrad 50-90%), so wird der Anteil der Bevölkerung, der in der Verwaltung und der Produktion arbeitet, von derzeit über 50% auf geringe, der Landwirtschaft vergleichbare Prozentzahlen sinken.

Damit wird sich der Charakter unserer Gesellschaft weitgehend wandeln: von einer Gesellschaft, in der die Mehrheit zur Erhaltung der Grundbedürfnisse (Nahrung und Konsumgüter) arbeiten muß, hin zu einer Information und Wissen verarbeitenden Gesellschaft, in der nur ein sehr geringer Prozentsatz der Bevölkerung für die Befriedigung der Grundbedürfnisse an Nahrung und Gütern arbeiten muß.

Die KI ist bereits heute zu einem wissenschaftlichen Gebiet geworden, dessen Forschung (wie in der Mathematik, Physik oder der Chemie auch) schon rein quantitativ von einem einzelnen Menschen nicht mehr überschaubar ist. Ein Gebiet zudem, das den Ausgang des 20. Jahrhunderts wissenschaftlich und technologisch mindestens so dominieren wird, wie es beispielsweise die Physik und die Chemie am Ende des vorigen und zu Beginn dieses Jahrhunderts getan haben.

1. Die Spezialgebiete der KI

Aus einer anwendungsorientierten Sicht gliedert sich die KI in fünf große Teildisziplinen, die ich im folgenden kurz vorstellen möchte, da sich diese inzwischen zu großen eigenen Standardgebieten entwickelt haben. Eine genauere Gliederung der KI wird den methodischen Gesichtspunkt in den Vordergrund stellen und das Gebiet nach den Methoden, wie Wissensrepräsentation, Lernen, Inferenzsysteme, Heuristische Suchverfahren, Planverfahren usw., gliedern.

1.1 Natürlichsprachliche Systeme

Die komplexen Informationsverarbeitungsprozesse, die dem Verstehen und der Produktion natürlicher Sprache zugrunde liegen, werden mit rechnerorientierten Methoden untersucht, um die an intelligentes Sprachverhalten gebundenen Leistungen dann auch maschinell verfügbar zu machen. Die Mensch-Maschine-Kommunikation soll durch die Entwicklung solcher natürlichsprachlicher Systeme verbessert werden. Berühmt geworden und paradigmatisch ist WINOGRADs System [WI 70], in dem der Benutzer einen erstaunlich natürlichen Dialog mit einem ›Hand-Eye‹-Roboter führen kann.

Solche Dialoge haben Anfang der siebziger Jahre in den angelsächsischen Ländern Schlagzeilen gemacht und die Fachwelt aufhorchen lassen: Sie waren der bis dahin überzeugendste Beweis, daß man in der Tat mit einem Artefakt – einer künstlichen Intelligenz – in geschriebener Sprache kommunizieren kann. Die wesentliche Einschränkung lag in der vergleichsweise simplen Welt (der ›blocksworld‹), über die ein Diskurs möglich war, und dem mangelhaften Dialogverhalten des Roboters. Gegenwärtige Systeme versuchen, komplexere Welten zuzulassen. Beispielsweise simuliert das Hamburger Redepartnermodell (HAM-RPM) einen Hotelmanager, der versucht, ein Zimmer möglichst positiv anzubieten [HAW]. Ähn-

lich war das GUS-System [BO 77] konzipiert, in dem ein Computer eine Vermitt-
lungsdame simuliert, die auf Anruf eine Flugplanauskunft geben und eine Buchung
vornehmen sollte.

Dabei hat sich im Laufe der letzten zehn Jahre der Forschungsschwerpunkt von
den Problemen des reinen Sprachverstehens auf die zusätzlichen Probleme, die in
einem Dialog auftreten, verlagert. Diese zusätzliche Problemstellung ist durch die
abwechselnde Initiative der Dialogpartner, die Fähigkeit, ein Ausufern des Dialogs
zu verhindern, die Rückführung des Gesprächs auf spezielle Punkte und nicht
zuletzt durch die unterschiedliche Motivation der Dialogpartner gekennzeichnet.
Ein gutes Beispiel für das gegenwärtig Machbare sind die Dialoge mit HAM-ANS
(dem Nachfolgeprojekt zu HAM-RPM).

In all diesen Fällen ›versteht‹ das Computerprogramm die in das Computertermi-
nal eingegebene Sprache in dem Sinn, daß es eine interne Repräsentation der aus-
gesprochenen Sachverhalte aufbaut und mit Hilfe einer Wissensbasis sinnvolle Antworten über diese Sachverhalte generieren kann. Ein wichtiger Zweig der Grundlagenforschung beschäftigt sich daher mit logikorientierten Formalismen, die die
Repräsentation dieser Sachverhalte gestatten.

Wie ist ein *Sprachverstehendes System* aufgebaut? Im wesentlichen lassen sich
zwei Phasen unterscheiden, die in einem heutigen System jedoch nicht getrennt,
sondern stark vermischt ablaufen: in der ersten Phase wird mit Hilfe von speziellen,
für die natürliche Sprache entwickelten Grammatiken (siehe z.B. [Wi 83] ein Syntaxbaum berechnet.

Diese syntaktische Analyse ist die Voraussetzung für die zweite Phase, in der aus
dem – angereicherten – Syntaxbaum und einem speziell für diese Zwecke entwickelten Wörterbuch (dictionary) die semantische Analyse vorgenommen wird.
Das Ergebnis dieser zweiten Analyse ist eine strukturierte interne Repräsentation,
die von dem Rechner dann weiter verarbeitet werden kann. Neuere Ansätze benutzen sogenannte Unifikationsgrammatiken sowohl für die syntaktische wie auch für
die semantische Analyse.

Während in diesen Arbeiten die natürlichsprachlichen Sätze über ein Terminal
eingegeben werden müssen, haben andere Forschungsgebiete die sehr viel schwierigere und aufwendigere Untersuchung gesprochener Sprache zum Gegenstand
[WA 78].

Um gesprochene Sprache zu verstehen, müssen die Schallwellen eines gesprochenen Wortes mit dem Schallmuster eines gespeicherten Wortes verglichen werden, um zunächst die syntaktische Abfolge der Wörter zu analysieren. Das Problem
ist nun, daß das Schallmuster eines Wortes je nach Stellung im Satz und je nach
Sprecher sehr verschieden sein kann und zudem noch aus einem Geräuschpegel
herausgefiltert werden muß.

Die unmittelbaren Anwendungen solcher Grundlagenforschung liegen zum Beispiel in der Kopplung eines natürlichsprachlichen ›front-ends‹ mit einem Informati-

onssystem, einer Datenbasis oder einem Expertensystem, ebenso wie in der Roboterkontrolle und der sprachlichen Anweisung (durch feste Satzmuster) technischer Geräte.

Die technologischen Konsequenzen sind offensichtlich, und amerikanische und japanische Firmen und Forschungszentren haben auf diesem Gebiet erhebliche Investitionen getätigt. In Deutschland (Berlin, Erlangen, Hamburg, Saarbrücken) sind auf diesem Gebiet dem Ausland vergleichbare Anstrengungen unternommen worden. Standardlehrbücher sind z.B. [TE 81], [WI 83], [GO 88], [GM 89].

1.2 Expertensysteme

In diesem Gebiet werden Programmsysteme entwickelt, die Aufgaben erfüllen, die bisher menschlichen Spezialisten vorbehalten waren. Eines der ersten Expertensysteme war DENDRAL – ein System, das mit Hilfe einer Massenspektralanalyse Rückschlüsse auf die chemische Struktur der untersuchten Moleküle zieht [BF 78]. Die Leistungsfähigkeit ist mit hochausgebildeten Chemikern vergleichbar, teilweise sogar besser.

Ein ebenfalls berühmt gewordenes System ist MYCIN, ein Expertensystem mit eingeschränktem natürlichsprachlichem Zugriff, das eine medizinische Diagnose für bestimmte bakteriologische Krankheiten erstellt und einen Therapievorschlag macht [SH 76]. Die Leistungsfähigkeit liegt über den Fähigkeiten eines normalen Hausarztes und wird, solange es sich um dieses stark eingeschränkte Fachgebiet handelt, nur noch von einzelnen universitären Spezialisten übertroffen. Das Problem liegt zur Zeit vor allem darin, daß ein solches System nur für einen engen Fachbereich zuständig ist und nicht ›weiß‹, wann dieser Bereich der eigenen Expertise verlassen wird.

Ein medizinisches Expertensystem hat im allgemeinen das Wissen über spezielle Krankheiten und deren Erreger ebenso einprogrammiert wie die möglichen Therapien dieser Krankheiten: der behandelnde Arzt sitzt vor dem Terminal und gibt über die Tastatur seine Beobachtungen in einem Dialog in natürlicher Sprache (oder in Menüs) ein. Zum Beispiel: ›Wir haben hier den Patienten JEREMIA SAMPEL; er hat 41° Fieber. Er ist bereits seit sechs Wochen bei uns im Krankenhaus. Wir haben folgende Proben und Tests mit ihm gemacht…‹, d.h. er gibt zunächst die ihm bekannten Daten über den Patienten ein. Nach jeder Eingabe fragt das System zurück, und zwar zunehmend gezielter: ›Haben Sie bereits einen Abstrich aus dem Mund gemacht, und was war der Befund des Labors?‹ Das System beginnt, eine immer aktivere Rolle in dem Dialog zu spielen, denn nun hat es bereits intern verschiedene Hypothesen über die mögliche Krankheit aufgestellt und versucht, diese zu belegen bzw. zu widerlegen. Zum Schluß bricht es den Dialog ab und gibt eine Diagnose, die auf Wunsch detailliert begründet werden kann.

Eine solche medizinische Diagnosesituation ist typisch für viele nicht-formalisierbare Wissenschaftsgebiete und erfordert die Weitergabe des Wissens durch

Bücher *und* durch praktische Erfahrung. Die bisher von Menschen über die Generationenfolge weitergereichten Fähigkeiten, verschiedene Wissensgebiete problemspezifisch verfügbar zu machen und historisch zu konservieren, ist langfristig das Ziel dieser Bestrebungen, während die augenblicklichen Erfolge durch Expertensysteme für technische Anwendungen erzielt wurden.

Für die verwendeten Methoden ist es weitgehend unerheblich, ob das System einen Menschen diagnostiziert oder ein technisches Gerät, da die Problemlösungsstrategie für Diagnostik-Probleme weitgehend ähnlich ist. Wenn man beispielsweise die Wissensbasis mit Wissen über Ottomotoren aufbaut, hat man ein Expertensystem für deren Fehlerdiagnose [PU 86].

Ebenso lassen sich Expertensysteme für die Diagnose anderer technischer Geräte, für die Geologie (Suche nach Rohstoffen) oder für die Fehlerdiagnose von Computern selbst aufbauen. DEC (Digital Equipment Corporation) beispielsweise setzte ein Expertensystem zur Anlagenkonfiguration ihrer VAX-Rechner mit großem wirtschaftlichem Erfolg praktisch ein.

Obwohl ein großer industrieller Anwendungsbereich bereits erschlossen wurde, sind viele Grundlagenprobleme nach wie vor ungelöst: Beispielsweise die Kopplung mehrerer Expertensysteme, die ihr Wissen austauschen können, die Darstellung hierarchisch geordneten Wissens, die adäquate Ausnutzung zeitlicher Veränderungen und kausaler Zusammenhänge zur Problemlösung, Lernen durch Erfahrung und anderes. Außerdem sind die Bereiche, in denen Expertensysteme ihr Können zeigen, bisher viel zu schmal: Beispielsweise ist MYCIN zwar den meisten Ärzten weit überlegen, wenn es sich um die Diagnose einer MYCIN bekannten bakteriologischen Krankheit handelt, aber völlig hilflos, wenn es darum geht, zu entscheiden, ob überhaupt ein solcher Krankheitstyp vorliegt.

Das Hauptproblem liegt jedoch noch immer im Bereich des ›common-sense-reasoning‹, d.h. des Alltagswissens, das für die Entscheidungsfindungen oftmals fundamental ist. Im Schlagwort: »Expertensysteme können die Intelligenz eines Spezialisten, aber nicht die eines dreijährigen Kindes simulieren.«

Trotz vieler ungelöster Grundlagenprobleme sind die bereits existierenden Expertensysteme – zusammen mit der Verarbeitung natürlicher Sprache – in ganz besonderer Weise geeignet, falsche Vorstellungen über die angeblichen Grenzen eines Computers zu korrigieren und zu demonstrieren, wie weit es bereits gelungen ist, dem Computer Fähigkeiten zu geben, die bisher nur menschlicher Intelligenz vorbehalten waren.

In Deutschland werden auf diesem Gebiet erst seit neuerem eigene Anstrengungen unternommen (u.a. Universität Kaiserslautern, GMD, SIEMENS-NIXDORF), die USA sind nach wie vor führend. Gute Lehrbücher sind zum Beispiel [HR 83], [BS 84], [Ja 86], [Pu 88].

1.3 Deduktionssysteme

Das Beweisen mathematischer Sätze durch den Computer ist relativ neu: erst die technische Entwicklung der letzten zwanzig Jahre stellte genügend leistungsfähige Rechenanlagen bereit, um diese schon von Leibniz geträumte Vorstellung zu realisieren.

Inzwischen haben Deduktionssysteme zahlreiche Anwendungen in der Informatik gefunden, die von der Logik als Programmiersprache [KO 79], [CL 81] über die Programmsynthese und die Programmverifikation [BA 80] reichen, bis hin zum Beweisen der Fehlerfreiheit von Hardware, beispielsweise von Schaltkreisen, der Steuerung von Atomreaktoren oder allgemeiner Organisationsstrukturen. In der Programmverifikation beispielsweise wird das Programm, von dem man wissen möchte, ob es korrekt ist, zunächst spezifiziert, und dann durch ein anderes Programm analysiert. Dieses analysierende Programm hat den technischen Namen ›Verifikationsbedingungsgenerator‹: Nach der Analyse druckt es eine Reihe mathematischer Theoreme aus (die Verifikationsbedingungen). Wenn diese bewiesen werden können, ist das ursprüngliche Programm korrekt. Im Laufe einer solchen Analyse können nun Hunderte von Verifikationsbedingungen ausgedruckt werden, die alle bewiesen werden müssen – eine Sisyphusarbeit, die man besser einem Computer überläßt.

Wie funktioniert ein solches Deduktionssystem? Zunächst müssen alle Aussagen in eine logische Sprache, die der Computer verarbeiten kann, übersetzt werden. Die meisten Systeme verwenden den Prädikatenkalkül erster Stufe als Eingabesprache, es gibt aber auch Beweissysteme für Logiken höherer Stufe und für entsprechend angereicherte Lambda-Kalküle.

Doch wie geschieht die Herleitung selbst? Sie kann in kleinsten Schritten nach logischen Schlußregeln erfolgen, die es gestatten, aus korrekten Aussagen weitere Aussagen zu deduzieren. Eine solche Regel, die besonders im automatischen Beweisen Verwendung findet, ist die Resolutionsregel [LO 78], [WO 84] – eine Erweiterung des schon von ARISTOTELES verwendeten Modus Ponens.

In der Dekade von 1965 bis ca. 1975 lag der Schwerpunkt der Forschung darauf, Verfahren zu entwickeln, die nicht mehr jeden prinzipiell möglichen Resolutionsschritt zulassen, sondern aus der Unzahl potentiell möglicher Deduktionsschritte die besten Schritte auswählen. Heute sind weit über hundert solcher als ›refinements‹ bezeichneten Verfahren bekannt, die den Suchraum teilweise drastisch einschränken. Obwohl solche ›refinements‹ heute zum Standardrepertoire jedes Beweissystems gehören, setzte sich die bis heute nicht unumstrittene Erkenntnis durch, daß allein auf der Basis solcher Einschränkungen keine wirklich leistungsfähigen Beweissysteme gebaut werden können.

Das Resolutionsverfahren wurde bisher am meisten und besten untersucht, in der Folge sind jedoch auch andere, nicht resolutionsartige Beweisverfahren untersucht worden, z.B. [BI 83].

Ein Deduktionssystem, das heute zu den leistungsfähigsten Systemen im internationalen Vergleich zählt, wurde an den Universitäten Karlsruhe und Kaiserslautern entwickelt [MKRP] und heißt (nach dem Gründer Karlsruhes) die ›Markgraf Karl Refutation Procedure (MKRP)‹. Diesem System gibt man eine mathematische Aussage ein, die analysiert und entsprechend aufbereitet wird, um schließlich von dem System bewiesen zu werden. Diese Beweissuche vollzieht sich in einem speziell für Computeranwendungen entwickelten Kalkül: einer auf dem Resolutionsverfahren basierenden Graph-Such-Methode, in der besonders gut heuristische Suchverfahren realisiert werden können. Der so gefundene Beweis – wenn er gefunden wird – ist für Menschen im allgemeinen schwierig zu lesen: er wird darum in eine verständlichere logische Sprache übersetzt (GENTZEN-Kalkül) und soll dann in die Umgangssprache eines Mathematikers transformiert werden. Das MKRP-System hat – ebenso wie andere, amerikanische Systeme – relativ schwierige offene mathematische Probleme beweisen können.

Die auf dem Gebiet der Deduktionssysteme entwickelten Inferenzmethoden und die Methoden zur logischen Repräsentation von Wissen sind fundamentale Bestandteile von Computerintelligenz und zum Teil methodologische Grundlage der übrigen KI-Gebiete. Insbesondere sind Deduktionssysteme und Expertensysteme wegen der verwendeten Inferenzmethoden eng miteinander verwandt. Standard-Lehrbücher sind u.a. [Lo 78], [Wo 84], [An 83].

1.4. Robotertechnologie

Die Entwicklung computergesteuerter Roboter wurde bereits Ende der sechziger Jahre in den USA und in England kräftig vorangetrieben. Zum Beispiel konnte der in Edinburgh (England) entwickelte Roboter FREDDY [AM 75] ein hölzernes Spielzeugauto, das man vor seinem Fernsehauge zerlegt und einmal exemplarisch wieder zusammengebaut hatte, aus den Einzelteilen selbständig zusammenbauen.

Der in Stanford (USA) entwickelte Roboter SHAKEY [HA 72] lebte in einer überdimensionalen Klötzchenwelt. Während bei dem schon erwähnten Hand-Eye-Roboter von WINOGRAD die Klötzchen klein und der Arm dazu relativ groß waren, ist es bei SHAKEY also genau umgekehrt. Man konnte dem Roboter Anweisungen geben, wie zum Beispiel: »Bring den großen roten Block aus Zimmer A nach Zimmer B!« Der Roboter entwickelte einen Plan, wie das am besten zu bewerkstelligen war, und führte diesen dann aus.

Ausgehend von dieser Grundlagenforschung hat sich die Robotik als eine eigene wissenschaftliche Disziplin in der KI etabliert (z.B. durch die Entwicklung von Planverfahren), wenn auch bisher mit wenig Einfluß auf die heutige Robotergeneration, in der Hardwareprobleme und aus der industriellen Anwendung resultierende Spezialprobleme im Vordergrund stehen.

Die nächste Generation industrieller Roboter wird jedoch zunehmend auf Methoden der KI basieren und eine (eingeschränkte) Eigenintelligenz haben, die sie zu einer die weitere Automatisierung entscheidend prägenden Produktivkraft machen. Dieses Gebiet zeigt besonders anschaulich, mit welchem Tempo der Verlust wissenschaftlicher Wettbewerbsfähigkeit zu einem Verlust industrieller Wettbewerbsfähigkeit führen kann: Die Grundlagenforschung wurde vor rund 15 Jahren in den USA begonnen und von der deutschen Informatik weitgehend ignoriert. Heute sind in Japan über 15000 Industrieroboter im Einsatz (wenn auch bisher mit wenig Eigenintelligenz). Es ist bekannt, daß die mangelnde Konkurrenzfähigkeit europäischer Produkte auch auf den höheren Automatisierungsgrad der japanischen Industrie zurückzuführen ist. Die Bedeutung der Roboterforschung ist in Deutschland viel zu spät erkannt worden, und es gibt bis heute wenig Grundlagenforschung und keine angemessene, dem internationalen Standard vergleichbare, universitäre Ausbildung – von einer Untersuchung über die zu erwartenden sozialen Veränderungen ganz zu schweigen.

1.5 Bildverstehen

Offensichtlich hat die Evolution das Sehen als so wichtig angesehen, daß die meisten Berechnungen, die zur Gestaltwahrnehmung nötig sind, in spezieller biologischer Hardware ausgeführt werden und der Introspektion nicht zugänglich sind. Der Rechenzeit, die unser Gehirn benötigt, um aus den visuellen Rohdaten eine Gestalt zu berechnen, kann man nur durch umständliche Versuche nahekommen und die Rohdaten selbst, die beispielsweise das Auge an das Gehirn sendet, sind unserer Introspektion gänzlich verschlossen. Dies ist sicher auch ein Grund, warum uns das Sehen so kinderleicht erscheint, während eine später erworbene Fähigkeit, zum Beispiel das Beweisen mathematischer Sätze, als schwer angesehen wird. Dabei ist es wohl eher umgekehrt: Die ungeheure Rechenkapazität, die zum Erkennen eines einzigen Bildes notwendig ist, kann gar nicht überschätzt werden, und die Geschichte des Computersehens ist im Wesentlichen die Geschichte der Entdeckung dieser Probleme.

Wie funktioniert ein Computerprogramm, das Gegenstände erkennen kann? Zunächst wird das von einer Spezialkamera aufgenommene Bild in einer Grauwertmatrix, dem sogenannten Grauwertgebirge, abgelegt. Jedem Pixelpunkt in der Matrix wird ein Helligkeitswert zugeordnet. Bei geometrischen Figuren kann man dann die Stellen großer Helligkeitsunterschiede bestimmen, um so zunächst die Kanten eines Objektes zu finden. Diese Daten müssen bereinigt und durch gerade Linien so geschickt approximiert werden, daß möglichst ein plausibler geometrischer Körper herauskommt. Die weiteren Sehprogramme müssen diese Linienzeichnung interpretieren und zum Beispiel merken, welche Linien zusammengehören und einen Körper repräsentieren. Und letztlich müssen diese Programme natürlich herausfinden, um welche Körper es sich handelt und wie sich diese Körper zueinander verhalten. Die endgültige zu berechnende Repräsentation des ursprünglichen Bildes muß also beispielsweise eine räumliche Beschreibung liefern, daß zwei Körper in einem Bild zu sehen sind, ein Quader und ein Keil, und daß der Quader hinter dem Keil in der Zimmerecke steht. Diese Repräsentation wird in einem geeigneten Formalismus ausgedrückt und steht damit dem Rechner zur weiteren Bearbeitung zur Verfügung.

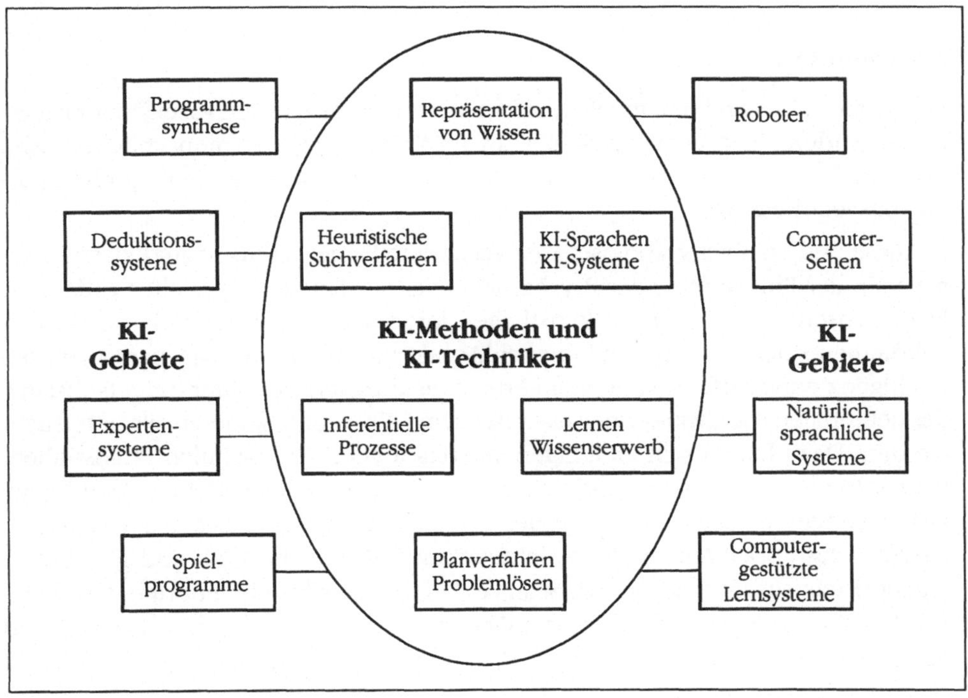

ABB.1: DIE WICHTIGSTEN TEILGEBIETE DER KI.

Abgesehen von der wissenschaftlichen Fragestellung nach den Mechanismen, die eine *Gestalt*-Wahrnehmung ermöglichen, und den dadurch möglich gewordenen Erklärungsversuchen und Rückschlüssen auch auf das menschliche Sehvermögen [MA 82], bietet dieses Gebiet ebenfalls technologische Anwendungsmöglichkeiten, die vom Roboterbau über medizinische Anwendungen (Reihenuntersuchungen von Röntgenbildern usw.) bis hin zur Auswertung von Luftbildaufnahmen reichen.

Neben der Verarbeitung natürlicher Sprache ist dies sicher eines der größten und wichtigsten Untergebiete der KI, das selbst von Spezialisten kaum noch im Ganzen überschaubar ist. Standardlehrbücher sind z.B. [BB 82], [WI 75].

Auf diesem Gebiet sind in Deutschland ebenfalls wichtige Forschungszentren (Erlangen, Hamburg, Karlsruhe) entstanden; in der Analyse bewegter Szenen und der Kopplung von bildverstehenden mit sprachverstehenden Systemen ist die deutsche Forschung (Hamburg, Karlsruhe) international anerkannt.

Die folgende Abbildung stellt noch einmal die wichtigsten Teilgebiete der KI – nach Methoden und Anwendungen gegliedert – zusammen. Weiterführende Literatur, die wichtigsten europäischen und außereuropäischen KI-Forschungszentren, Projektbeschreibungen und entsprechende Kontaktadressen sind in [BS 87] zusammengestellt.

1.6 Kognition

Wie kann Geist (ein immaterieller, informationsverarbeitender Prozeß) mit Materie in Verbindung gebracht werden? Gibt es Kategorien, die menschliches oder maschinelles Denken a priori beschränken? Wie funktioniert die biologische Informationsverarbeitung?

Diese und weniger grandiose, aber verwandte Fragestellungen sind klassischerweise in der Philosophie, der Psychologie oder der Linguistik gestellt worden. Im Lichte unserer Erfahrung mit künstlichen informationsverarbeitenden Systemen bekommen solche Fragen einen neuen Aspekt [SL 78] und die Mechanismen, die Intelligenz ermöglichen, können im Prinzip unabhängig von ihrer Trägersubstanz, der neuronalen ›Hardware‹ einerseits oder dem Silicon-Chip andererseits untersucht werden. Dazu haben sich an einigen amerikanischen Hochschulen Philosophen, Psychologen, Linguisten und Wissenschaftler der Künstlichen Intelligenz zusammengeschlossen und ein neues Fachgebiet ›Cognitive Science‹ gegründet. Diese Fachgruppen halten eigene internationale Konferenzen ab und geben eine eigene Fachzeitschrift ›Cognitive Science‹ heraus. Es gibt eine enorme Anzahl an Lehrbüchern wie [An 83] auf diesem Gebiet. Inzwischen ist auch in Deutschland eine aktive Gruppe von Forschern in der GI organisiert, die eine eigene Zeitschrift ›Kognition‹ herausgeben.

2. Geschichte und Organisation der KI in Deutschland

Als Geburtsstunde der KI wird gemeinhin die ›Dartmouth Conference‹ angesehen, ein kleiner Workshop, zu dem sich 1956 eine Reihe von Wissenschaftlern am Dartmouth College (USA) trafen, um Möglichkeiten und Potential des neuen Arbeitsgerätes ›Computer‹ zu diskutieren, die über das damals dominierende *numerische* Einsatzgebiet hinausgingen. Hier wurde von J. McCarthy der Arbeitstitel ›Artificial Intelligence‹ vorgeschlagen und von den Teilnehmern heftig diskutiert. Die Liste der damals vornehmlich noch jungen Teilnehmer liest sich heute wie ein ›who-is-who‹ der amerikanischen KI-Szene: John McCarthy, Marvin Minsky, Allen Newell und der spätere Nobelpreisträger Herbert Simon – Namen, mit denen die Geschichte und der Aufbau der KI in den USA unauslöschlich verbunden ist.

Diese Zeit der ausgehenden fünfziger Jahre ist intellektuell eine der spannendsten Epochen der KI-Geschichte gewesen, in der sich aus dem Spannungsfeld der Kybernetik, der neueren Ergebnisse aus der Neurophysiologie, den Anfängen der Automatentheorie, und nicht zuletzt durch den Einfluß der damals noch jungen ›Computer Science‹ die Grundlagen für eine eigene Wissenschaft herauskristallisierten, die einen neuen Zugang zu der alten Frage: ›Was ist Intelligenz‹ brachten, und die KI als eigenständige Wissenschaft definierten.

Der Aufstieg der ›Artificial Intelligence‹ in den dann folgenden dreißig Jahren von diesen bescheidenen Anfängen zu einem Gebiet mit derzeit weltweit sicher über hundert Konferenzen pro Jahr zu Spezialfragen der KI, mit einer internationalen Jahreskonferenz (der IJCAI), zu der regelmäßig über 5.000 Teilnehmer kommen und einer Wissenschaftsorganisation (der American Association for Artificial Intelligence, AAAI), die heute unter den größten (und reichsten) Fachorganisationen der USA zu finden ist, war ein beispielloses Kapitel moderner Wissenschaftsgeschichte und wird leider nur sehr unvollkommen in [MC 79] erzählt.

Dagegen ist der Aufbau der KI in Deutschland eher ein trauriges Kapitel verpaßter Möglichkeiten, deutschtümelnder Kirchtumspolitik und mangelnden Weitblicks. Erst in den letzten fünf Jahren hat sich die Situation – nicht zuletzt durch den massiven Druck der Industrie und des BMFT – signifikant verbessert und gibt nun allerdings einigen Anlaß zu berechtigter Hoffnung auf eigenständige wissenschaftliche Leistungen und wissenschaftspolitische Organisationsformen, die von unseren europäischen Nachbarn inzwischen als vorbildlich angesehen und erst langsam nachvollzogen werden.

Grob gesprochen, läßt sich die deutsche KI-Geschichte in vier Phasen einteilen, deren Einschnitte sich erstaunlich einheitlich aus den schriftlichen Belegen dreier Entwicklungsstränge belegen lassen:

- der Art der KI-Veranstaltungen;

- der Organisationsformen der KI (in der Gesellschaft für Informatik);

- dem Aufbau eigenständiger Forschungsgruppen an den Universitäten und in der Wirtschaft.

Diese vier Phasen betreffen die Zeitabschnitte (i) bis 1975, (ii) von 1975 bis ca. 1983, (iii) bis ca. 1989 und (iv) die gegenwärtige Situation. Diese vier Abschnitte wollen wir kurz durch die Ereignisse in den drei oben genannten Bereichen charakterisieren:

Vorgeschichte

Es ist bemerkenswert, wie die internationale Auseinandersetzung (vor allem in den USA und England) über die möglichen Grenzen des Computers auch ihren fast zeitgleichen Niederschlag in frühen Arbeiten in Deutschland gefunden hat und bei K. Zuse, K. Steinbuch und G. Veenker bespielsweise (teilweise ganz unabhängig und selbständig) aufgenommen wurde. Dies ist vor allem deshalb erstaunlich, weil Deutschland durch die Vertreibung seiner Spitzenwissenschaftler nach 1933, den Krieg und durch die Probleme der Nachkriegszeit keine kontinuierliche wissenschaftliche Entwicklung nehmen konnte und in diesen dreißig Jahren seine internationale wissenschaftliche Spitzenstellung in fast allen Gebieten verloren hatte. Erste Infomatikstudiengänge und Fachbereiche gab es praktisch erst Ende der sechziger Jahre, in England und USA dagegen fast zwanzig Jahre früher.

Entsprechend konnten sich frühe Gedanken und Veröffentlichungen zur KI nicht entfalten. Selbst als es die Informatik dann gab, konnte sie sich gegen das vor allem von Bayern dominierte geistige Klima in der deutschen Informatik nicht durchsetzen. Gemessen an unseren drei Kriterien ist diese Zeit also dadurch gekennzeichnet,

- daß es keine eigenen KI-Veranstaltungen gab;

- die KI keine eigene Organisationsform hatte;

- und es keine festen Forschungsgruppen gab, sondern nur einige interessierte Individuen.

Frühgeschichte

Um 1975 sah die Situation anders aus: es gab an den Universitäten Bonn, Stuttgart, Hamburg, Karlsruhe, München und Erlangen und am Institut für Deutsche Sprache Gruppen meist junger Mitarbeiter, die sich zu festen Forschungsfragen und -gebieten zusammengeschlossen hatten und begannen, ihre Ergebnisse auf internationalen Konferenzen zu veröffentlichen.

Etwa zur gleichen Zeit wurde auch eine eigene Organisationsform für die KI als Fachgruppe in der Gesellschaft für Informatik (GI) gefunden.

Und als drittes, für diesen Abschnitt wichtigstes Kriterium wurden eigene KI-Veranstaltungen etabliert: 1975 rief Herr Nagel die deutschen Wissenschaftler zu einer kleinen KI-Tagung (KI und Mustererkennung) zusammen und im darauffolgenden Jahr Herr Veenker. Diese Tagung wurde von da an jährlich abgehalten und die Tagungsbände als interne Berichte verschiedener Universitäten herausgebracht. Ebenso gründete Herr Nagel 1975 ein Informationsblatt, die ›KI-Nachrichten‹, das für den weiteren Aufbau der KI und den Zusammenschluß der Wissenschaftler von großer Bedeutung wurde.

Geschichte

Ab 1983 änderten sich diese eher informellen und wenig etablierten Aktivitäten sehr stark: in diesem Jahr wurde die erste Professur für KI in der Bundesrepublik ausgeschrieben (weitere, für verwandte Gebiete ausgeschriebene Stellen konnten durch KI-ler besetzt werden). Es gab in der Folge immer mehr feste

Forschungsgruppen, die durch eine professorale Leitung abgesichert waren und durch kontinuierliche Arbeiten auf fest umrissenen Teilgebieten der KI auch zunehmend internationale Anerkennung fanden (vor allem auf den Gebieten der Sprachverarbeitung, der Bildverarbeitung und der Deduktionssysteme). Ab Ende 1983 wurde der Sonderforschungsbereich 314, Künstliche Intelligenz, von der DFG gefördert, und bald danach wurde die Forschung durch die BMFT-Verbundprojekte auch außerhalb der Universitäten weiter verstärkt.

Dieser Einschnitt in der Art der Forschungsaktivitäten ist auch in den anderen beiden Entwicklungssträngen erstaunlich zeitgleich belegt: die Umorganisation der GI Anfang der achtziger Jahre brachte eine wichtige Anhebung der KI-Fachgruppe, die von nun an als *Fachausschuß 1.2* im *Fachbereich 1: Grundlagen der Informatik* innerhalb der GI organisiert war. Ebenso wurden die deutschen Forscher als eigenständige Gruppe in die Europäische KI-Organisation ECCAI eingebracht, die als Gegenpol gegen die dominanten amerikanischen Organisationen von Herrn Bibel gegründet und wesentlich beeinflußt war.

Noch deutlicher fällt dieser Zeitabschnitt in dem dritten Entwicklungsstrang aus: 1983 wurde die KI-Jahrestagung zum ersten Mal als offizielle Veranstaltung der GI durchgeführt und von da an jährlich unter der Bezeichnung GWAI (German Workshop of Artificial Intelligence) abgehalten, und die Tagungsbände wurden im Springer-Verlag veröffentlicht. Im gleichen Jahr wurde von Herrn Bibel und mir die erste ›Frühjahrsschule für Künstliche Intelligenz‹ (KIFS) ausgerichtet, die von nun an, jährlich durchgeführt, einen wichtigen Beitrag brachte, um dem bis heute andauernden Ausbildungsnotstand etwas abzuhelfen, und durch die viele Studenten erstmals mit der KI in Berührung kamen. Für August 1983 wurde die ›International Joint Conference on Artificial Intelligence‹ nach Deutschland vergeben und in Karlsruhe abgehalten – das erste Mal, daß die deutsche Informatik eine internationale Konferenz von der Größe und Bedeutung in unser Land holen konnte.

Ab Anfang der achtziger Jahre erschienen die KI-Nachrichten in gebundener Form, von einem festen Herausgeberteam gestaltet und nehmen einen immer wichtigeren Einfluß auf die Entwicklung und Ausprägung der deutschen KI-Szene.

Durch die IJCAI-83 in Karlsruhe angestoßen und durch das japanische ›Fifth Generation Computer Programm‹ wachgerüttelt, nahmen auch die deutschen Medien zunehmend Artikel und Analysen zur KI in ihr Programm auf und bewirkten, nicht zuletzt durch den persönlichen Einfluß engagierter KI-Wissenschaftler, einen Wandel im Meinungsbild der deutschen Öffentlichkeit und mit gebotener Verzögerung dann auch ein Umdenken an den deutschsprachigen Hochschulen (BRD, Österreich und Schweiz): der ›KI-Boom‹ mit seinen sicher nicht nur positiven Begleiterscheinungen brach auch bei uns aus.

Die Gegenwart

Gegen Ende der achtziger Jahre begann sich die Lage wieder zunehmend zu normalisieren, aber die ›Boomjahre‹ hatten doch etwas Positives bewirkt: sie hinterließen eine Forschungsstruktur für die KI, die sonst in Europa bisher unerreicht ist und der japanischen und amerikanischen Infrastruktur vergleichbar ist.

1989 markiert diesen Einschnitt besonders deutlich: in diesem Jahr wurde das ›Deutsche Forschungszentrum für Künstliche Intelligenz‹ (DFKI) eröffnet, das Bayrische Forschungszentrum für KI und das Ulmer Forschungsinstitut für Angewandte Wissensverarbeitung (FAW) waren kurz vorher gegründet worden, die Gruppierung der KI-Wissenschaftler in der GI wurde erneut angehoben und als eigener Fachbereich (FB1) mit fester Infrastruktur gegründet und nicht zuletzt: die KI-Nachrichten erschienen jetzt als professionell gedruckte Zeitschrift mit einem von der KI-Fachbereichsleitung gewählten Herausgebergremium. Die Springer Fachberichte Informatik hatten eine eigene Unterreihe KI gegründet und ab 1989 erschienen die ersten Bände in der neuen Springer Reihe ›Lecture Notes in Artificial Intelligence‹ (LNAI).

Inzwischen gibt es an fast allen Informatikfachbereichen eigene Professorenstellen für Teilgebiete der KI, und einige Universitäten haben sich deutlich als Hochburgen für die KI-Forschung mit jeweils vierzig bis fünfzig wissenschaftlichen Mitarbeitern auf KI-Gebieten qualifizieren können (Hamburg, Karlsruhe, Kaiserslautern, Saarbrücken und München).

Die Ausstattung dieser Forschungsgruppen (mit LISP-Maschinen, Spezialhardware, ›kritische Masse‹ an Mitarbeitern usw.) ist der amerikanischer Eliteuniversitäten (MIT, Stanford, CMU etc.) zunehmend vergleichbar und es bleibt abzuwarten, ob die Bundesrepublik auf diesem wichtigen Gebiet den Rückschritt aufholen kann und wieder in die Gruppe der wissenschaftlichen Spitzenländer aufrücken wird – ein vergleichbarer äußerer Rahmen dafür ist jedenfalls geschaffen.

3. Zukunft der KI

Es gilt unter Zukunftsforschern als Axiom, daß Naturwissenschaftler die kurzfristig erreichbaren Ziele meist *überschätzen* (und dann von ihren Forschungsinstitutionen kräftig gescholten werden), während sie die langfristigen Entwicklungen im allgemeinen gewaltig *unterschätzen*.

Doch wie sollen politische und soziale Entscheidungen von langfristiger Bedeutung getroffen werden, wenn sich die Akteure – durch schlechte Erfahrungen gewitzt – vornehm ausschweigen? Beispielsweise war in dem Jahrzehnt nach dem Krieg durchaus erkennbar, daß sich die informationsverarbeitende Technologie bis zum Ende des Jahrhunderts zu einer entscheidenden *Schlüsseltechnologie* für weite Wirtschaftsbereiche entwickeln würde. Trotzdem steckte man den Löwenanteil der Forschungsmittel in eine Form der atomaren Energiegewinnung, die immer zweifelhafter wurde (was zunächst in den 50er Jahren, als die wesentlichen Entscheidungen getroffen wurden, sicher nicht erkennbar war), jedoch selbst bei einer hypothetischen positiven Entwicklung kaum eine ähnliche Auswirkung auf die restlichen Wirtschaftsbereiche gehabt hätte, wie die Informationstechnologie.

3.1 Zukünftige wissenschaftliche und technologische Entwicklung

Für die wichtigsten Teilgebiete der KI möchte ich versuchen, eine halbwegs gesicherte kurzfristige Prognose, eine weit weniger gesicherte mittelfristige und schließlich eine mehr oder weniger spekulative langfristige Prognose aufzustellen.

Natürlichsprachliche Systeme

Kurzfristig werden bestehende Dialogsysteme in der industriellen Praxis Einsatz finden und so weit entwickelt, daß sie als natürlichsprachliche Schnittstelle für Informationssysteme, Datenbanken ebenso wie für Expertensysteme routinemäßig einsetzbar werden. Dies ist bereits heute weitgehend der Fall, jedoch ist die gemischte Eingabe von geschriebenem Text, Zeigehandlungen und Menüs Gegenstand technologischer Entwicklung. Die Verarbeitung (geschriebener) natürlicher Sprache wird sich zu einer eigenen Ingenieurdisziplin entwickeln.

Gesprochene Sprache wird als Informations*ausgabe* mehr und mehr vom Computer und von technischen Geräten (vom Auto bis zur Werkzeugmaschine) genutzt werden. Das *Verstehen* gesprochener natürlicher Sprache dürfte dagegen nur langsame Fortschritte machen und wird kurzfristig zur Anweisung technischer Geräte durch feste Satzmuster oder durch vorgeschriebene Schlüsselworte zum Einsatz kommen.

Die automatische Übersetzung eingeschränkter (technischer) Texte wird sich rasch durchsetzen und nur bei anspruchsvollen Texten eine Nachbearbeitung vom Menschen erfordern.

Mittelfristig werden textverstehende Systeme zunächst für die wissenschaftliche Literatur und die Bürokommunikation entwickelt werden. Dies wird einen starken Einfluß auf jede Art der Textverarbeitung haben. Natürlichsprachliche Dialogsysteme werden immer ausgefeilter und benutzerfreundlicher (z.B. dadurch, daß sie zunehmend bessere Partnermodelle aufbauen und Dialogstrategien verfolgen). Weiteren Preisverfall und Miniaturisierung der Hardware vorausgesetzt, werden solche Dialogsysteme in teuren technischen Geräten (wie Autos, Maschinen, Flugzeugen, auch Häusern usw.) standardmäßig eingebaut werden.

Langfristig wird die volle Textverarbeitung und das Verstehen technischer oder wissenschaftlicher Texte durch den Computer zur Selbstverständlichkeit. Der Dialog mit technischen Geräten oder etwa dem eigenen Haus vollzieht sich in gesprochener Sprache, die Informationen über Verkehrsdichte, Zuganschlüsse oder die

Tatsache, daß ich meine Aktentasche vergessen habe, wird mir von meinem Haus-computer in gesprochener Sprache beim Verlassen mitgeteilt werden.

Bild- und sprachverstehende Systeme werden entstehen, die sowohl visuelle Information als auch sprachliche Information verarbeiten können und eine mit dem Fernsehauge beobachtete Szene sprachlich darstellen können: »Das gelbe Auto wendete auf dem Parkplatz und fuhr dann mit hoher Geschwindigkeit in Richtung Innenstadt.«

Expertensysteme

Das Erstellen von Expertensystemen wird sich kurzfristig zu einer eigenen Ingeni-eurdisziplin entwickeln, in der Diagnose– und Planungssysteme für den prakti-schen Einsatz gebaut werden. Die technische Entwicklung wird zu Systemen mit wirtschaftlichen Erfolgen, jedoch in relativ engen Bereichen führen, und der in den USA zu beobachtende Boom wird sich auch in Europa auswirken.

Leistungsfähige Systeme für beschränkte Aufgaben werden zum Einsatz kom-men und mittelfristig in den meisten Berufen als Partner akzeptiert werden: Bei-spielsweise werden Chemiker oder Physiker in der Forschung ein Expertensystem zur Aufnahme und Abfrage von Daten während eines Experiments ebenso selbst-verständlich nutzen wie der Planungsingenieur oder der Manager, der eine Marktstrategie entwickelt.

In der KI-Forschung werden die Kombination verschiedener Expertensysteme und deren Wissensaustausch, die verbesserte Modellierung und Repräsentation von Sachverhalten oder Geräten und nicht zuletzt die Analyse komplexer Argumentati-onsketten (Argument und Gegenargument) im Vordergrund stehen. Eine wichtige Voraussetzung für den weiteren Einsatz wird die Entwicklung geeigneter Repräsen-tation von zeitlichen und räumlichen Gegebenheiten sein (deep modeling) sowie die Modellierung naiver Kausalität. Die Gebiete der Expertensysteme und Dedukti-onssysteme werden sich wissenschaftlich wieder zusammenentwickeln (das ist allerdings stärker von soziologischen als von wissenschaftlichen Mechanismen abhängig) und gemeinsame Inferenzmechanismen entwickeln. Insbesondere wer-den Wissenserwerb und Lernen im Vordergrund des Interesses stehen.

Langfristig werden Computerprogramme – die dann möglicherweise gar nicht mehr Expertensysteme heißen – zum festen Bestandteil unseres Berufslebens wer-den und als integraler Bestandteil technischer Produkte aufgefaßt werden: Eine komplexe Maschine wird sich über ein fest eingebautes Expertensystem selbst kontrollieren, einstellen und die Kommunikation mit übergeordneten, die Produk-tion lenkenden Programmen (oder Menschen) übernehmen. Bei einem Fehler wird es diesen melden und genaue Reparaturanweisungen geben.

Wissenschaftliches Arbeiten wird ohne ein spezielles Expertensystem undenkbar werden: Nicht nur die Verwaltung der Daten, sondern auch die Beantwortung spezieller versuchstechnischer Anfragen, Experimentiervorschläge, Aufarbeitung der Fachliteratur, Überwachung und Kontrolle von Versuchen, Abschätzung von Erfolgswahrscheinlichkeiten bis hin zum Vorschlag interessanter Forschungsthemen werden vom Computer übernommen werden. Die jeweils besten Expertensysteme eines Gebietes werden über die Generationen weitergereicht und weiter verbessert und ein wichtiger Bestandteil des geistigen Reichtums einer Nation werden, der ängstlich geschützt wird. Ähnliches gilt für die meisten anderen Berufszweige, in denen der Computer zum festen Partner in der Berufsausübung wird.

Die Möglichkeit, unsicheres und nicht formalisiertes Wissen mit dem Computer zu speichern und aktiv zu nutzen, wird tiefgreifende Folgen in vielen Wissenschaftsbereichen haben, die keine formale (mathematische) Modellbildung zulassen.

Sehr langfristig wird sich unsere Vorstellung eines technischen Gerätes vollständig wandeln: Jedes Gerät wird je nach eigener Komplexität (und nach seinem Preis) mit einer gewissen ›Eigenintelligenz‹ ausgestattet sein, die es ihm gestattet, sich selbst zu kontrollieren, Reparaturanweisungen zu geben und, mehr oder weniger begrenzt, mit dem Menschen natürlichsprachlich zu kommunizieren.

Deduktionssysteme

Heutige Systeme sind leistungsfähig genug, um relativ einfache, aber technisch aufwendige Beweise, wie sie beispielsweise in der Programmverifikation anfallen, zu finden.

Der Einsatz in der Praxis wird sich relativ langsam vollziehen, dürfte jedoch für den Nachweis der Korrektheit ausgewählter Software, Firmware und Hardwarekonfigurationen Routine werden. Die Funktionsfähigkeit technischer Geräte, der korrekte Ablauf des Produktionsflusses in einer Fabrik oder die Sicherheit eines Kernkraftwerkes beispielsweise werden spezifizierbar und durch Deduktionssysteme nachweisbar sein. Das logische Programmieren wird weiter an Bedeutung gewinnen, und über benutzerfreundliche Rechner ganz neue Anwendungen erschließen (in der Verwaltung, in der Justiz, aber auch in der Politik).

Mittelfristig werden auch relativ schwierige Beweise von automatischen Beweissystemen gefunden werden. Die Repräsentation mathematischen Wissens wird so weit entwickelt sein, um beispielsweise ein mathematisches Standardlehrbuch vollständig zu beweisen.

Damit erschließen sich neue Anwendungsgebiete, wie z.B. die theoretische Physik oder theoretische Chemie, in denen die (sehr abstrakte) Theorienbildung durch Deduktionssysteme überprüfbar wird.

Programmsyntheseverfahren werden zum praktischen Einsatz kommen und zusammen mit dem logischen Programmieren einen großen Teil der heutigen (low level) Programmierarbeit überflüssig machen, jedoch aus Effizienzgründen nie ganz ersetzen.

Langfristig werden automatisch geführte Korrektheitsbeweise von Software, Hardware oder Firmware zum Standard werden.

Sehr langfristig werden Deduktionssysteme eine fundamentale Änderung in den formalen Wissenschaften, insbesondere der Mathematik selbst, bewirken: Automatische Beweissysteme werden zusammen mit den in der Computer-Algebra entwickelten Systemen zum selbstverständlichen Werkzeug eines Mathematikers oder Theoretikers gehören, und einen Beweis läßt man dann von einer Maschine ausführen, so wie wir heute das Multiplizieren großer Zahlen einem geeigneten Gerät anvertrauen. Dies wird sich durch das Vordringen von Arbeitsplatzrechnern in alle Lebensbereiche verstärken, und eine theoretische Veröffentlichung schreibt man dann mit einem integrierten Text- und Beweissystem, in dem alle formalen Schritte automatisch überprüft und teilweise automatisch gefunden werden.

Robotertechnologie

Kurzfristig wird sich der gegenwärtige Trend zum Einsatz von Industrierobotern mit sehr geringer ›Eigenintelligenz‹ verstärken. Die technologische Entwicklung wird sich nach wie vor hauptsächlich auf die Erstellung geeigneter Hardware (also der physischen Arme und Manipulatoren eines Roboters) und entsprechender Sensoren beschränken. Der gegenwärtig gravierendste Engpaß – die Bildverarbeitung komplexer Szenen in Echtzeit – wird zunächst die weitere Entwicklung intelligenter Roboter beschränken. Trotz dieser Beschränkungen werden die ersten vollautomatischen Fabriken für geeignete Produkte gebaut werden.

Mittelfristig werden die ersten KI-Roboter zum Einsatz kommen: Der Preisverfall von Computerhardware einerseits und der Kostenvorteil eines leicht umrüstbaren ›intelligenten‹ Roboters andererseits werden zusammen mit der möglichen Qualitätsverbesserung einen starken Automatisierungsschub erzeugen.

Eine langfristige Prognose, die nicht in die üblichen Science-Fiction-Szenarios abgleitet, ist schwierig: Zunächst einmal wird es weniger anthropomorphe Roboter geben, als uns Zukunftsliteratur und -filme weismachen wollen: Es ist einfacher und billiger, den Arbeitsplatz in zukünftigen Fabriken auf die Bedürfnisse eines Roboters abzustimmen, als umgekehrt Roboter zu entwickeln, die an den bisher für Menschen gemachten Arbeitsplätzen arbeiten.

Die Vorstellung einer vollautomatischen Fabrik wird also eher die eines Gebildes von aberhunderten von fest eingebauten mechanischen Armen, Fernsehaugen und sonstigen Sensoren sein, die von einem zentralen Computer global überwacht und von lokalen Computern gesteuert und kontrolliert werden.

Davon unabhängig gibt es jedoch im militärischen Bereich, im Dienstgewerbe und nicht zuletzt in den privaten Haushalten durchaus ein Bedürfnis nach autonomen, mobilen Robotern mit vielseitiger Einsatzfähigkeit. Inwieweit es möglich sein wird, solche in der Science-Fiction-Literatur vorweggenommenen Roboter in der uns überschaubaren Zukunft zu entwickeln, ist schwer zu sagen. Unmöglich ist es jedenfalls nicht.

In jedem Fall jedoch werden die Anzahl und die Fähigkeiten der Roboter eines Landes diesem einen wichtigen Produktivitätsvorsprung geben und entscheidend zum Wohlstand einer Nation beitragen.

Bildverstehen

Obwohl dies sicher eine der akademisch anspruchsvollsten und auch größten Teildisziplinen der KI ist, sind die praktischen Erfolge bisher bescheiden im Vergleich zu menschlichen Fähigkeiten: Die Verarbeitung visueller Daten und die Extraktion der *Gestalt*-Information ist ein aufwendiges Geschäft.

Kurzfristig werden sich daher auch nur spezielle Systeme für die Erkennung wohldefinierter Gegenstände (Werkstücke) in der Praxis durchsetzen, und insbesondere für die Qualitätsprüfung (z.B. im Automobilbau) werden Vision-Systeme eingesetzt werden. Die Erkennung geometrischer Objekte über die Auswertung von Grauwertbildern (statt der bisher üblichen Binärbilder) wird industriell einsetzbar sein. Militärische Anwendungen (die Erkennung von Flugkörpern, Leitsysteme für Raketen usw.), Verkehrskontrolle und industrielle Roboter sind typische Anwendungsbereiche.

Die akademische Forschung wird in der Verarbeitung von Textur und Farbe Fortschritte machen; spezielle Hardware (u.a. mit sehr vielen Prozessoren) wird entwickelt und in den Forschungslaboratorien eingesetzt werden.

Mittelfristig wird die Erkennung relativ komplexer Gebilde (Kurven, nichtgeometrische Objekte, usw.) selbst bei ungünstigen Beleuchtungsverhältnissen möglich sein. Die Verarbeitung bewegter Bildszenen (also Bildfolgen) wird an Bedeutung gewinnen.

Die ersten kombinierten Sprach- und Sehsysteme werden in den Forschungslaboratorien entwickelt.

Langfristig wird die Kombination visueller und natürlichsprachlicher Datenverarbeitung möglich werden, und über eine gemeinsame interne Repräsentation sowohl visueller, taktiler als auch natürlichsprachlicher Daten wird eine sehr natürliche, dem Menschen angenäherte Kommunikation möglich sein.

Die Verarbeitung von Szenenfolgen wird möglich werden, und ebenso wird die Fähigkeit eines Computers, eine Bildszene natürlichsprachlich zu beschreiben, völlig neue Anwendungen erschließen: zum Beispiel wird es möglich sein, Bildfolgen in einer geeigneten Datenbank abzuspeichern und später natürlichsprachlich abzurufen. Damit wird die Überwachung von Handlungsabläufen und die natürlichsprachliche Zusammenfassung eines so dokumentierten Vorfalles möglich.

3.2 Zukünftige wirtschaftliche Bedeutung

Die Künstliche Intelligenz war in den fünfziger und sechziger Jahren im wesentlichen ein reines Forschungsgebiet, und obwohl den führenden amerikanischen Wissenschaftlern die potentielle wirtschaftliche und soziale Bedeutung der KI durchaus bewußt war [DA 56], [MF 83], gab es doch erst im Laufe der siebziger Jahre eine nennenswerte industrielle Verwertung der Ergebnisse.

Dieses zögernde Interesse der Industrie hat sich gegen Ende der siebziger Jahre in den USA gewandelt und insbesondere durch den massiven Einstieg der japanischen Industrie auch einen Wandel in der Haltung europäischer Firmen und Regierungsstellen bewirkt.

Zur Einschätzung der wirtschaftlichen Bedeutung der KI kann man zunächst versuchen, die zukünftigen Marktanteile von KI-Produkten abzuschätzen. Für den amerikanischen und europäischen Markt liegen dazu zahlreiche Studien vor, auf die hier im einzelnen nicht mehr eingegangen werden soll: So unsicher diese Zahlen sein mögen, so zeigen sie doch deutlich die wachsende wirtschaftliche Bedeutung, die man KI-Produkten beimißt.

Insgesamt dürfte es zur Zeit etwa 100 amerikanische Firmen geben, die KI-Produkte vertreiben. Eine Zusammenstellung aller KI-Firmen, die es zur Zeit in der Welt gibt, findet man in [ID 87]. In Deutschland haben die meisten der großen DV-Firmen eigene KI-Abteilungen aufgebaut, darüber hinaus gibt es im Maschinenbau, in der Automobilindustrie und ähnlichen Branchen inzwischen KI-Entwicklungsabteilungen. Ein Konsortium von elf Firmen hat das DFKI als GmbH gegründet. Die GMD hat ebenfalls eigene KI-orientierte Forschungsgruppen gebildet.

Die geschätzten Marktanteile geben die zukünftige Bedeutung der KI-Technologie nur ungenügend wieder. Abgesehen von der Schwierigkeit genau zu sagen, welche Produkte sich als ›KI-Produkte‹ qualifizieren, vernachlässigen sie völlig die Bedeutung, die die informationsverarbeitende Technologie im allgemeinen und die KI im besonderen auf praktisch alle Wirtschaftszweige haben wird.

Eine bessere Einschätzung der wirtschaftlichen Bedeutung wird daher die künstliche Unterscheidung zwischen klassischer Informatik einerseits und KI andererseits und deren respektive Marktanteile fallen lassen. Man sollte statt dessen fragen, welche Bedeutung der Beherrschung dieser neuen Technologien insgesamt zukommt.

Ein Beispiel: Meine japanische Armbanduhr enthält kein einziges mechanisches Teil. Diese auf integrierten Schaltungen basierende Technologie hat innerhalb weniger Jahre einen fest etablierten Wirtschaftszweig (die Schweizer Uhrenindustrie) einer Nation ausgelöscht, der zunächst mit der informationsverarbeitenden Industrie nichts zu tun zu haben schien. Der Archäologe, der meine Uhr in einigen tausend Jahren ausgraben wird und dabei auch auf die mechanisch funktionierende, nur zwanzig Jahre ältere Uhr meines Vaters stößt, wird uns wahrscheinlich in zwei verschiedene Zeitalter einordnen.

Vom mechanischen Kippschalter zum Touchsensor, von den mechanischen Schalt- und Kontrollstangen eines Tonbandgerätes der 50er Jahre zur vollelektronischen Steuerung eines heutigen Videogerätes durchlaufen unsere technischen Produkte und deren Herstellung einen tiefgreifenden Wandel, der spätestens Anfang des nächsten Jahrtausends in eine neue qualitative Phase eintreten wird: Die meisten Produkte werden je nach Preis und Komplexität mit einer gewissen ›Eigenintelligenz‹ ausgestattet sein. Die Beherrschung dieser neuen Technologie wird zur wirtschaftspolitischen *Schlüsselfunktion.*

3.3 Soziale Auswirkungen

»1964 betrug die Produktionszeit einer 4-Zylinder-Kurbelwelle bei DAIMLER in Untertürkheim zirka 1,22 Stunden. Zwanzig Jahre später war die Produktionszeit auf 18,08 Minuten gesunken. Beim 4-Zylinder-Kurbelgehäuse sank die Produktionszeit pro Gehäuse von 1,26 Stunden (1964) auf 16,63 Minuten (1984).

Diese Verkürzung der Produktionszeit verdeutlicht, welche Rationalisierungsschritte in 20 Jahren gemacht wurden. Wer in den Hallen arbeitete, konnte den Fortschritt auch mit bloßem Auge verfolgen: 1964 wurde vor allem an einzelstehenden Maschinen gearbeitet, dann folgten Schritt für Schritt umfangreichere Maschinensysteme mit entsprechend aufwendiger Maschinenbedienung, schließlich wurden Automaten mit Verkettung installiert.« [MÖ 84]

Weiter schreibt Martin Mössner: »Beim Motorenprüffeld, laut Auskunft der Werksleitung eins der modernsten Europas, ist es ähnlich zugegangen – wie bei der Fertigung von Kurbelwellen und -gehäuse. Mit Inbetriebnahme des neuen Prüffeldes wurde der Personalbestand von 210 auf ca. 150 Arbeiter reduziert, während gleichzeitig die Produktion gesteigert wurde.«

Was der Autor nicht wußte: Gleichzeitig arbeiteten KI-Wissenschaftler einer deutschen Universität zusammen mit einer Hochtechnologiefirma daran, ein Expertensystem zu installieren, das dann diese Prüfung automatisch vornehmen soll.

In einer anderen Halle, der Motorenmontage, werden über 1000 Mitarbeiter durch Handhabungsautomaten und Roboter in den nächsten Jahren stark betroffen sein.

Dies sind Momentaufnahmen, wie man sie zur Zeit so oder ähnlich in fast allen traditionellen *Produktionsbetrieben* finden kann [VS 84]. Sie zeigen, daß die im vorigen Jahrhundert begonnene Mechanisierung manueller Arbeit in ein neues Stadium eintreten wird. Aber nicht nur die *manuelle* Arbeit wird in einem unvorhersehbaren Maße mechanisierbar werden, sondern auch große Bereiche *geistiger* Arbeit.

In einem bestimmten *Verwaltungsgebäude* der Landesregierung arbeiten einige hundert Menschen. Was machen die dort? Im wesentlichen schreiben sie Briefe, informieren den Vorgesetzten über bestimmte Vorfälle, sammeln Informationen, die in Formulare eingetragen und in Aktenordnern abgeheftet werden, und informieren die Bürger oder andere Verwaltungsstellen über ihre Entscheidungen. Die Aktenordner werden ausgewertet und ergeben dann möglicherweise die Daten, mit deren Hilfe Planungsentscheidungen getroffen werden können. Diese Planungen selbst werden dokumentiert und in Aktenordnern abgeheftet. Diese ganzen Aktenberge werden von einem Kalfaktor auf speziellen Aktenwagen von einem Büro zum anderen gefahren, um schließlich nach der Bearbeitung im Keller gesammelt und nach einem festen System gelagert zu werden.

Diese Aktenberge werden im kommenden Jahrzehnt verschwinden. Die Arbeit wird zunehmend von Computern erledigt werden, zu deren Bedienung man nicht einmal 10 Prozent der jetzigen Arbeitskräfte benötigt.

Die informationsverarbeitende Technologie – und deren schillerndstes Kind, die Künstliche Intelligenz – vernichtet Arbeitsplätze, und dieser Prozeß wird sich in den nächsten Jahren noch erheblich beschleunigen.

Durch diesen Prozeß werden Millionen von Arbeitern und Verwaltungsangestellten zunächst das verlieren, was ihren ›Marktwert‹ und nicht zuletzt ihr Selbstverständnis ausmacht, nämlich ihre Qualifikation, die nun nicht mehr gebraucht wird. Sie werden schließlich im großen Heer der ›nicht mehr vermittelbaren‹ Arbeitslosen landen.

Was sollte eine ideale, rational funktionierende Gesellschaft tun? Die Informationstechnologie stoppen? Dies schiene mir, als ob man versuchte, den Teufel mit dem Beelzebub auszutreiben, und ähnlich absurd, wie der Versuch nachzuweisen, daß die Informationstechnologie langfristig so viele Arbeitsplätze schafft, wie sie vernichtet.

Ist es nicht die Aufgabe der Wissenschaft, die Gesetzmäßigkeiten unserer Welt zu erforschen und damit die Grundlagen für Technologien zu schaffen, die unser Leben angenehmer und sicherer machen?

Der Roboter, der einen Arbeiter ersetzt, führt eine Arbeit aus, die an Stumpfsinn und Brutalität an die der römischen Galeerensklaven erinnert und die von niemandem freiwillig ausgeübt würde. Das Ausfüllen und Verwalten von Formularen, das stundenlange Schreibmaschineschreiben mit dem Knopf im Ohr sind kaum Tätigkeiten, die die menschliche Würde ausmachen. Wie kann man ernstlich bezweifeln, daß diese Arbeiten von Maschinen ausgeführt werden sollten, die dabei sogar produktiver sind und den effektiven Reichtum unserer Gesellschaft – also die Summe aller produzierten Güter, die dem einzelnen zur Verfügung stehen – eher vermehrt als verringert?

Insbesondere in gesundheitsschädigender oder stark unfallgefährdeter Arbeitsumgebung (z.B. am Hochofen) ist der Einsatz von Robotern sicher auch eine Maßnahme zur ›Humanisierung der Arbeitswelt‹, sofern den dort arbeitenden Menschen eine gleichwertige, das Selbstgefühl nicht herabsetzende Alternative geboten werden kann.

Das Problem liegt also nicht in der Wissenschaft, die diesen Reichtum bei erheblich verringerter Gesamtarbeitsleistung ermöglicht, sondern in unserer Unfähigkeit, soziale Strukturen zu finden, die es gestatten, den erwirtschafteten Reichtum ebenso wie den restlichen anfallenden Arbeitsaufwand gerecht zu verteilen.

Die sich ausschließlich an dem ›freien‹ Markt orientierenden Mechanismen sind offensichtlich nicht ausreichend, um diese Verteilung auch nur annähernd gerecht vorzunehmen, denn wir haben heute in ganz Europa Millionen von Arbeitslosen. Das blinde Vertrauen auf diese, auch in der Vergangenheit nicht eben besonders erfolgreichen Mechanismen scheint mir angesichts der Größenordnung der wirtschaftspolitischen Veränderungen direkt in die soziale Katastrophe zu führen:

Keine Gesellschaft kann es sich auf Dauer politisch und finanziell leisten, einen großen Prozentsatz der Bevölkerung zur Dauerarbeitslosigkeit zu verdammen und den vielen Millionen individueller Menschen ihren Selbstwert – die Qualifikation im Arbeitsprozeß – zu nehmen, ohne soziale Unruhen zu provozieren.

Dabei gehört nicht viel Phantasie dazu, sich eine Gesellschaft mit drastisch reduzierten Arbeitszeiten und neuartigen Beschäftigungsfeldern vorzustellen, in der die Massengüter von vollautomatischen Fabriken hergestellt werden und in der die reichliche Freizeit für handwerkliche, künstlerische, soziale oder geistige Arbeit genutzt wird – sofern die Menschen durch Schule und Ausbildung auf eine solche Gesellschaft vorbereitet werden.

3.4 Militärtechnologie

Die langfristige Grundlagenforschung in der KI wäre – insbesondere in den ersten beiden Jahrzehnten – ohne die massive militärische Förderung in den USA nicht möglich gewesen.

Dies beginnt sich (allerdings nicht nur für das Militär) auszuzahlen: Mit der Pershing-Rakete und den Cruise Missiles stehen qualitativ völlig neuartige Waffensysteme bereit, die ein einprogrammiertes Ziel bis auf wenige Meter genau selbständig ansteuern können.

Militärische Roboter, Expertensysteme für die militärische Entscheidungsfindung und Autopiloten sind in der Entwicklung.

DARPA (Defense Advanced Research Projects Agency) hat im Oktober 1983 ein strategisches Forschungsprogramm (strategic computing proposal) angeworfen, das für 10 Jahre geplant ist und dem für die ersten fünf Jahre über 600 Millionen Dollar zur Verfügung gestellt wurden. Das Ziel dieses Projekts ist die Weiterentwicklung und die Anwendung von Grundlagenforschung der Künstlichen Intelligenz in zunächst drei Bereichen:

- Entwicklung von Kriegsrobotern und Roboterpanzern;
- Computerunterstützung von Kampfpiloten;
- Managementsysteme für die Kampfführung (von Flugzeugträgern).

Dieses Programm von ungebrochener Fortschrittsgläubigkeit ist ein Aufruf, in die zukunftsträchtige KI-Technologie zu investieren, um so die Schlachtfelder der Zukunft, beschrieben in der Air-Land-Battle-Doktrin, zu beherrschen.

Die Informatik (und darin insbesondere die KI) ist zu einer der wichtigsten militärischen Grundlagenwissenschaft geworden, so wie es die Physik zur Zeit der Entwicklung der ersten A- und H-Bomben war.

Angesichts der immer astronomischer anmutenden Summen, die für diese Kriegstechnologie ausgegeben wurden und weiterhin werden, und angesichts der unbestreitbaren Tatsache, daß jede die eigene Überlegenheit angeblich garantierende technologische Entwicklung in wenigen Jahren überholt ist, ist die Frage angemessen, ob Sicherheit durch diesen technologischen Wettlauf überhaupt erreicht werden kann.

Ist jedoch eine Selbstbeschränkung, wie sie viele Physiker oder Mediziner heute akzeptieren, von einer so jungen Wissenschaft wie der Informatik oder der KI nicht zuviel verlangt? Wieso ist es überhaupt unmoralisch, wenn wir Raketen mit eigener Sensorik und immer größerer Zielgenauigkeit oder Kriegsroboter entwickeln? Ist die militärische Forschung nicht schon immer Motor der technologischen Entwicklung gewesen?

- Das Schreiben dieses Abschnittes hat etwa vier Stunden gedauert: In dieser Zeitspanne sind auf der Welt ungefähr 7000 Kinder an Hunger gestorben, und *gleichzeitig* sind etwa 500 Millionen DM für Rüstung und Kriegsforschung ausgegeben worden: Kriegsforschung tötet auch im Frieden!
- Die Gesamtverluste an Menschenleben werden im Deutsch-Französischen Krieg 1870/71 auf etwa 215000 Menschen geschätzt.
- Im Ersten Weltkrieg starben insgesamt etwa 10 Millionen Menschen.
- Im Zweiten Weltkrieg starben durch Kampfhandlungen etwa 16 Millionen Menschen, die Verluste der Zivilbevölkerung insgesamt werden auf 20 bis 30 Millionen geschätzt.
- Die atomaren Feuer des Dritten Weltkriegs werden, selbst wenn sie auf militärische Ziele begrenzt werden können, 60% bis 80% der deutschen Gesamtbevölkerung sofort vernichten und dem restlichen Teil ein jahrzehntelanges, unvorstellbar menschenunwürdiges Siechtum bis zum Tode bringen. Deutschland wird es als Nation nicht mehr geben und niemand wird mehr fragen können, wer eigentlich Schuld an der Katastrophe hatte.

Solche Kriege *sind nicht mehr führbar* und durch kein noch so überlegenes Gesellschaftssystem zu rechtfertigen. Ebensowenig ist es die Militärforschung, die solche Kriege ermöglicht. Allein die Androhung der unvorstellbar grausamen Vernichtung ganzer Völker, wenn nicht allen Lebens überhaupt, und die Abhängigkeit unser aller Lebens von der Zuverlässigkeit und dem Verantwortungsgefühl einer winzigen Schicht von Technokraten ist eine unzumutbare Perversion des Sicherheitsdenkens:

»Das Gedächtnis der Menschheit für erduldete Leiden ist erstaunlich kurz. Ihre Vorstellungsgabe für kommende Leiden ist fast noch geringer: Die Beschreibungen, die der New Yorker von den Greueln der Atombombe erhielt, schreckten ihn anscheinend nur wenig. Der Hamburger ist noch umringt von Ruinen, und doch zögert er, die Hand gegen einen neuen Krieg zu erheben. Die weltweiten Schrecken der vierziger Jahre scheinen vergessen. Der Regen von gestern macht uns nicht naß, sagen viele.« [BR 52]

4. »Why poeple think computers can't«

Die Künstliche Intelligenz hat in den letzten dreißig Jahren leidenschaftliche öffentliche und wissenschaftliche Diskussionen über ihren Anspruch provoziert und beschäftigt die Medien wie kaum ein anderes Fach. Wie kommt das und was sind diese über das rein fachliche hinausgehenden Ansprüche?

4.1 Verstehen im Lichte unserer Erfahrung

Forschung findet im Kontext einer geschichtlich gewachsenen wissenschaftlichen Erfahrung statt, die es erlaubt, dem Kenntnisstand entsprechend sinnvolle Fragen zu stellen und nach den richtigen Antworten zu suchen.

Ein positives Beispiel: Als der Engländer Harvey im 17. Jahrhundert die Funktionsweise des Blutkreislaufes entdeckte, übertrug er das bis dahin bekannte mechanistische, physikalische Weltbild auf den menschlichen Körper. Er hatte Glück damit: Die Vorstellung von Rohrleitungen, Pumpen, strömenden Medien usw. war im wesentlichen adäquat und beschrieb hinreichend genau die Funktion des Herzens als Blutpumpe und der Adern als transportierendes Leitungssystem.

Ein negatives Beispiel: Der französische Philosoph Descartes, ebenfalls ein Vertreter dieser neuen mechanistischen Schule, fragte sich etwa zu derselben Zeit, wie der junge Mann auf der folgenden Abbildung es wohl bewerkstelligt, seinen Fuß von der Hitze des Feuers zurückzuziehen.

Er entwickelte dazu etwa folgende Vorstellung: In F befindet sich ein Flüssigkeitsreservoir (eine durch die Erfahrung belegte Tatsache), das durch ein Ventil d verschlossen ist. Dieses Ventil läßt sich öffnen, um so durch die Leitungsbahn die Flüssigkeit an den Muskel in B fließen zu lassen, die dann die Kontraktion des Muskels bewirkt. An sich kein dummer Gedanke, aber leider völlig ungenügend:

Solange elektrochemische Vorgänge unbekannt waren und das Wissen, daß man Information in elektrische Impulse codieren kann, nicht zur Verfügung stand, bestand nicht die geringste Aussicht, die Funktionsweise der Nervenbahnen und des Gehirns aufzuklären. Ja, es gab nicht einmal eine Chance, die richtigen Fragen zu stellen.

ABB.2: ILLUSTRATION AUS: RENÉ DESCARTES, ›TRAITÉ DE L'HOMME‹.

Die ernsthafte Erforschung der Mechanismen, die Intelligenz ermöglichen, konnte erst beginnen, als der aus der Informatik kommende Begriffsapparat zur Verfügung stand. Die Forschung der Künstlichen Intelligenz erhebt den historischen Anspruch, mit dieser neuen – von ihr selbst entscheidend mitgeprägten – Methodologie einen materiellen, ›mechanistischen‹ Erklärungsversuch für die Funktionsweise intelligenter Prozesse zu liefern: ›The new concept of ›machine‹ provided by Artificial Intelligence is so much more powerful than familiar concepts of a mechanism that the old metaphysical puzzle of how mind and body can possibly be related is largely resolved.‹ [BO 77]

4.2 ›The brain happens to be a meat machine‹

Die These, daß es bezüglich der kognitiven Fähigkeiten keine prinzipiellen Unterschiede zwischen einem Computer und dem Menschen gäbe, weckt Emotionen und erscheint dem Laien ebenso unglaubwürdig wie vielen Computerfachleuten.

Das ist verständlich: Mit dieser These ist eine weitere Relativierung der Position des Menschen verbunden, vergleichbar der Annahme des heliozentrischen Weltbildes im 17. oder der Darwinschen Evolutionstheorie in der zweiten Hälfte des vorigen Jahrhunderts. Im Gegensatz zu jenen Thesen, deren Auswirkungen bestenfalls für einige Philosophen oder gewisse zur Religiösität neigende Menschen beunruhigend war, hat diese jedoch – sofern sie sich als zutreffend erweist – bisher nicht absehbare technologische und damit soziale und politische Konsequenzen.

Insbesondere dem etablierten Informatiker muß all dies um so vermessener erscheinen, als er glaubt, von einem Computer etwas zu verstehen: Die in fester Weise miteinander verschalteten Transistoren eines Computers, die sklavisch – wenn auch mit hoher Geschwindigkeit – die starren Anweisungen eines Algorithmus ausführen, mit menschlicher Intelligenz in Verbindung bringen zu wollen, erscheint ihm absurd.

Doch darin liegt ein erstes Mißverständnis. Die in der Informatik übliche Unterscheidung zwischen Hardware und Software ist gerade der Kern eines wesentlichen Arguments zur Stützung der These: Die Transistoren sind in einer Weise miteinander verschaltet, die sicherstellt, daß alles, was im Prinzip berechnet werden kann, auch auf diesem speziellen Computer – genügend Speicher vorausgesetzt – berechenbar ist, und ein Programm, das in einer höheren Programmiersprache geschrieben wurde, ändert sein Verhalten nicht, auch wenn es auf Computern völlig unterschiedlicher Architektur läuft. Es würde sich aber auch nichts ändern, wenn dieses Programm auf der Neuronenhardware des Gehirns abläuft, von der man ebenfalls annimmt, daß sie in einer Weise verschaltet ist, die die entsprechenden Berechnungen erlaubt [MC 65].

Ein weiteres Mißverständnis mag durch den bisherigen vornehmlich numerischen Einsatz von Computern entstehen, der leicht die Einsicht verschüttet, daß es möglich ist – in einer Programmiersprache entsprechend hohen Abstraktionsniveaus (z.B. LISP) – die uns umgebende Welt und Sachverhalte über diese Realität symbolisch zu repräsentieren und zu manipulieren. Auf *diesem* Repräsentationsniveau ist die Analogie zu menschlicher intellektueller Aktivität zu suchen, und es ist dabei unerheblich, wie diese symbolische Repräsentation durch die verschiedenen konzeptuellen Schichten (höhere Programmiersprache → Transistoren → Elektronenfluß) im Computer einerseits und im Gehirn (›Programmiersprache‹ → bestimmte funktionale Neuronenkonfiguration → Synapsen, Neuronen → Elektronenfluß) andererseits realisiert werden.

Die Fähigkeit meines Gehirns in diesem Augenblick, aus den von meiner Retina gesendeten und im Elektronenfluß des optischen Nervs codierten Signalen eine symbolische Repräsentation zu berechnen, die es gestattet, den vor mir stehenden Schreibtisch als *Gestalt* zu erkennen, basiert auf Methoden, die auch in einem Computerprogramm formuliert werden müssen, wenn es die Fähigkeit zur Gestaltwahrnehmung haben soll. Es ist bisher kein stichhaltiges Argument bekannt, welches zu der Annahme berechtigt, daß solche Methoden – ebenso wie zu komplexeren geistigen Tätigkeiten befähigende Methoden – nicht auch auf einem Computer realisiert werden können. De facto gehen die meisten Wissenschaftler der KI von der Arbeitshypothese aus, daß es keinen prinzipiellen Unterschied zwischen den kognitiven Fähigkeiten von Mensch und Maschine gibt.

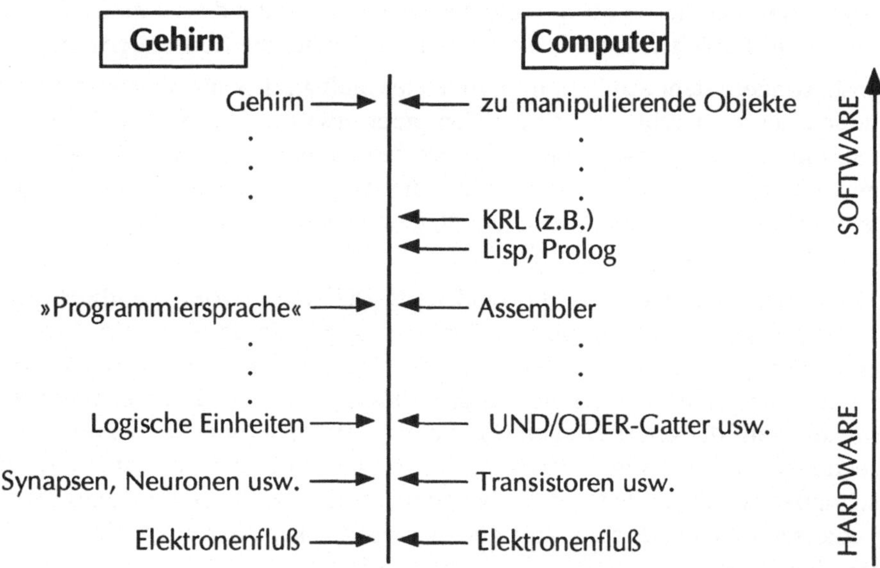

ABB. 3: ANALOGIEN GEHIRN – COMPUTER

Diese Hypothese kann zu der Spekulation verleiten, daß – genügend weitere KI-Forschung vorausgesetzt – der Unterschied zwischen Mensch und Maschine zunehmend geringer werden wird, und diese Schlußfolgerung hat berechtigte Kritik herausgefordert [WE 76]. Diese Kritik basiert im wesentlichen auf dem Argument, daß wir als denkendes Subjekt nicht allein durch eine abstrakte intellektuelle Fähigkeit, sondern auch durch das ›in-der-Welt-sein‹ dieser Fähigkeit geprägt sind. Wir sind als geistige Person die Summe unserer körperlichen und intellektuellen Erfahrungen: Die Tatsache, daß wir geliebt worden sind und geliebt haben, daß wir einen Körper haben und ungezählten sozialen Situationen ausgesetzt sind, die je nach sozialer Schicht und lokaler Besonderheit verschieden sind, hat einen das Denken prägenden Einfluß, dem ein Computer nicht ausgesetzt ist. Obwohl ein großer Teil dieser Erfahrungen explizit gemacht und dann auch programmiert werden kann, und obwohl es irrig ist zu glauben, ein Computer könne nicht so programmiert werden, als ob er entsprechende Emotionen habe, ist er doch nicht in der Welt, wie wir es sind, und wird, selbst rapiden technischen Fortschritt vorausgesetzt, eine uns fremde Intelligenz bleiben – eine maschinelle Intelligenz, die uns rein intellektuell jedoch gleichwertig, ja zur Zeit auf Spezialgebieten sogar bereits überlegen ist.

Als die ›Studienstiftung des Deutschen Volkes‹ vor fast fünfzehn Jahren meinen damaligen Doktorvater Patrick Hayes nach Bad Alpbach einlud und er vor dem vornehmen wissenschaftlichen Publikum von Nobelpreisträgern und respektablen deutschen Professoren eben diese Thesen vortrug, wurde er aufgebracht gefragt, ob diese ›mechanistische‹, ›reduktionistische‹ Sichtweise des Menschen nicht einer antihumanistischen Tendenz Vorschub leiste. Als er verstanden hatte, wovon überhaupt die Rede war, erzählte er den erstaunten Professoren von seiner Frau und einer Tätigkeit, die man im Englischen mit ›to make love‹ umschreibt. Er erzählte, wie sehr er seine Frau liebe, und daß es dieser Liebe nicht im geringsten abträglich sei, daß er im wesentlichen verstehe, wie ihr Körper chemisch und physikalisch funktioniere. Beispielsweise wenn sie erregt sei, seien die Drüsenfunktionen im wesentlichen bekannt. Oder wenn sie den Kopf so schön seitlich hielte... und dann diese Nackenlinie, die er immer so bewundert habe und von der er wisse, daß sie durch bestimmte Schwerkraftbedingungen entstehe! Ebenso sei es mit der Funktionsweise des Gehirns, das nun einmal als informationsverarbeitender Prozessor rational verstehbar funktioniere. Und sich an einen der berühmteren Teilnehmer wendend: »I know, Professor Breitenberg, your brain is a machine – but whouw, *what* a machine!«

Literatur

[AM 75] Ambler, P., et al.: A Versatile System for Computer-Controlled Assembly. J. Art. Intelligence *6* (1975)

[AN 83] Anderson, J.: The Architecture of Cognition. Harvard University Press 1983

[AN 86] Andrews, P.: An Introduction to Mathematical Type Theory: to Truth Through Proof. Academic Press 1986

[BA 80] Bakker, J. de: Mathematical Theory of Program Correctness. Prentice Hall 1980

[BB 82] Ballard, Brown: Computer Vision. Prentice Hall 1982

[BF 78] Buchanan, B.G., Feigenbaum, E.A.: Dendral and Metadendral: Its application dimensions. J. Art. Intelligence *11* (1978)

[BI 83] Bibel, W.: Automated Theorem Proving. Vieweg 1983

[BO 77] Boden, M.: Artificial Intelligence and Natural Man. Harvester Press 1977

[BO 77] Bobrow, D.G., et al.: GUS, A Frame Driven Dialog System. J. Art. Intelligence *8* (1977)

[BR 52] Brecht, B.: Rede für den Frieden. 1952

[BS 84] Buchanan, B., Shortliffe, E.: Rule Based Expert Systems. Addison-Wesley 1984

[BS 87] Bibel, W., Siekmann, J.: Studienführer Künstliche Intelligenz. Springer 1987

[CL 81] Clocksin, W., Mellish, C.: Programming in PROLOG. Springer 1981

[DA 56] Die ›Dartmouth Conference‹ (1956) gilt als die Geburtsstunde der Artificial Intelligence, wenn auch die eigentlichen Anfänge weiter zurückliegen und u.a. auf John von Neumann (USA) und Alan Turing (England) zurückgehen. McCorduck, P.: Machines who think. Freeman 1979 – gibt eine historische Übersicht.

[GM 89] Gazdar, G., Mellish, Ch.: Natural Language Processing in PROLOG. Addison-Wesley 1989

[GO 88] Görz, G.: Strukturanalyse Natürlicher Sprache. Addison Wesley 1988

[HA 72]   Hart, P., et al.: Artificial Intelligence – Research and Applications. Techn. Report. Menlo Park CA SRI 1972

[HAW]   Die zahlreichen Publikationen zum HAM-RPM und HAM-ANS Projekt sind über Prof. Dr. W. v. Hahn, Univiversität Hamburg, Mittelweg 179, D-20148 Hamburg 13, erhältlich.

[HR 83]   Hayes-Roth et al.: Building Expert Systems. Addison-Wesley 1983

[ID 87]   The International Directory of Artificial Intelligence Companies. Art. Intelligence Software, 45100 Rovigio, P.O.Box 198, Italien, 1987 (third edition)

[JA 86]   Jackson, P.: Expertensysteme. Eine Einführung. Addison-Wesley 1986

[KO 79]   Kowalski, R.: Logic for Problem Solving. North Holland 1979

[LO 78]   Loveland, D.: Automated Theorem Proving. North Holland 1978.

[LO 84]   Loveland, D.: Automated Theorem Proving: A Quarter Century Review. Duke Univ. 1984

[MA 82]   Marr, D.: Vision. Freeman 1982

[MC 65]   McCullock, H.M.: Embodiments of Mind. 1965

[MC 79]   McCorduck, P.: Machines who think. Freeman 1979

[MF 83]   McCorduck, P., Feigenbaum, E.: Fifth Generation Computer Systems. Addison-Wesley 1983

[MKRP]   The Markgraf Karl Refutation Procedure. Universität Kaiserslautern, FB Informatik, Postfach 3049, D-67663 Kaiserslautern und Universität Karlsruhe, FB Informatik, Postfach 6380, D-76131 Karlsuhe

[MÖ 84]   Mössner, Martin: Der Automatenmensch. Nachdruck Frankfurter Rundschau, 5.9.1984

[PU 86]   Puppe, F.: Expertensysteme. Inf.-Spektrum 9, 1-13 (1986)

[PU 88]   Puppe, F.: Expertensysteme. Springer 1988

[SH 76]   Shortliffe, E.H.: Computer Based Medical Concultations: MYCIN. North Holland 1976

[SL 78]   Sloman, A.: The Computer Revolution in Philosophy. Harvester Press 1978

[TE 81]   Tennant, H.: Natural Language Processing. Prentice Hall 1981

[VS 84]   Geisterfahrt ins Leere – Roboter und Rationalisierung in der Automobilindustrie. Hamburg: VSA 1984

[WA 78]   Walker, D.E.: Understanding Spoken Language. North Holland 1978

[WE 76]   Weizenbaum J.: Computer Power and Human Reasoning. Freeman 1976

[WI 70]   Winograd, T.: Understanding Natural Language. Edinburgh: University Press 1970

[WI 75]   Winston, P.: The Psychology of Computer Vision. McGraw Hill 1975

[WI 83]   Winograd, T.: Language as a Cognitive Process: Syntax. Reading MA: Addison-Wesley 1983

[WO 83]   Wos, L.: Automated Reasoning. Proc. Joint International Conference on Art. Intelligence. Karlsruhe 1983

[WO 84]   Wos, L., Overbeek, R., Lusk, E., Boyle, J.: Automated Reasoning Introduction and Applications. Prentice Hall 1984

TRENDS IN DER ARTIFICIAL INTELLIGENCE – ANMERKUNGEN ZUR SITUATION IN DER SCHWEIZ

ROLF PFEIFER UND THOMAS ROTHENFLUH

Einleitung

Wenn eine wissenschaftliche Disziplin in einem Land verankert wäre, würde man doch erwarten, dass solche Diskussionen betreffend *Perspektiven und Grenzen der Artificial Intelligence (AI)* auf breiterer Basis geführt würden. Die AI scheint aber in der Schweiz nicht genügend verbreitet zu sein, und eine entsprechende »Kultur« scheint auch zu fehlen. Es wird Thema unseres Beitrages sein, zu untersuchen, ob und inwieweit nun eine AI-Kultur in der Schweiz besteht.

Eine zweite Feststellung, die uns erwähnenswert scheint, ist die folgende: Diskussionen in der Informatik um Grenzen, Verantwortung, gesellschaftliche Auswirkungen, Perspektiven usw. entzünden sich fast immer an der AI. Wenn man aber heute die Einflussfaktoren anschaut, die tatsächlich gesellschaftliche Veränderungen bewirkt haben, dann ist eigentlich die Informatik im weitesten Sinn viel stärker daran beteiligt als die AI im speziellen. Letztere wird ja häufig nur als ein Teil der Informatik angesehen und hat sicher einen wesentlich geringeren Einfluss ausgeübt. Trotzdem spricht man in diesem Zusammenhang vor allem über die AI. Im folgenden werden einige Hypothesen für mögliche Ursachen dieser Situation aufgestellt.

Nun kurz zum Aufbau unserer Ausführungen: Zuerst werden wir auf die zweite Feststellung eingehen, weshalb sich Diskussionen um gesellschaftliche Auswirken an der AI entzünden. Anschliessend werden wir versuchen, einige Trends in der heutigen AI zu identifizieren. Dann wird ganz grob die »Landschaft« der AI in der Schweiz skizziert, und es wird anhand eines Beispiels gezeigt, wie die Landschaft in der Schweiz bezüglich dieser Trends aussieht. Zum Schluss werden wir nochmals kurz auf das Problem der »AI-Kultur« zu sprechen kommen.

Wieso AI als Ausgangspunkt für Diskussionen?

Wieso dient zumeist die AI als Ausgangspunkt für Diskussionen um Perspektiven und Grenzen der Informatik? Dazu haben wir drei Hypothesen aufgestellt.

(1) Die erste lautet: AI als Avantgarde der Informatik – die Themen, mit denen sich die AI heute befasst, sind die Themen, denen sich die Informatik morgen zuwendet. Man erinnere sich hier als Beispiel an die Programmier-Umgebungen. Die erste wirklich interaktive Programmier-Umgebung, die es gegeben hat, war das Interlisp-D-System, das von Xerox-PARC in den 70-er Jahren entwickelt wurde. Die Notwendigkeit zu solchen Programmier-Umgebungen hat sich direkt aus der Vorgehensweise der AI ergeben. Um ein Problem zu verstehen, um die Funktionalität und die genauen Ziele eines Systems zu definieren, war es notwendig, schnell Prototypen zu entwickeln. Dazu war es erforderlich, Programmier-Umgebungen zu entwickeln, die das einfache Austesten von Ideen auf einer angemessenen konzeptionellen Ebene gestatteten. Solche Programmier-Umgebungen finden sich heute nicht mehr nur im AI-Bereich, sondern sind aus der gesamten Informatik nicht mehr wegzudenken. Nebenbei sei noch bemerkt, dass die Philosophie des Prototyping, die ebenfalls aus der AI stammt, heute immer stärker vom Software Engineering übernommen wird, da man auch dort festgestellt hat, dass man beim Design von sehr komplexen Systemen nicht mehr ausschliesslich »top down« vorgehen kann, wie das im klassischen Wasserfall-Modell gehandhabt wird (oder wurde).

Nun ist aber die Informatik ein grosses und sehr breites Gebiet, in dem Entwicklungen überall parallel stattfinden. »Avantgarde« gibt es also in vielen ihrer Arbeitsgebiete – nicht nur in der AI. Das würde aber heissen, dass sich Diskussionen über Perspektiven und Grenzen der Informatik auch in diesen anderen Bereichen ergeben müssten. Bis zu einem gewissen Grad ist das auch der Fall, wenn man etwa an Datenbanken und Datensicherheit denkt, wo jeder einzelne direkt betroffen ist. Auch in der Computergraphik, insbesondere in der Computerkunst, gibt es manchmal Diskussionen um die Stellung des Künstlers als Mensch im kreativen Prozess. Die entsprechenden Auseinandersetzungen sind aber in der Regel sachlicher als in der AI. Auch findet zumeist keine so abenteuerliche Durchmischung von Tatsachen, Phantasien und Science Fiction statt, wie das bei Diskussionen, die sich an der AI entzünden, nicht unüblich ist. Die Hypothese »AI als Avantgarde« kann also nicht als alleinige Erklärung dieses Phänomens dienen.

(2) Die zweite Hypothese, die schon etwas näher an der Wahrheit liegen dürfte, ist die folgende: Die Forschungsgebiete, mit denen sich die AI befasst, sind Gebiete, welche üblicherweise dem Menschen vorbehalten bleiben. Es handelt sich dabei um die Untersuchung, die Modellierung und die Simulation von Tätigkeiten wie Denken, Problemlösen, natürliche Sprache, Folgern, Schliessen und Wahrnehmen. Dieselben menschlichen Tätigkeiten werden auch in der Psychologie schon seit langem untersucht. Aber dort steht das Verständnis psychischer Prozesse im Vordergrund; Modellentwicklung und Simulation werden lediglich als Untersuchungsmethoden eingesetzt, während die Systementwicklung für die AI zentral ist. Als weiterer Bereich der AI kommt die Entwicklung von autonomen Robotern hinzu, was in diesem Zusammenhang besonders wichtig ist. Gerade weil man die

erwähnten Tätigkeiten so eng mit dem Menschen gekoppelt sieht, und weil Roboter – zumindest in der Vorstellung – menschenähnlichen Charakter haben, eignet sich das Gebiet vorzüglich als projektives Feld: man projiziert, ähnlich wie z.B. beim Rorschach-Test, seine Ängste und seine Phantasien hinein, unabhängig davon, was tatsächlich im jeweiligen Programm oder im Roboter vorhanden ist. Dieses »projektive Verhalten« ist ja bereits sehr schön von Josef Weizenbaum illustriert worden in den Arbeiten zu »Eliza«, resp. zum Doktor-Programm (z.B. Weizenbaum, 1976). In der Interaktion mit diesem Programm sind die Leute in einem gewissen Sinne sehr intim geworden. Sie haben starke Emotionen gezeigt und wollten beim »Gespräch« nicht gestört werden. Dabei handelte es sich aus algorithmischer Sicht doch nur um ein besonders stupides Computerprogramm. Es beinhaltete lediglich einfaches Pattern-Matching mit anschliessendem Vertauschen gewisser sprachlicher Elemente. Das Resultat dieser Operationen wurde als »Antwort« an den Benutzer zurückgegeben. Es ist hier zu erwähnen, dass es genau die Absicht von Weizenbaum war, zu zeigen, mit welch primitiven Mitteln einem Benutzer »Intelligenz« vorgegaukelt werden kann, gerade *weil* Menschen die Tendenz zum Projizieren haben. Ähnliche projektive Tendenzen hat auch Sherry Turkle bei Kindern, die mit dem Computer spielen und arbeiten, festgestellt (Turkle, 1984). Programme der AI und speziell Roboter scheinen sich also anzubieten für Projektionen von Ängsten und Phantasien.

(3) Die dritte Hypothese, weshalb sich Diskussionen über Grenzen und Perspektiven der Informatik an der AI entzünden, hängt eng mit der zweiten zusammen. Sie betrifft die Anwendungsbereiche der AI und besagt, dass die Art der Anwendungsgebiete, die spezifischen Eigenschaften dieser Bereiche, als Aufhänger für Diskussionen geeignet sind.

Wodurch sind die Anwendungsbereiche der AI charakterisiert? Sie sind einmal komplex. Komplexität ist aber sicher kein Privileg der AI. Projekte in der Informatik sind heute ohnehin alle komplex. Die Anwendungsbereiche und die Problemstellungen der AI sind aber zusätzlich dadurch charakterisiert, dass, wenn Menschen sie bearbeiteten, man sagen würde, dass dazu Intelligenz, Wissen und Erfahrung erforderlich sind.

Ein wichtiger Punkt bei den Problemstellungen der AI ist die Tatsache, dass es häufig keine a priori-Kriterien gibt, wann eine Aufgabe gelöst ist oder nicht. Man kann lediglich feststellen, dass etwas besser oder weniger gut gelöst wurde. Ein Therapieplan in der Medizin beispielsweise ist nicht einfach richtig oder falsch. Es lässt sich meist kein klares Kriterium dafür angeben. Höchstens im nachhinein, wenn es dem Patienten oder der Patientin wieder besser geht, lässt sich sagen, dass der Therapieplan vermutlich nicht falsch war. Beim Aufstellen eines Therapieplanes müssen neben den medizinischen Indikationen zusätzlich die Kosten im weitesten Sinn betrachtet werden, z.B. Kosten für finanzielle und personelle Aufwendungen, besonders aber die »Kosten« für den Patienten: Ist die Therapie angenehm, ist sie zeitaufwendig, bringt sie Gefahren mit sich etc. Bei all diesen verschiedenen

Aspekten gibt es im allgemeinen keine a priori-Kriterien, die eine klare Bewertung eines aufgestellten Therapieplanes erlauben. Mit diesem Problem sind aber nicht nur AI-Systeme konfrontiert. Bekanntlich haben wir Menschen dieses Problem der fehlenden a priori-Kriterien auch schlecht gelöst. Es ist nicht allzu selten, dass ein Arzt eine bestimmte Therapie vorschlägt, während ein anderer das als Unsinn ansieht und etwas ganz anderes verschreibt. Dieses Fehlen von eindeutigen Kriterien zur Beurteilung einer Lösung verunsichert uns. Die Verunsicherung wird aber umso grösser, wenn die Lösung nicht von einem Menschen, sondern von einem Computersystem vorgeschlagen wurde. Und was uns verunsichert, gibt eben auch Anlass zu Diskussionen. Es ist erwähnenswert, dass Tätigkeiten im Alltag u.a. dadurch charakterisiert sind, dass sie praktisch nie »richtig« oder »falsch«, sondern lediglich »in Ordnung«, »gut«, »weniger gut«, etc. sind. Das sind aber genau diejenigen Tätigkeiten, die von uns als »intelligent« angesehen werden.

Nach diesen Hypothesen über mögliche Ursachen des zu Beginn erwähnten Phänomens folgen Überlegungen dazu, wo die internationale AI-»Community« heute die wichtigsten anstehenden Probleme bei der Entwicklung von intelligenten Computerprogrammen sieht. Dies soll anhand einiger Trends illustriert werden.

Trends in der AI

Trend 1: Von der Repräsentation zum »Knowledge Level«

Während noch bis Anfang der achtziger Jahre in der AI die Wissensrepräsentationsformalismen und bei den Expertensystemen die Werkzeuge zur Handhabung und Implementation dieser Formalismen (die sog. Expertensystemtools) im Vordergrund standen, hat sich heute das Schwergewicht verschoben. Anstatt von der Implementation, also vom Tool auszugehen, steht die Frage nach dem Wissen, das für die Durchführung einer Aufgabe notwendig ist, im Zentrum. Es handelt sich dabei um eine Umorientierung von einer computer- oder systemzentrierten zu einer wissens- oder problemzentrierten Sicht. Der Grund für diese Umorientierung ist u.a. darin zu sehen, dass viele Expertensystemprojekte daran gescheitert sind, dass man versuchte, das zu lösende Problem den Tools anzupassen. Dies führte auch dazu, dass bei der sog. Knowledge Acquisition, d.h. bei der Gewinnung und Formalisierung von Wissen, die Kommunikation zwischen dem Systementwickler und dem Fachexperten sich auf der Ebene der Formalismen abspielte. Typische Begriffe in einem solchen Dialog waren Regeln, Frames, Forward- und Backwardchaining, Vererbung und Constraint propagation. Diese Begriffe sind aber typischerweise im Vokabular eines Experten, z.B. eines Arztes oder eines Service-Technikers, nicht zu finden. Um mit einem Experten kommunizieren zu können, braucht es eine Sprache auf der Ebene von Problembeschreibungen und -lösungen. Die beiden Sichtweisen sollen anhand eines medizinischen Expertensystems, MYCIN, illustriert werden. Betrachten wir eine typische Regel dieses Systems, die in der Literatur ausgiebig analysiert worden ist (Figur 1).

WENN   (1)   Infektion ist Meningitis

        (2)   Art der Meningitis ist bakteriell

        (3)   Labortests keine vorhanden

        (4)   Patient ist älter als 16

        (5)   Patient ist Alkoholiker

DANN   besteht Evidenz für Diplococcus

FIGUR 1: BEISPIEL EINER MYCIN-REGEL.
(DIE NUMMERN WURDEN NUR EINGEFÜHRT, UM VERWEISE AUS DEM TEXT ZU VEREINFACHEN.)

Diese Regel besagt im wesentlichen folgendes: Wenn die Infektion Meningitis ist, die Art der Meningitis bakteriell ist, keine Labortests vorhanden sind, wenn der Patient älter als 16 Jahre und Alkoholiker ist, dann besteht Evidenz für »Diplococcus«, einem Erreger einer bestimmten Infektionskrankheit. Betrachtet man diese Regel abstrakt als Algorithmus auf der Implementationsebene, so stellt sie eine einfache Implikation dar (Figur 2). Die Regel besagt: »A« impliziert »B«, wobei die linke Seite, also »A«, aus mehreren Bedingungen bestehen kann, die mit »und« verknüpft sind.

Modus Ponens

$$A \to B$$
$$A$$
$$\overline{}$$
$$B$$

FIGUR 2: REGELN ALS EINFACHE IMPLIKATION

Die Grundidee der Schlussweise bei Expertensystemen der MYCIN-Klasse besteht in der Anwendung von *Modus Ponens*: Wenn eine Regel »A→B« gegeben ist und »A« erfüllt ist, dann kann gefolgert werden, dass auch »B« erfüllt ist. Auf diese Weise betrachtet, ergibt sich ein völlig triviales Bild des MYCIN-Systems, das man sicher nicht als intelligent bezeichnen könnte: Es wird nämlich nur eine Rückwärtsverkettung über diese ganz einfache Schlussform *Modus Ponens* gemacht.

Diese rein formale Betrachtungsweise, die häufig angewandt wurde, um zu zeigen, dass Systeme der AI eben gerade nicht intelligent seien (z.B. McDermott, 1981), wird diesen aber in keiner Weise gerecht. Sie betrifft lediglich die Implementationsseite der AI, nicht aber die epistemologische. Um ein angemessenes Bild von MYCIN zu gewinnen, muss man es im Anwendungszusammenhang sehen und sich fragen, welcher Art das Wissen ist, das in diesem System codiert ist, und was dieses Wissen für einen Bezug zur medizinischen Diagnostik hat. Erst dann kann MYCIN sinnvollerweise als intelligentes System betrachtet werden.

Man muss sich also z.B. fragen: Was ist eigentlich gemeint mit »A« und »B« und was bedeuten die Bedingungen, die unter »A« zusammengefasst sind, also die Bedingungen (1) bis (5) in Figur 1? Die Idee einer solchen Analyse geht auf Clancey (1983) zurück. Aus der Regel selbst wird z.B. nicht ersichtlich, dass der durch Bedingung (2) ausgedrückte Sachverhalt eine diagnostische Unterkategorie der in Bedingung (1) angegebenen Kategorie ist. Dies kann man nur feststellen, wenn man medizinisches Fachwissen hat, wenn man also weiss, dass (2) eine Unterkategorie von (1) ist. Darüberhinaus muss man wissen sein, wie die Regeln abgearbeitet werden, d.h. wie der sog. Interpreter funktioniert. D.h. man muss wissen, dass die Bedingungen nacheinander getestet werden. Die Tatsache, dass der Interpreter die Bedingungen in der Reihenfolge (1), (2), (3), (4), (5) testet, ist ebenfalls nicht explizit dargestellt. Kennt man die Strategie des Interpreters, kann man schliessen, dass zuerst gefragt wird, ob Meningitis vorliegt, und wenn das erfüllt ist, ob die Meningitis bakterieller Natur ist. Erst wenn das gegeben ist, wird weiter gefragt. Bedingung (3) ist eine Frage zum Vorgehen, die besagt, dass die Regel nur angewandt werden soll, wenn nichts besseres verfügbar ist, also wenn keine Labortests vorhanden sind. Bedingung (4) betrifft die Abfragestrategie. In dieser Bedingung ist implizit das Alltagswissen codiert, dass Alkoholiker normalerweise älter als 16 Jahre sind. Bedingung (5) wird deshalb auch nur geprüft, wenn feststeht, dass der Patient älter als 16 ist. Die Beziehung zwischen der linken und der rechten Seite der Regel ist formal gesehen eine reine Implikation. Sie stellt aber einen kausalen Zusammenhang dar: Wenn ein Patient mit bakterieller Meningitis Alkoholiker ist, dann besteht eine gewisse Evidenz für Diplococcus.

Man versteht das MYCIN-System nur, wenn man diese epistemologischen Überlegungen mit einbezieht, d.h. wenn man analysiert, was für Wissen in einer Regel explizit dargestellt ist und was zusätzlich hineininterpretiert werden muss. Damit soll nicht gesagt werden, dass das MYCIN-System besonders schön gebaut sei. Im Gegenteil, man hat solche Überlegungen u.a. dazu verwendet, bessere Architekturen zu finden. Was mit diesem Beispiel gezeigt werden soll, ist, dass durch eine epistemologische Analyse, oder durch eine »Knowledge Level« Analyse, ersichtlich wird, dass sehr viel mehr in einem System drin steckt, als bei einer rein formalen Analyse ersichtlich wird. Diese Betrachtungsweise auf dem sog. »Knowledge Level« (Newell, 1981) hat sich mittlerweile in vielen Bereichen der AI, sicher aber in der Expertensystem-»Community« durchgesetzt. Durch eine »Knowledge Level«-Analyse erreicht man also ein besseres Verständnis bestehender Expertensysteme. Zusätzlich gewinnt man ein besseres Verständnis des Problemlöseverhaltens von Experten und kann die Kommunikation zwischen Systementwickler und Experten verbessern. Auf die beiden letzteren Punkte wird hier nicht weiter eingegangen.

Der erste Trend in der gegenwärtigen AI, auf den wir hinweisen möchten, lässt sich also folgendermassen kurz zusammenfassen. Er bezieht sich vor allem auf Expertensysteme, die in der Anwendung der AI wichtig sind: Von einer Betrachtung der Algorithmen oder der Wissensrepräsentation, die in den Anfängen der AI eine grosse Rolle gespielt haben, bewegt man sich hin zur »Knowledge Level«-Analyse. Analysen, wie sie im vorhergehenden Abschnitt illustriert wurden, spielen heute in der Expertensystem-»Community« eine immer grössere Rolle, während Betrachtungen, die die Algorithmen resp. die Tools betreffen, immer mehr in den Hintergrund treten.

Dieser Trend bedeutet aber nicht etwa, dass Probleme der Repräsentation gelöst wären und keine Rolle mehr spielen. Es handelt sich beim »Knowledge Level« eher um eine zusätzliche Art der Analyse. Der »Knowledge Level« hilft, den Repräsentationsproblemen den richtigen Stellenwert zuzuweisen. Für neue Anwendungsgebiete und neue Formen des Schliessens wird man auch die Repräsentationsproblematik neu überdenken müssen.

Trend 2: Von »höheren« zu »niedrigeren« Aufgaben

Der zweite Trend hat viel mit der Frage zu tun, was denn Intelligenz überhaupt ist. Angenommen, vor Ihnen würde ein Glas Wasser stehen. Nun können Sie einfach dieses Glas nehmen und es ohne weiteres zum Mund führen. Sie können dazu in unterschiedlichen Positionen stehen oder sitzen, sie können in die Knie gehen und dazu erst noch sprechen. Wenn Sie das Glas zum Munde führen, machen Sie das nicht zu schnell, Sie wissen ungefähr, wieviel Druck (Gläser sind zerbrechlich) und wieviel Kraft (Gläser haben ein bestimmtes Gewicht) Sie anwenden müssen. Sie dürfen das Glas nicht zu schnell bewegen, denn wenn es zu schnell geht, schwappt die Flüssigkeit über. Sie wissen, dass Sie das Glas zum Trinken kippen müssen. Dieses Wissen wiederum ist auf Ihr – implizites – Wissen zurückzuführen, dass der Pegel einer Flüssigkeit horizontal bleibt, wenn er nicht beschleunigt wird. Alle Handlungen beim Trinken geschehen sehr automatisch – man braucht sich dabei nichts zu überlegen. Trotzdem kommt, wie wir soeben festgestellt haben, in dieser scheinbar einfachen Handlung sehr viel Wissen zur Anwendung. Allgemein lässt sich feststellen, dass bei der Interaktion mit der physikalischen Umwelt unwahrscheinlich viel Wissen im Spiel ist. Die Bewältigung einer physikalischen Umwelt ist nun ein wesentliches Charakteristikum eines intelligenten Systems. Intelligenz zeigt sich nicht nur im Lösen von Systemen von Differentialgleichungen, wie man das aus der Physik gewohnt ist, sondern es ist auch sehr viel Intelligenz – im weitesten Sinn – erforderlich, um zu trinken. Das hat nicht viel mit intellektuellen Funktionen zu tun. Ein Physiker, der im Studium vieles über Flüssigkeiten gelernt hat, kann deswegen nicht besser trinken als jemand, der nicht Physik studiert hat.

Daraus lässt sich ein zweiter Trend herleiten: Man bewegt sich in der AI weg von rein »höheren« kognitiven Aufgaben zu Aufgaben, die eine Interaktion mit der physikalischen Umwelt bedingen. Während man sich noch bis vor wenigen Jahren vor allem mit Aufgaben befasst hat, die mit »reinem Denken« zu tun haben, wie etwa Theorembeweisen, Schachspielen oder abstraktes Problemlösen, so hat man nun auch begonnen, sich immer stärker mit der Interaktion von AI-Systemen mit der realen, physikalischen Umwelt zu befassen. Fragen der Wahrnehmung (visuell, auditiv, taktil) und der Motorik gewinnen immer mehr an Bedeutung.

Dieser Trend lässt sich wie folgt interpretieren. Anfänglich hatte man sich in der AI vor allem mit Tätigkeiten und Aufgaben befasst, die in einem landläufigen Sinn als »intelligent« gelten. Mit der Zeit ist klar geworden, dass die wirklichen Schwierigkeiten nicht in der Formalisierung von Aufgaben bestehen, die ohnehin schon weitgehend vorformalisiert sind, wie das etwa beim Schach oder beim Theorembeweisen der Fall ist. Schach beispielsweise ist ja im Sinne von Haugeland (1985) ein *formales* Spiel, hat also bereits viele Eigenschaften, die eine Formalisierung begünstigen. Wirklich schwierig ist vielmehr die Erfassung von praktischem Alltagswissen (englisch »common sense knowledge«, französisch »sense pratique«). Solches Alltagswissen ist nun bei sämtlichen intelligenten Wesen vorhanden, ist zum grössten Teil implizit und hat ausserordentlich viel mit der Handhabung der physikalischen Umwelt zu tun. Natürlich spielt auch die soziale Umwelt beim Alltagswissen eine wichtige Rolle, wir beschränken uns aber für unsere Betrachtungen auf die »greifbarere« physikalische Umwelt.

In diesem Trend zeigt sich also, dass man erkannt hat, dass ein zentraler Aspekt menschlicher Intelligenz in der Handhabung der physikalischen Umwelt besteht. Einige Forscher versuchen, durch das Studium von »niedrigen« Prozessen (Wahrnehmung und Motorik) das Problem der Willkür der Semantik von AI-Repräsentationen anzugehen. Bekanntlich ist die Zuordnung von Symbolen einer Repräsentation zu Objekten in der Realität völlig willkürlich, solange die Ergebnisse der Operationen in der Repräsentation konsistent in der Realität interpretierbar sind. Dieses Problem wurde auch das »symbol grounding problem« genannt (Harnad, 1989). Dieser Willkür der Semantik kann man begegnen, indem man ein System so konzipiert, dass es die Repräsentation in der Interaktion mit der physikalischen Umwelt lernt. Die Semantik der Repräsentation ist dann gewissermassen »verankert«. Ansätze in dieser Richtung findet man etwa in der konnektionistischen Literatur (z.B. Dorffner, 1989). Diese Ideen gewinnen zusätzlich an Bedeutung, wenn man bedenkt, dass gemäss der Entwicklungstheorie von Piaget Konzepte ebenfalls aus der Interaktion mit der physikalischen Umwelt entstehen.

Durch diesen Trend kann eine Umorientierung der AI stattfinden. Fundamentale Fragen können neu gestellt und auch experimentell untersucht werden. Dadurch ist ein eigentlicher Innovationsschub zu erwarten, indem man von alten, einschränkenden Vorstellungen, abgeht.

Trend 3: Von »symbolischen« zu »analogen« Repräsentationen

Die Beschäftigung mit der physikalischen Umwelt zieht auch die Entwicklung neuer Repräsentationsschemata nach sich. Während man sog. höhere kognitive Prozesse weitgehend auf symbolischer Basis adäquat beschreiben kann, erfordern

Vorgänge, die mit Sehen, Hören, Tasten und Bewegung zu tun haben, zusätzliche Formen der Darstellung. Die Idee ist in Figur 3 illustriert.

symbolische Darstellung:

(Glas on-top-of Tisch)
(Flasche on-top-of Tisch)
(Glas to-the-right-of Flasche)

analoge Darstellung:

FIGUR 3: VERGLEICH SYMBOLISCHER UND ANALOGER DARSTELLUNG. (ERKLÄRUNGEN: S. TEXT)

Wenn man sich den bereits geschilderten Vorgang des Ergreifens eines Glases vorstellt, sieht man sogleich, dass man das Glas einfach von dort nimmt, wo es steht, und nicht von »on-top-of Tisch, to-the-right-of Flasche«. Die letztere Form der Darstellung, die symbolische oder propositionale, ist für die Steuerung dieses Verhaltens ungeeignet und erscheint auch unnatürlich. Sie ist ungeeignet, weil dadurch eine zu starke Abstraktion von der Realität, d.h. von den räumlichen und physikalischen Eigenschaften der Umgebung, zustande kommt. Eine analoge Form, wie sie im unteren Teil von Figur 3 dargestellt ist, eignet sich dazu wesentlich besser. Analoge Darstellungen sind dadurch charakterisiert, dass sie physikalische Eigenschaften von Objekten widerspiegeln und dass eine direkte Transformation stattfindet mit minimaler vorgängiger Klassifikation. Während bei einer symbolischen Darstellung beispielsweise die Relationen zwischen den Objekten im vorneherein definiert werden müssen, bleiben sie bei einer analogen Repräsentation implizit (z.B. wird die Relation, dass das Glas rechts von der Flasche steht, in der analogen Darstellung nicht explizit gemacht). Sie kann aber für Zwecke der Kommunikation in eine symbolische – explizite – Darstellung umgesetzt werden. Wie mit analogen Darstellungen gearbeitet werden soll, welche Prozesse darauf operieren und wie sie in symbolische übersetzt werden können, ist allerdings noch weitgehend ungelöst.

Bei diesem Trend geht es zentral um Fragen der Repräsentation. Wie schon oben erwähnt, steht dieser Trend aber nicht etwa im Gegensatz zum ersten Trend *Von der Repräsentation zum »Knowledge Level«*. Im Gegenteil ist es so, dass durch eine »Knowledge Level«-Analyse die Arten des Wissens identifiziert werden können. Für Aufgaben z.B. der Hand-Augen-Koordination ist Wissen von grundsätzlich anderer Natur notwendig als für logisches Schliessen (s. oben). Die Unterschiedlichkeit dieses Wissens, die unterschiedlichen Operationen, die darauf möglich sind und insbesondere auch die unterschiedliche Art der Lernprozesse, bedingen auch unterschiedliche Repräsentationen. Durch eine »Knowledge Level«-Analyse wird man also gezielt auf die wesentlichen Repräsentationsprobleme geführt.

Trend 4: Von seriell-symbolischen zu massiv-parallelen, subsymbolischen Systemen

Ein weiterer Trend, der direkt mit der Untersuchung nicht-symbolischer Repräsentationen zusammenhängt, ist der Übergang von seriellen zu massiv-parallelen Systemen. Der gegenwärtige Boom im Bereich der neuronalen Netze illustriert diesen Trend eindrücklich. Durch die neuronalen Netze hat in der AI ein enormer Innovationsschub stattgefunden. Die Untersuchung vieler fundamentaler Probleme der AI, in denen die Fortschritte recht gering waren, ist durch diesen Trend neu belebt worden. Als Beispiele von chronisch schwierigen Problemen für die AI seien hier lediglich die Lernmechanismen, die Stabilität von Systemen sowie das sog. Expertenparadoxon genannt.

Mit Lernen hat sich die AI schwer getan. Aufgrund des diskreten Charakters von Symbolverarbeitungsmodellen muss für jede neue Information entschieden werden, ob sie in eine alte Struktur hineinpasst, ob eine Abweichung von der alten Struktur registriert werden soll, ob eine neue Struktur zu bilden sei, oder ob die Information ignoriert werden soll. Die in der traditionellen AI postulierten Mechanismen für diese Prozesse haben fast durchweg ad hoc Charakter. Dies rührt u.a. daher, dass durch den diskreten Charakter der Repräsentation das System ebenfalls diskret reagieren muss. In konnektionistischen Modellen ist nun Wissen in Form von kontinuierlichen Zahlwerten gespeichert. Dadurch wird es möglich, bestehendes Wissen in kleinen Schritten zu verändern, wobei diese Veränderungen in den verschiedenen Lernregeln beschrieben sind. Auf diese Weise kann der Einfluss neuer Information systematisch und inkrementell verändert werden.

Die Stabilität von AI-Systemen ist ebenfalls ein altes Problem. Wenn eine Situation auftaucht, die nicht vorgesehen ist, können sich traditionelle Systeme nicht vernünftig verhalten. Aufgrund ihrer Fähigkeit zur Generalisierung zeigen konnektionistische Modelle auch in neuen Situationen ein sinnvolles Verhalten, solange die neue Situation mit bisher gelernten eine gewisse Ähnlichkeit aufweist.

Das Expertenparadoxon besagt folgendes. Aufgrund der Computer-Metapher würde man erwarten, dass der Zugriff auf eine bestimmte Information desto länger dauert, je mehr Information gespeichert ist. Bei menschlichen Experten ist jedoch genau das Gegenteil der Fall: Je mehr ein Experte weiss, desto schneller kann er sich an eine ganz bestimmte Information erinnern. In der traditionellen AI versuchte man, diese Phänomene auf die bessere Strukturierung des Wissens beim Experten zurückzuführen. Man überlegt sich aber leicht, dass dadurch das Expertenparadoxon nur teilweise erklärt wird. Eine viel bessere Erklärung ist die Annahme eines assoziativen Gedächtnisses, das auf parallelen – und zwar *massiv-parallelen* – Prozessen beruht. Neuronale Netze sind nun besonders geeignet für die Modellierung solcher Vorgänge.

Die neuronalen Netze haben also eine grundsätzlich neue Perspektive für diese Probleme geliefert, und es sind in den nächsten Jahren grosse Fortschritte zu erwarten.

Trend 5: Von »monofunktionalen« zu »hybriden« Systemen

Geht man davon aus, dass für die Modellierung intelligenter Funktionen zusätzlich zu rein symbolischen auch analoge Darstellungsformen notwendig sind, so folgt, dass in intelligenten Systemen verschiedene Repräsentationsschemata integriert werden müssen. Intelligenz ist also nicht etwas, das sich mit einem einzigen, homogenen Formalismus beschreiben lässt, als Menge von »well-formed formulas«, wie das die Logiker gerne hätten, sondern beruht auf dem Zusammenwirken von unterschiedlichsten heterogenen Teilsystemen. In der Robotik wird es offensichtlich, dass verschiedene Repräsentationsformalismen notwendig sind, da dort Wahrnehmung, abstraktes Problemlösen sowie Handeln integriert werden müssen. Damit soll betont werden, dass nicht nur die Robotik sich der AI bedienen soll, wie man das eigentlich erwarten würde und wie das traditionell auch gemacht wird. Vielmehr ist es so, dass die AI viel über intelligente Systeme lernen kann durch die Beschäftigung mit Robotik. Zusammengefasst ist das in einem Zitat von Michael Brady, einem der führenden Leute in der Robotik: „Robotics needs AI – but AI needs Robotics".

Ein Roboter braucht einerseits die Fähigkeit, mit einer physikalischen Umwelt zu interagieren (siehe auch Trend 2), andererseits sollte er auch über »höhere« Funktionen verfügen, wie z.B. abstraktes Problemlösen oder natürliche Sprache. Das Wissen für diese unterschiedlichen Arten von Tätigkeiten ist offensichtlich auch ganz unterschiedlich. Man rufe sich etwa die Handlung des Ergreifens eines Glases in Erinnerung und vergleiche das mit dem Führen eines mathematischen Beweises. Man kommt schnell zum Schluss, oder wird im Rahmen einer »Knowledge Level«-Analyse darauf aufmerksam, dass für intelligentes Verhalten Systeme unterschiedlicher Natur integriert werden müssen. Kurz gesagt: Intelligente Systeme sind multifunktional und müssen deshalb hybrid sein. Als besonders interessante hybride

Systeme dürften sich die Kombinationen von traditionellen, symbolischen Systemen mit neuronalen Netzen herausstellen (z.B. Gutknecht & Pfeifer, 1990).

Es sei hier noch angemerkt, dass generell eine Entwicklung in Richtung »Cognitive Science« beobachtet werden kann. In der »Cognitive Science« befasst man sich gesamthaft mit der Analyse und Entwicklung von intelligenten Systemen. Wir glauben, dass diese Trends zu interessanten Erkenntnissen führen werden, nicht nur, was die praktische Anwendung betrifft, sondern auch, was die theoretischen Grundfragen anbelangt.

Mit diesen »Trends« sollten die wichtigsten Entwicklungen der AI als Gesamtdisziplin, wie sie sich in der internationalen »Szene« präsentieren, charakterisiert sein. Wie verhält sich nun die entsprechende Forschung und Entwicklung in der Schweiz?

Die Landschaft der AI in der Schweiz

Wir möchten nun auf die anfänglich gestellte Frage nach der AI-Kultur in der Schweiz zurückkommen. Es folgt zuerst eine kurze historische Betrachtung. Dann wird anhand eines Beispiels – des Nationalen Forschungsprogrammes »Künstliche Intelligenz und Robotik« – der Bezug der Forschung in der Schweiz zu den oben identifizierten »Trends« illustriert. Anhand eines konkreten Projektes werden Wege zur Verbesserung der AI-Kultur aufgezeigt.

Während sich im Ausland, insbesondere in Europa, in den USA und in Japan in den 70-er und in der ersten Hälfte der 80-er Jahre zum Teil fast hektische Aktivitäten entfalteten, hat die Schweiz diese Entwicklung mehr oder weniger vollständig verschlafen. Ausser einigen interessierten Studenten und Doktoranden, die dann später auch oft in die USA abwanderten, existierte die AI praktisch nicht. Gegen Mitte der 80er Jahre kam dann aber plötzlich Bewegung in die Szene:

- An mehreren Universitäten und Hochschulen wurden Lehrstühle für AI oder wissensbasierte Systeme eingerichtet,

- die SGAICO (Swiss Group for Artificial Intelligence and Cognitive Science), eine Special Interest Group der Schweizer Informatiker Gesellschaft, wurde gegründet und zählt heute nahezu 500 Mitglieder,

- ein Nationales Forschungsprogramm »Künstliche Intelligenz und Robotik« (NFP-23) wurde konzipiert und 1988 ausgeschrieben,

- ein Forschungsinstitut für AI, das Istituto Dalle Molle di Studi sull'Intelligenza Artificiale (IDSIA), wurde in Lugano gegründet und beschäftigt heute über 20 wissenschaftliche MitarbeiterInnen,

- verschiedene Firmen aus dem Dienstleistungssektor richteten Forschungs- und Entwicklungsabteilungen mit AI als Schwerpunkt ein.

An den Universitäten der französischsprachigen Schweiz wurde ein gemeinsames Doktorandenstudium eingeführt, das nicht nur *Wissen* vermitteln soll, sondern auch die *Ausbildung zum AI-Forscher* beinhaltet. Auch in den 90er Jahren wird die AI auf der Forschungslandkarte eine wichtige Rolle spielen. In einem speziellen Förderungsprogramm des Bundes bildet die AI, insbesondere die Thematik der »wissensbasierten Systeme«, einen von drei Forschungsschwerpunkten. Ein Nationales Forschungsprogramm über hochparallele Rechner und neuronale Netze verspricht ebenso wie auch das CIM-Aktionsprogramm (Computer Integrated Manufacturing), wichtige Impulse für die AI-Forschung und Anwendung zu bringen.

Die »Trends« und das Nationale Forschungsprogramm »Künstliche Intelligenz und Robotik«, NFP-23

Als Ganzes gesehen stellt das NFP-23 bezüglich der darin abgedeckten Trends einen Volltreffer dar. Die Teilnehmer wurden im Ausschreibungstext geradezu aufgefordert, Projekte mit entsprechenden Zielsetzungen einzureichen. Allein schon die Grundthematik »AI und Robotik« deutet darauf hin, dass man sich mit der Interaktion eines intelligenten Systems mit der physikalischen Umwelt befassen will. Von der Absicht her liegt also das Programm ganz im internationalen Trend. Wie sieht aber heute die Realität aus?

Folgende Projekte werden aus NFP-23 Geldern finanziert:

- Specification and prototyping of a system for the intelligent management of information (Genève)
- Knowledge representation and acquisition for intelligent computer aided design and construction systems (Zürich)
- Portable AI Lab (Lugano)
- Evaluation of neural networks for robotic applications (Lausanne)
- Les systèmes explorateurs intelligents (Genève)
- Computermodelle menschlichen und maschinellen Lernens (Basel)
- Automatic assembly based on artificial intelligence (Lausanne)
- An intelligent multisensory robot vision system: multidimensional image-segmentation (Bern)
- An intelligent multisensory robot vision system: planning of vision tasks and object recognition based on CAD-models (Bern)
- Computer interpretation of complex tridimensional scenes, with application to the visual guidance of industrial robots (Genève)
- Architecture d'un système autonome: Application à la navigation d'un robot mobile (Neuchâtel)

FIGUR 4: PROJEKTE AUS DEM NATIONALEN FORSCHUNGSPROGRAMM NFP-23 »KÜNSTLICHE INTELLIGENZ UND ROBOTIK«. (QUELLE: NFPNR, SCHWEIZERISCHER NATIONALFONDS, 1990)

Von den ursprünglich über 70 eingereichten Projektskizzen wurden nach einer ersten Evaluations- und »Fusions«-runde etwa zwanzig Forscher und Forschergruppen eingeladen, detaillierte Anträge einzureichen. »Fusionen« wurden vorgeschlagen, weil erstens Parallelentwicklungen vermieden werden sollten, und zweitens ein erklärtes Ziel des Programmes die Förderung der interdisziplinären und interinstitutionellen Zusammenarbeit darstellt. Bei den bewilligten Projekten sieht man ein eindeutiges Schwergewicht im Bereich Vision und Robotik, was sich nicht nur in der Anzahl, sondern auch in der Grösse der Projekte zeigt (der finanzielle Umfang der Projekte ist in der Aufstellung nicht gezeigt). Vision und Robotik-Projekte sind typischerweise umfangreicher als solche der traditionellen AI, da einerseits Know-how über AI, Vision und über Robotik gefragt ist, was selten in Personalunion vorhanden ist und deshalb mehrere Leute an einem Projekt arbeiten müssen. Anderseits ist der apparative Aufwand höher (Kameras, Roboter, Roboterarme, Spezialcomputer etc.). Ein weiterer Teil der Projekte befasst sich mit Anwendungen von neuronalen Netzen in der Robotik, der Gedächtnismodellierung sowie Lernalgorithmen (das Projekt über »Computermodelle menschlichen und maschinellen Lernens« befasst sich vor allem mit neuronalen Netzen). Die restlichen Projekte sind Themen der »mainstream AI« gewidmet, wie natürliche Sprache, Tutoring Systeme, AI-Toolbox (das »Portable AI Lab«) und wissensbasierte Systeme.

Analysiert man, wie gut die oben isolierten Trends in diesen Projekten als Forschungsgegenstände thematisiert werden, ergibt sich ein gemischtes Bild. Gut repräsentiert sind die Trends *Von »höheren« zu »niedrigeren« Aufgaben* und *Von »monofunktionalen« zu »hybriden« Systemen*, was weitgehend durch die wichtige Rolle der robotikorientierten Projekte bedingt ist. Mit den neuronalen Netzen ist auch der Trend von »seriell-symbolischen zu massiv-parallelen Systemen« repräsentiert. Die Trends *Von der Repräsentation zum »Knowledge Level«* und *Von symbolischer zu analoger Repräsentation* werden in diesem Rahmen nicht explizit bearbeitet.

Studiert man die Projektinhalte im Detail, so stellt man fest, dass in den meisten Proposals die AI eine recht untergeordnete Rolle spielt, was u.a. daher rührt, dass viele Gesuche von Forschern eingereicht wurden, die aus der Robotik und nicht aus der AI stammen. Analysiert man zusätzlich die über 70 ursprünglich eingereichten Projektskizzen, so stellt man ebenfalls fest, dass bei einem Grossteil der Gesuchsteller der Hintergrund in AI fehlt. AI schien bei vielen lediglich ein Vorwand zu sein, um sich am NFP-23 zu beteiligen. Diese Analysen und Überlegungen zeigen, dass offenbar zu wenig Kompetenz im Gebiete der AI in der Schweiz vorhanden ist. Dies wiederum ist sicher zur Hauptsache auf die bislang ungenügende Ausbildungssituation zurückzuführen. Wen wundert es also, dass hier keine AI-»Kultur« existiert?

Die Landschaft der AI in der Schweiz präsentiert sich also bei näherem Hinsehen – und trotz vorhandener Geldmittel – nicht besonders rosig und kann sich nicht mit der (geographischen) Landschaft der Schweiz mit ihren Alpen, die Millionen von

Touristen aus der ganzen Welt anlockt, messen. Seit kurzem scheint jedoch einiges in Gang gekommen zu sein, wie am Anfang dieses Abschnittes beschrieben wurde. Soll die Landschaft der AI in der Schweiz aber tatsächlich Touristen (sprich: Forscher, Ausbilder, Entwickler) aus der ganzen Welt anziehen, sind noch weitere grosse Anstrengungen notwendig. So versuchen einige Forscher auf ihre Weise, einen Beitrag zur Verbesserung der Situation zu liefern. Diese Anstrengungen sollen hier exemplarisch anhand des NFP-23-Projektes »Portable AI Lab«, das von Mike Rosner und Rod Johnson vom IDSIA eingereicht wurde, zusammengefasst werden.

Das »Portable AI Lab«

Die Grundidee des »Portable AI Lab« ist in Fig. 5 zusammengefasst. Ausgangspunkt für das Projekt bildete u.a. die Überlegung, dass die Verfügbarkeit von qualitativ hochstehender Software eine Grundvoraussetzung für effektiven Unterricht in AI darstellt. Die meisten Schweizer Institute verfügen aber nicht über die nötigen Ressourcen, solche Software herzustellen: Lehrbuchbeispiele sind i.a. zu trivial, und kommerzielle Software ist zu teuer, die Dokumentation lässt zu wünschen übrig, oder der Source-Code ist nicht verfügbar. Ferner werden durch kommerzielle Produkte nur bestimmte Segmente der AI abgedeckt, typischerweise die Inferenz- und Repräsentationskomponente bei Expertensystemen. Die Verfügbarkeit von gut dokumentiertem und didaktisch strukturiertem Source-Code ist besonders wichtig, denn ein tieferes Verständnis von Programmen gewinnt man bekanntlich am besten durch die Veränderung von bestehendem Code.

Als Grundlage für das »Portable AI Lab« werden die wichtigsten »state of the art«-Algorithmen gesammelt, oder wenn nötig, neu programmiert und in einem Softwarepaket integriert. Dieses Paket soll allen, die AI unterrichten, oder sich selbst ausbilden wollen, gratis zur Verfügung gestellt werden. Am Projekt sind vier der wichtigsten Institutionen beteiligt, die sich in der Schweiz mit AI beschäftigen.

»Portable AI Lab«

- Integriertes Paket mit den wichtigsten
  »state-of-the-art« Algorithmen der Artificial Intelligence
- Source-code, Beispiele und Dokumentation verfügbar
- Abgabe gratis
- Finanzierung durch NFP-23
- Beteiligung von vier Schweizer Institutionen:
    - IDSIA, Lugano
    - EPFL, Ecublens
    - Institut für Informatik, Universität Zürich
    - Psychologisches Institut, Universität Zürich

FIGUR 5: BESCHREIBUNG DES »PORTABLE AI LAB« (DETAILS S. TEXT).

Als Befürworter der AI – unter einigen Kritikern an dieser Tagung – würden wir folgende Schlüsse ziehen. Das enorme Potential der Artifical Intelligence, das man u.a. an den erläuterten Trends langsam zu erkennen beginnt, wird erst ansatzweise ausgeschöpft. Wichtig ist deshalb bereits heute eine Diskussion um die gesellschaftliche Relevanz der AI, um ihr Potential und um ihre Grenzen. Umso wichtiger ist aber auch ein fundierter Kenntnisstand aller verantwortlichen Informatiker dieses Gebietes, insbesondere natürlich aller AI-Forscher. Um das Ziel einer seriösen und kompetitiven Forschung und Entwicklung in der AI in der Schweiz zu erreichen, ist es daher notwendig – und wir möchten diese Gelegenheit für einen Appell nutzen – dass die bisherige Förderung unbedingt weitergeführt und noch intensiviert wird. Ein guter Anfang wurde gemacht, aber es braucht noch viel mehr.

Danksagung

Wir danken Matthias Gutknecht, Lucia Sprotte-Kleiber und Markus Stolze für ihre konstruktive Kritik.

Literatur

Clancey, W.: The epistemology of a rule-based expert system. Artificial Intelligence *20*, 215-251 (1983)

Dorffner, G.: Steps towards sub-symbolic language models without linguistic representations. Vienna: Techreport TR-89-10. Austrian Research Institute for Artificial Intelligence 1989

Gutknecht, M., Pfeifer, R.: Experiments with a hybrid architecture: Integrating expert systems and neural networks. In: Proceedings of the 10th International Workshop on Expert Systems and Their Applications. Avignon 1990

Harnad, S.: The symbol grounding problem. Presentation at the CNLS Conference on Emergent Computation. Los Alamos 1989

Haugeland, J.: Artificial Intelligence, the very idea. Cambridge, MA: MIT-Press 1985

McDermott, D.: Artificial Intelligence meets natural stupidity. In: J. Haugeland (ed.): Mind design. Cambridge, MA: MIT Press 1981

Newell, A.: The Knowledge Level. AI Magazin *2(2)*, 1-20 (1981)

Turkle, S.: The second self. Computers and the human spirit. New York: Simon & Schuster 1984

Weizenbaum, J.: Computer power and human reason. San Francisco: Freeman 1976

DIE FUNKTIONALE ORGANISATION DER MENSCHLICHEN INTELLIGENZ

BORIS VELICHKOVSKY

Der Begriff ›Intelligenz‹, der während des 14. Jahrhunderts aus dem Lateinischen in moderne Sprachen übertragen wurde, bildete sich in den letzten Jahrzehnten mehr und mehr zu einer Kategorie mit allgemeinwissenschaftlicher Bedeutung aus. In der Fachliteratur findet man Diskussionen über die intellektuellen Ressourcen einzelner Bevölkerungsgruppen und die intellektuellen Bedürfnisse der Gesellschaft im ganzen. Überall wird von geistigen und intellektuellen Freiheiten gesprochen. Eines der Symbole der zeitgenössischen, wissenschaftlichen und technischen Revolution ist der Begriff ›Künstliche Intelligenz‹ geworden. Damit bezeichnet man alle technischen Systeme, die fähig sind zu lernen, Dinge wiederzuerkennen, sich adaptiv zu verhalten, Probleme zu lösen, Wissen zu speichern und zu benützen. Stetig wächst gleichzeitig das Interesse an der Erforschung der ›natürlichen‹ Intelligenz, die sich durch unser Vermögen zur Wahrnehmung, zur Erinnerung, zur Aufmerksamkeit und zur bewußten Entscheidung, aber auch durch kreatives Denken, Verstehen und die Leistungen der Einbildungskraft manifestiert.

Seit Wilhelm Wundt, Herrmann Ebbinghaus und Oswald Külpe sind diese kognitiven Prozesse das Hauptobjekt der experimental-psychologischen Forschungen. Wichtig ist, daß die Untersuchungen inzwischen direkt mit den erwähnten technologischen Entwicklungen verbunden sind. Eine solche Zusammenfassung vollzieht sich im Rahmen einer neuen interdisziplinären Wissenschaft, die in verschiedenen Teilen der Welt Kognitionswissenschaft, Cognitive Science oder Kognitologie genannt wird, was aber im Prinzip alles dasselbe bedeutet – die Integration von spezifischen Herangehensweisen der Philosophie, Psychologie, Computerwissenschaft, Linguistik und Neurophysiologie zur Erforschung und Modellierung der kognitiven Prozesse. Eine Aufgabe dieser Art hat sich auch zum Teil das Projekt MIND AND BRAIN gestellt, zu dem sich seit dem akademischen Jahr 1989/90 eine Gruppe von Wissenschaftlern aus West und Ost im Zentrum für interdisziplinäre Forschung der Universität Bielefeld versammelt hat. Wie bedeutend die Zusammenarbeit nicht nur in epistemischer, sondern auch in praktischer Hinsicht ist, zeigt sich daran, daß alleine die Berücksichtigung eines der trivialen Prinzipien der Informationsverarbeitung im menschlichen Gehirn in den letzten Jahren zur Bildung einer eigenständigen Klasse von Computern geführt hat. Anders als die gewöhnlichen EDV-Anlagen führen diese sogenannten konnektionistischen

Maschinen mehrere Operationen gleichzeitig durch, ähnlich wie es bei der Verbreitung der Aktivierungswellen in den neuronalen Netzwerken des Gehirns passiert. Die neue funktionale Architektur ist durch größere Geschwindigkeit, Zuverlässigkeit und durch die Fähigkeit zur adaptiven Selbstorganisation gekennzeichnet. Viele andere Organisationsprinzipien der natürlichen Intelligenz warten noch auf die entsprechende Realisierung.

In dieser Arbeit möchte ich einige ausgewählte Aspekte der modernen Intelligenzforschung in der Psychologie und der Kognitionswissenschaft diskutieren. Zuallererst ist dabei die psychometrische Herangehensweise zu besprechen, die bis heute oftmals als identisch mit der Intelligenzforschung überhaupt angesehen wird.

1. Die psychometrischen Ansätze: ›Intelligenz ist, was ein Intelligenztest mißt.‹

Die ersten Intelligenztests sind zu Anfang dieses Jahrhunderts unter dem Einfluß der Erfordernisse der Schulbildung entstanden. Ihr Hauptgegenstand sind demgemäß solche Persönlichkeitsmerkmale geworden, die sich auf den Erfolg in der Ausbildung an Schule und Universität auswirken. Jeder Intelligenztest besteht aus einer Reihe von Aufgaben etwa von der Art, wie sie in Abbildung 1 gezeigt werden. Die modernen Methoden, z.B. Stanford-Binet oder der Hamburg-Wechsler Intelligenztest, sind im Grunde genommen ganze Sammlungen von Aufgaben, die helfen sollen, verschiedene kognitive Strukturen und Funktionen zu diagnostizieren – das Wissen um den Wortschatz der Muttersprache, die Gedächtniskapazität, das Erkennen von Bildern und Konfigurationen, die Geschwindigkeit und Genauigkeit bei räumlichen Transformationen dieser Konfigurationen und so weiter. Der berühmte Intelligenzquotient (IQ) ist dann nichts anderes als ein gewichteter Mittelwert der Ergebnisse auf den einzelnen Skalen. Obwohl dieser Mittelwert eine statistische Abstraktion ist, ist er relativ stabil und kann zur Leistungsvorhersage bei Aufgaben desselben Typs benutzt werden. Zum Beispiel wird die Korrelation zwischen den IQ-Werten ein und desselben Individuums im Alter von 18 und 40 Jahren bei entsprechender Standardisierung etwa in der Größenordnung 0,70 liegen. Dieser Wert kann als gute Zuverlässigkeit des Tests interpretiert werden, unabhängig davon, was er nun in Wirklichkeit mißt.

Die Entwicklung der psychometrischen Ansätze ist stark durch die Tatsache geprägt, daß die mit Hilfe einzelner Aufgaben gewonnenen Schätzwerte fast immer mehr oder weniger stark untereinander korrelieren. In anderen Worten, die Leistungen könnten durch eine relativ kleine Zahl von Grundfähigkeiten oder Begabungen determiniert sein. Die Natur solcher Begabungen wird in der Psychometrie mit Hilfe der Faktorenanalyse geklärt. Darunter versteht man eine ganze Gruppe multidimensionaler statistischer Verfahren, die eine bestimmte Projektion von beobachteten Variablen in mathematische Räume mit bedeutend weniger Dimensionen erlauben. Individuelle Erfolge bei der Lösung der einzelnen Aufgaben werden gewöhnlich als lineare Kombination des Wirkens von Grundbegabungen, die das Lösen der gesamten Testbatterie ermöglichen, interpretiert.

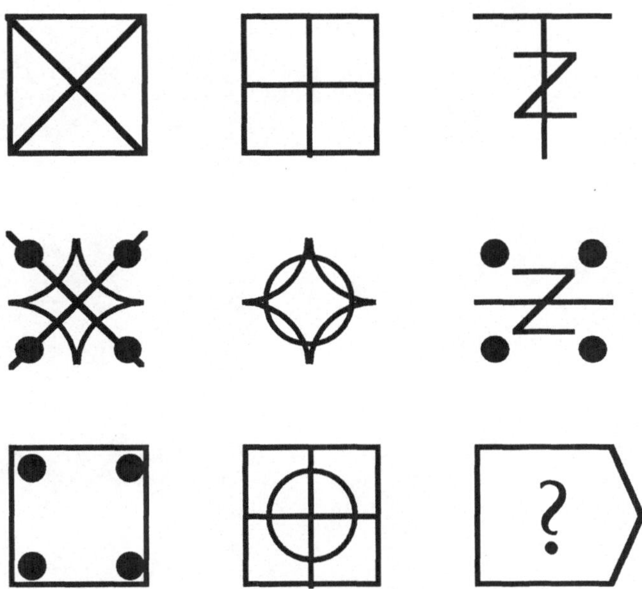

ABB.1: EINE DER TYPISCHEN AUFGABEN AUS DEM TEST ›RAVENS PROGRESSIVE MATRIZEN‹. ES IST NOTWENDIG, DEN LOGISCHEN AUFBAU DER EINZELNEN FIGUREN ZU VERSTEHEN UND RECHTS UNTEN EINZUTRAGEN.

Die Verwendung der Faktorenanalyse hat zur Herausbildung von mehreren deskriptiven Modellen der intellektuellen Begabungen geführt. Übrigens ist schon die Zahl der Grundfähigkeiten in den verschieden faktorenanalytischen Modellen sehr verschieden, mal liegt sie bei zwei, mal bei sieben, wie es die nächste Abbildung zeigt. Die höchste Zahl der Faktoren – genau 120 – wird im Intelligenzmodell von J.Guilford behauptet. Die Schwierigkeiten bei der Unterscheidung zwischen diesen Modellen konnten anhand des Beispiels des Faktors ›Verbale Intelligenz‹ demonstriert werden. Folgt man der Mehrheit der Autoren, so handelt es sich hierbei um eine Begabung für das schnelle und präzise Umgehen mit gut erlerntem, kulturspezifischem Material. Eine solche Definition zeigt aber sehr große Ähnlichkeit mit der Beschreibung der sogenannten ›Sozialen Intelligenz‹. Selbstverständlich sind die beiden Konzepte verschieden, aber es gibt keine Möglichkeit, sie im Rahmen der faktorenanalytischen Ansätze zu unterscheiden. Auch in mathematischer Hinsicht ist das Problem der Herausdifferenzierung von Faktoren nicht eindeutig gelöst. In Abhängigkeit von den expliziten und impliziten Annahmen über die konkreten Zusammenhänge zwischen den Faktoren kann man eine fast beliebige Anzahl von Grundfähigkeiten und Kombinationen zwischen ihnen bekommen, was natürlich sehr unterschiedliche inhaltliche Interpretationen mit sich bringen würde.

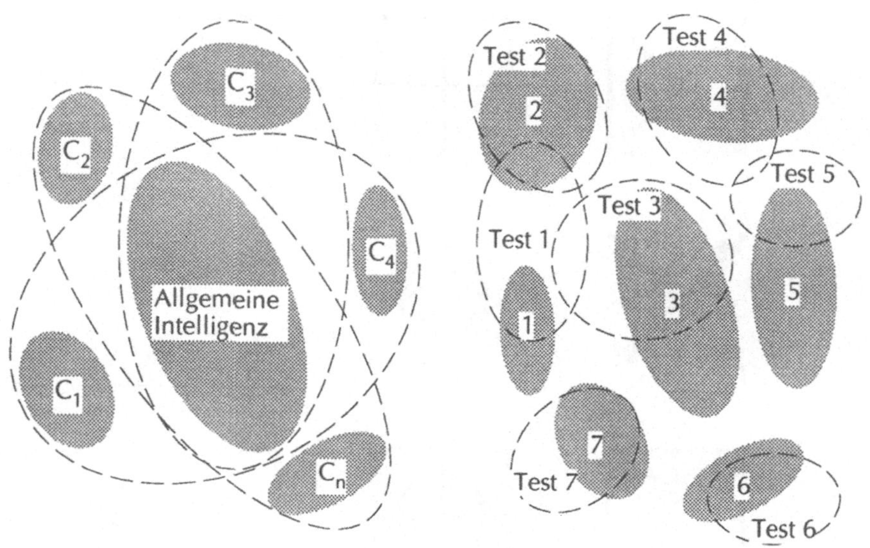

ABB.2: BEISPIELE FÜR FAKTORENMODELLE DER INTELLIGENZ.
LINKS: ZWEI-FAKTOREN-MODELL; ALLGEMEINE INTELLIGENZ AUF DEM HINTERGRUND SPEZIELLER BEGABUNGEN.
RECHTS: MODELL VON PRIMÄREN BEGABUNGEN, BEI DENEN NORMALERWEISE MINDESTENS 7 GRUNDFÄHIGKEITEN ANGENOMMEN WERDEN.

Ernsthaft genug sind auch andere Schwierigkeiten. Die realen Situationen, in denen wir unsere Vernunft und unsere intellektuellen Begabungen zeigen sollen, sind kaum auf diskrete Aufgaben mit vorgeschriebenen Antworten zugeschnitten. Wir selbst formulieren unsere Probleme, bestimmen und korrigieren im Notfall unsere Ziele, finden die notwendigen Mittel und kontrollieren die Entwicklung der Ereignisse, insbesondere die Folgen unserer Handlungen, weil unter realen Bedingungen die Lösung eines Problems nicht selten die Entstehung einer Reihe von neuen Problemen bewirkt. Die Besonderheiten dieser kognitiven Tätigkeit sind sehr individuell. Jeder Mensch, der überhaupt als begabter oder kluger Mensch bezeichnet werden kann, ist klug auf seine eigene Art und Weise. Die Faktorenanalyse beschreibt die interne Struktur einer Menge der Aufgaben, die gelöst werden sollen, und nicht die Tätigkeitsstruktur der Problemlöser selbst.

Das ändert sich leider nicht wesentlich, wenn wir mit Hilfe der multidimensionalen Skalierung und ähnlicher moderner Methoden einen Zugang zur individuellen Wissensrepräsentation im semantischen Gedächtnis bekommen, weil dies erstens die Frage nach der Existenz anderer Formen des Wissens offen läßt, und weil es zweitens keine unumstrittenen Maße für Intelligenz oder Kompetenz gibt. Versuche, die Zahl der semantischen Klassifikationsdimensionen von Begriffen – die Kognitive Komplexität – als solches Maß zu nehmen, scheitern an dem paradigmatischen Beispiel von Jorge Luis Borges. Nach ihm soll eine alte Enzyklopädie etwa folgende Klassifikation von Tierarten enthalten haben:

a) Tiere, die dem Kaiser gehören,
b) einbalsamierte Tiere,
c) gezähmte,
d) Milchschweine,
e) Sirenen,
f) Fabeltiere,
g) herrenlose Hunde,
h) in diese Gruppierung gehörige,
i) die sich wie Tolle gebärden,
j) nicht zählbare,
k) die mit einem ganz feinem Pinsel aus Kamelhaar gezeichnet sind,
l) und so weiter,
1) die den Wasserkrug zerbrochen haben,
m) die von weitem wie Fliegen aussehen.

Zusammenfassend: Es gibt wohl nur den einen, obwohl mühsamen Weg. Man muß die Besonderheiten der Mikro- und Makroorganisation der kognitiven Tätigkeit erst erklären, um die entsprechenden quantitativen Parameter finden und messen zu können. Die Entwicklung der psychometrischen Verfahren bleibt natürlich eine der wichtigsten Aufgaben der angewandten psychologischen Forschung.

2. Mikro- und Makrostruktur der Kognitionsprozesse: Neuronale Netzwerke, Module und symbolische Koordinationen

In der heutigen Kognitionswissenschaft versteht man unter Erkenntnistätigkeit den Aufbau einer Hierarchie von Wissensrepräsentationen und die Benutzung dieses Wissens in Abhängigkeit von den Anforderungen der jeweiligen Situation. Eine nicht unwesentliche Rolle spielt dabei die sogenannte *Computer-Metapher*, also der Vergleich zwischen der allgemeinen Organisation der menschlichen Intelligenz und der Architektur der Informationsverarbeitung in einem Computer. Da es, wie schon oben erwähnt, sehr verschiedene Klassen von Computern gibt, muß man von Anfang an festhalten, daß die Analogie nur mit Vorsicht zu benutzen ist. Die Faustregel ist etwa: Die Informationsverarbeitung in den klassischen, uns allen gut bekannten programmierbaren Rechnern ist in ihrer Architektur nur den höheren, speziell mit der Benutzung der Sprache verbundenen kognitiven Prozessen und auch das nur in spezifischer Hinsicht ähnlich. Die elementaren Formen der kognitiven Aktivität lassen sich eher mit Hilfe der neueren konnektionistischen Architekturen simulieren. Der Ausdruck ›elementare Formen‹ bedeutet hier, daß die Prozesse sich in der individuellen Entwicklung (Ontogenese) früher manifestieren und nach neuropsychologischen Befunden mit den relativ älteren Gehirnstrukturen verbunden sind.

Die Mikrostruktur der Kognitionsprozesse erweckt den Eindruck von ungeheurer Komplexität. Die experimentellen Methoden erlauben es, die Prozesse viel detaillierter zu rekonstruieren, als es mit der traditionellen, psychometrisch orientierten Forschung möglich wäre. So verbergen sich zum Beispiel hinter dem ›Perzeptiven Faktor‹ aus den faktorenanalytischen Modellen in Wirklichkeit eine ganze Anzahl von teilweise autonomen Strukturen oder Modulen der Informationsverarbeitung. Schon der Bereich der visuellen Wahrnehmung – letztlich sind wir wie alle höheren Primaten visuelle Lebewesen – läßt sich als Anordnung von Mechanismen auf mehreren übereinander liegenden Niveaus beschreiben. Auf der relativ niedrigen Ebene finden sich die visuellen Mechanismen, die bei der Regulation der Körperbewegungen beteiligt sind. Das nächste Niveau beschäftigt sich mit der dynamischen Lokalisation der Objekte in Raum und Zeit. Auf diese Strukturen aufgebaut finden sich die Mechanismen der gegenständlichen Wahrnehmung der Sehdinge. Äußerst interessant ist es außerdem, daß man heute diese Mechanismen mit den drei von dem sowjetischen Physiologen Nikolaj Bernstein schon in der Mitte der 40er Jahre entdeckten Niveaus des Aufbaus von Bewegungen identifizieren kann. Es handelt sich dabei sicherlich um globale, hierarchisch aufgebaute Strukturen, die unsere unmittelbaren Auseinandersetzungen mit der Welt steuern.

Die feinere Struktur der Wahrnehmung könnte man noch viel genauer beschreiben, es soll damit genug sein, darauf hinzuweisen, daß auch andere kognitive Prozesse, z.B. das Gedächtnis – die Mutter aller Musen – ähnliche modulare und hierarchische Organisation zeigen. So gibt es nach experimentalpsychologischen und neurophysiologischen Befunden wenigstens drei verschiedene Ebenen der Wissensspeicherung. Automatisierte und unbewußte Prozesse, die den Verlauf von erlernten Fertigkeiten im senso-motorischen wie auch im kognitiven Bereich steuern, sind mit Mechanismen des sogenannten ›prozeduralen Gedächtnisses‹ verbunden. Von dieser Art des Gedächtnisses ist das semantische Gedächtnis zu unterscheiden, welches die Information über Wortbedeutungen, allgemeine Fakten, typische Umgebungen und andere Formen des Alltagswissens beibehält. Die höhere Ebene bildet das episodische oder autobiographische Gedächtnis, das persönlichkeitsrelevante Ereignisse und Erfahrungen speichert. Die drei Typen von Gedächtnis verhalten sich in Abhängigkeit von experimentellen Eingriffen und in Fällen von Gehirnverletzungen sehr unterschiedlich.

Sogar das Denken, die Entscheidungs-, Inferenz- und Schlußfolgerungsprozesse können mit Methoden der modernen Kognitionswissenschaft in die feinsten Mikrooperationen zerlegt und dann in Gestalt von Computerprogrammen rekonstruiert werden. Oft stellt sich bei all diesen höheren kognitiven Leistungen ein bestimmter Zusammenhang als kritisch heraus. Das ist der Zusammenhang zwischen der subjektiven Repräsentation der Bedingungen und den Strategien oder Metaprozeduren, die für die Transformation dieser Repräsentation benutzt werden. Stellen Sie sich ein großes, sehr dünnes Papier vor. Falten Sie in Gedanken das Blatt einmal zusammen. Und noch einmal ... und so weiter, 50 mal. Wie dick wird am Schluß das gefaltete Papier in etwa sein? Solche Aufgaben sind gerade deshalb schwierig zu lösen, weil die Form der Darbietung uns zum Aufbau der bildhaften Repräsentation zwingt, obwohl die notwendigen Metaprozeduren von formaler, mathematischer Art sind. Ein anderes Beispiel, jetzt in Form eines Syllogismus: »Alle A sind B; fast alle B sind C. Welche Schlußfolgerung ermöglicht dieser Syllogismus?« Gewöhnlich lautet die Antwort: »Fast alle A sind C«, oder vorsichtiger: »Die Mehrheit aller A sind C«. Betrachten wir aber denselben Syllogismus in konkreter Form, etwa: »Alle Nobelpreisträger sind Wissenschaftler; fast alle Wissenschaftler sind unter 60«, dann wird offensichtlich, daß ein eindeutiger formaler Schluß auf der Basis dieser Syllogismusform einfach unmöglich ist. Was hinzukommen muß, ist der Vergleich des inhaltlichen Umfangs der jeweiligen Begriffe.

Was sind aber die subjektiven Repräsentationen und die Metaprozeduren, die zur erfolgreichen Lösung von wirklich produktiven Problemen führen? Nach dem Stand der Forschung spielen hierbei die Fähigkeit und die Bereitschaft, mit Modellen von hypothetischen oder sogar unmöglichen Situationen zu arbeiten, eine herausragende Rolle. Erinnern wir nur an die ›reductio ad absurdum‹ als die Methode des wissenschaftlichen Beweises. Schon beim Verstehen können diese durch unsere Einbildungskraft entstandenen sinnvollen Kontexte ziemlich komplexe Strukturen von verschachtelten imaginären oder mentalen Räumen bilden. Betrachten wir folgendes Textfragment: »In diesem Theaterstück spielt Smoktunovsky (ein bekannter russischer Schauspieler) Othello. Othello denkt, daß Desdemona ihm untreu ist. Doch in Wirklichkeit liebt sie ihn«. Um dieses Fragment zu verstehen, muß man mindestens drei verschachtelte mentale Räume bilden. Erstens bezieht sich der Text auf die Realität, d.h. auf die Welt, in der der Sprecher, die Zuhörer und der Schauspieler Smoktunovsky leben. Der Metaoperator ›In diesem Theaterstück‹ gibt den Anstoß zur Bildung einer konventionellen Weltdarstellung mit sehr unterschiedlicher Semantik. Nach den Worten ›Othello denkt ...‹ sollen wir schon wieder ein neues mentales Modell bilden, diesmal eines der subjektiven Welt des Wissens, der Gefühle und der Vorsätze von Othello. Sogar die Erwähnung der ›Wirklichkeit‹ im letzten Satz des Textes erlaubt es nicht, wieder bei der Realität zu landen, man tut nur einen Schritt zurück – in den mentalen Raum des Dramas selbst. Die entsprechende schematische Organisation der mentalen Räume ist in der nächsten Abbildung 3 dargestellt.

Bei dieser Art der semiotischen Analyse tauchen gleich mindestens zwei zusätzliche Fragen auf. Erstens, wie kann ein und dieselbe Komponente in mehreren verschiedenen mentalen Räumen bestimmte Rollen spielen (wie z.B. Voltaires Augen auf der Abbildung)? Und zweitens: Wann und wie können wir unser situatives Wissen über die Grenzen zwischen den mentalen Räumen transferieren? Im allgemeinen ist dies nicht der Fall. Obwohl wir wissen, daß es Polonius war, der sich hinter dem Vorhang versteckte, ist es unmöglich, in dem Satz »Hamlet wollte den Mann hinter dem Vorhang töten« den Ausdruck ›Mann hinter dem Vorhang‹ durch ›Polonius‹ zu ersetzen. In unserem mentalen Theater ist das Modell von Hamlets Wissen und Vorsätzen aus dem allgemeinen Wissen über die Situation nicht unmittelbar ableitbar. Diese Phänomene der ›Propositionalen Einstellungen‹, das heißt der subjektiven Einstellungen gegenüber realen oder imaginären Sachverhalten, stellen wichtige Forschungsprobleme für die Philosophie, Linguistik und die kognitive Psychologie dar. Diese und ähnliche semiotische Effekte werden durch die Gruppe MIND AND BRAIN gründlich untersucht.

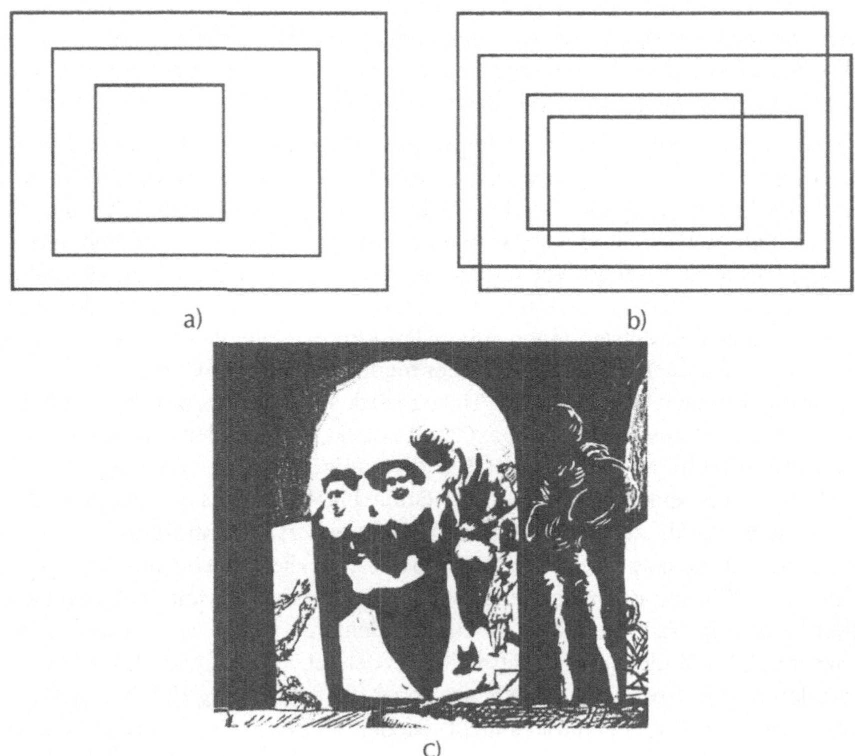

ABB.3: VERSTEHEN IST GEWÖHNLICH MIT DEM AUFBAU EINER GANZEN HIERARCHIE SEMANTISCHER KONTEXTE VERBUNDEN.

A) HIERARCHIE VON SEMANTISCHEN KONTEXTEN.

B) DIE FORMALISIERUNG VON SOLCHEN KONTEXTEN IST GERADE DESHALB SO KOMPLIZIERT, WEIL EIN UND DASSELBE FRAGMENT EINES TEXTES ODER EINES SINNVOLLEN BILDES VERSCHIEDENE BEDEUTUNG IN VERSCHIEDENEN KONTEXTEN HABEN KANN.

C) ALS BEISPIEL DAFÜR DIENT DIESE SKIZZE VON SALVADOR DALI ›SKLAVENMARKT MIT VERSCHWINDENDER BÜSTE VON VOLTAIRE‹.

Das Denken könnte man als eine Kunst des Balancierens zwischen dem bedingungslos Möglichen (die Sphäre der alltäglichen Zielbildung) und dem Phantastischen, d.h. dem bedingungslos Unmöglichen, definieren. Die Entwicklung vollzieht sich durch die Überwindung eines oder mehrerer Widersprüche – des Widerspruchs zwischen Form und Inhalt im künstlerischen Schaffen, des Konfliktes zwischen verschiedenen Beschreibungsweisen des Forschungsobjektes in der Wissenschaft, oder des sogenannten ›technischen Widerspruches‹ bei technologischen Verbesserungen, und – endlich – des Konfliktes zwischen gegensätzlichen Interessen und vorhandenen Mitteln auf dem Gebiet der ›Sozialen Intelligenz‹. Viele Besonderheiten des mentalen Experimentierens, welches zur Problemlösung führt, zeigen die Bedeutung der globalen Metaprozedur REKURSION. Sie erlaubt es, die mehrfache Verschachtelung von mentalen Räumen ineinander auszuüben. Es handelt sich

(1) um die Strukturierung der Aufgabe durch die Herausbildung einer Hierarchie von Zielen,

(2) um ein ›Eintauchen‹ in die Aufgabe, das zusammen mit der Strukturierung verläuft und dazu führt, daß nicht nur die anfänglichen Vorsätze, sondern auch die allgemeine Beschreibung von Forderungen an die Lösung völlig außer acht gelassen werden können, und

(3) um Wiederbelebung solcher breiter Kontexte mit der Überwindung von Zwischenzielen und Hindernissen. Die Aktualisierung von diesen breiten intentionalen Bezugssystemen, wenn die Situation vollständig verändert ist, erklärt unter anderem, warum in dem persönlichen Sinn gerade die Periode nach dem Erreichen des Endzieles besonders schwierig werden kann – »Die Zeit nach dem Sieg ist für den Sieger gefährlich.«

3. Die Niveaus der intellektuellen Organisation: Von der protopathischen Sensitivität zum reflexiven Denken

Nun könnte man versuchen, an Hand aller dieser interdisziplinären Ergebnisse die Frage der funktionalen Organisation der menschlichen Intelligenz neu zu beantworten. Die beste Grundlage dafür bietet unserer Meinung nach das schon erwähnte Modell des Aufbaus von Bewegungen von Nikolaj Bernstein. Natürlich beschäftigte er sich nur mit den unmittelbaren, kreisförmig verlaufenden Interaktionen zwischen Organismus und Umwelt, wie es auch seine frühere Regelkreistheorie, in der Abbildung 4 schematisch dargestellt, zeigen kann. Nur in den letzten zwei bis drei Jahrzehnten haben wir eine Fülle von Daten über zahlreiche interne, meistens symbolische und subsymbolische Formen der Wissensrepräsentation gewonnen und auch in dem Fall der Verhaltenssteuerung mehrere interne Zyklen der Zielbildung und Zielkorrektur festgestellt. Trotzdem könnte man das Modell von N. Bernstein dazu benutzen, um mit einigen Modifikationen und Ergänzungen, besonders im oberen semiotischen Teil, sechs unterschiedlichen Ebenen der kognitiven bzw. intellektuellen Organisation zu unterscheiden.

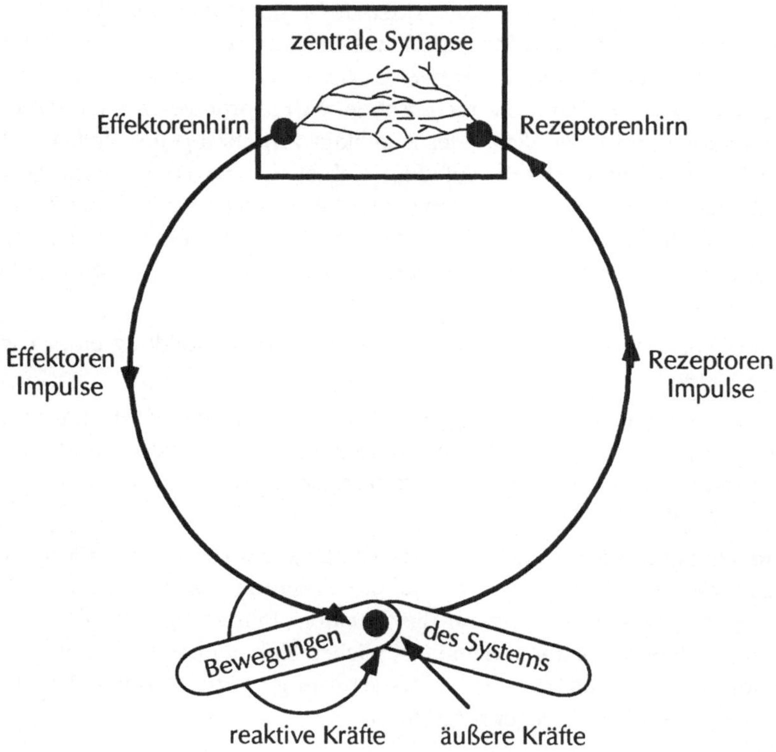

ABB.4: SCHEMA VOM REGELKREIS ZUR STEUERUNG VON VERHALTEN, ENTWICKELT VON NIKOLAI BERNSTEIN, EINEM RUSSISCHEN PSYCHOLOGEN.

Die hierarchischen Mechanismen sind in der Tabelle 1 kurz beschrieben. Das jeweilige Niveau ist in der linken Spalte mit großen lateinischen Buchstaben bezeichnet: von A bis F. Die nächste Spalte enthält den Namen der entsprechenden Ebene: von unten nach oben sind es die Niveaus der paläokinetischen Regulation, der Synergien, des räumlichen Feldes, der Handlungen, der konzeptuellen Strukturen und der metakognitiven Koordinationen. Dann folgt die Beschreibung der Hauptfunktion, und es schließen sich Beispiele von typischen Forschungsgebieten an. Wie wir sehen können, sind die vier ersten Niveaus in die direkte Interaktion mit der Umgebung einbezogen. Die zwei oberen Ebenen haben hauptsächlich mit der Ausbildung und der Umgestaltung der symbolischen Repräsentationen der Welt (oder Welten) zu tun. Die Spezifikation von jeweils typischen Formen der Bewußtheit – von der diffusen protopathischen Sensitivität, die kaum noch das Wort

›Empfindung‹ verdient, bis zum reflexiven Denken – findet man in der vorletzten Spalte angegeben. Und in der letzten Spalte finden sich die möglichen Mittel der Modellierung von entsprechenden senso-motorischen und kognitiven Mechanismen. Unten sehen wir hauptsächlich die konnektionistischen Netzwerkmodelle. Im oberen Teil der Tabelle findet man die traditionellen Formalismen der symbolischen Künstlichen Intelligenz. Ganz oben sind die Metaprozeduren erwähnt, die vermutlich die Manipulation mit den Wahrheitswerten unserer Wissensstrukturen erlauben.

Die ›Begabungen‹ der psychometrischen Ansätze, aber auch die klassischen ›kognitiven Funktionen‹ sind, wie es aus dem Modell folgt, komplexe Gebilde, deren Kontrollstrukturen über mehrere Niveaus verteilt sind. Zum Beispiel sind die ›Empfindungen‹ mit der Arbeit von drei der Niveaus (A, B, C), die ›Wahrnehmung‹ hauptsächlich mit zwei (C und D), das ›Gedächtnis‹ und das ›Denken‹ mit drei (D, E und F), die ›Imagination‹ und das ›Verstehen‹ mit zwei (E und F) Niveaus verbunden. Die Effekte der ›Aufmerksamkeit‹ sind mit den Steuerungseinflüssen von oberen Ebenen auf die unteren (in erster Linie F auf E und E auf D) zu erklären. Und die sprachlichen Funktionen, obwohl oft für die obere Schicht der kognitiven Mechanismen als kennzeichnend und konstituierend angesehen, sind über drei Niveaus – D, E und F – verteilt. Nur die kreativen Aspekte und Formen der Sprache, wie zum Beispiel die Bildung einer kommunikativen Intention, die Produktion und das Verstehen eines poetischen Textes und so weiter, sind mit dem Niveau von metakognitiven Koordinationen verbunden.

Je höher ein Niveau in der Hierarchie liegt, desto größer ist seine Rolle bei der Sicherstellung der intellektuellen Leistungen. Während es sich im Fall der ersten drei Niveaus um relativ elementare sensorische und perzeptive Prozesse handelt, vermittelt schon das Niveau der gegenständlichen Handlungen D verwickelte kognitive Fertigkeiten. In Zusammenhang mit der Entwicklung der Expertensysteme, die zur Zeit wohl die bekanntesten Systeme der Künstlichen Intelligenz sind, haben die Psychologen in den letzten Jahren ausführlich die Unterschiede zwischen den menschlichen Experten und den Novizen in verschiedenen Tätigkeitsbereichen untersucht: beim Lesen, Jonglieren, Schachspielen, der medizinischen Diagnostik, theoretischen Physik etc. Es stellte sich heraus, daß die Experten nicht bloß über mehr Wissen verfügen. Sie sind buchstäblich sensibler als die Novizen, und zwar für die bedeutenden Aspekte der Situation, so daß zum Beispiel ein erfahrener Arzt schon bei der ersten Begegnung vom Gesicht eines Patienten zwar nicht die Diagnose, aber doch schon bestimmte Andeutungen abliest. Das könnte man nur mit den jahrelangen Erfahrungen und der Übergabe der Kontrolle vom Niveau E zum Niveau D, d.h. mit dem Übergang von dem hauptsächlich deklarativen Wissen ›Was‹ zu dem prozeduralen ›Know-how‹ erklären.

CODE	NIVEAU	HAUPTFUNKTION	EINZELNE BEISPIELE	FORM DER BEWUßTHEIT	MITTEL DER FORMALISIERUNG
F	Metakognitive Koordination	Relativierung und Umgestaltung des kognitiven Modells der Welt	Propositionale Einstellungen, Semantik mentaler Räume	Reflexivität, Selbstbewußtsein, kreative Einbildungskraft	Metaprozeduren
E₁,₂	Konzeptuelle Strukturen	Festlegung und Ergänzung des konzeptuellen Modells der Welt	assoziative Effekte der Ähnlichkeit und des Kontrastes; Überblickskarten	Alltagsbewußtsein; reproduktive Vorstellungen und Gedächtnisbilder	Deklarative Strukturen mit prozeduralen Komponenten
D	Handlungen	Regulation des Umgangs mit Gegenständen	Gesetze der Wahrnehmungsorganisation; merkmalsgerichtete Aufmerksamkeit; Wegkarten	Wahrnehmungsbilder	Produktionssysteme oder neuronale Netzwerke
C₁,₂	Räumliches Feld	Orientierung in der näheren Umgebung	Veränderung in der Metrik des perzeptuellen »Chronotrops« und des Körperschemas	räumliche Empfindungen	neuronale Netzwerke
B	Synergien	Regulation der Gesamtbewegungen des Organismus	rhythmische und zyklische Bewegungsmuster	propriozeptive und taktile Empfindungen	neuronale Netzwerke
A	Paleokinetische Regulationen	Regulation des Tonus und der primitiven Abwehrmechanismen	tonische und paleovestibuläre Reflexe	protopathische Sensitivität	reflexartige Prozeduren

TABELLE 1: EBENEN DER FUNKTIONALEN ORGANISATION DER MENSCHLICHEN INTELLIGENZ

Wie weit dabei die Automatisierung der perzeptiven Prozeduren geht, zeigt sich anhand einiger unserer Untersuchungen. Vor einigen Jahren haben wir versucht, die Besonderheiten der Informationsverarbeitung bei Schachspielern zu untersuchen. Um die Wahrnehmungsspanne zu messen, benutzt man ein Gerät, das Tachistoskop heißt und das es erlaubt, einer Versuchsperson verschiedene Bilder für eine bestimmte Zeit zu zeigen. So haben auch wir einem Großmeister eine bestimmte Schachstellung für eine Fünftelsekunde gezeigt. Dann haben wir gefragt: »Nun, was haben Sie gesehen, welche Figuren und auf welchen Feldern?« »Na«, antwortete er, »ich habe gar nichts gesehen, es war zu schnell. Es scheint mir aber, daß Weiß im Vorteil war.«

Die konzeptuellen Strukturen des Niveaus E sind verständlicherweise von ganz großer Bedeutung für unsere intellektuellen Leistungen. Sie werden auch mit den psychometrischen Verfahren am ausführlichsten getestet, auch wenn es sich um Skalen der ›praktischen Intelligenz‹ handelt. Besonders wichtig sind in diesem Zusammenhang die Mechanismen des Niveaus F. Wir haben oben die entsprechenden Koordinationen als Metaprozeduren genannt. Manche davon (VORSTELLEN, DREHUNG, TRANSFORMATION) erlauben es uns, mit den bildhaften Komponenten der konzeptuellen Strukturen zu arbeiten, andere (BESCHREIBUNG, META-PHORISATION, REPRODUKTION) hauptsächlich oder ausschließlich mit den verbalen. Eine dritte Gruppe (VERSTEHEN, ANALOGIE, REKURSION) scheint eher universellen Charakter zu haben. Diese Metaprozeduren bestimmen höchstwahrscheinlich das, was mit der allgemeinen Intelligenz eigentlich gemeint sein könnte. Tatsächlich zeigt die Analyse von Problemlösungsverhalten, daß die Unterschiede in allgemeinen Begabungen Hand in Hand mit Unterschieden in meta-kognitiven Strategien gehen. Die erfolgreichen ›Problemlöser‹ brauchen relativ viel Zeit, um das Problem zu VERSTEHEN, um die Bedingungen adäquat zu BESCHREIBEN und/oder VORZUSTELLEN. Die schlechten beginnen rasch, die Antwort unter den Inhalten ihres semantischen Gedächtnisses zu suchen, was ein klarer Beweis für das Übergewicht der REPRODUKTION ist.

Höchst interessant sind die neuesten Untersuchungen über die Funktionsweise und die Rolle der Metaprozeduren ANALOGIE und besonders REKURSION. So stellen sich die reflexive Kontrolle des erforderlichen Verarbeitungsniveaus und die Erkennung von globalen Situationscharakteristika, die anhand von ANALOGIE auf neue Gegenstandsbereiche übertragen werden konnten, als sehr wichtig beim Umgang mit komplexen, durch Computern simulierten dynamischen Systemen heraus.

Da die Gebilde von ›Ich‹ und ›Anderen‹ bei den Einschachtelungen von mentalen Räumen ineinander mehrfach eintreten können, entstehen die Effekte von Reflexivität und Stereoskopie der semantischen Zusammenhänge auf dem Niveau F – wir beobachten uns selbst ›von der Seite‹, beurteilen andere in Abhängigkeit davon, wie sie vermutlich uns beurteilen, versuchen uns immer vorzustellen, wie wir uns an der Stelle des Anderen verhalten würden, oder umgekehrt, der Andere an unserer Stelle. Für entsprechende Demonstrationen könnte man an die logische Methode von Sherlock Holmes erinnern. Entgegen der allgemeinen Auffassung bediente er sich nicht nur der Deduktion, sondern häufig auch der Induktion, Analogie und Rekursion, was zum Beispiel durch die folgenden Zitate aus dem ›Brauch von Mesgraves Haus‹ belegt wird: »Sie kennen meine Methode, Watson. Ich setze mich an die Stelle der handelnden Person, und versuche, nach der Klärung ihres intellektuellen und geistigen Niveaus, mir vorzustellen, wie würde ich mich unter analogen Umständen verhalten.« Auch in poetischen Texten spielen metaphorische Verdoppelung und ähnliche semantische Effekte die Schlüsselrolle. Wir wollen aber auf die weitere Analyse verzichten und uns dem letzten Thema der Arbeit zuwenden.

4. Intelligenz und Persönlichkeit:
Eine unüberwindbare Unterscheidung der ›künstlichen‹ von der menschlichen Intelligenz

Nachdem die einfachen Leistungskriterien für die Unterschiede zwischen menschlicher und maschineller Intelligenz in so vielen Bereichen erschüttert worden sind, bleibt das Gebiet interessanterweise völlig von der Expansion der intelligenten Programme und der Computermodelle unberührt. Man könnte vermuten, daß es gerade auf diesem Gebiet grundlegende Unterschiede gibt. Auch sozialpolitisch ist die Problemstellung nicht bedeutungslos. Das Bild eines bösen Genies ist durch Science-Fiction und Propaganda ein Teil des Massenbewußtseins geworden. Was sagen nun die biographischen Materialien und psychologischen Untersuchungen zu dieser spannenden Frage?

Die Produktivität der intellektuellen Tätigkeit ist nicht nur durch die kognitiven Variablen bestimmt. In mehreren Untersuchungen ist die Bedeutung der ›intellektuellen Initiative‹ hervorgehoben worden, die als eine spontane, also nicht von außen stimulierte Aktivität verstanden wird. Die regulierende Rolle von Motiven zeigt sich darin, daß die spontane Aktivität eben die Form der intellektuellen Initiative und nicht etwa die alltäglicher Neugier annimmt. Über das Staunen als den Beginn jeder Philosophie hat Platon geschrieben. Den Beweis eines ganz besonderen Weltgefühls gibt Newtons Geständnis, in dem er sich am Ende des Lebens mit einem Kind verglichen hat, das am Ufer eines Ozeans von Ungewißheit im Geröll spielt. Oder die bekannte Bemerkung von Albert Einstein: »Der normale Erwachsene wird kaum über die Natur von Raum und Zeit nachdenken. Er glaubt, das alles bereits in Kinderjahren verstanden zu haben. Aber ich habe mich intellektuell so langsam entwickelt, daß ich erst als Erwachsener über Raum und Zeit nachzudenken begann.« Zahlreiche Hinweise auf die Bedeutung von ›moralischen Werten‹, ›Ausdauer‹, ›gutem Charakter‹, ›Unabhängigkeit‹, ›starkem Willen‹ findet man in der Literatur über H. Poincaré, B. Russell, N. Bohr, P. Kapitza, ebenso wie in ihren eigenen Schriften.

Dieses enge Zusammenwirken der kognitiven und motivationalen Variablen kann man aus zwei Gründen erklären. Erstens, wie schon von Bernstein betont wurde, stellen die höheren Niveaus eines hierarchisch aufgebauten Steuerungssystems die Motive für die Arbeit der unteren Strukturen. Dieser Gedanke erlaubt die Interpretation einer Reihe konkreter Forschungsergebnisse, wobei zweifellos eine besondere Bedeutung der metakognitiven Koordinationen zu erwarten ist. Tatsächlich befinden sich unter den wesentlichen motivationalen Variablen der intellektuellen Tätigkeit solche Formen der Metaprozeduren, wie bestimmte Strategien der kausalen Attribution, d.h. der Erklärung von Ursachen des eigenen Erfolgs und inbesondere Mißerfolgs. Bei völlig äquivalenten kognitiven Ressourcen werden die Endergebnisse einer intellektuellen Entwicklung sehr verschieden aussehen, je nachdem, ob das Individuum sich seine Mißerfolge durch mangelnde Anstrengung, angeborene Geistlosigket oder einfach durch die ungünstige Kombination äußerer Umstände erklärt.

Der zweite Grund besteht darin, daß die intellektuelle Tätigkeit sich immer auf dem Hintergrund und in Begleitung der emotionellen Zustände entfaltet. Die Emotionen spielen gegenüber den Denkprozessen eine wesentliche heuristische Funktion, weil sie die Momente der Abschwächung und Wiederherstellung der Kontrolle über die Entwicklung der Ereignisse markieren. Jede Problemsituation, wenn sie nicht durch die Nutzung von schon existierenden Wissensstrukturen (Niveau E) oder Fertigkeiten (Niveau D) gelöst werden kann, induziert den Zustand der Angespannheit und des Unbehagens. Im Fall ernsthafter wissenschaftlicher und technischer Probleme ist der Konflikt der widersprüchlichen Anforderungen bis zum äussersten zugespitzt. Solche Probleme scheinen absurd, von Beginn an unlösbar zu sein. Gerade hier erschließt sich die Bedeutung der, in Boris Pasternaks Worten, Bereitschaft, ›in der Ungewißheit unterzutauchen‹.

Eine sehr interessante Möglichkeit vom Standpunkt der MIND AND BRAIN-Forschung besteht darin, daß auch die Emotionen und die motivationalen Prozesse eine entsprechende hierarchische Organisation aufweisen könnten. Vor wenigen Jahren hat Heinz Heckhausen bei der Eröffnung des *Max-Planck-Instituts für psychologische Forschung* diesen Gedanken folgendermaßen formuliert: »Auf der untersten Ebene stehen automatische Reaktionsweisen des autonomen Nervensystems, des Endokrinen und das Immunsystem. Darüber gibt es vorfixierte Bewegungsmuster für spezifische angeborene Verhaltensweisen. Darüber primäre Triebe, die Störungen des Körperhaushalts ausgleichen. Und darüber haben sich erlernte Bedürfnisse gebildet, die sich von primären Trieben ableiten, aber selbständig geworden sind. Und darüber wiederum treten all die primären Affekte wie Glück, Trauer, Furcht, Ärger, Überraschung und Ekel in unser Erleben ... Und darüber erwachsen erst die höheren, die sozialen und kulturellen Motive, aus denen die meisten unserer Wünsche entspringen, wenn die unteren Systeme nicht gerade mit der Beseitigung homäostatischer Krisen unseres Organismus beschäftigt sind.«

Eine Analogie zu unseren Vorstellungen über funktionale Organisation der menschlichen Intelligenz wird offensichtlich.

Wenn ein Problem gelöst ist, gibt es Genugtuung, Stolz und Freude darüber, oft bevor die Richtigkeit der Lösung durch die rationale Analyse bestätigt wird. Die Einbezogenheit der emotionalen Zustände in die Prozesse der metakognitiven Kontrolle erklärt, warum eine Lösungsfindung, für die über längere Zeit hinweg bedeutende Anstrengungen erforderlich sind, nur bei genügender Willenskraft und stabiler kognitiver Motivation möglich ist. Diese Einbezogenheit bestimmt auch den Zusammenhang zwischen Emotionen und der intellektuellen Organisation der Persönlichkeit. Wenn Angst zu Panik, Freude zu Extase, oder Zorn zu Wut wird, verschwindet mit der internen Kontrolle die besprochene Einheit von Affekt und Intellekt. Gerade hier liegt der wichtige psychologische Unterschied zwischen der menschlichen und der ›künstlichen‹ Intelligenz. Die erfolgreichsten Handlungen unter Hypnose oder auf Befehl von außen hinterlassen nicht den Eindruck intellektueller Leistungen, obwohl sie durchaus für eine hohe Qualifikation der entsprechenden technischen Systeme ausreichen würden.

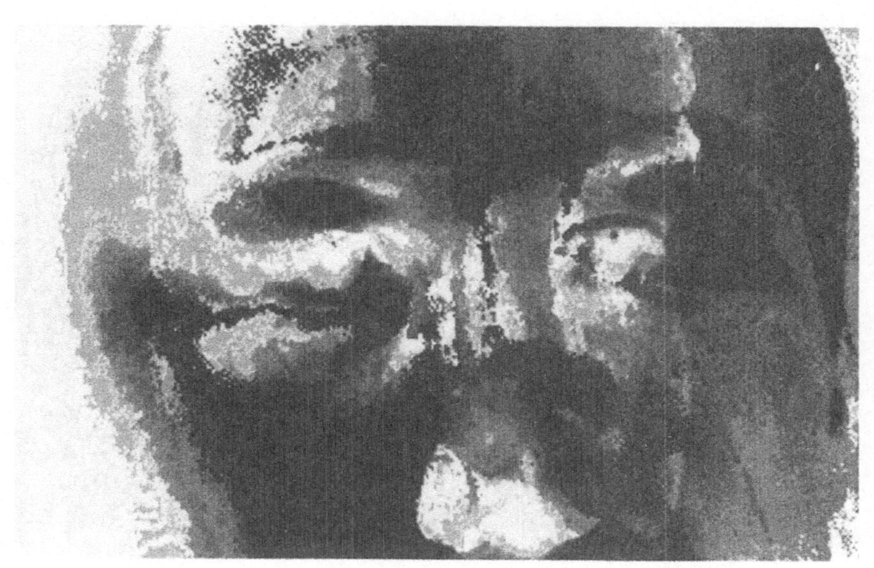

Was ist KI?
Zur Praxis der KI

Qualitatives Schliessen am Beispiel Entwurf und Planung in der Architektur

Gerhard Schmitt

1. Einleitung

Architektonisches Planen und Entwerfen sind sogenannte ›Ill-Defined Problems‹, für die es weder genau definierte Lösungswege noch Lösungsmethoden gibt. Demgegenüber stehen die konkreten Resultate des Planens und Entwerfens in Form von gebauter Architektur. Es liegt daher nahe, aus bestehenden Bauwerken zu lernen und auf die Art ihrer Entstehung zu schließen, was die besondere Bedeutung des Fall-Basierten Schließens oder des Case-Based Reasoning (CBR) für die Architektur unterstreicht. Allerdings scheint zwischen Ausgangspunkt – dem Bauprogramm – und dem Endprodukt – der Architektur – keine eindeutige und kausale Sequenz zu bestehen, so daß sich aus dem Endresultat nicht unbedingt auf den Planungs- und Entwurfsprozeß zurückschließen läßt. Für die meisten Formen lassen sich jedoch die geometrischen Entstehungs-Gesetzmäßigkeiten herausfinden und in Regeln fassen, was die Bedeutung der Formengrammatiken bedingt.

Insgesamt gibt es keine einzige in einem intelligenten Computersystem implementierte Methode, die beim Planen und Entwerfen allein ausreichend wäre. Vielmehr ist es eine Sammlung von Methoden und Instrumenten, die – verfügbar in einer stabilen Computer-, Datenrepräsentations- und Graphik-Infrastruktur – sich zu einer ernstzunehmenden Planungs- und Entwurfshilfe entwickelt. Für Spezialgebiete sind einzelne Methoden dagegen oft ausreichend. So haben wir gute Erfahrungen mit regelbasierten Systemen für die Diagnose haustechnischer Probleme und die Auswahl entsprechender Systeme. Wir haben die Nützlichkeit der Prototyp-Verfeinerungs-Methode (Prototype Refinement) für den Entwurf von Bürohochhäusern nachgewiesen, wie auch die Anwendbarkeit von Formengrammatiken auf lokale Entwurfsprobleme. Wir sind dabei, die Relevanz des Fall-Basierten Schließens für neue Architektur zu untersuchen.

Allen Bemühungen gemeinsam ist die Absicht, die in der Architektur besonders wichtigen qualitativen Entscheidungen durch entsprechende quantitative Berechnungen abzusichern, wozu sich der Computer wie kein anderes Instrument eignet.

2. Architektur und KI

Keine der bisher entwickelten KI-Methoden ist der Architektur fremd. Jedes Bauge-
setz ist eine Sammlung von Regeln, zusammengestelltes Expertenwissen, das als
wissensbasiertes System formuliert werden kann – mit allen dazugehörigen Kon-
flikten und Widersprüchen. Regelbasierte Systeme und Formengrammatiken sind
spätestens seit Durand bekannt. Fall-Basiertes Schließen ist eine bei jedem neuen
Entwurf angewandte Methode, welche bereits Palladio[1] und Vitruv propagieren.
Die Top-Down Methode findet in allen Routine-Entwurfsaufgaben und bei erfahrenen Architekten Anwendung[2], die Bottom-Up Methode bei unter-definierten Ent-
wurfsaufgaben.

Nur etwa 5 bis 15% der gesamten Arbeitszeit verbringen ArchitektInnen mit
Design, der Rest der Zeit vergeht mit Akquisition, Administration, Bauüberwachung
und ähnlichem. Design ist das Gebiet, in dem das Wesen des Berufs am besten
zum Ausdruck kommt und das den Kreativen das meiste Vergnügen bereitet.
Gerade auf dieses Gebiet konzentriert sich nun die KI-Forschung in der Architektur,
bietet es doch die stärksten Anregungen und fallen hier doch die wichtigsten Entscheidungen. Die Ablehnung von KI durch ArchitektInnen war bisher besonders
stark, da einerseits keine Alternative oder Verbesserung der gegenwärtigen Situation gesehen wird, andererseits eben der Entwurfs- und Planungsprozeß eine sehr
von der Persönlichkeit geprägte, durch keine Musterbücher und Kataloge ersetz-
bare Tätigkeit ist.

So ergibt sich die interessante Situation, daß die in der KI verwandten Methoden
den Architekten wohlbekannt sind, daß sie aber mit Recht spüren, daß eine KI-
Implementation dieser Methoden die Arbeitsweise selbst in für sie unkontrol-
lierbarer Weise verändern wird. Wurde der Computer bisher mit quantitativen Entscheidungen assoziiert, so erweckt die Möglichkeit seiner qualitativen Fähigkeiten
noch immer Besorgnis.

3. Planung und Entwurf

In dem im Vergleich zur Lebensdauer eines Baues relativ kurzen Planungs- und
Entwurfsprozeß fallen die Entscheidungen, die auf qualitatives und quantitatives
Verhalten des fertiggestellten Gebäudes den größten Einfluß haben. Der Planungs-
und Entwurfsprozeß bestimmt mehr als alle späteren Entscheidungen über Erfolg
oder Versagen des Gebäudes. Es ist auch der Teil eines Bauprozesses, der weniger
genaue Vorgaben hat als zum Beispiel statische oder Energieberechnungen, die
etwas bereits Vorhandenes analysieren.

Planung und Entwurf beruhen auf der intellektuellen Fähigkeit, abstrakte
Modelle zu bilden und mit diesen Simulationen durchzuführen, die einem

---

[1] Palladio, A.: The Four Books of Architecture. New York: Dover Publications 1965

[2] Akin, Ö.: The Psychology of Design. London: Pion 1986

erwünschten und von den Auftraggebern definierten Zustand in möglichst idealer Weise nahekommen. Intuition, Analogie, und vor allem ein wohlfundiertes Wissen und Erfahrungen bestimmen die Qualität des Ergebnisses. Nachdem die Grundentscheidungen gefallen sind, haben alle späteren Änderungen nur noch untergeordnete Bedeutung.

Externe Medien für Planung und Entwurf waren bisher Papier und Zeichnungen. Die gegenwärtige Entwicklung zeigt den Übergang von den traditionellen Medien zu elektronischen Datenträgern. Dabei ist langfristig die Integration der Teilbereiche wie Kosten, Statik, Haustechnik und Energie in ein komplexes, vom Computer in Konsistenz unterhaltenes Entwurfsmodell weitaus wichtiger als die schnellere Abwicklung traditioneller Entwurfs- und Planungsschritte, die mit den meisten heutigen kommerziellen CAD-Paketen erreichbar ist.

4. AI-Methoden und Instrumente für intelligentes CAAD

Wie in anderen Berufen findet der Computer in die Architektur über die Verwaltung und Berechnungsaufgaben Zugang. In diesen Bereichen nutzen in der Schweiz bereits mehr als zwei Drittel der Architekturbüros das neue Medium, in den USA über 95%. Auch bei der Unterstützung des Zeichnens – Computer Aided Drafting – ist der Computer in etwa 40% der Schweizer Büros vorgedrungen, in den USA liegt der Anteil bei über 80%. Es gibt bereits einzelne Anwender computerunterstützter Planung und des computerintegrierten Entwurfs, jedoch dürfte der Anteil sogar in den USA bei weit unter 5% liegen. Es sind besonders die jüngeren ArchitektInnen, die, als erste mit einer entsprechenden Ausbildung an der Universität versehen, dieses Neuland betreten.

Gründe für die bisher schwache Verbreitung computerunterstützter Planung und des computerintegrierten Entwurfs sind das Fehlen einer Theorie, das Fehlen von mit diesen Methoden gebauter und überzeugender Architektur sowie die noch notwendige Beschäftigung mit Computerinterna wegen des Fehlens intelligenter graphischer Benutzeroberflächen. Im folgenden deshalb eine Beschreibung der Methoden, Repräsentationsformen und Instrumente, die für die Verwendung von KI in der Architektur grundlegend sind.

Methoden, wie sie die CAAD-Literatur definiert, helfen bei der Lösung von Entwurfsproblemen durch den Einsatz von Such-Mechanismen. Methoden ermöglichen die Umwandlung komplexer Probleme in einfachere Teilproblembeschreibungen und behalten ihre Bedeutung unabhängig vom Einsatzgebiet.

Datenrepräsentation ermöglicht die Beschreibung von Problemen und Teilproblemen als Objekte sowie deren Beziehungen untereinander. Sie reicht von einfachsten Strukturen bis hin zu komplexen Objektbeschreibungen und bildet die Operanden, auf denen die Methoden zur Anwendung kommen. Dazu zählen wir auch die hierarchischen, relationalen und objektorientierten Datenbanksysteme, die Daten auf einem höheren Niveau verwalten als in den Applikationen selbst.

Instrumente entstehen durch die Kombination von Methoden und Datenrepräsentationen, sie sind deshalb mehr als Methoden an ein Einsatzgebiet gebunden. Instrumente dienen entweder zum Finden einer ersten möglichen Lösung, verschiedener Lösungen, aller möglichen Lösungen oder einer optimalen Lösung.

METHODEN	INSTRUMENTE
Top-Down	Geometrie-Modellierer
Bottom-Up	Transformationen
Prototyp-Verfeinerung	Parametrisierung
Analoges Schließen	Programmierinstrumente
Fall-Basiertes Schließen	Formengrammatiken
	Fraktale

TABELLE 1: BEREITS IMPLEMENTIERTE METHODEN UND INSTRUMENTE FÜR INTELLIGENTE CAAD-SYSTEME

Von besonderem Interesse bei der Entwicklung intelligenter Entwurfsumgebungen für die Architektur sind solche Methoden und Instrumente, die auf Computern ohne gewaltigen Programmieraufwand implementiert werden können. Als *Methoden* haben wir bisher die folgenden identifiziert und in Computerprogrammen getestet: Top-Down, Bottom-Up, Anpassung von Prototypen (Prototype Refinement), Analoges Schließen (Analogy) und Fall-basiertes Schließen (Case-Based Reasoning, CBR).

4.1 Methode: Top-Down

Als Ursprung der Top-Down Methode sehen wir die Beschäftigung mit Topologie und die Arbeit von Herbert Simon[3]. Die Top-Down Methode definieren wir als Ableitung einer Gesamtlösung von einer festen Zielvorstellung durch Zerlegung in Teilprobleme. Die Top-Down Methode benötigt zu Beginn eine abstrakte und wohldefinierte Problemspezifikation, die danach solange in kleinere Teilspezifikationen zerlegt werden kann, bis primitive Operatoren darauf anwendbar sind. Die Top-Down Methode ist besonders abhängig von der Identifikation passender Abstraktionen, von der Problem-Dekomposition und von der Handhabung und Lösung der Konflikte, die während des Designprozesses auftreten können. Computerimplementationen benutzen dafür häufig iterative Schritte. Eine Vereinfachung erreicht man, wenn der gesamte Prozeß in eine vorkompilierte Struktur standardisierter Elemente paßt, für die dann lediglich die entsprechenden Parameter zu

---

[3] Simon, H. A. : The Architecture of Complexity. In: The Sciences of the Artificial. Cambridge, MA: MIT Press 1969

bestimmen sind. Beginnt man mit einer Beschreibung der Gesamtfunktion des Objektes, so lassen sich die Einzelkomponenten in Bezug auf ihre Eignung für die Unterstützung der Gesamtfunktion und ihre gegenseitigen Beziehungen testen. Anwendungen der Top-Down Methode finden sich in der Programmierung hierarchischer Design Systeme.

4.2 Methode: Bottom-Up

Als Ursprung der Bottom-Up Methode sehen wir die kognitive Psychologie. Wir definieren die Bottom-Up Methode als Zusammensetzung einer Gesamtlösung durch schrittweise, iterative oder rekursive Kombination von Einzelelementen.[4] Die Bottom-Up Methode ist nur einsetzbar, wenn das Entwurfsproblem durch rationale Entscheidungen gelöst werden kann. Die Einzelelemente müssen bekannt und kombinierbar sein, um neue zusammengesetzte Objekte oder Hypothesen erstellen zu können. Auf jeder Stufe des Kombinations- und Generierungsvorganges wird die neu erzeugte Information dahingehend überprüft, inwieweit sie die anfangs definierte Zielvorstellung erfüllt. Die Bottom-Up Methode ist das Gegenteil der Top-Down Methode. Typische Instrumente für diese Methode sind Produktionssysteme und Formengrammatiken. Als Anwendungsgebiet der Bottom-Up Methode sehen wir die interaktive, stufenweise Entwicklung von Design.

4.3 Methode: Prototypen

Als Ursprung der Prototyp-Verfeinerungs Methode sehen wir die Beobachtung der Evolution in der Natur. Als Prototypen beschreiben wir konzeptionelle Schemata für die Repräsentation generalisierten Entwurfswissens, die hierarchisch vom Allgemeinen zum Spezifischen organisiert sind.[5] Entwerfen mit Prototypen bedeutet die Erzeugung einer Instanz eines bestehenden Prototypen, die den Anforderungen des Entwurfs entspricht. Operationen mit Prototypen fallen in drei Klassen: Verfeinerung von Prototypen, Anpassung von Prototypen und Erzeugung neuer Prototypen. Diese Klassifizierung entspricht Anwendungen im routine, im innovativen und im kreativen Design. *Prototyp Verfeinerung* (Prototype Refinement) ist die bisher am besten verstandene und am häufigsten eingesetzte Methode.

Ein Prototyp wird von seiner Klasse instanziiert. Er erfüllt die Anforderungen nur dann, wenn die Entscheidungsvariablen des Entwurfsproblems innerhalb der Grenzen der Prototypvariablen liegen. Das Endprodukt entsteht, indem die Variablen des Prototyps angepaßt werden, ohne den Prototyp grundlegend zu verändern. Als Anwendungsgebiet der Prototyp-Verfeinerungs Methode sehen wir wis-

---

[4] Mitchell, W.: The Logic of Architecture. Cambridge, MA: MIT Press 1990

[5] Gero, J., Maher, M. L., W. G. Zhang: Chunking Structural Design Knowledge as Prototypes. Sydney: The Architectural Computing Unit, Department of Architectural Science, University of Sydney, Australia 1988

sensbasierte Systeme. *Prototyp Anpassung* (Prototype Adaptation) liegt vor, wenn sich eine Entwurfslösung findet, die ein ähnliches Problem wie das anstehende Entwurfsproblem beantwortet, und die bestehende Entwurfslösung mit wenigen Modifikationen auf das neue Problem angewendet werden kann. Dies bedingt die Modifikation des bestehenden Prototyps durch die Einführung neuer Werte für existierende Variablen, neuer Designelemente und neuer Designoperatoren. *Prototyp Erzeugung* (Prototype Creation) ist die schwierigste Aufgabe und entspricht einem vollkommen neuen Entwurf. Untersucht wurden bisher in diesem Zusammenhang Konzeptformation (Concept Formation), die sich auf die Variablen konzentriert, und Konzeptgruppierung (Concept Clustering), die sich mit der Hierarchie der Attribute beschäftigt.

4.4 Methode: Analoges Schließen

Als Ursprung der Methode des Analogen Schließens (Analogical Reasoning) sehen wir die Kognitive Psychologie[6]. Beim Auftauchen eines neuen, zu lösenden Problems erinnert man sich oft an vergangene, ähnliche Situationen. Analoges Schliessen und Problemlösen besteht in der Übertragung und Umwandlung von Wissen vergangener Episoden auf die gegenwärtige Problemsituation – wenn diese wichtige Eigenschaften mit der Vergangenheit teilt – und die Anwendung des in der Vergangenheit bewährten Wissens auf die neue Situation. Zwei Hauptrichtungen haben sich entwickelt: Die übertragende Analogie (transformational analogy), die direkt vergangene Lösungsmuster auf neue Probleme anwendet, und die ableitende Analogie (derivational analogy), die von den Problemlösungsprozessen der Vergangenheit auf mögliche neue Prozesse schließt. Als Hauptanwendungsgebiet sehen wir die Wissensaneignung für wissensbasierte Systeme[7].

4.5 Methode: Fall-basiertes Schließen

Als Ursprung der Methode des Fall-basierten Schließens sehen wir das Phänomen des Sich-Erinnerns des menschlichen Gedächtnisses.[8] Fall-basiertes Schließen (Case-Based Reasoning) ist der Versuch, das Gedächtnis von Experten in seiner Gesamtheit und unkompiliert zu simulieren. Dadurch unterscheidet es sich von anderen wissensbasierten Systemen, die Expertenwissen vor seiner Anwendung auf neue Probleme in Form von Regeln kompilieren. Ein Fall-basiertes System geht neue Probleme an, indem es zunächst den am nächsten verwandten Fall sucht und

---

[6] Carbonell, J. G.: Learning by Analogy: Formulating and Generalizing Plans from Past Experience. In Michalski, R. S., Carbonell, J. G., Mitchell, T. M. (eds.): Machine Learning. CA: Tioga Publishing Company 1983

[7] Chen, C. C.: Analogical and Inductive Reasoning. In: Architectural Design Computation. Dissertation. ETH Zürich, Abteilung für Architektur 1991

[8] Schank, R. C.: Dynamic Memory: A Theory of Learning in Computers and People. Cambridge: Cambridge University Press 1982.

ihn an die neue Situation anpaßt. Zu diesem Zweck sind die Fälle nach verschiedenen Gesichtspunkten indexiert. Ist eine Adaption nicht möglich, kombiniert und adaptiert das System Teilproblemlösungen mehrerer Fälle. Dies vermeidet die wiederholte Lösung ähnlicher Probleme sowie die Schwierigkeiten in der Formulierung allgemeingültiger Regeln und deren Modifikation für Spezialfälle. Es bietet auch die Möglichkeit, die eigene Fähigkeit durch die Lern- und Erinnerungskapazität der Maschine zu verbessern. Als Hauptanwendungen sehen wir die Klassifikation, Evaluation durch Vergleich, Erklärung von Anomalien, sowie Entwurf und Planung[9].

Als *Instrumente*, die diese Methoden unterstützen, sind bereits folgende in Gebrauch: Geometrisches Modellieren (Geometric Modeling), Transformationen, Parametrisierung, Objektorientiertes Programmieren, Produktionssysteme (Production Systems), Formengrammatiken (Shape Grammars) und Fraktale (Fractals).

4.6 Instrument: Geometrisches Modellieren

Geometrisches Modellieren schließt die Manipulation von Pixels, Vektoren, Flächen und Volumen ein.[10] Das Pixel definiert Punkte auf dem zweidimensionalen Computerbildschirm. Linien werden durch Anfangs- und Endpunkt definiert und sind in Länge, Position, Lage und Strichdicke manipulierbar. Flächenmodelle (Surface Models) stellen Objekte als ein geordnetes Set von Flächen im dreidimensionalen Raum dar. Surface Modelers verwendet man zur Generierung und Darstellung dreidimensionaler Objekte. Flächenmodellierer erlauben es, verdeckte Linien in Projektionen zu berechnen und auf dem Bildschirm zu unterdrücken. Volumetrische Modelle (Solid Models) stellen dreidimensionale Objekte mit Hilfe von Volumen dar.[11] Die Datenstruktur der Solid Modelers erlaubt die Booleschen Operationen Vereinigung, Subtraktion und Verschneidung sowie die Berechnung von Volumen, Schwerpunkt und Oberflächen. Solid Modelers eignen sich als intuitives Werkzeug zur Generierung, Manipulation und Darstellung volumetrischer Modelle. Anwendungen sind Paintsysteme, Image Processing, Computer Aided Drafting und Modeling sowie Geometrische Darstellungen und Manipulationen aller Art.

4.7 Instrument: Transformationen

Der Ursprung der Transformation liegt in geometrischen Manipulationen. Transformationen überführen ein Objekt nach wohldefinierten geometrischen Regeln in eine neue Position oder einen anderen Maßstab. Sie ermöglichen die strukturierte

---

[9] Hammond, Kristian: Case-Based Planning – Viewing Planning as a Memory Task. Boston: Academic Press 1989

[10] Foley, J. D., van Dam, A. : Fundamentals of interactive Computer Graphics. Reading, MA: Addison-Wesley 1983

[11] Mäntylä, M.: An Introduction to Solid Modeling. Rockville, MA: Computer Science Press 1988

Entwurfsentwicklung durch den Einsatz von Klassen, Instanzen und Substitution. Eine entsprechende Technik ist an der Professur für Architektur und CAAD der ETH Zürich verwirklicht: Ein Set von Objekten bildet die Klassen oder Typen, die nur soviel geometrische Information enthalten, daß sie voneinander unterscheidbar sind. Jeder dieser Typen kann durch Instanzen mit zusätzlichen Detaillierungsgraden weiterentwickelt werden, wodurch eine Matrix von Typen und Detaillierungsgraden entsteht. Der Entwurf entsteht durch die Komposition von Typen und deren Detaillierungsgrad. Zu jedem Zeitpunkt ist ein logischer Zoom möglich, ebenso die Ersetzung oder Substitution eines Typs durch einen anderen. So wird eine strukturierte Entwicklung des Entwurfs möglich, der die Fähigkeiten des Computers nutzt und der in dieser Form mit herkömmlichen Methoden nicht möglich ist. Eine typische Anwendung ist die interaktive, stufenweise Entwurfsentwicklung.[12]

4.8 Instrument: Parametrisierung

Der Ursprung der Parametrisierung liegt in der Auseinandersetzung mit der Geometrie und dem Phänomen der Ähnlichkeit. Parameter sind Größen, mit denen Objekteigenschaften innerhalb gesetzter Grenzen variiert werden können, ohne daß sich der Charakter der Objekte dabei grundlegend ändert. Die Topologie des Objektes bleibt erhalten, seine Geometrie kann sich insgesamt oder in Teilbereichen ändern. Ist ein Objekt einmal parametrisiert, lassen sich unendlich viele parametrische Variationen daraus ableiten. Dies bedingt Effizienz, denn zu speichern sind nicht die einzelnen Objekte, sondern lediglich die Parameter, in denen sie sich unterscheiden. Besitzt ein Objekt mehrere Parameter, so können Interferenzen auftreten. Parametrisierung wird entweder bei der Definition des Objektes angegeben oder automatisch durch Methoden wie Fall-Basiertes Schließen erreicht. Hauptanwendungen sind Computer Aided Design[13], Produktion von Bauteilen und Geschichtsforschung.

4.9 Instrument: Programmieren

Die Ursprünge der Programmierinstrumente liegen in der natürlichen Sprache und in der Unterscheidung zwischen Syntax und Semantik. Traditionelle Programmierinstrumente helfen, einmal formalisierte Zusammenhänge in eine Struktur zu bringen, die für bestimmte Eingaben (Input) vorhersagbare Ergebnisse (Output) erzeugt. Aus der Vielzahl der Programmiersprachen interessieren uns besonders das objektorientierte Programmieren (OOP) und die Produktionssysteme. OOP repräsentiert in den Objekten sowohl Daten als auch Operatoren (Methods), die auf diese Daten anwendbar sind. Durch Botschaften (Messages) kommunizieren

---

[12] Madrazo, L.: Design Strategies. Proceedings of ARECDAO 91. Barcelona 1991

[13] Mitchell, W.: The Art of Computer Graphics Programming. New York: van Nostrand Reinhold 1987

die Objekte untereinander. Anwendungsgebiete von OOP sind Funktionales Programmieren und Architektur.

Ein Produktionssystem ist ein Programm, das aus einem Set von Produktionsregeln, einem globalen Datenspeicher und aus einem Interpretierer besteht. Regeln (Productions) setzen sich aus einer Wenn- oder Bedingungsseite (Left Hand Side, LHS) und einer Dann- oder Aktionsseite (Right Hand Side, RHS) zusammen. Der Interpretierer arbeitet, indem er zunächst Regeln findet, deren LHS mit den gegenwärtigen Werten im Arbeitsspeicher übereinstimmen. Danach wählt er unter Einsatz einer Konfliktlösungsstrategie eine der Regeln und führt deren RHS aus. Dadurch ändert sich der Inhalt des Arbeitsspeichers, was zu neuen möglichen Produktionen führt. Das Programm endet, wenn keine Produktionen mehr ausführbar sind. Anwendungsbereiche für Produktionssysteme sind wissensbasierte Systeme.[14]

4.10 Instrument: Formengrammatiken

Ursprung der Formengrammatiken ist wiederum die gesprochene und geschriebene Sprache. Daher basiert die Anwendung von Formengrammatiken in der Architektur auf der Annahme einer Analogie zwischen gesprochener Sprache und Architektur. Bietet die Sprache grammatische Regeln, nach denen Worte Sätze bilden, so existieren auch grammatische Formregeln, nach denen ein Vokabular von Entwurfselementen zu einem Entwurf kombiniert werden kann. Formengrammatiken sind das graphische Äquivalent der Produktionssysteme und werden auch als solche implementiert. Eine graphische Regel entspricht einer geometrischen Transformation, die eine Wenn- oder Bedingungsseite (Left Hand Side, LHS) und eine Dann- oder Aktionsseite (Right Hand Side, RHS) hat. Sowohl LHS wie RHS sind geometrische Formen. Bei Anwendung der graphischen Regel wird die LHS durch die RHS ersetzt. Anwendungen sind die Analyse und Synthese von Design Syntax[15].

4.11 Instrument: Fraktale

Die Ursprünge der fraktalen Theorie entwickelten sich gegen Ende des letzten Jahrhunderts und wurden ergänzt durch Mandelbrots Beschreibung der fraktalen Geometrie der Natur.[16] Die fraktale Geometrie erlaubt es, natürliche Formen mathematisch zu beschreiben und chaotische Systeme zu veranschaulichen. Ein bekanntes Fraktal ist jede Küstenlinie. Betrachtet man einen immer kleineren Ausschnitt der Küste, zeigen sich mit jedem Schritt mehr Buchten und Halbinseln. Mit

---

[14] Maher, M.-L.: HI-RISE: A Knowledge-based Expert System for the Preliminary Structural Design of High Rise Buildings. Pittsburgh: Design Research Center, Carnegie-Mellon University 1984

[15] Stiny, G.: Introduction to Shape and Shape Grammars. Environment and Planning *B*7, 343-351 (1980)

[16] Mandelbrot, B.: The Fractal Geometrie of Nature. New York: Freeman 1982

jedem Fels oder Sandkorn wiederholen sich selbstähnliche Muster, und die Gesamtlänge wächst gegen Unendlich. Neben der Selbstähnlichkeit haben Fraktale die Eigenschaft der Nichtlinearität: Eine Küstenlinie kann nicht mit der eindimensionalen Geraden oder der zweidimensionalen Fläche beschrieben werden. Die Dimension der Küstenlinie ist größer als eins, aber kleiner als zwei. Sie entspricht damit einer gebrochener Zahl zwischen eins und zwei, daher der Name Fraktal. Fraktale sind durch die fraktale Dimension vergleichbar. So unterscheiden sich etwa Bäume durch ihre Dimension zwischen zwei und drei. Man kann Fraktale als Subset der Formengrammatiken betrachten. Anwendungen liegen in der Naturforschung[17], Bildkompression, militärischer Szenensimulation, aber auch in der ästhetischen Gestaltung[18].

5. Beispiele: IBDE, Archplan, BAU

Als Beispiele für qualitatives Schließen bei Planung und Entwurf sollen drei Applikationen dienen, die mit den bisher beschriebenen Methoden und Instrumenten implementiert wurden: IBDE, Archplan und BAU.

5.1 IBDE – ein horizontal integriertes System

IBDE – Integrated Building Design Environment oder die integrierte Bauentwurfsumgebung – ist einer der ersten interdisziplinären Versuche, ein horizontal integriertes System zu schaffen und damit Nachteile vertikal integrierter Systeme zu beheben. Archplan ist eines der wissensbasierten Programme im Gesamtsystem und realisiert Aspekte der Entwurfssimulation. Bisher fehlt allen traditionellen, auch den vertikal integrierten CAD Programmen die Fähigkeit, dem dynamischen Fortschritt des Informationsgehalts während des Entwerfens Rechnung zu tragen. Zur Verfügung stehen jetzt Repräsentationsmethoden für Endprodukte und nicht Werkzeuge, die den Entwurf selbst unterstützen.

Zur Verbesserung dieser Situation schloß sich eine Gruppe von Architekten und IngenieurInnen an der Carnegie Mellon University in Pittsburgh zusammen und begann die Arbeit am Integrated Building Design Environment (IBDE)[19]. Insgesamt sieben wissensbasierte Programme bilden zusammen mit einer integrierten, relationalen Datenbank ein System, das für die Unterstützung des Entwurfs von Bürohochhäusern gedacht ist. Die Beschränkung auf diesen Gebäudetyp ergab sich aus dem bereits bestehenden Wissen der Mehrheit der Projektteilnehmer. Die Programme laufen auf Workstations unterschiedlicher Hersteller und verwenden ver-

---

[17] Peitgen, H. O., Saupe, D.: The Science of Fractal Images. Berlin: Springer 1988

[18] Peitgen, H. O., Richter P.H.: The Beauty of Fractals. Berlin: Springer 1986

[19] Fenves, S. J., Flemming, U., Hendrickson, C., Maher, M. L., Schmitt, G.: Integrated software environment for building design and construction. Computer Aided Design *22*, 27-36 (1990)

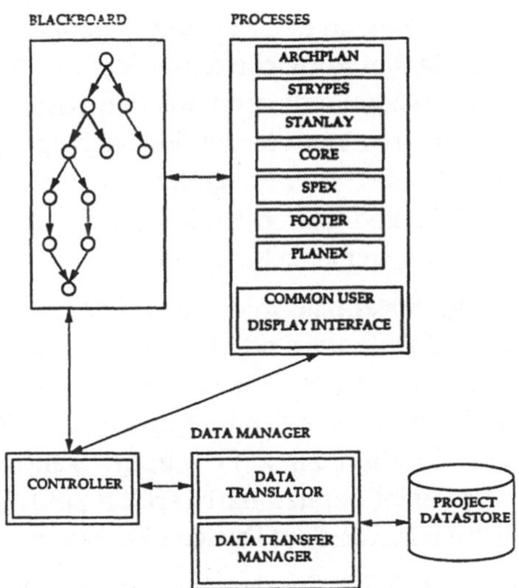

FIGUR 1: SCHEMA DER IBDE UMGEBUNG

schiedene Computersprachen und Shells. Allen gemeinsam ist der Anschluß an ein Netzwerk, über das sie mit dem Blackboard und der integrierten Datenbank in Verbindung stehen. Allen gemeinsam ist auch eine Benutzeroberfläche, die die Ergebnisse der einzelnen Prozesse sowie den neuesten Stand des Entwurfes zeigt. Eine kurze Beschreibung der einzelnen Komponenten:

Archplan repräsentiert Gebäude als Prototypen, die schrittweise verfeinert und an Forderungen der Bauherren angepaßt werden. Es ist in LISP geschrieben und folgt der objektorientierten Programmierphilosophie. Es nutzt verschiedene Formen des Schließens (Reasoning) und der Suche (Search) wie Forward Chaining, Backward Chaining und Hill Climbing für das Auffinden lokal bester Lösungen[20].

Core besteht aus einem Prä-Prozessor, der Input von *Archplan* entsprechend vorbereitet, einem Generator, der Layouts für Aufzugslobbies erstellt, sowie aus einem Post-Prozessor, der die besten Alternativen auf dem Bildschirm darstellt. Der Generator arbeitet mit einer Graphenrepräsentation der räumlichen Beziehungen und erzeugt mit einem modifizierten Branch-And-Bound Algorithmus ein Set aller akzeptablen Lösungen. Testregeln ordnen jeder Alternative eine Note zu, die ausdrückt, in welchem Maße die Lösung Kriterien wie Raumausnutzung, Nachbarschaft oder Orientierung erfüllt. Die Grundlagen für diese Anwendung veröffentlichte Flemming[21].

---

[20] Schmitt, Gerhard: Architectural Pre-Processor to Engineering Expert Systems. In Proceedings of the IABSE Colloquium 1989 on Expert Systems in Civil Engineering. Bergamo, Italy 1989

[21] Flemming, U., Coyne, R., Glavin, T., Rychener, M.: A Generative Expert System for the Design of Building Layouts - Version 2. In Gero, J. (ed.): Artificial Intelligence in Engineering: Design. New York: Elsevier 1988

Strypes und *Stanlay* sind beide in EDESYN implementiert, einer Expertensystem Shell für Ingenieurdesign. Maher entwickelte die Shell EDESYN zur Synthese solcher Objekte, für deren Bestandteile die prinzipiellen Lösungsalternativen bekannt sind[22]. Das EDESYN System erweitert die seit den sechziger Jahren bekannte Morphological Box und kombiniert sie mit Methoden der KI. *Strypes* und Stanlay benutzen die Constraint Directed Search Methode, um zur vorläufigen Wahl und Konfiguration des statischen Systems zu kommen.

Spex führt die vorläufige Spezifikation der von *Stanlay* selektierten Strukturelemente durch. Standardspezifikationen sind in Entscheidungstabellen (Decision Tables) aufgeführt. Ein Organisationssystem beschreibt jede einzelne Anforderung in Bezug auf Objekttyp, Belastungsart und Zusammensetzung[23]. Textbuchwissen liefert die Beziehungen und Definitionen, auf die in der Standardspezifikation Bezug genommen wird, die aber nicht explizit darin erklärt sind. Entwerfer-spezifisches Wissen besteht aus Faustregeln, die dem Design eine bestimmte Richtung geben.

Footer zerlegt den Entwurf der Fundamente in Teilbereiche: Selektion eines Fundamenttyps, Materials, Erstellungsform, Aushubform und parametrisiertes Fundamentdesign. *Footer* verläßt sich stark auf Rahmenbedingungen und heuristische Regeln, um über die Relevanz eines bestimmten Designs zu entscheiden, und um inkonsistente Alternativen auszuschließen.

Planex unterstützt die Bauablaufsplanung. Es beruht auf einer Reihe von Wissensquellen in Form von Entscheidungstabellen, die Sets von Regeln enthalten. Das Wissen wird jeweils auf ein Teilproblem der Gesamtplanung angewandt. Entscheidungstabellen finden auch bei der Wissensakquisition Verwendung.[24]

. Das System funktioniert folgendermaßen: Der Architekt erstellt interaktiv mit *Archplan* einen vorläufigen Entwurf des Gebäudes und schickt eine Repräsentation des Ergebnisses in Form von Rahmen (Frames) an die integrierte Datenbank. Diese speichert das Ergebnis und schickt die Meldung an das Blackboard, daß ein Entwurf zur Verfügung steht. Daraufhin werden die anderen Programme aktiv und verlangen Input für ihre Prozesse. Ein der integrierten Datenbank vorgeschalteter Übersetzer formt die Daten in die für die individuellen Prozesse lesbare Form um. Sobald einer dieser Prozesse abgeschlossen ist, meldet er dies dem Blackboard, woraufhin weitere Prozesse aktiv werden können oder bereits abgeschlossene eine neue Alternative entwickeln. Nach einer Rechenzeit von etwa zwei bis drei Stunden

---

[22] Maher, M. L., Longinos, P.: Development of an Expert System Shell für Engineering Design. International Journal of Applied Engineering Education 1987

[23] Garrett, J. H., Fenves, S. J.: A Knowledge-based Standards Processor for Structural Component Design. Tech. Rept. R-85-157. Pittsburgh, PA: Carnegie Mellon University, Department of Civil Engineering 1986

[24] Hendrickson, C. T., Zozaya-Gorostiza, C. A., Rehak, D., Baracco-Miller, E. G., Lim, P. S.: An Expert System for Construction Planning. ASCE Journal of Computing in Civil Engineering *113(5)*, American Society of Civil Engineers (1987)

steht eine vollständige und konsistente Beschreibung eines Gebäudes zur Verfügung, die typischerweise eine Größenordnung von etwa 25'000 Einzelpositionen umfaßt.

In den frühen Entwurfsphasen eines Projektes sind zeitweilige Inkonsistenzen nicht unüblich, nicht einmal unerwünscht[25]; sie werden aber spätestens in der Ausführung zum kostspieligen und oft gefährlichen Ärgernis. Deshalb wird bei IBDE großer Wert auf die Konsistenz des endgültigen Ergebnisses gelegt, wobei in Teilprogrammen durchaus temporäre Inkonsistenzen erlaubt werden.

5.2 Archplan – ein Entwurfs-Simulator

Archplan steht für Architectural Planning System und besteht aus vier Modulen. Der Input beschreibt in vereinfachter Form unter anderem das Grundstück, das

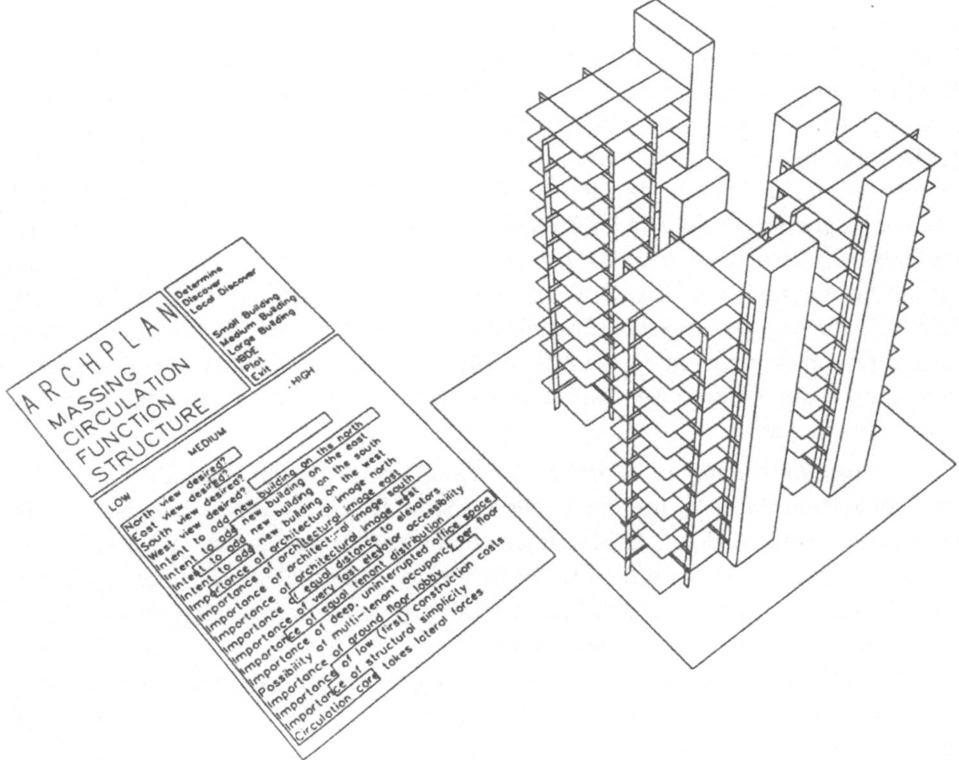

FIGUR 2: ARCHPLAN. VORSCHLAG FÜR DIE NEUE BENUTZEROBERFLÄCHE DES ZIRKULATIONS - MODULS. ALLE ANDEREN MODULE FOLGEN DER GLEICHEN STRATEGIE.

---

[25] Mitchell, W. J.: The Uses of Inconsistency in Design. In: Kalay, Y. (Ed.): Evaluating and Predicting Design Performance. New York: John Wiley 1990

Gebäudeprogramm, das vorhandene Budget sowie geometrische Beschränkungen durch Baugesetze. Der Output liefert eine dreidimensionale, funktionale, Zirkulations-, Kosten- und Massenbeschreibung des Entwurfs. Die vier Module sind SCM (Site, Cost, and Massing), Funktion, Zirkulation und Tragsystem. Alle Module und Parameter sind als Lisp Objekte implementiert, die untereinander durch Messages kommunizieren. In einigen Teilen des Programms wird der Austausch der Messages zwischen den Objekten direkt graphisch sichtbar gemacht.

Die Interaktion mit Archplan beginnt immer mit dem *SCM Modul.* Ein Set von Default-Annahmen, die innerhalb gegebener Grenzen variierbar sind, steht im linken Fenster des Bildschirms zur Verfügung. Nach der Bestimmung des Grundstücks beginnt der Entwurf mit der Entwicklung eines Massenmodells, das einen definierten Kostenrahmen hat und weiteren Randbedingungen folgt. Dabei ist die Beziehung zwischen Randbedingungen und Konsequenzen keine Einbahnstraße. Alle Parameter sind in einem semantischen Netz verknüpft. Die Stärke der Verbindungen zwischen einzelnen Knoten des Netzes wird durch Gewichtungsfaktoren bestimmt, die frei wählbar sind. So kann großes Gewicht auf die Einhaltung des Budgets gelegt werden, wodurch andere Größen wie Volumen oder Geschoßzahl sich anpassen müssen. Oder aber ein Faktor wie die Gebäudefläche ist von absoluter Bedeutung, wodurch die Kosten sich anpassen müssen. In seltenen Fällen kann es geschehen, daß zwei oder drei Parameter die gleiche Gewichtung haben und das Ausbalancieren erfolglos bleibt. Dann ist ein direktes Eingreifen des Architekten ratsam sowie die Verschärfung oder Lockerung einer Bedingung. Der SCM Modul besitzt auch einfache Optimierungsmöglichkeiten. Zum Beispiel kann das Gebäude für Tageslichtbeleuchtung, für Kosten, oder für eine Kombination der beiden optimiert werden. Interessant ist dann der Vergleich mit der zuvor ›manuell‹ erzeugten Lösung, deren Kennwerte in den Balkendiagrammen im rechten oberen Fenster erscheinen.

Der *Funktionsmodul* assistiert bei der Verteilung der vertikalen und horizontalen Gebäudefunktionen innerhalb des im SCM Modul kreierten Volumens. Die Funktionen Büro, Verkauf, Atrium, Haustechnik und Parken werden zur Zeit unterstützt. Jede der Funktionen hat eigene Bedürfnisse und beeinflußt unter anderem das Layout, das Erscheinungsbild und die Kosten des Gebäudes. Archplan schlägt eine dreidimensionale Funktionsverteilung vor, die dann als Draht- oder Flächenmodell erscheint. Funktionale Entscheidungen geschehen lokal innerhalb des Moduls, es sei denn, Konflikte mit dem bisher erzeugten Modell würden entstehen. In diesem Fall kann der Entwerfer das Programm den Konflikt selbständig lösen lassen oder ihn interaktiv beheben.

Der *Zirkulationsmodul* adressiert das Problem, Gebäudenutzer und Gerät vertikal und horizontal im Gebäude zu bewegen und eine sichere Evakuierung im Notfall zu gewährleisten. Ebenso hat die Zirkulation großen Einfluß auf das interne Funktionieren und das äußere Erscheinungsbild des Gebäudes (siehe Figur 2). Es fiel nicht leicht, relevante Faktoren und ihre gegenseitige Abhängigkeit zu definieren, deshalb arbeitet Archplan auch hier mit Gewichtungen. Diese Gewichtungen bestimmt der Entwerfende durch Verschieben eines Balkens, der dem Programm die Wichtigkeit des Faktors durch seine Länge mitteilt. Grundsätzlich können die Aufzüge im Innern des Gebäudes oder an der Peripherie liegen, mit allen möglichen Zwischenstufen. So wird beispielsweise das Verlangen nach einer großen, weitgespannten Bürolandschaft auf jedem Geschoß die Aufzüge an die Peripherie schieben, während das Verlangen nach einer minimierten Gebäudeoberfläche und ungestörtem Blick in alle Richtungen eher zu einer zentralen Aufzugsposition führt.

Der *Tragsystemmodul* ist am wenigsten entwickelt, da Strypes und Stanlay in IBDE dafür spezialisiert sind. Er wird nur benutzt, wenn Archplan als ›stand alone‹ Programm benutzt wird. Basierend auf den bisher definierten Gebäudecharakteristika bietet der Tragsystemmodul Alternativen an, von denen einige besser und andere weniger gut geeignet sind. Entsprechende Kommentare erhält der Designer als Feedback. Die Veränderung von Säulenabstand und -verteilung sind zu diesem Zeitpunkt noch möglich. Auch von diesem Modul ist jederzeit ein Wechseln in beliebige andere Module möglich.

Nach mehr als zwei Jahren Erfahrung mit IBDE und Archplan, während denen sie auch mit realen Projekten verglichen wurden, möchten wir die Erfahrungen umsetzen und eine zweite Generation des Systems entwickeln. Zu diesem Zweck wurde ein Konsortium gegründet. Die Unterschiede zwischen quantitativen Entscheidungen und qualitativem Schließen werden dabei stärker hervortreten.

5.3 BAU – ein wissensbasiertes Entwurfssystem

Rule IC-1:
The two L-Units have to be connected.

Rule IC-2:
The B-Unit has to be next to an L-Unit.

Rule IC-3:
The kitchen has to be next to an L-Unit.

Rule IC-4:
The hallway has to be next to the S-Unit.

Rule IC-5:
The hallway has to be next to an L-Unit.

Rule IC-6:
The openning of the B-Unit should not be connected to an L-Unit.

Rule IC-7:
The openning of the B-Unit should not be connected with an S-Unit or a U-Unit.

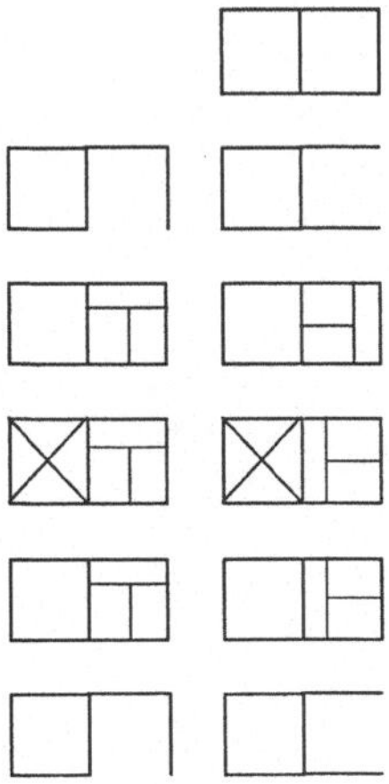

FIGUR 3: EINIGE GRUNDREGELN VON BAU

BAU entstand in Zusammenarbeit zwischen einem Architekten (Professor H. E. Kramel) und einem Wissensingenieur (Chen Cheng Chen, Knowledge Engineer). Es ist ein Top-Down Verfeinerungsprogramm (Top-Down Refinement). Es zerlegt ein komplexes Entwurfsproblem global in kleinere Einzelprobleme, die danach einzeln gelöst werden. BAU muß diese Einzellösungen in die Gesamtlösung integrieren. Auf dem Niveau lokaler Entscheidungen verwendet Bau Generierungs- und -Test Zyklen (Generate- and Test) und damit den Bottom-Up Kompositionsprozeß (Bottom-Up Composition). Der Entwurfsprozeß von BAU ist eine Suche (State-Space Search) nach akzeptablen Lösungen in einem sehr großen Suchraum (Search Space), in dem der Entwerfende vielversprechende Lösungen identifiziert. Zu Beginn entsteht eine Hierarchie, welche die wichtigsten funktionellen Anforderungen an die Einheiten definiert. BAU präkompiliert den Prozeß der Verfeinerung (Refinement) in eine standardisierte Struktur parametrisierter Elemente. Danach zieht das Programm qualitative Schlüsse, um akzeptable Parameterwerte zu finden.

BAU beginnt mit der Plazierung der Architektureinheiten auf einem quadratischen Raster von 3x3 Einheiten, wobei jede Einheit 3x3 m mißt. Die Einheiten sind ein Wohnraum (bestehend aus 2 Einheiten), ein Schlafraum, eine Terrasse und eine Küchen-Bad-Korridor-Kombination, von denen jede verschiedene Orientierungen aufweisen kann. Die fundamentalen Regeln sind, daß (i) jede Einheit auf genau einer Rastereinheit stehen muß, daß (ii) zwei benachbarte Einheiten eine gemeinsame Wand haben, und daß (iii) alle Einheiten miteinander verbunden sein müssen. Zusätzlich gibt es 7 funktionale Regeln für interne Verbindungen und 2 Regeln für energie- und lärmbezogene externe Orientierung. BAU produziert daraufhin ein Set von 216 signifikanten Lösungen, die nach verschiedenen Kriterien beurteilt und plaziert werden.

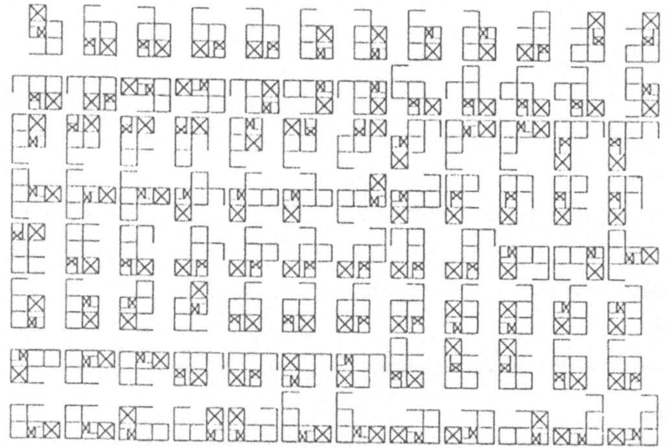

FIGUR 4: EINIGE DER SIGNIFIKANTEN PLANKONFIGURATIONEN VON BAU

Nach der Produktion von Plan-Konfigurationen, die seit über zwei Jahrzehnten Gegenstand der Forschung sind, untersucht BAU signifikante dreidimensionale Lösungen, was die Komplexität der Einheit und der Gesamtlösungen dramatisch erhöht. Es kommen Regeln etwa folgender Art zur Anwendung: »Wenn 3 Einheiten in einer Reihe angeordnet sind, dann sollte die L-Seite der mittleren Einheit nicht neben der H-Seite einer anderen Einheit liegen, und die H-Seite der mittleren Einheit darf nicht neben der L-Seite einer anderen Einheit liegen.« Diese Regeln, die Lösung von Dachentwässerungsdetails betreffend, sind graphisch leichter formulierbar. Trotz dieser Einschränkungen durch zusätzliche Regeln wird BAU viele hundert Kombinationen für die zuvor als gut erachteten Plankonfigurationen finden.

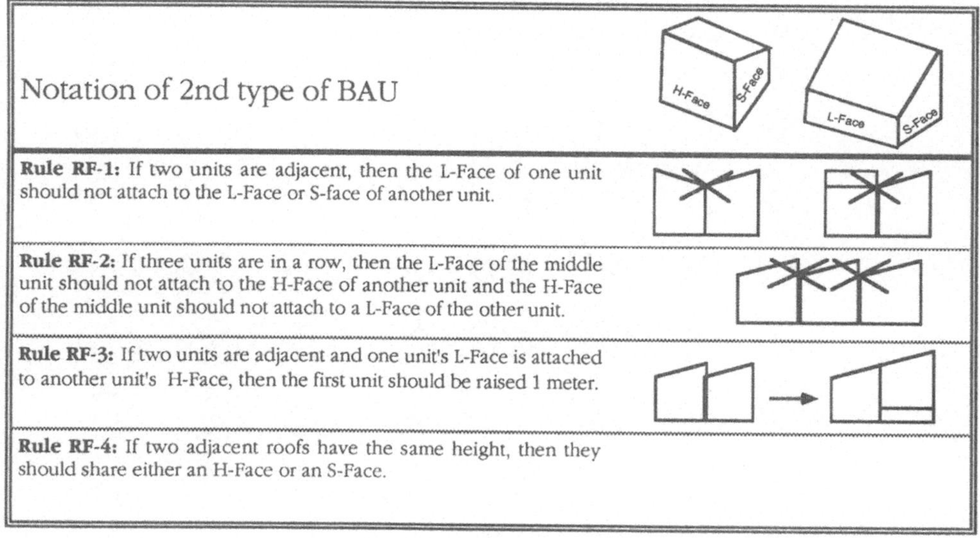

FIGUR 5: EINIGE DER DREIDIMENSIONALEN REGELN VON BAU

In einem dritten Schritt substituiert BAU die Volumenmodelle mit detaillierten, aus vorgefertigten Teilen zusammengesetzten Einheiten. Dadurch ergeben sich neue Regeln, welche die innere und äußere Erschließung sowie die Plazierung von Fenstern, Türen und Oberlichtern betreffen. Von diesem Stadium aus ist eine direkte Koppelung mit Robotics Programmen zur Zusammensetzung der Gebäude möglich.

Der wissenschaftlich interessanteste Teil von BAU ist seine Fähigkeit des *Lernens* (Machine Learning), des *induktiven* und des *analogen Schließens* (Analog and Inductive Reasoning). Bei der Definition der Regeln stellte es sich heraus, daß das Set der produzierten Lösungen gute und weniger gute, aber auch schlechte Lösungen enthielt. Dies zeigte, daß nicht alle Regeln definiert waren, oder als implizit und selbstverständlich vorausgesetzt wurden. BAU hilft damit zunächst, durch graphisches Feedback die neuen Regeln zu finden, indem Experte und der Knowledge

Engineer die Unterschiede zwischen guten und schlechten Lösungen herausfinden und versuchen, die fehlenden Regeln zu formulieren.

Durch die Datenrepräsentation von BAU ist es aber auch möglich, dem Programm einige gute und einige schlechte Beispiele zu zeigen, deren Geometrie und Regeln es dann ableitet, analysiert und speichert: Es lernt.

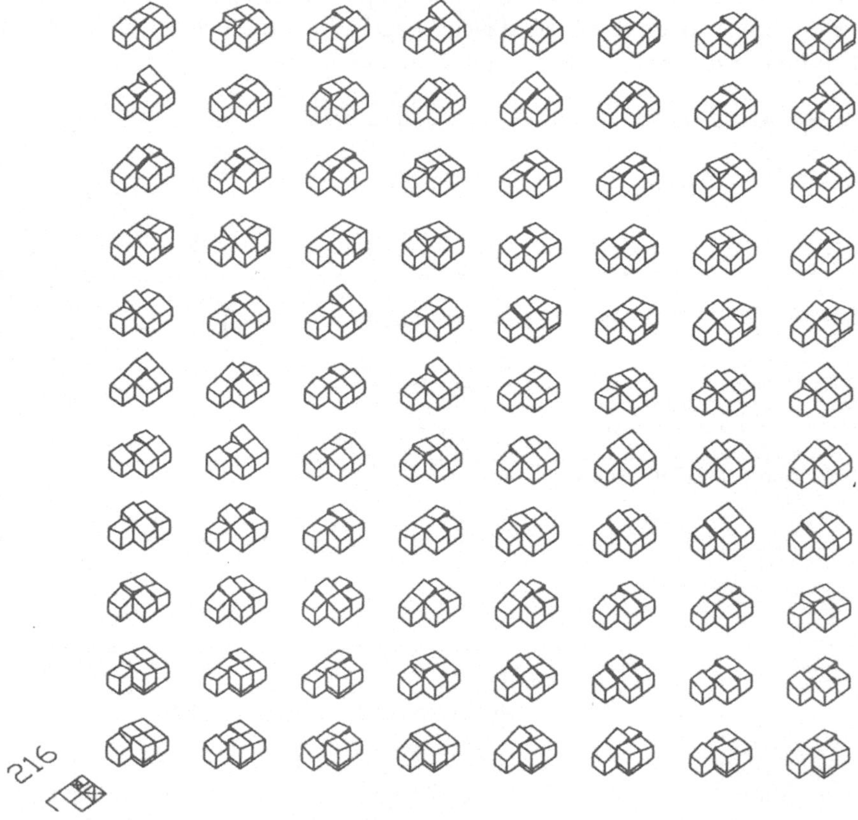

FIGUR 6: SIGNIFIKANTE DREIDIMENSIONALE LÖSUNGEN EINER PLAN-KONFIGURATION

Danach ist BAU in der Lage, die entsprechenden Regeln zu formulieren und durch Vergleich und Induktion aus einem sehr großen Set möglicher Lösungen gute, schlechte, oder andere, auf die es trainiert wurde, zu identifizieren. In einem weiteren Modul ist BAU in der Lage, aus einem großen Set bereits bestehender Lösungen durch analoges Schließen diejenige Konfiguration zu wählen und zu adaptieren, die der Lösung eines neuen Problems am nächsten kommt. Leider würde eine genaue Beschreibung der dabei verwendeten Techniken den Umfang dieses Beitrages sprengen.

BAU ist in Common Lisp implementiert und nutzt AutoCAD als graphische Infrastruktur für Darstellung, Manipulation und Verarbeitung in Visualisierungsprogrammen. Die Entwicklungszeit betrug etwa ein Jahr. Das Programm demonstriert die Fähigkeit des qualitativen Schließens, wenn das Entwurfsproblem begrenzt und architektonisches Wissen in expliziter Form vorhanden ist. Es demonstriert ebenfalls die Fähigkeit begrenzten Lernens, analogen und induktiven Schließens im Entwurf.

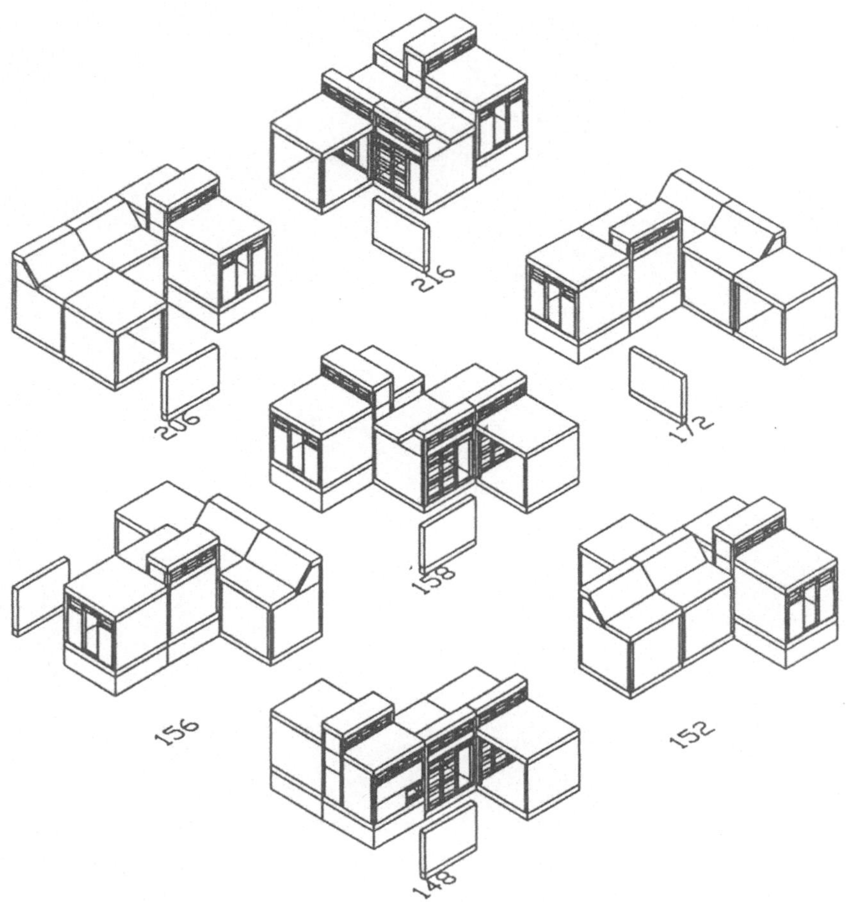

FIGUR 7: VON BAU GENERIERTE DETAILLIERTE EINZELGEBÄUDE

6. Acknowledgements

Die National Science Foundation der USA unterstützt die IBDE und Archplan Projekte am Engineering Design Research Center der Carnegie Mellon University in Pittsburgh. BAU entstand in Zusammenarbeit zwischen Chen Cheng Chen und Professor Herbert Kramel an der Professur für Architektur und CAAD der ETH Zürich.

EXPERTENSYSTEME BEI DER SWISSAIR

KLAUS BENA

Die Swissair hat von jeher die Möglichkeiten der Informationsverarbeitung frühzeitig zu nutzen versucht, um ihre Transportleistung effizienter gestalten und am Markt besser anbieten zu können. Nicht selten ist sie dabei in echte Pionierrollen geschlüpft. Erfolgreiche Beispiele dafür sind etwa die ersten kommerziell eingesetzten Realtime-Systeme für die Passagierreservation, frühe Datenbankmanagementsysteme für den Flugzeugunterhalt, die Integration von Office-Automation-Systemen und Reservationsterminals für die Administration in Außenstellen, Selbstbedienungseinrichtungen für Check-in und Boarding sowie die Nutzung in- und ausländischer Videotex-Systeme für ein breites Informationsangebot an die Öffentlichkeit [1]. Die Entwicklung der letzten Jahre und die weiter stark anwachsenden Aufwendungen der Luftverkehrsgesellschaften für die Informatik zeigen deutlich, welch hoher Stellenwert dem Computer im Kampf um den Kunden zugewiesen wird. Die Swissair-Unternehmensplanung unterscheidet strategische Aktionsfelder. Ein solches Feld ist auch die Informatik – neben Markt, Produkten, Außenbeziehungen, Flotte, Infrastruktur, Swissair-Gruppe, Menschen und Organisation, Ökologie, Wirtschaftlichkeit sowie Unternehmenskultur [2]. Darin liegen auch die Gründe, daß man sich bereits seit 1985 intensiv mit der Expertensystemtechnik und ihren Möglichkeiten auseinandergesetzt hat. In verschiedenen Projekten für unterschiedliche Unternehmensbereiche hat man inzwischen konkrete Erfahrungen sammeln können (Tabelle 1). Im vorliegenden Artikel interessieren neben dem Vorgehen bei der Einführung von Expertensystemen und einigen Ergebnissen vor allem Managementaspekte. Ein repräsentatives Beispiel für ein erfolgreiches Decision-Support-System für die Frachtdisponenten ist ARGOS. Die Struktur meines Beitrags entspricht dem ungefähren zeitlichen Ablauf von den ersten Studien bis hin zum Aufbau der heutigen Organisationseinheit »Expertensysteme« und deren Integration in die Informationsverarbeitung.

Überlegungen vor dem Start

Erste Überlegungen über das Potential von Expertensystemen wurden bei der Swissair seinerzeit in der Organisationsstelle »Neue IV-Technologien« angestellt. Sie konzentrierten sich auf das technisch Neue und das Potential möglicher Anwendungen. Damals kam man im wesentlichen zu zwei Schlüssen:

Anwendung	Benutzer	Technische Prototyping	Realisierung Produktion	Status
Kontrolle bezüglich Mehrfachbuchung	Space Control (Spezialisten)	IBM-PC AT-03 Pers. Consultant	LISP-Maschine Eigenentwicklung	• produktiv seit 7/88 • ständiger Ausbau
Entscheidungs-unterstützung bei der Frachtannahme	Ertragssteuerung Fracht und Post (Spezialisten)	LISP-Maschine KEE	LISP-Maschine KEE	• produktiv seit März 1989 • ständiger Ausbau
Fehlerdiagnose von Flugzeugsystemen	Flugzeugwartung (Techniker und Spezialisten)	LISP-Maschine KEE	IBM-PC PS/2 Maintex	• Betriebsversuch mit F100-Systemen • vorgesehen für MD11-Systeme
tägliche Zuteilung von Flugzeugstand-plätzen	Flughafen Zürich und Genf (Spezialisten)	diverse	IBM-PC PS/2 TIRS	• Dispositionsteil produktiv seit 4/90 •Zuteilungsalgo-rithmus in Entwickl.
Rescheduling von Flugzeugrotationen	Einsatzleitstelle (Spezialisten)	LISP-Maschine KEE	LISP-Maschine Eigenentwicklung	• Betriebsversuch mit Langstrecken-flotte • Erweiterung in Arbeit
Triebwerkdaten-analyse	Triebwerk-Engineering (Spezialisten)	offen	offen	• verbesserte Aufbereitung der Eingabedaten • Methodeneval.
Alarmfilterung für interne Abwasser-reinigungsanlage	Bedienungspersonal	LISP-Maschine KEE	offen	• Prototyp erstellt • Probebetrieb

TABELLE 1: EXPERTENSYSTEM-APPLIKATIONEN BEI DER SWISSAIR

1. Vorteile von Expertensystem-Shells

Hybride System-Shells wie zum Beispiel KEE (Knowledge Engineering Environment) wiesen bereits in frühen Versionen Eigenschaften auf, die bei passenden Anwendungen den konventionellen Entwicklungshilfen überlegen sein mußten. Dazu gehören die Framebasierte Wissensdarstellung, unterschiedliche Inferenz-mechanismen, Benutzerinterfaces via Active Images, hypothetisches Schlußfolgern und Truth-Maintenance-Systeme sowie die objektorientierte Implementierung. Im Vergleich zur konventionellen Projektentwicklung konnten zwei Vorteile progno-stiziert werden, die die Inangriffnahme von Pilotprojekten trotz der problemati-schen Integration als sinnvoll erscheinen ließen (Bild 1):

- Diesseits der Komplexitätsbarriere war bei hinreichend komplexen Aufgaben-stellungen eine schnellere Entwicklung zu erwarten.

- Jenseits der Komplexitätsbarriere konnte man sich an Applikationsideen heran-wagen, die man aus Aufwandgründen oder wegen unzureichender Strukturie-rung bisher gar nicht angegangen war.

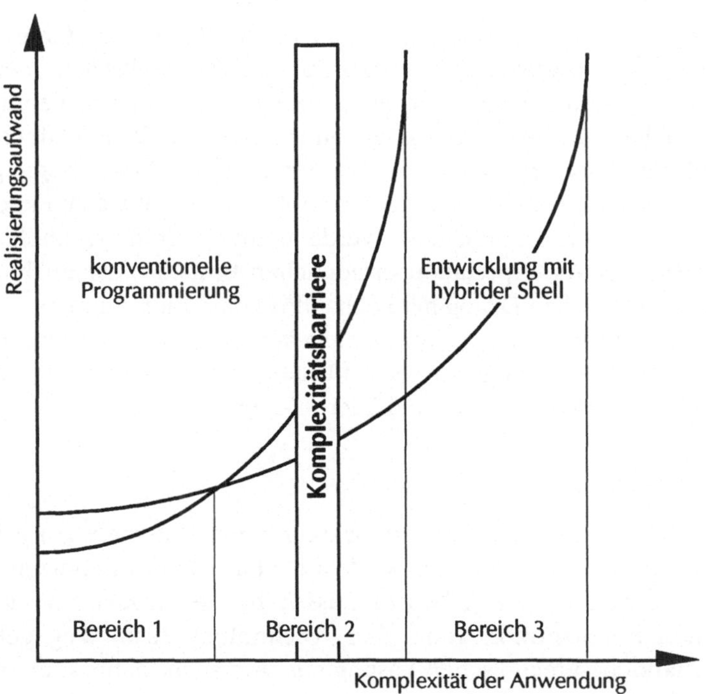

Bereich 1: einfache Anwendungen, konventionelle Programmierung vorteilhafter
Bereich 2: umfangreiche Anwendungen, hybride Shells schneller
Bereich 3: komplexe Anwendungen

BILD 1. QUALITATIVE DARSTELLUNG VON AUFWAND/KOMPLEXITÄT BEI KONVENTIONELLER PROGRAMMIERUNG UND BEI BENUTZUNG VON EXPERTENSYSTEM SHELLS (QUELLE: TECHNISCHE RUNDSCHAU 45/90).

2. Applikationspotential in einer Luftfahrtgesellschaft

Generell kann man davon ausgehen, daß es bei einer Vielzahl von Schlüsselstellen in einer Luftfahrtgesellschaft gerechtfertigt ist, von Expertenwissen und von Expertenabhängigkeiten zu sprechen. Einleuchtende Beispiele sind:

- Planungen von extrem teuren Ressourcen wie Flugzeugen, Standplätzen, Besatzungen;
- häufige, kurzfristig eintretende Ereignisse, die die Modifikation von Planungsdaten mit komplexen Konsequenzen erfordern;
- bestmögliche Auslastung des Sitzplatz- und Frachtraumangebots, die ein wesentliches Element zur Ertragsmaximierung darstellt;
- das zunehmend komplizierter werdende Tarifwesen;
- die individuelle Beratung des Kunden;
- schnelle und kompetente Störungsbehebung von Flugzeugsystemen.

Zusätzlicher Anreiz zur praktischen Erprobung der Expertensysteme war damals die Tatsache, daß ein großer Teil der bei den Luftfahrtgesellschaften eingesetzten Applikationen wegen der Anforderung extrem kurzer Antwortzeiten immer noch an die Assembler-Sprache gebunden war und man sich in der Funktionalität hauptsächlich mit der Speicherung und der Bereitstellung der Daten begnügen mußte. Ein Verbund dieser Assembler-orientierten Großsysteme mit einem Expertensystem – so folgerten die Verantwortlichen – würde für alle Betroffenen endlich unmittelbar komplexe Dateninterpretation ermöglichen und für ausgewählte Benutzer zusätzlich den grafischen Dialog mit hochauflösenden Bildschirmen erlauben, also den vielversprechenden Sprung von der zweiten zur fünften Computergeneration darstellen. Diese Überlegungen lösten im Unternehmen eine intensive Suche nach lohnenden Anwendungsgebieten und interessierten Benutzern aus.

Internes Marketing

Prinzipielle Wege, wie technische Innovation in ein Unternehmen gelangt, zeigt Bild 2. Der »Application-Pull«-Weg, bei dem die Einsicht des Benutzers am Anfang steht, neue technische Wege gehen zu müssen, hat den großen Vorteil der bereits vorhandenen Benutzermotivation. Der »Technology-Push«-Weg geht von der bereits vorhandenen technischen Lösung aus und sucht dafür sinnvolle Anwendungen; in diesem Fall muß man zuerst um Motivation des Benutzers und die Mittelbereitstellung werben.

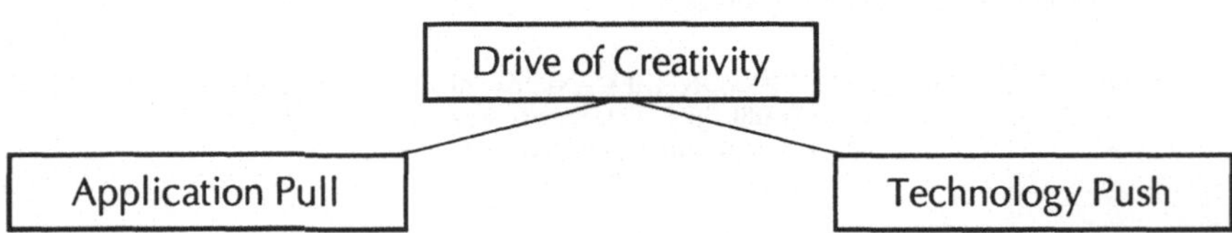

	Application Pull	**Technology Push**
Auslöser	»The user wants it«	»Technology is ready«
Beispiele	• Self Service Devices • Distribution Systems	• Datenbank-Systeme • Personal Computer • Expertensysteme
Motivation	Der Benutzer besorgt die Ressourcen	Die Informatik-Abteilung spielt die Rolle des Missionars

BILD 2. WIE KOMMT INNOVATION IN DAS UNTERNEHMEN? APPLICATION-PULL VERSUS TECHNOLOGY-PUSH. (QUELLE: PRISM-CONFERENCE, BOSTON, 1986).

Innerhalb des Swissair-Departements Informationsverarbeitung traf man die Vorentscheidung, sich bei der Applikationssuche auf zwei Unternehmensschwerpunkte zu konzentrieren:

- auf die Verkaufsunterstützung, wo es unmittelbar um die Marktleistung des Unternehmens geht und daher der finanzielle Erfolg vielversprechend schien;

- auf den Flugzeugunterhalt, wo es um gut abschätzbare technische Problemstellungen geht und daher das Einführungsrisiko geringer eingeschätzt wurde.

In beiden Bereichen wurden über die jeweilige Departementsleitung Informationsveranstaltungen in Auftrag gegeben, aus denen dann Workshops entstanden, um konkrete Ideen der Benutzer näher zu skizzieren. Bei diesen Veranstaltungen war wesentlich, den Benutzern einerseits die Unterschiede und die zusätzlichen Möglichkeiten im Vergleich zur konventionellen Datenverarbeitung anschaulich darzustellen und andererseits auch die Grenzen deutlich aufzuzeigen und vor übertriebenen Erwartungen zu warnen (»Managing the Expectations« gemäß [3]). Letzteres war um so notwendiger, als es sich um ein Teilgebiet mit dem emotionsgeladenen Titel »Artificial Intelligence« handelte und sich in der Tat in dieser frühen Phase einige Hersteller mit ihren Werbesprüchen am Rande der Seriosität bewegten. Ausschlaggebend für den Erfolg dieser Phase war der klare Linienauftrag der Departemente, die Aktivität nicht nur als Informationsveranstaltung zu betrachten, sondern sich aktiv mit den Möglichkeiten auseinanderzusetzen. Entsprechend wurden sowohl die Führungsebene als auch die Spezialisten potentieller Anwendungsgebiete aufgeboten. Das Ergebnis waren eine ganze Reihe von Applikationsideen, die ihren Ursprung ausschließlich in den Benutzerdepartementen hatten. Aufgrund dieses Prozesses konnte bei allen Vorhaben die grundsätzliche Bereitschaft der Benutzermanagements für die Mittelbeantragung vorausgesetzt werden. Aus diesen Ideen wurden in einer nächsten Phase die Erstprojekte ausgewählt.

Selektion von Erstapplikationen

Bei der Beurteilung der Applikationsideen waren zwei Dimensionen besonders wichtig:

1. Die Bedeutung für das Unternehmen

Für die Anwendung mußte entweder ein strategischer Wert (eine neue Dienstleistung, wesentliche Verbesserung der Information über und für Kunden, Imagepflege, hohe Investitionsbarrieren usw.) oder aber mindestens eine hohe wirtschaftliche Rechtfertigung (Verbesserung des Ertrags, Reduktion von Kosten, Verbesserung von Benutzermotivation) aufgezeigt werden können.

2. Das Risiko für einen Mißerfolg

Hier wurden sowohl rein technische Kriterien (Umfang der Applikation, Antwort-
zeitanforderungen, Anzahl Arbeitsstationen, Benutzerinterfaces, Änderungshäufig-
keit der Regeln, Systeminterfaces usw.) als auch die organisatorischen Rahmenbedingungen (Experte vorhanden, anerkannt, motiviert mitzumachen und dazu auch
freigestellt, Benutzermanagement zur aktiven Projektsteuerung bereit usw.) überprüft. Bei der wichtigen Frage zur Motivation der Experten für ihr Engagement war
es hilfreich, die Expertensysteme gemäß Bild 3 nach Expertenstützsystemen und
nach Expertenersatzsystemen zu differenzieren.

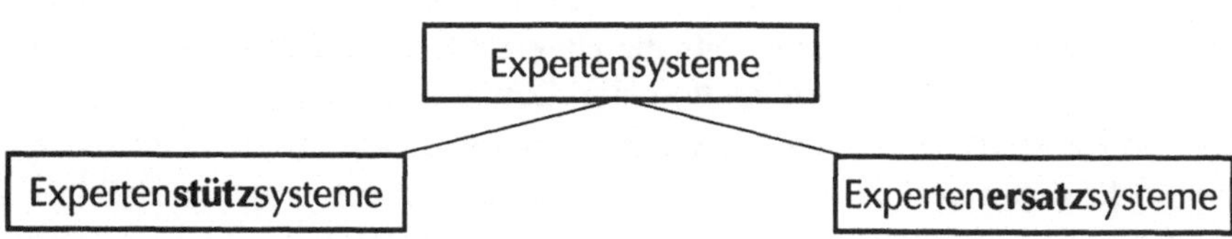

	Stützsysteme	Ersatzsysteme
Anwender	Experten	Nicht-Experten
Wissen	• unvollständig • unsicher • widersprüchlich	• umfangreich • komplex
Nutzen	Expertenwissen... • erhalten • mit mehr Daten • widerspruchsfrei • vergrössern	Expertenwissen... • vervielfachen • verteilen • standardisieren

BILD 3: EXPERTENSTÜTZSYSTEME VERSUS EXPERTENERSATZSYSTEME
(QUELLE: PROF. BEYER, TU MÜNCHEN)

Expertenstützsysteme lösen im Normalfall die größere Motivation zur Mitarbeit aus,
da der Experte verständlicherweise die unmittelbare Unterstützung der eigenen
Arbeit höher bewertet als die Verteilung seines Wissens. Es wurden lediglich diejenigen Anwendungsideen in die weitere Betrachtung mit einbezogen, für die in
beiden Dimensionen eindeutig positive Aussagen gemacht werden konnten. Eine
weitere Selektion ergab sich aus dem Priority-Grid (Bild 4). Für die Erstversuche in
der neuen Technologie durfte das Risiko nicht zu groß sein; der Erfolg mußte aus
einem einfachen Grund quasi mitorganisiert werden: Sollte der Erstversuch scheitern, würden Neuversuche allein aus psychologischen Gründen auf lange Sicht
verunmöglicht werden, auch dann, wenn die Gründe für den Mißerfolg nicht in
ungelösten technischen Problemen liegen würden. Daraus leitet sich die Empfeh-

lung ab, bei solchen Vorhaben stets mit mehr als nur einer einzigen Applikation in eine neue Technologie einzusteigen.

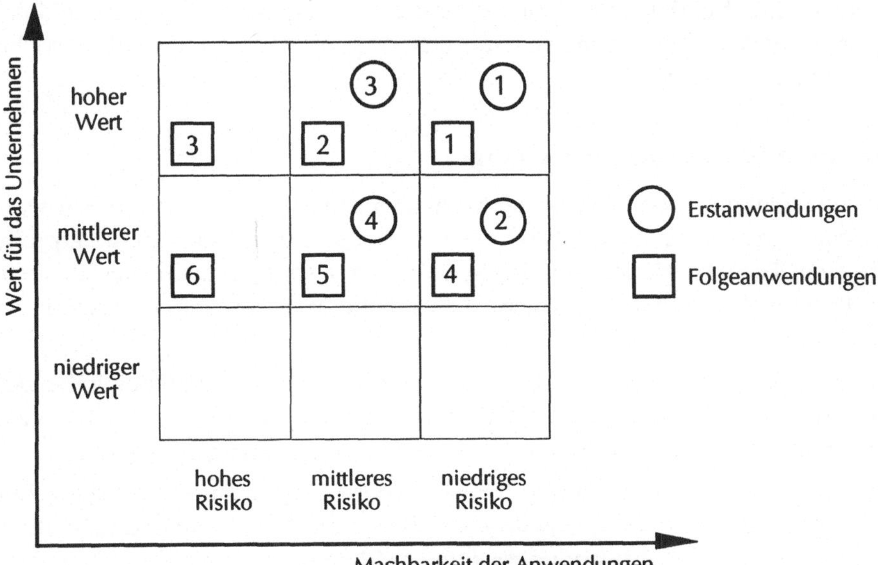

BILD 4: SELEKTION VON ERSTAPPLIKATIONEN. PRIORITY GRID.

Projektentwicklung

Bei der Projektentwicklung haben sich folgende Punkte als vorteilhaft herausgestellt: Der Start der konkreten Projektentwicklung in einem neuen Technologiebereich wurde dadurch stark erleichtert, daß externe Fachkräfte mit einschlägigem Know-how beigezogen wurden. Führende Computerhersteller, Softwarehäuser und Universitätsinstitute waren in einer frühen Phase unter besonderen Konditionen zur Mitarbeit bereit. Sie konnten sich selbst branchenspezifisches Fachwissen aneignen. Das externe Know-how wurde bei der Projektentwicklung genutzt. Die Projektleitung und -steuerung verblieben jedoch konsequent beim Swissair-eigenen Personal. Die Integration mit vorhandenen Systemen wurde bereits sehr früh untersucht und auch realisiert. Konzeptionell war darauf zu achten, Zentralsysteme als Datenspeichersysteme und Expertensysteme als Dateninterpretationssysteme zu sehen. Nach Möglichkeit war also zu vermeiden, daß die Expertensysteme eigene Datenbestände anlegten. Die Entwicklung erfolgte im »Prototyping«. Nach intensiven Benutzerinterviews wurde möglichst früh mit den Experten am Bildschirm verifiziert, ob der Entwurf der Wissensbasis (Knowledge-Base) den tatsächlichen Gegebenheiten entsprach. In dieser Phase wurde nur ein Minimum an Projektdokumentation verfaßt. Dafür war man schnell bereit, die ersten Versuche wegzuwerfen und die Knowledge-Base mehrere Male von Grund auf neu zu konzipieren. Statt umfangreiche und komplexe Prototypen aufzubauen, hat man mit hoher Priorität kleinstmögliche Module produktiv eingeführt. Maßstab hierfür war die Expertenaussage, ob ein ensprechendes Modul schon eine Verbesserung der Arbeit erbrachte. Erst bei der Benutzung in der täglichen Praxis war zu entscheiden, ob die ursprüngliche Zielsetzung sinnvoll war, oder ob andere Entwicklungsrichtungen einzuschlagen waren.

Projekteinführung und -betreuung

Von ausschlaggebender Bedeutung für eine engagierte Benutzermitarbeit war die Versicherung des Departements Informationsverarbeitung, nicht nur die Erprobung der neuen Technologie als Zielsetzung zu erklären, sondern im Erfolgsfall auch für den Programmunterhalt zu sorgen. Wesentliche Meilensteine in dieser Projektphase waren:

- Die Beurteilung des in der Vorproduktion erfolgreichen Prototypen in bezug auf die definitive Implementierung: Es kam auch vor, daß eine Eigenentwicklung gegenüber der weiteren Benutzung einer Shell den Vorzug erhielt.

- Die unablässige Beobachtung der eingeführten Applikation und die schnelle Realisierung von Änderungswünschen: Beispielhaft sind Anpassungen, die sich mit zunehmender Anwendungsroutine aufdrängten. So wurde beispielsweise ein leichtverständlich aufgebauter Dialog bei häufiger Verwendung trivial, und er mußte deshalb auch umgangen werden können.

- Der initiative Kontakt mit der für das Benutzerdepartement zuständigen konventionellen Entwicklungsgruppe: Dies war notwendig für die Integration mit bestehenden Applikationen und zur Realisierung der bereits erwähnten konzeptionellen Trennung von Datenspeicherung und Dateninterpretation.

Heutiger Stand und Perspektive

Aus den Projekterfolgen hat sich folgende Situation ergeben: Die Gruppe Expertensysteme ist inzwischen im Rahmen einer größeren Umstrukturierung des Unternehmens der Organisationsstelle Dienste innerhalb des Departements Informationsverarbeitung unterstellt worden. Damit wird dokumentiert, daß das Unternehmen die Experimentierphase der Expertensystemtechnik als abgeschlossen betrachtet und diese Technik jetzt zu den offiziell unterstützten Standardentwicklungsmethoden mit entsprechender Infrastruktur zählt.

Die erfolgreichen Applikationen wurden zum Verkauf an einen ausgewählten Kreis von Fluggesellschaften freigegeben. Die Erfahrung anderer erfahrener Expertensystemanwender [4] bestätigt, daß die eingeführten Systeme eine Vielzahl von Erweiterungen und neuen Ideen generieren, aus denen oft noch ein höherer Return-on-Investment resultiert als aus den ursprünglichen Zielsetzungen. Bei der Swissair ist die Gruppe Expertensysteme mit diesen Zusatzanforderungen ausgelastet. Noch unzureichend ist der Wissenstransfer in die konventionellen Entwicklungsgruppen gelöst. Erst in einem Fall, der Standplatzplanung, ist es gelungen, daß eine konventionelle Entwicklungsgruppe in dieser Technik ein System erstellt hat. Um zusätzliche Anwendungen zu ermöglichen und die Expertensysteme aus dem heutigen Inseldasein zu bringen, ist eine Intensivausbildung der Mitarbeiter in den konventionellen Entwicklungsgruppen zum Wissenstransfer geplant. Die zukünftige Arbeitsteilung innerhalb der Informationsverarbeitung könnte zum Beispiel so aussehen, daß die Expertensystemgruppe stärker die Funktion eines »Competence Centers« übernimmt, sich also konzentriert auf

- die Durchführung von Pilotprojekten zur Abklärung der grundsätzlichen Eignung der Technik in einem konkreten Problemgebiet und die Einführungsunterstützung für die definitive Realisierung innerhalb der konventionellen Programmierung;
- die vollständige Projektentwicklung allerdings nur noch bei komplexen Anwendungen, die weitreichendes Know-how der Expertensystemtechnik erfordern;
- die praktische Erprobung weiterer AI-Gebiete wie z.B. der Neuronalen Netze und der Sprachverarbeitung.

Expertensysteme sind wirtschaftlich einsetzbar

Aus der Arbeit der vergangenen fünf Jahre lassen sich für die Swissair folgende vier Schlußfolgerungen ableiten:

1. Die Technik der Expertensysteme läßt sich wirtschaftlich erfolgreich anwenden. Der zu Beginn zu leistende Aufwand für die Integration von Spezialrechnern in die bestehenden Standardsysteme ist bei weitem kompensiert worden durch die hohe Funktionalität der Expertensystem-Shells. Für eine begrenzte Klasse von Anwendungen läßt sich hiermit ein Wettbewerbsvorteil realisieren.

2. Von entscheidender Bedeutung für den Anfangserfolg war die richtige Auswahl der Erstapplikationen. Die Anwendungen müssen für das Unternehmen wesentlich sein, der Einsatz der Expertensystemtechnik im Gegensatz zu konventionellen Methoden muß gerechtfertigt, das technische Risiko aber in Grenzen gehalten werden.

3. Projekte scheitern weniger aus technischen Gründen als vielmehr wegen nachlassender Motivation bei den Experten oder im Benutzermanagement.

4. Das wachsende Engagement und die Bemühungen führender Hersteller, die Expertensystemtechnik in übergreifende Konzepte einzubetten [5], lassen darauf schließen, daß sich diese Technik langfristig stärker durchsetzen wird. Es bedarf eines initiativen firmeninternen Wissenstransfers von den Expertensystementwicklern zu der konventionellen Programmierung, um diesen Prozeß zu beschleunigen.

Literatur

[1] Buchi, H.: Lochkartentechnik und elektronische Datenverarbeitung in der Swissair von 1947 bis 1984. Unveröffentlichte Dokumentation o.J.

[2] Fröhlich, S.: Leitlinien für das Konzept Unternehmensentwicklung. Internes Arbeitspapier 1988

[3] McCullough, T.: Six Steps for Introducing AI Technology. Intellicorp Reprint, Copyright by 3M Company 1987

[4] Schieferle, D.: Expertensysteme und ihre Integration in ein Unternehmen. München: Digital Equipment GmbH, Bereich KI

[5] Hembry, D. M.: Knowledge-based systems in the AD/Cycle environment. IBM Systems Journal *29* (1990)

Anmerkung:

Dieser Artikel basiert auf meinem Beitrag in der Technischen Rundschau 45/90, 116 - 120.

INTEGRATION VON EXPERTENSYSTEMEN IN EINER GROSSBANK

FRANZ BRUNNER

1. Bedürfnisse

In welchen Bereichen existieren Bedürfnisse nach Expertensystemen? Wir stellen fest, dass in beinahe allen Bereichen ein Einsatz von solchen Systemen denkbar ist. Dabei kann unterschieden werden in:

- Anlageberatung
- Kommerz
- Handelsbereiche
- Logistik
- Stabsbereiche
- Informatik
- Infrastrukturbereiche wie z.B. Liegenschaftenabteilung

Was sind die Kriterien, um ein Expertensystem erfolgreich zu entwickeln und einzusetzen? Was muss vor der Freigabe der Entwicklung eines solchen Systems abgeklärt und in die Entscheidung einbezogen werden? Diese Fragen müssen beachtet werden, damit die richtige Umgebung bzw. die richtigen Werkzeuge für die Entwicklung gewählt werden. Nicht zuletzt haben aus unserer Erfahrung folgende Kriterien Konsequenzen für die Zusammensetzung des Entwicklungsteams:

- die Komplexität des Problems,
- die Anzahl Benutzer und Arbeitsort der Benutzer (z.B. Händler, die alle im selben Handelsraum ihren Arbeitsplatz haben oder Anlageberater, die in jeder Filiale anzutreffen sind),
- die Integrationsfähigkeit in andere Applikationen oder Datenbestände.
- Wie ist der Wissensbestand (statisch / dynamisch),
- der Aktualisierungsaufwand für die Wissensbasis,
- der Realisierungsaufwand?

Nicht zuletzt stellt sich die Frage, ob das Problem überhaupt mit einem Expertensystem zu lösen ist oder ob andere Alternativen erfolgversprechender sind.

2.   Was bieten Expertensysteme (oder wissensbasierte Anwendungen)?

Expertensysteme könn(t)en in vielen Bereichen einer Grossbank wertvolle Dienste leisten und Konkurrenzvorteile verschaffen. Sehr häufig werden aber die Möglichkeiten dafür nicht erkannt, oder die Ressourcen für die Entwicklung eines solchen Systems stehen nicht zur Verfügung. Im folgenden stelle ich potentielle Einsatzgebiete vor.

2.1   Grosse Zahl von Benutzern – Vermittlung von Wissen

Mit der Unterstützung von Expertensystemen kann das Wissen von Experten einer grossen Zahl von Benutzern zugänglich gemacht werden. Dies ist in einer Grossbank mit z.T. sehr komplexen, abstrakten Produkten und Dienstleistungen und einer grossen Anzahl von Mitarbeitern, die kompetent, rasch und freundlich die Kunden und potentiellen Kunden beraten, von eminenter Bedeutung. Gründe dafür sind einerseits darin zu suchen, dass es schwer fällt, genügend qualifiziertes Personal zu finden, bzw. dieses entsprechend zu Experten auszubilden. Dies ist allein schon von der Vielfalt der Produkte ausgeschlossen. Zusätzlich werden ständig neue Produkte und Dienstleistungen »erfunden«. Hinzu kommt die Geschwindigkeit, mit der diese neuen Produkte auf dem Markt lanciert werden können. Unsere Produkte lassen sich nicht patentieren, d.h., entscheidend ist in vielen Fällen die Geschwindigkeit. Zusätzlich erschwerend ist häufig auch der Druck von aussen, wo wir gar keine echte Wahl haben, ob wir mitmachen wollen oder nicht. Als Beispiel kann die Einführung der SOFFEX (Suisse Option an Financial Futures Exchange) genannt werden. Wie vorteilhaft wäre es da gewesen, ein Expertensystem bei jedem Anlageberater einzusetzen, das ihn im Einsatz der neuen Anlage- und Sicherungsinstrumente der SOFFEX beraten hätte. Weshalb haben wir trotz einleuchtenden Vorteilen kein Expertensystem dafür entwickelt?

- Wir wären zu spät gekommen. Die Entwicklung eines solchen Systems hätte zu lange gedauert.

- Hardware-Voraussetzungen waren bei den einzelnen Anlageberatern nicht erfüllt (und sind es noch immer nicht), dies hätte mindestens bei jedem einen leistungsfähigen PC vorausgesetzt. Als Alternative hätte allerdings eine solche Lösung auf dem Host entwickelt werden können, die entsprechenden Werkzeuge waren aber damals (bei uns) noch nicht verfügbar.

- Know-how war in der Bank nur in geringem Masse vorhanden.

- Niemand in der Bank hatte die Idee bzw. äusserte sie genügend »laut«.

Weitere Einsatzgebiete mit den Merkmalen einer großen Zahl von Benutzern und Vermittlung von Expertenwissen an diese Benutzer:

- Erkennen von Verkaufsmöglichkeiten von Produkten bzw. Kundenbedürfnissen (siehe dazu auch 3.3).

- Beurteilung der Bonität eines Kunden bei der Behandlung von Kreditanträgen insbesondere von kommerziellen Kunden.

- Anlageberatung.

2.2 Entscheidungsunterstützung – Hilfe für Experten

Expertensysteme können aber auch für Experten sehr wertvoll sein. Von Vorteil ist insbesondere, eigene Entscheide überprüfen zu können: Kommt das Expertensystem zur gleichen Schlussfolgerung und vor allem weshalb? Dies bedeutet in der Regel erhöhte Anforderungen an das Expertensystem. Es sollte dem Experten aufzeigen, wie die Antwort zustande kam oder dem Benutzer die Möglichkeit geben, »what if« durchzuführen. Mögliche Einsatzgebiete in einer Bank sind deshalb:

- Prognosen von Devisen- oder Wertschriftenkursen als zusätzliche Entscheidungshilfe für den Händler.

- Beurteilung von Länderrisiken (siehe auch 3.3).

2.3 Expertenwissen einer geringen Zahl von Nichtexperten zugänglich machen

Auch hier gibt es eine Vielzahl von Einsatzmöglichkeiten, wobei sich aber häufig die Kosten-/ Nutzen-Relation so verhält, dass aus wirtschaftlichen Gründen darauf verzichtet werden muss. Ich vermute, dass in Zukunft immer mehr Standardlösungen für solche Gebiete angeboten werden, die nicht nur bei uns eingesetzt werden, sondern auch bei einer grösseren Zahl von Firmen zum Einsatz gelangen könnten. Beispiele dazu sind:

- Volkswirtschaftliche Fragestellungen

- Rechts-/Steuerfragen

- Interpretation/Umsetzung von Auswertungen aus dem Rechnungswesen, Management Information Systems (MIS) usw.

- Entwicklung von Software

- Tuning von Jobabläufen auf dem Mainframe

- Störungssuche/-Behebung bei EDV-Hardware
  (wir machen in der Bank die Hardware-Wartung selbst)

3   Wie sind wir vorgegangen?

3.1   Organisation

1985 wurde in der SKA eine Arbeitsgruppe für »Künstliche Intelligenz« gegründet. Diese Gruppe verfolgte die Entwicklung in diesem neuen Gebiet der Informatik und sammelte Anforderungen und Anregungen aus der Bank. Bald darauf wurden erste Projekte gestartet. Heute gibt es verschiedene Projektgruppen, die an Projekten aus dem Gebiet der wissensbasierten Anwendungen arbeiten; verschiedene Prototypen sind realisiert worden. Diese Prototypen entstanden an unterschiedlichen Orten. In dieser Phase experimentierten wir mit verschiedenen Projektorganisationen:

- Projektgruppe in der Abteilung für Informatik: entsprechend andere »klassische« Anwendungen mit der Rapportierung an eine Arbeitsgruppe, in der hauptsächlich die Benutzer vertreten sind, und dann Rapportierung an den entsprechenden Steuerungsausschuss für Informatikvorhaben (in unserer Bank gibt es 6 Steuerungsausschüsse, gegliedert nach Banksparten).

- Benutzerprojekt: d.h., die Realisierung geschieht in der Benutzerabteilung, die Entwickler werden von der entsprechenden Abteilung angestellt. Die Abteilung für Informatik bzw. die Arbeitsgruppe »Künstliche Intelligenz« wird durch die Benutzerabteilung informiert und berät die Projektgruppe (nur auf Wunsch).

- Kooperation mit Universitätsinstituten: Auftrag, ein System für uns zu realisieren (z.B. mit dem Institut für Informatik der Universität Zürich).

- Realisierung eines Systems im Rahmen einer Dissertation, die bei uns in der Bank durchgeführt wird.

- Bildung einer Kerngruppe »Wissensbasierte Anwendungen« im Bereich Informatik, die neben der Realisierung von wissensbasierten Anwendungen auch die Aufgabe hat, die verschiedenen Vorhaben zu koordinieren und Methoden und Werkzeuge für die Realisierung von Expertensystemen zu bestimmen und zu verbreiten. Diese Kerngruppe gehört zur Abteilung »Methoden und Tools«. Diese Aufteilung soll auch sicherstellen, dass Expertensysteme und die »normalen« Applikationen möglichst einfach integriert werden können.

3. 2   Werkzeuge

Die Prototypen wurden praktisch ausschliesslich mit LISP-basierten Werkzeugen auf Sun-Systemen oder Micro-Explorern erstellt. Auf dem Micro-Explorer benutzten wir KEE, auf dem Sun-System QSL, eine auf LISP basierende Shell. Wir wollten diese Prototypen später auf unseren IBM-Mainframe mit möglichst wenig Aufwand portieren können. Ende 1989 mussten wir leider erfahren, dass IBM die Pläne von KEE unter SAA (System Application Architecture) aufgegeben hatte. Durch die Erfahrung mit den Prototypen kamen wir zur Überzeugung, dass die Anforderungen an die Benutzeroberflächen in der IBM-Mainframe-Umwelt praktisch nicht zu erfüllen gewesen wären, dies vor allem wegen den NPTs (non programmable terminal). Wir standen also vor einem sehr schwierigen Problem. Glücklicherweise fiel in dieser Zeit in unserer Bank der Entscheid, in Zukunft Applikationen als kooperative Anwendungen mit OS/2-Workstations zu entwickeln. Welche Werkzeuge sollten wir verwenden? Wir evaluierten verschiedene Produkte, die für die Realisierung von Expertensystemen in der IBM-Mainframe-Welt geeignet sind, z.B. KBMS von AICORP, ADS von AION und TIRS von IBM. Aus folgenden Gründen entschieden wir uns für TIRS:

- Integration in unsere bestehende Welt bzw. entstehende Welt (Kommunikation mit dem Host, Aufruf von/durch andere Applikationen, Sicherheit, standardisierte Benutzeroberfläche, Kostenverrechnung, usw.);

- IBM SAA-konform.

Wir haben sehr viel Aufwand und Zeit benötigt, um zu diesem Entscheid zu kommen. Wir sind uns bewusst, dass TIRS in der heutigen Form sicher nicht »state of the art« ist. Wir gewichteten aber die Integrierbarkeit in unsere Umgebung höher als die reine Funktionalität. Ich sage das, obwohl mittlerweile eine Projektgruppe versucht, einen KEE-Prototyp mit Hilfe von Nexpert Object in unserer Umwelt (OS/2 und Mainframe mit MVS, DB2, IMS-TM) zu realisieren.

3.3   Bereiche, in denen wir etwas realisiert haben

3.3.1 MOIDA (Mideastern Operations' Information & Decision Assistant)

Dieser Prototyp wurde als ETH-Dissertation im Rahmen unseres *Academic Research Program* realisiert. MOIDA wurde im Auslandressort, das für den mittleren Osten verantwortlich ist, realisiert. Der Doktorand betreute neben seiner Dissertation in diesem Auslandressort den IDV-Stützpunkt (individuelle Datenverarbeitung). Diese Nähe des Knowledge Engineer zum Benutzer bewährte sich sehr positiv. Als Plattform für MOIDA wurde ein MicroExplorer mit KEE verwendet. MOIDA bietet dem Benutzer zwei Funktionen: Länderbeurteilung und wissensbasierte Simulation. Die Länderbeurteilung fasst für jedes Land die wichtigsten Informationen zum Länderrisiko zusammen: statistische Daten, Geschäftsdaten und Schlussfolgerungen, aufgeteilt nach: Geographie, Wirtschaft, Aussenpolitik, Innenpolitik und aktuelle Ereignisse. Das Hauptinteresse der Hochschule war die wissensbasierte Simulation. Aus dem Wissen der Länderverantwortlichen sollten über Simulation mit MOIDA Prognosen in die Zukunft gemacht werden. Diese Prognosen sollten auch unter veränderlichen Annahmen konsistent bleiben. Dabei war als besonders interessantes Problem zu lösen, die Wissensbasis dann a jour zu halten, wenn die Zukunft zur Vergangenheit wird: Prognosen treffen ein oder sie treffen eben nicht ein. Regelmässig sind evtl. Regeln und/oder die Datenbank, auf die die Regeln angewendet werden, anzupassen. Dabei ist der Experte unbedingt notwendig, da ja nicht davon ausgegangen werden kann, dass sich die Geschichte wiederholt. Dies stellt neben der zeitlichen Abhängigkeit der Prognosen – es spielt eine Rolle, wann die Prognose eintrifft – hohe Anforderungen an die Hardware-Ressourcen, da die Anzahl der Regeln »explodieren« kann, wenn der zeitliche Aspekt genügend detailliert berücksichtigt wird. Wir haben dieses Problem in diesem Falle mit verschiedenen »Welten« in KEE zu lösen versucht. Weshalb haben wir uns entschlossen, diesen Prototyp (vorläufig) *nicht* zu verbreiten:

- der Unterhalt der Wissensbasis kann nicht durch die Benutzer selbst vorgenommen werden;

- die einzige Lösung wäre, einen Wissensingenieur fest der Benutzerabteilung zuzuteilen; dies kommt aber aus wirtschaftlichen Gründen nicht in Betracht;

- die Integration mit Host-Daten und Daten von externen Informationslieferanten wäre noch zu lösen;

- die Anzahl der Benutzer, die von diesem System profitieren könnten, entspricht beinahe der Anzahl der Experten, die für Unterhalt der Wissensbasis notwendig wären!

3.3.2 V.I.P. – vente interdisciplinaire des produits

V.I.P. soll unsere Kundenberater in der Beratung unserer Kunden unterstützen. Es soll aufgrund der Charakteristiken und der Bedürfnisse des Kunden die in Frage kommenden Produkte mit ihren Merkmalen aufzeigen. In einer ersten Phase soll dies im Dialog mit dem Kundenberater geschehen. Seine Wahlmöglichkeiten sind:

- Kundensegment (Privatkunde, kommerzieller Kunde, dessen Grösse usw.);

- Art des Bedürfnisses: z.B. Anlage, Kredit, Zahlungsverkehr usw.

In einer zweiten Phase soll V.I.P. aufgrund der CRAPA-Datenbank (Customer Relations and Profitability Analysis) dem Kundenverantwortlichen Anstösse für Angebote, Aktionen für einzelne Kunden oder ganze Kundengruppen geben.

Dieses System wurde als Prototyp mit einer LISP-basierten Shell auf einem Sun-System durch die *Kerngruppe für wissensbasierte Anwendungen* realisiert. Nachdem Benutzervertreter aus der Arbeitsgruppe und dem Steuerungsausschuss den Prototyp gesehen hatten, wurde entschieden, dieses System für unsere Mainframe-Umwelt zu realisieren. Es galt zu beachten, dass das System mehreren tausend Benutzern zur Verfügung stehen sollte. Diese FrontmitarbeiterInnen werden in naher Zukunft OS/2 Workstations mit Presentation Manager, die mit dem Mainframe kommunizieren, benutzen. Die ersten Teile wurden unter OS/2 Presentation Manager mit TIRS realisiert. Die Projektgruppe wird als nächsten Schritt die Integration zum Host realisieren, vor allem müssen Daten wie Stammdaten des Kunden, aktuelle Konditionen zur Verfügung stehen. Wir versprechen uns von diesem Projekt einen grossen Nutzen für die Bank und für weitere Anwendungen im Bereich wissensbasierter Anwendungen in der Host-Umgebung.

3.3.3 KBB – Kunden-Bonitätsbeurteilung

Für die Beurteilung der Bonität eines Kunden für die Kreditvergabe wurde vor einigen Jahren bei uns ein PC-Hilfsmittel für die Analyse der Bilanz und Erfolgsrechnung von Kreditnehmern geschaffen. Dieses Instrument trägt den Namen CS-Telfin und wird erfolgreich in den verschiedenen Kommerzbereichen eingesetzt. Bald zeigte sich, dass für die Interpretation der Bilanz- und Erfolgsrechnungszahlen ein Expertensystem von grossem Nutzen wäre. 1987 wurde dem Institut für Informatik der Universität Zürich der Auftrag gegeben, für uns im Rahmen eines Forschungsprojekts ein System für die Kunden-Bonitätsbeurteilung zu realisieren. Der Auftrag umfasste nur die Phase 1: Erstellen eines Prototyps. Dieser Prototyp ist mittlerweile abgeschlossen und abgeliefert. Er wurde verschiedenen potentiellen Benutzern vorgeführt. Für die Benutzer ist es sehr wichtig, dass mit diesem System auch eine Art von Sensitivitätsanalyse durchgeführt werden kann, in Form einer Art von »what if«. Diese Benutzer forderten dann, dass die Phase 2 gestartet wird: produktive Implementierung bei der SKA. Dieses Projekt hat ähnliche Charakteristiken wie das Projekt V.I.P.:

- mehrere tausend Benutzer,

- die Benutzer sind über das ganze Filialnetz verteilt.

Die Integration in die Host-Umwelt ist deshalb von grosser Bedeutung. Neben der Möglichkeit, dieses System auf den normalen mehr oder weniger jedem SKA-Mitarbeiter zur Verfügung stehenden Terminal zu benützen, ist es ebenso wichtig, dass die Integration in die übrigen Applikationen, die der Kommerzmitarbeiter benutzt, z.B. Kreditantrag oder Eröffnung von neuen Kundenbeziehungen, sichergestellt ist. Die Phase 2 wird durch eine Projektgruppe aus dem Applikations-Entwicklungsbereich für kommerzielle Anwendungen realisiert. Im Rahmen dieses Projekts wird die Anwendung von NexpertObject mit Smalltalk erprobt.

4. Zukunft und weiteres Vorgehen

Neue Projekte im Bereich der Expertensysteme oder wissensbasierten Anwendungen sollen bei uns wie die übrigen »normalen« Informatikprojekte abgewickelt werden. Wichtig erscheint uns, dass geeignete Entwicklungswerkzeuge in unserer komplexen Mainframe-Umgebung zur Verfügung stehen. Auch die Entwicklungsumgebung für »normale« Informatikprojekte auf dem Host wird nicht stehenbleiben. Der nächste Schritt wird sein, Werkzeuge für die Entwicklung von Expertensystemen in die geplante integrierte CASE-Entwicklungsumgebung zu integrieren. In näherer Zukunft wird bei uns ein solches I-CASE-Tool evaluiert. Als Testprojekt planen wir die Realisierung einer wissensbasierten Anwendung, um Erfahrungen mit den Schnittstellen zu TIRS zu sammeln.

Fazit: In Zukunft wird die Disziplin der Entwicklung von Expertensystemen eine von mehreren (gleichberechtigten) Möglichkeiten der Informatik sein. Entscheidend für die Lösung eines Problems ist es, das geeignetste Mittel zu erkennen und einzusetzen. Wir werden nicht umhin kommen, in Zukunft auch für Vorhaben aus dem Bereich der Expertensysteme den Wirtschaftlichkeitsnachweis zu erbringen.

KOOPERATIVE HYBRID-SYSTEME:
VERSUCH EINES SITUATIVEN EXPERTENSYSTEMS FÜR DIE TECHNISCHE DIAGNOSTIK[1]

MATTHIAS GUTKNECHT, ROLF PFEIFER, MARKUS STOLZE

1. Einführung

In den letzten Jahren kamen die Begriffe *Situative Kognition* (engl. situated cognition) und Situativität (engl. situatedness) in der Diskussion um wissensbasierte Systeme (WBS) auf. Es wird argumentiert, dass konventionelle WBS in mehrerer Hinsicht nicht situativ sind. Terry Winograd und Fernando Flores [1986] behaupten, dass diese Systeme (im Gegensatz zu den Menschen) nicht mit sog. »breakdowns« (Brüchen) umgehen können, d.h. Situationen, in denen die Kontinuität des gewohnheitsmässigen Verhaltens durch ein unerwartetes Hindernis unterbrochen wird. In diesen Situationen zeigt sich etwas, das sonst mit Heidegger gesprochen »zur Hand« – unproblematisch, transparent – ist, als ein Problem, mit dem auf eine neue, ungewohnte Art und Weise umgegangen werden muss. Zum Beispiel werden einem gewisse mechanische Eigenschaften einer Schraube erst bewusst, wenn sie verklemmt ist.

Lucy Suchman [1987] zeigt, wie ein Expertensystem für die Benutzung eines Fotokopierers den menschlichen Benutzer nicht richtig unterstützen kann, weil es einerseits keinen Zugang zu allen situationalen Faktoren (wie z.B. Handlungen des Bedieners) hat und andererseits seine Modelle über die Intentionen und das Verhalten des Benutzers viel zu beschränkt sind. Während der Zugang zu situationalen Faktoren durch den Einsatz von mehr Sensoren verbessert werden könnte, sind die Limitierungen eines WBS aufgrund unvollständiger Modelle der Wirklichkeit von prinzipiellerer Natur. Menschen verwenden Modelle nur, um sich in Situationen zu orientieren und um ihr Verhalten zu erklären. Was jedoch die Handlungen im einzelnen betrifft, so sind diese situativ und nicht über Modelle oder Pläne gesteuert. Modelle menschlichen Verhaltens sind deshalb notwendigerweise unvollständig und fehlerhaft.

---

[1] Dies ist die deutsche Übersetzung eines Papers, das in den Proceedings der IJCAI '91 (International Joint Conference on Artificial Intelligence) in Sydney publiziert wurde [Gutknecht, Pfeifer, Stolze, 1991]. Die Forschung wurde unterstützt durch Tecan AG und durch den Swift AI Chair der Freien Universität Brüssel.

Bill Clancey [1989a] argumentiert, dass »die Idee, menschenähnliches intelligentes Verhalten könne über das Interpretieren gespeicherter Programme, welche die Welt und die Arten des Verhaltens (vorweg) beschreiben, aufgegeben werden muss, da dieser Ansatz die Beschreibung aus der Sicht eines Beobachters mit physikalischen Mechanismen im Innern eines Handelnden (agent) verwechselt.«[2] Er kommt zum Schluss, dass die Entwickler von WBS dazu übergehen sollten, anstelle von Wissensstrukturen eines Handelnden eine adäquate Kopplung von Zustandssensoren eines Systems und seiner Umgebung zu gestalten [Clancey 1989b].

Diese Kritikpunkte scheinen auf den ersten Blick ziemlich theoretisch. Nichtsdestoweniger waren wir gezwungen, uns bei der Erstellung des DDT Systems (DDT: Device Diagnostic Tool) mit jedem dieser Punkte auseinanderzusetzen. DDT ist ein System, das einen Techniker bei der Fehlerdiagnose und -behebung bei einem Pipettierroboter unterstützt[3]. Versuche mit einem konventionellen Ansatz zeigten, dass ein Hauptproblem darin liegt, bei der Systementwicklung alle möglicherweise relevanten Situationen vorauszusehen und Modelle dafür zu entwickeln. Dies ist in den meisten Fällen nicht möglich. Ein Beispiel wäre das Abschätzen des Aufwands, welcher entsteht, wenn ein Benutzer Beobachtungen (z.B. Abklären von Symptomen) oder Tests durchführen muss. Nachschauen, ob das Stromkabel richtig eingesteckt ist, ist mit viel geringerem Aufwand verbunden, als das Testen von Verbindungen auf einer internen Schaltkarte des Roboters. Aber dieser Aufwand kann sehr stark variieren. Falls die Gehäuseabdeckung des Roboters bei der vorangegangenen Fehlersuche bereits entfernt wurde, kann auch der Aufwand für den zweiten Test sehr niedrig sein. Auch wenn die Abdeckung zuerst entfernt werden muss, ist die Grösse des Aufwands nicht konstant, sondern hängt stark von den Fähigkeiten des Benutzers ab, diese Handlung durchzuführen. Der Aufwand kann deshalb nicht global und für immer im voraus festgelegt werden.

In einem traditionellen System würde dieses Problem mit Hilfe von Benutzermodellen und räumlichen Modellen des Geräts angegangen. Aber auch diese Modelle können Situationen wie die folgenden nicht vorhersehen und darauf adäquat reagieren: Der Benutzer hat im Moment kein geeignetes Werkzeug (z.B. keinen Schraubenzieher der richtigen Grösse); er kann eine Schraube nicht lösen, weil sie verklemmt ist und kann deshalb die Abdeckung nicht entfernen; er kann einen scheinbar einfachen Test nicht korrekt durchführen (der Wissensingenieur hat nicht vorausgesehen, dass für den Test »sind die Kontakte ok« viele einzelne Punkte geprüft werden müssen, so z.B. Korrosion der Kontaktstellen, Öl auf den Kontakten, fehlerhafte Lötstellen, gebrochene Kabel, etc.). Dabei ist es wichtig zu

---

[2] Übersetzung durch die Autoren.

[3] Dieser Pipettierroboter ist ein komplexes, programmierbares und konfigurierbares Gerät, welches durch einen PC kontrolliert wird. Fehler treten nicht nur im mechanischen, elektrischen und elektronischen System auf, sondern können auch bei der Konfiguration des PC Steuerprogramms oder bei der Verwendung ungeeigneter Flüssigkeiten oder Reagenzien entstehen.

sehen, dass die zusätzlichen nicht-antizipierten Schwierigkeiten, welche durch eine aussergewöhnliche Situation entstanden sind, nicht einfach bedeutungslos sind. Im Gegenteil: sie können sogar entscheidend für den erfolgreichen Abschluss der ganzen Aufgabe sein. Natürlich könnte die Wissensbasis wiederum erweitert werden, so dass auch diese Situationen abgedeckt werden. Das Problem hierbei ist jedoch, dass sich dieser Prozess unendlich weiterführen lässt. Allgemein gesagt, wie detailliert auch immer die Modelle sein mögen, es wird immer zusätzliche relevante Faktoren geben, die ebenfalls berücksichtigt werden müssen: ein Phänomen, welches wir den *Modell-Explosions-Zyklus* genannt haben.

Es besteht zudem eine negative Beziehung zwischen den Vorteilen eines detaillierteren Modells sowie dem rechnerischen und interaktionsbezogenen (Mensch-Maschine-Dialog) Aufwand, der entsteht, wenn ein Modell in einer bestimmten Situation angewandt wird. Mit anderen Worten: sogar dann, wenn ein Modell viel detailreicher ist – es kann möglicherweise sehr viele Situationen abdecken –, muss ein grosser Aufwand getrieben werden, um es konkret anzuwenden. Es werden viele Fragen an den Benutzer gestellt werden, die für ihn in der aktuellen Situation nicht viel Sinn machen. Auch werden grössere Kosten für den Rechenaufwand entstehen, um das Modell intern immer auf dem neusten Stand zu halten. Besonders problematisch wird der Fall, wenn die detaillierten Fragen schwierig zu beantworten sind. Zusammenfassend lässt sich sagen, dass jede Wissensbasis für einen genügend komplexen Bereich der realen Welt notwendigerweise unvollständig sein muss.

Aber auch wenn es gelingt, in einer Anwendungsumgebung aus dem *Modell-Explosions-Zyklus* auszubrechen, indem man alle relevanten Faktoren berücksichtigt, so ist damit das Problem noch nicht gelöst. Was jeweils relevant ist, ändert sich nämlich häufig aufgrund von Änderungen in der Umgebung. Im Bereich der technischen Fehlerdiagnostik können zum Beispiel folgende Änderungen auftreten: die zu diagnostizierenden Geräte werden überarbeitet; es gibt verschiedene Konfigurationen der Geräte; die Bediener der Geräte zeigen unterschiedliches Verhalten (einige sind z.B. sorgfältiger als andere), was zu unterschiedlichen Fehlerhäufigkeiten führt; die Benutzer des Expertensystems verfügen über unterschiedliche Fertigkeiten, etc. In einem solchen Bereich müssen WBS deshalb kontinuierlich adaptiert werden, um ein situatives Verhalten zu gewährleisten. Unter Adaptation verstehen wir im folgenden eine geeignete Kopplung von einem System und seiner Umgebung einschliesslich des Benutzers (dies in Übereinstimmung mit Clanceys [1989b] Forderung).

Situativität bedeutet also im Zusammenhang mit einem WBS, dass es Zugang zu allen relevanten Informationen einer Situation hat und fähig ist, in neuen Situationen adäquat zu reagieren und zwar aufgrund seiner Erfahrung mit ähnlichen früheren Situationen. Lernen und Anwenden von Wissen können in einem situativen System nicht getrennt werden.

2. Unser Ansatz

Unser Ansatz zum Bau eines situativen WBS hat zu einem kooperativen Hybrid-System geführt. Wir werden kurz den Begriff eines kooperativen Systems und eines Hybrid-Systems einführen und dann unseren Ansatz motivieren. In einem kooperativen System tragen mehrere Aktoren zur Problemlösung bei. Jeder dieser Aktoren ist zu selbständiger Lösung von komplizierten Teilproblemen fähig, aber die Lösung des gesamten Problems kann nur über Kooperation erreicht werden. Alle Aufgaben, welche zur Lösung eines bestimmten Problems notwendig sind, werden auf die einzelnen Problemlöser (Aktoren) in einem kooperativen System aufgeteilt. Diese Problemlöser sind entweder Computer-Systeme oder Menschen. In diesem Bericht werden wir uns auf Mensch-Maschine-Systeme beschränken.

Die meisten kooperativen Systeme können auch *hybrid* genannt werden, da sie verschiedenartige Komponenten integrieren. Der Begriff *hybrid* wurde u.a. für elektronische Systeme verwendet, die sich aus digitalen und analogen Komponenten zusammensetzen, für WBS, welche Regeln, Frames und Constraints gleichzeitig zur Wissensrepräsentation verwenden, oder für Systeme, welche ein traditionelles WBS mit einem Neuronalen Netz kombinieren. Wir werden uns im folgenden auf diesen letzten Typus von Hybrid-Systemen beschränken. Konkret: wir werden ein System beschreiben, in welchem ein Neuronales Netzwerk eine Aufgabe teilweise lernt, die vorher vollständig an den Benutzer delegiert wurde. In den vergangenen Jahren sind einige Hybrid-Systeme entwickelt worden. Einige wurden in Gutknecht und Pfeifer [1990] kurz vorgestellt.

In der Einführung haben wir erwähnt, dass WBS, um situativ zu sein, über situationsbezogenes, relevantes Wissen verfügen sollten, ohne in den *Modell-Explosions-Zyklus* zu geraten, und zudem adaptiv sein sollten. Wir gehen von der Annahme aus, dass, um aus dem Modell-Explosions-Zyklus auszubrechen, ein solches System kooperativ sein muss. Nur der menschliche Benutzer eines Systems hat Zugang zu den relevanten Informationen, weil er sich in der realen Problemlösungssituation befindet [Winograd und Flores,1986; Suchman, 1987]. Um auf unser Beispiel einer verklemmten Schraube zurückzukommen: In einem kooperativen System kann auf ein vollständiges Handlungsmodell (z.B. zur Behandlung einer verklemmten Schraube) verzichtet werden, da der Benutzer, falls ein solcher Fall auftritt, die entsprechenden Handlungen aus der Situation heraus entwickeln kann. Das meiste Wissen, das für solche Situationen notwendig ist, ist Alltagswissen, welches man bei jedem Benutzer voraussetzen kann. Es sind aber auch speziellere Fähigkeiten erforderlich. Wenn der Benutzer schon vorher einmal mit verklemmten Schrauben zu tun hatte, wird er wahrscheinlich eher in der Lage sein, mit diesem Problem fertig zu werden. Es gibt deshalb eine starke Abhängigkeit des Mensch-Maschine-Systems vom Fähigkeitsgrad des Benutzers. Weniger geübte Benutzer sollten in der Lage sein, von erfahreneren zu profitieren. Aber wie wir oben gezeigt haben, kann dies nicht alleine mit den üblichen Verfahren der Wissensakquisition und -repräsentation geschehen, da diese unausweichlich in den Modell-Explosions-Zyklus führen.

Aber wie können wir weniger geübten Benutzern Zugang zu der Erfahrung von geübteren verschaffen, ohne in den Modell-Explosions-Zyklus zu geraten? Unsere Lösung ist die, dass das System teilweise die Entscheidungs-Strategien von erfahrenen Benutzern lernt, da Entscheiden – nämlich den geeignetsten nächsten Schritt bestimmen – zentral für alle Arten von Expertenwissen ist. Um dies tun zu können, werden alle sinnvollen Fehlerhypothesen und alle Tests, welche in dieser Situation in Frage kommen, auf dem Bildschirm angezeigt. Der – vorteilhafterweise erfahrene – Benutzer kann dann die erfolgversprechenden auswählen. Diese Auswahlen werden aufgezeichnet und für das Training eines Netzwerks verwendet. Auf diese Weise kann das Netz zum Teil die Strategien des Benutzers lernen. Wir verwenden Neuronale Netze – wegen ihrer Fähigkeit, Korrelationen zu lernen – als »Assoziativgedächtnis« für frühere Fälle. Dieser Einbezug eines Neuronalen Netzes führt zu einem Hybrid-System.

Eine andere Möglichkeit wäre es, den Benutzer einfach zu fragen, weshalb er eine Alternative einer anderen vorzieht. Dies wäre eine effiziente Möglichkeit zur Wissensakquisition, welche auch in einer Reihe von Projekten verwendet wird. Trotzdem ist dieser Ansatz nicht unproblematisch, da der Benutzer sehr bald durch Fragen, die nicht direkt mit dem Problemlösen zu tun haben, ermüdet und demotiviert wird. Zudem wird er oft Mühe bekunden, sein implizites Wissen explizit zu machen. Das Phänomen der »post hoc rationalisation« ist aus der Literatur über Wissensakquisition bekannt [Nisbett und Wilson, 77]. Beide Probleme könnten vermieden werden, indem das System die Auswahlen des Benutzers direkt lernt. In unserem Ansatz könnte das Problem auftauchen, dass der Benutzer in der scheinbar gleichen Situation verschiedene Alternativen wählt. In diesem Fall kann nach einer bisher nicht im System berücksichtigten Information gesucht werden, welche der Benutzer offensichtlich implizit benutzt. Der Wissensingenieur kann dann entscheiden, ob diese zusätzlich diskriminierende Information in die Wissensbasis eingeführt werden soll oder nicht. Hierdurch ergibt sich eine inkrementelle Wissensakquisitionsmethode: Wir verwenden Informationen über Fälle, die tatsächlich aufgetreten sind, und werden nicht durch rein theoretische Fälle oder Rationalisationen irregeführt.

Indem sich das System an das (adaptive) Verhalten des Benutzers adaptiert, passt sich das System auch implizit den Veränderungen der Anwendungsumgebung an. Falls aufgrund eines häufig auftretenden Fehlers (z.B. häufiges Verklemmen von Schrauben) das Gerät überarbeitet wird (z.B. durch eine andere Art der Gehäusebefestigung), werden die Fehler aufgrund verklemmter Schrauben plötzlich nicht mehr auftreten, worauf die Benutzer ihr Verhalten ändern werden. Über das Aufzeichnen und Lernen der Fälle wird das System sich an das überarbeitete Gerät adaptieren, ohne dass der Wissensingenieur direkt eingreifen muss.

3. System-Beschreibung

Eine Übersicht über die Systemarchitektur von DDT (Device Diagnostic Tool) ist in Figur 1 dargestellt. Wir werden sie in zwei Teilen beschreiben. Im ersten Teil wird jede Komponente der Architektur einzeln eingeführt, und im zweiten Teil werden die Tasks (Aufgaben), welche die Komponenten miteinander in Beziehung setzen, erklärt.

3. 1 Komponenten

Aufgrund seiner Konzeption als kooperatives System umfasst die Architektur von DDT sowohl Menschen (Kopfsymbole) als auch Artefakte (Rechtecke und Kreise). Die menschlichen Komponenten des Systems sind der Benutzer, der Experte und der Knowledge Engineer. Der *Benutzer* wählt die für ihn erfolgversprechenden Fehlerhypothesen aus, selektiert und führt Tests aus, die zwischen konkurrierenden Hypothesen diskriminieren, und führt die Liste der aktuellen Fakten (Beobachtungen und Fehlermeldungen) nach (s. unten). Er stellt auch diejenige Komponente dar, die die Kopplung zur Umwelt realisiert. Der *Experte* ist für die Adaptierung der Wissensbasis verantwortlich (d.h. ihre Wartung und Erweiterung). Er nimmt teilweise auch die Rolle des Benutzers ein. In dieser Rolle »produziert« er qualitativ hochwertige Fälle für die Fallbasis (s. unten), um so das Hybrid System zu »trainieren«. Der *Wissensingenieur* entwirft und wartet das System. Er steht – in Bezug auf die Wartung – sowohl innerhalb des Systems, als auch – in bezug auf den Entwurf – ausserhalb von ihm [Clancey, 1989a und 1989b]. Sein Aufgabenbereich schliesst auch die Wissensakquisition ein und zwar bis zu dem Punkt, wo der Benutzer das System alleine warten kann.

Artefakte im System sind die Wissensbasis, die Neuronalen Netzwerke, die Fallbasen und das Benutzerinterface. Die Wissensbasis (WB) speichert das Wissen in strukturierter Form. Sie wird sowohl vom Inferenzmechanismus als auch – für die Wartung – vom Experten und Wissensingenieur verwendet. Das diagnostische Wissen lässt sich unterteilen in Fehler, Beobachtungen und Relationen zwischen den beiden. Die *Neuronalen Netzwerke* (NN) sind dreischichtige Feedforward Netze, die Fokussier-Interaktionen von geübten Benutzern lernen und aufgrund dieses Wissens weniger geübten Benutzern Ratschläge für das Fokussieren geben können. Es gibt zwei NN im System. Ein NN wird auf die Hypothesen-Auswahl des Benutzers bei einer gegebenen Menge von aktuellen Beobachtungen trainiert. Das andere NN wird auf die Wahl von Tests durch den Benutzer trainiert, bei einer gegebenen Menge von Hypothesen. Diese Auswahlen, welche die Fokussieraktionen des Benutzers darstellen, werden in den *Fallbasen* aufgezeichnet.

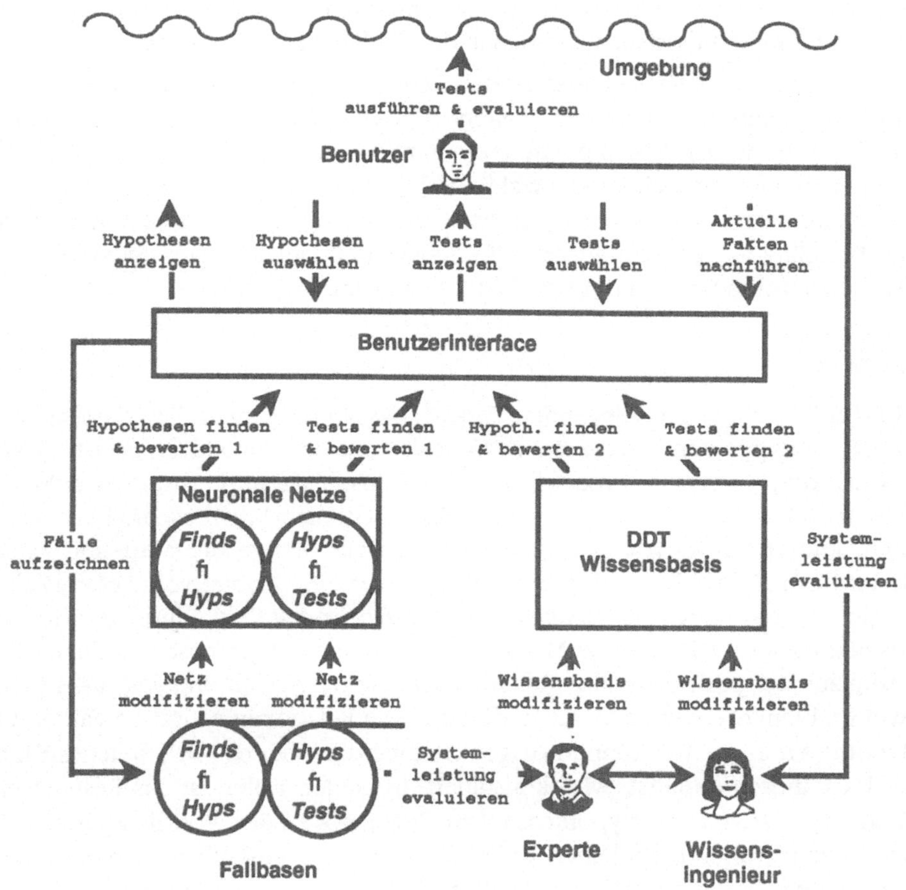

FIGUR 1: ARCHITEKTUR UND EINBETTUNG EINES KOOPERATIVEN HYBRID-SYSTEMS. RECHTECKE UND KREISE REPRÄSENTIEREN KOMPONENTEN, PFEILE TASKS, DURCH WELCHE DIE KOMPONENTEN MITEINANDER IN BEZIEHUNG STEHEN (S. TEXT FÜR EINZELHEITEN).

Artefakte im System sind die Wissensbasis, die Neuronalen Netzwerke, die Fallbasen und das Benutzerinterface. Die Wissensbasis (WB) speichert das Wissen in strukturierter Form. Sie wird sowohl vom Inferenzmechanismus als auch – für die Wartung – vom Experten und Wissensingenieur verwendet. Das diagnostische Wissen lässt sich unterteilen in Fehler, Beobachtungen und Relationen zwischen den beiden. Die *Neuronalen Netzwerke* (NN) sind dreischichtige Feedforward Netze, die Fokussier-Interaktionen von geübten Benutzern lernen und aufgrund dieses Wissens weniger geübten Benutzern Ratschläge für das Fokussieren geben können. Es gibt zwei NN im System. Ein NN wird auf die Hypothesen-Auswahl des Benutzers bei einer gegebenen Menge von aktuellen Beobachtungen trainiert. Das andere NN wird auf die Wahl von Tests durch den Benutzer trainiert, bei einer gegebenen Menge von Hypothesen. Diese Auswahlen, welche die Fokussieraktionen des Benutzers darstellen, werden in den *Fallbasen* aufgezeichnet.

Das Benutzerinterface unterstützt den Benutzer beim Lösen seiner Tasks, indem es ihm relevante Informationen zugänglich macht. Diese Informationen kommen aus der WB und den NNs. Zudem übernimmt das Benutzerinterface das Aufzeichnen der Benutzerinteraktionen (Wahl von Hypothesen/Beobachtungen/Tests und Nachführen aktueller Fakten) in den entsprechenden Fallbasen. Das Benutzerinterface besteht aus separaten Windows für mögliche Beobachtungen (Symptome und Tests), gemachte Beobachtungen (Fakten) und Fehlerhypothesen.

3.2 Tasks

In Figur 1 sind die grundlegenden Tasks als Pfeile dargestellt. Das System kennt zwei Haupttypen von Tasks, nämlich Konsultations- und Modifikationstasks. Es lassen sich drei Taskzyklen unterscheiden: ein Konsultationszyklus und zwei Modifikationszyklen. Im folgenden wird der Konsultationszyklus beschrieben, wie er nach dem Hinzufügen eines neuen Faktums zur Menge der aktuellen Fakten abläuft. Der Zyklus beginnt, wenn der Benutzer eine Menge von Anfangsfakten eingibt. Zuerst wird der *Hypothesen-finden&bewerten* Task durchgeführt. Das Resultat dieses Tasks ist eine Menge von bewerteten Hypothesen, welche einen Bezug zur Menge der aktuellen Fakten haben. Für die Ausführung des Tasks stehen zwei Problemlösemethoden zur Verfügung: Die Relationen zwischen Fakten und Hypothesen in der WB können ausgewertet werden oder das NN, welches Fakten auf Hypothesen abbildet, wird konsultiert. In beiden Fällen ist das Resultat eine Menge von bewerteten Hypothesen. (Im Gegensatz zu den Vorschlägen des NN, welche von früheren ähnlichen Fällen abhängig und deshalb manchmal unvollständig sind, findet die WB jeweils alle gültigen Hypothesen aufgrund der *Beobachtung-Fehler* Relationen.) Danach filtert und gruppiert der *Hypothesen-anzeigen* Task die bewerteten Hypothesen, bevor sie dem Benutzer angezeigt werden. (Filtern heisst entweder die am höchsten bewerteten WB Vorschläge anzeigen oder diejenigen NN Vorschläge, die gültig sind und eine hohe Bewertung aufweisen.) Für diese Aufgabe wird Wissen über Hypothesen-Gruppen verwendet. Der *Hypothesen-auswählen* Task wird durch den Benutzer durchgeführt. Er wählt auf dem Bildschirm die Hypothesen, auf die er fokussieren möchte, oder markiert die irrelevanten Hypothesen. Nachdem der Benutzer die ihn interessierenden Hypothesen ausgewählt hat, werden diese vom *Tests-finden&bewerten* Task dazu verwendet, geeignete Tests zu finden und zu bewerten. Auch dafür stehen zwei Problemlösemethoden zur Verfügung. Entweder werden die Relationen zwischen Hypothesen und Tests in der WB evaluiert oder das NN, welches Hypothesen auf Tests abbildet, wird konsultiert (vgl. *Hypothesen-finden&bewerten*). Wie bei den Hypothesen, so gruppiert auch hier der *Tests-anzeigen* Task die Menge der bewerteten Tests, bevor sie dem Benutzer angezeigt werden. Danach führt der Benutzer den *Tests-auswählen* Task aus, indem er Reparaturen und Tests auswählt, die sich für die Diskriminierung zwischen den interessanten Hypothesen eignen. Dann führt er die gewählten Reparaturen und Tests aus und bestimmt die Resultate (*Tests-ausführen&evaluieren*). Darauf aktualisiert er die Menge der bekannten Fakten entsprechend auf dem Interface (*Aktuelle-Fakten-nachführen*). Die Konsultation ist beendet, wenn alle Symptome beseitigt sind oder der Benutzer die Konsultation abbricht.

Modifikations-Tasks werden in zwei Zyklen durchgeführt: ein automatischer Zyklus, welcher das System an den Benutzer und die Umgebung adaptiert, und ein manueller, welcher durch den Wissensingenieur und den Experten durchgeführt wird, indem er die WB aufgrund der Evaluation der Systemleistung modifiziert. Im automatischen Zyklus werden im *Fälle-aufzeichnen* Task des Interfaces die gewählten Tests und Hypothesen festgehalten und in den Fallbasen aufgezeichnet. Während des *Netz-modifizieren* Tasks werden die Fallbasen dazu verwendet, die entsprechenden NN mit dem Backpropagation Lernalgorithmus zu trainieren [Rumelhart et al., 1986]. Da dieser Task viel Zeit und Systemressourcen erfordert, wird er typischerweise ausgeführt, wenn das WBS nicht in Betrieb ist. Die manuelle Schleife beginnt mit der Evaluation von erfolglosen Konsultationen durch den Experten und den Wissensingenieur (*Systemleistung-evaluieren* Task). Das Aufdecken erfolgloser Konsultationen geschieht entweder direkt durch den Benutzer des Systems oder über die Analyse der Fälle in den Fallbasen. Ausgehend von dieser Analyse wird die WB modifiziert (*Wissensbasis-modifizieren* Task).

3.3 Eine Beispielsitzung: Adaptation und Wissensakquisition

Im folgenden wird anhand eines Beispiels gezeigt, auf welche Weise der Selbstadaptiermechanismus des Systems zu einem adaptiven Verhalten führt, und wie spezifische Charakteristiken des Systemverhaltens ausgewertet und für die Wissensakquisition verwendet werden können. Der hier vorgeführte Fall ist die Reproduktion einer Systemkonsultation eines unserer Experten. Diese Konsultation wurde zusammen mit vier anderen Konsultationen desselben Tages in den Fallbasen aufgezeichnet. Die Fallbasis mit den Daten vom *Hypothesenselektions Task* wurde danach dazu verwendet, das NN zu trainieren, welches das Fokussieren auf Hypothesen lernt. Nach 200 Trainingsdurchgängen durch diese Fallbasis haben wir eine der fünf Konsultationen nochmals durchgespielt, um die Qualität des jetzt adaptierten Systems zu bewerten. Die Resultate der ersten fünf Schritte dieser Konsultation sind in der Tabelle 1 zu sehen. In der ersten Spalte links sind die Schrittnummern zusammen mit den neu hinzugekommenen Fakten aufgeführt. In den nächsten drei Spalten sind die Hypothesen, auf die der Experte fokussiert hat, zusammen mit den entsprechenden Vorschlägen des NN und der WB. Die NN und WB Vorschläge erscheinen mit den zugehörigen Bewertungen. Für das NN ist diese Zahl das skalierte Aktivierungsniveau des Ausgabeknotens, der diesen Vorschlag repräsentiert. Nur Vorschläge mit einer Bewertung grösser 80 werden gezeigt. Für die WB wird die Bewertung aufgrund der Anzahl Fakten, die auf diese Hypothese und einer apriori Angabe der Häufigkeit des zugehörigen Fehlers, welche ebenfalls in der WB gespeichert ist, berechnet. Nur die Vorschläge mit der jeweils höchsten Bewertung werden gezeigt.

Neue Fakten	Hypothesen, auf die der Experte fokussiert hat	Netz-Vorschläge mit einer Bewertung > 80	Beste Vorschläge der Wissensbasis
1. PLUNGER OVERLOAD	DISPENSE SPEED TOO FAST TIP CLOGGED	DISPENSE SPEED TOO FAST N95 TIP CLOGGED N91 PIPETTING TUBING CLOGGED N98 DILUTER OLD EPROM VERSION N96 TIP CLOGGED N91 T-BLOCK CLOGGED N83 VALVE CLOGGED N83 DRIVE PLUGGED IN REVERSE N83 QUAG ADJUSTMENT INCORRECT N82 SYRINGE VOLUME TOO SMALL N82	TIP CLOGGED W12
2. SOFTWARE/ PROGRAM MANIPULATED	DISPENSE SPEED TOO FAST SYRINGE VOLUME TOO SMALL DILUTER EPROM OLD VERSION TIP CLOGGED TUBING CLOGGED/BENT	SYRINGE VOLUME TOO SMALL N99 DILUTER EPROM OLD VERSION N94 TIP CLOGGED N96 TUBING CLOGGED/BENT N91	TIP CLOGGED W12
3. FAILURE PERSISTANT	DISPENSE SPEED TOO FAST TIP CLOGGED	DISPENSE SPEED TOO FAST N96 TIP CLOGGED N88	DISPENSE SPEED TOO FAST W12 TIP CLOGGED W12
4. SYSTEM LIQUID HIGH VISCOSITY	DUST ON DECODER WHEEL	DUST ON DECODER WHEEL N85	DISPENSE SPEED TOO FAST W14
5. SYRINGE EXCHANGED	DILUTER DUST ON DECODER WHEEL DISPENSE SPEED TOO FAST SETUP PORT INCORRECT	DUST ON DECODER WHEEL N99 DISPENSE SPEED TOO FAST N81 SETUP PORT INCORRECT N84	DISPENSE SPEED TOO FAST W14

TABELLE 1: DIE ERSTEN FÜNF SCHRITTE EINER KONSULTATION, NACHDEM DAS SYSTEM AUF MEHRERE KONSULTATIONEN TRAINIERT WURDE. DIE SPALTE LINKS AUSSEN ZEIGT DIE NUMMER DES SCHRITTS ZUSAMMEN MIT DEM NEU HINZUGEFÜGTEN *FINDING*. DIE NÄCHSTE SPALTE ZEIGT DIE HYPOTHESEN, AUF DIE DER EXPERTE FOKUSSIERT, DIE VORSCHLÄGE DES NN ZUSAMMEN MIT DEREN BEWERTUNG, UND DIE AM HÖCHSTEN BEWERTETEN VORSCHLÄGE DER WB MIT IHRER BEWERTUNG.

Im *ersten Schritt* schlägt das NN einen zu breiten Fokus vor. Zusätzlich zu den beiden Hypothesen des Experten schlägt es noch sieben weitere Hypothesen vor. Dies kann aufgrund einer ungenügenden Generalisierung des Netzwerks geschehen oder aufgrund inkonsistenten Verhaltens auf der Seite des Benutzers. Inkonsistentes Verhalten kann zwei Ursachen haben: entweder haben die Benutzer aufgrund ihrer unterschiedlichen Präferenzen und Erfahrungen zwei verschiedene Hypothesen/Tests in der gleichen Situation gewählt, oder relevantes Wissen zur Unterscheidung dieser zwei Situationen fehlt im System. Im ersten Fall kann die Ursache für die individuellen Präferenzen und Erfahrungen verschiedener Benutzer in den Besonderheiten ihrer jeweiligen Umgebung liegen (z.B. sind in einem Land Fehler aufgrund ungenügender Wartung viel häufiger als in einem anderen). Dies kann bedeuten, dass unterschiedlich abgestimmte Systemkomponenten (WB und/oder NN) verwendet werden müssen. Der zweite Fall ist interessant, weil er auf eine Schwäche der WB selbst hinweist. Die WB muss um neue Hypothesen oder Beobachtungen erweitert werden (inkrementelle Wissensakquisition). In unserem Fall hatte der Experte eine Versuchskonsultation mit dem System gemacht, bei der er von den gleichen Fakten ausgegangen war, aber einen sehr breiten Fokus gewählt hatte. Diese Konsultation wurde auch in der Fallbasis aufgezeichnet, so dass das System mit diesem breiten Fokus trainiert wurde. Die WB schlägt nur eine der zwei Hypothesen des Experten vor. Die andere bekam eine niedrigere Bewertung als die vorgeschlagene und wurde deshalb nicht angezeigt.

Im *zweiten Schritt* schliesst der Experte drei weitere Hypothesen in den Fokus ein. Das NN schlägt mit einer Ausnahme die gleichen Hypothesen wie der Experte vor (»dispense speed too fast«, welches zwar auch vorgeschlagen wurde, aber mit einer Bewertung unter 80). Es ist interessant zu beobachten, dass die Hypothesen des Experten schon im ersten Schritt vom NN vorgeschlagen wurden, und zwar mit einer signifikant höheren Bewertung als der Rest. Dies kann wie folgt erklärt werden: wenn eine Hypothese über mehrere Schritte hinweg Teil des Fokus ist, wird sie mehrere Male zusammen mit den ersten Fakten trainiert. Das bedeutet, dass starke Verbindungen zwischen diesen Fakten und den Hypothesen aufgebaut werden, welche die hohen Korrelationen zwischen ihnen reflektieren. Wenn diese Fakten in einer Konsultation mit dem trainierten NN vorhanden sind, werden die stark korrelierten Hypothesen viel Aktivierung von diesen erhalten, was zu einer hohen Bewertung führt. Die am besten bewerteten Hypothesen der WB waren auch Bestandteil des Fokus vom Experten.

Im *dritten Schritt* machte der Experte einen Test, der zwischen den Hypothesen in seinem Fokus diskriminierte. Sowohl das NN als auch die WB machen korrekte Vorschläge.

Im *vierten Schritt* führte die Beobachtung, dass die Flüssigkeit eine hohe Viskosität aufweist, dazu, dass der Experte beide in seinem Fokus verbleibenden Hypothesen eliminieren und zu einer völlig neuen Hypothese übergehen konnte. Dieser

Übergang wurde vom NN korrekt gelernt, während die am höchsten bewerteten Vorschläge der WB in diesem Fall nicht brauchbar waren.

Im *fünften Schritt* vergrösserte der Experte wiederum seinen Fokus und schloss auch Hypothesen ein, auf die er schon einmal fokussiert hatte. Das NN schlug alle drei Hypothesen korrekt vor. Wie zuvor, wurde die vom NN am höchsten bewertete Hypothese auch vom Experten als die wahrscheinlichste beurteilt. Der WB Vorschlag war ebenfalls Teil des Fokus vom Experten.

4. Diskussion und Ausblick

Wie wir bereits in der Einleitung gezeigt haben, muss ein situatives WBS die relevanten Parameter berücksichtigen, ohne in den Modell-Explosions-Zyklus zu geraten, und es muss adaptiv sein in bezug auf seine Umgebung. Wir argumentierten, dass die traditionelle WBS Technologie diese Anforderungen nicht befriedigend erfüllen kann, während der vorgeschlagene Ansatz basierend auf Kooperativität und Adaptivität dies kann.

Kooperativität: Es wurde gezeigt, dass Kooperativität ein Weg ist, mit dem Problem des Modell-Explosions-Zyklus umzugehen. In unserem System wurde Kooperativität durch eine Taskaufteilung zwischen Benutzer und System realisiert. Diese wurde in enger Zusammenarbeit mit einem der Experten ausgearbeitet. Es scheint, dass die Experten sich mit diesem kooperativen Ansatz sehr wohlfühlen. Das WBS wird momentan für einen weiteren Robotertyp erweitert. Die Evaluation des Systems war so erfolgreich, dass das Expertensystem seit Frühjahr 1991 im produktiven Einsatz steht. Für eine abschliessende Bewertung dieses Ansatzes ist jedoch eine ausführliche und systematische Evaluation der längerfristigen Erfahrungen notwendig.

Adaptivität: Eine sich ändernde Umgebung bedingt die Notwendigkeit eines inkrementell adaptiven Systems. Unsere inkrementell trainierten NNs können auf Umgebungsänderungen reagieren und sind ein Mittel, um Wissen von geübten Benutzern für weniger geübte zugänglich zu machen. Sie funktionieren als assoziative Fallbasis der bisherigen Benutzer-System-Interaktionen. Diese Konfiguration erlaubt es dem System, sich bis zu einem gewissen Grad seiner Umgebung anzupassen. Da dies die letzte Erweiterung des Systems war, sind jedoch noch keine extensiven Tests vorhanden. Trotzdem waren erste Versuche mit einem unserer Experten sehr erfolgreich. Er betonte, dass das Auswählen von Tests und Hypothesen die schwierigste Aufgabe für ungeübte Benutzer darstellt und dass es deswegen ein grosser Vorteil wäre, hier hilfreiche Hinweise für eine erfolgversprechende Auswahl zu bekommen. Er befürwortete auch den Einsatz von Systemen, die an spezifische Länder (die Firma vertreibt den Roboter weltweit) und an spezielle Benutzergruppen (z.B. Leute aus dem Verkaufsbereich, Techniker, Laboranten, etc.) angepasst sind. Natürlich muss darauf geachtet werden, dass Fälle nur von erfahrenen Benutzern gelernt werden.

Für eine statistische Evaluation der Netzwerkleistung in bezug auf das Lernen lagen noch nicht genügend reale Fälle vor. Die statistische Auswertung des Lernens von simulierten Fällen zeigte klar die Generalisierungsfähigkeit der NN in bezug auf nichttrainierte Fälle. Das NN, welches die Hypothesenselektion lernt, wurde über Nacht auf eine Fallbasis von 250 Fälle trainiert[4]. Nach 277 Trainingsepochen mit dem *standard Backpropagation Algorithmus* konnte das NN 239 (95%) der Fälle korrekt reproduzieren. Bei einer Fallbasis von 250 neuen (nichttrainierten) Fällen konnte es 160 (64%) lösen. Dies ist ein relativ gutes Resultat, wenn man bedenkt, dass in unserer Applikation das Interface alle NN Vorschläge ausfiltert, die nicht Teil der WB Vorschläge sind (d.h. auf dem Interface wird für das NN nur die Schnittmenge der NN Vorschläge mit den WB Vorschlägen gezeigt). Mit anderen Worten: falls der Benutzer ein Problem löst, das bereits früher einmal aufgetreten ist, kann er in 95% aller Fälle mit Hilfe des NN richtig fokussieren; falls es sich um ein neues Problem handelt, ist er in 64% aller Fälle immer noch besser dran, verglichen mit einem nichtadaptiven System. Aber auch in den verbleibenden 36% der Fälle wird er keine falschen Hypothesen verfolgen. Er wird lediglich auf Hypothesen fokussieren, welche zu einer weniger optimalen aber gültigen Lösung führen.

Aufgrund dieser ermutigenden Experimente scheint es sinnvoll, weitere Arbeiten in diese Richtung durchzuführen. Eine interessante Fragestellung dürfte in diesem Zusammenhang das Problem der optimalen Aufteilung zwischen Sachwissen (zugänglich über traditionelle Wissensakquisitionsmethoden) und situationsspezifischem Wissen (zugänglich über adaptive Mechanismen) sein. Dazu braucht es grundsätzliche, auf kognitionswissenschaftlichen Grundlagen basierende Überlegungen zur Arbeitsteilung in hybriden WBS generell [Gutknecht, 1993]. Darüber hinaus muss untersucht werden, welche Auswirkungen dieser Ansatz auf das Knowledge Engineering hat [Stolze, Gutknecht, Pfeifer, 1991]. Wir sind zum Beispiel der Ansicht, dass es nicht wünschenswert ist, riesige Bibliotheken von Problemlösemethoden aufzubauen, sondern dass mehr Zeit und Anstrengung darauf verwendet werden sollte zu studieren, wie Experten und Benutzer mit ihrer sozialen und physikalischen Umgebung interagieren und wie die Einführung eines WBS ihre Arbeit verändert. Weitergehende theoretische Vertiefungen und Lösungen zu diesen Fragen finden sich in den Dissertationen der Autoren [Gutknecht, 1993; Stolze, 1992].

Danksagung

Wir möchten uns an dieser Stelle bei B. Aiken, D. Allemang, T. Bratschi, N. Fuchs und T. Wehrle für ihre hilfreichen Kommentare bedanken.

---

[4] Das Netz war ein dreischichtiges Netz mit 167 Eingabeknoten (Findings), 80 versteckten Knoten und 142 Ausgabeknoten (Hypothesen). Wir verwendeten eine Lernrate von 0.5 und ein Momentum von 0.9. Die Gewichte wurden nach der Präsentation jedes Musters (Fall) geändert.

Literatur

[Clancey, 1989a] Clancey W. J.: The knowledge level reinterpreted: Modeling how systems interact. Machine Learning *4*, 285-291 (1989)

[Clancey, 1989b] Clancey W. J.: The frame of reference problem in cognitive modeling. In Proceedings of the Annual Conference of the Cognitive Science Society, pp. 107-114. Hillsdale, New Jersey: Lawrence Erlbaum 1986

[Gutknecht, 1983] Gutknecht M.: Adaptive Hybrid Artifacts: Three perspectives on Designing Artificial Systems. Disseration. Universität Zürich 1993

[Gutknecht und Pfeifer, 1990] Gutknecht M., Pfeifer R.: An approach to integrating expert systems with connectionist networks. AI Communications *3*, 116-127 (1990)

[Gutknecht, Pfeifer, Stolze, 1991] Gutknecht M., Pfeifer R., Stolze M.: Cooperative Hybrid Systems. In: Mylopoulos J., Reiter R. (Eds.): Proceedings of the 12th International Joint Conference on Artificial Intelligence, pp. 824-829. San Mateo, CA: Morgan Kaufmann 1991

[Nisbett und Wilson, 1977] Nisbett R. E., Wilson T. D.: Telling more than we can know: Verbal report on mental processes. Psychological Review *84*, 231-259 (1977)

[Rumelhart et al., 1986] Rumelhart, D. E., McClelland J. L., and the PDP Research Group: Parallel Distributed Processing, Vol. 1. Cambridge MA: MIT Press, 1986

[Stolze, 1992] Stolze M.: From Knowledge Engineering to Workoriented Development of Knowledge Systems. Dissertation. Universität Zürich 1992

[Stolze, Gutknecht, Pfeifer, 1991] Stolze M., Gutknecht M., Pfeifer R.: Integrated Knowledge Engineering and Acquisition: Toward Adaptive Cooperative Systems. Workshop on Intelligent and Cooperative Information Systems. IJCAI 1991

[Suchman, 1987] Suchman L. A.: Plans and situated actions. Cambridge: University Press 1987

[Winograd und Flores, 1986] Winograd T., Flores F.: Understanding Computers and Cognition. Reading MA: Addison Wesley 1986. Deutsch: Erkenntnis, Maschinen, Verstehen; Zur Neugestaltung von Computersystemen. Berlin: Rotbuch 1989

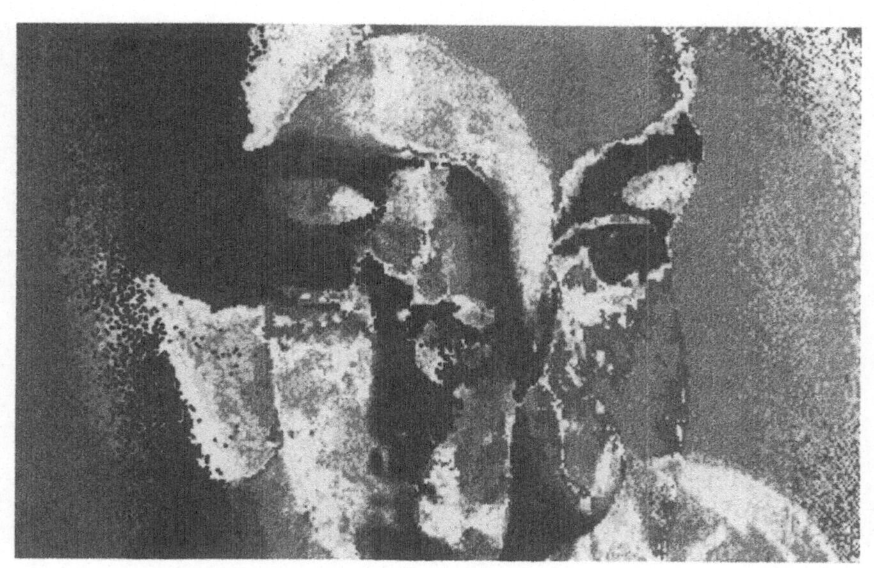

Bewertung der KI

FOLGEN DES MARGINALEN
ZUR TECHNIKFOLGENABSCHÄTZUNG DER KI

LENA BONSIEPEN

Die KI und insbesondere die Expertensystemtechnik haben wie kaum ein anderes Gebiet der Informatik Wissenschaftler, Politiker und Gewerkschaftler angeregt, phantastische Erwartungen wie auch tiefe Besorgnis über das Potential dieser Technik und über ihre Auswirkungen auf die Gesellschaft zu formulieren. Dies hat die förderpolitischen und finanziellen Möglichkeiten der KI erweitert, aber auch den Blick auf das Mögliche und Wünschenswerte verstellt. Überzogene Erwartungen gingen mit respektablen Erfolgen einher, philosophische Grundsatzfragen vermischten sich mit rein technischen Herausforderungen und Antworten.

Die Technikbewertung der KI hat in den letzten Jahren breiten Raum im engen Rahmen der TA-Förderung (technology assessment) gefunden: Allein zwei Enquête-Kommissionen des Bundestags haben sich mit den möglichen Folgen der Expertensystemtechnik befaßt, zwei Forschungsprojekte im Rahmen des SoTech-Programms der nordrhein-westfälischen Landesregierung, zwei BMFT-Projekte zur TA der KI und der Expertensysteme, zahlreiche Tagungen des DGB wie der Einzelgewerkschaften, evangelischer Akademien und sonstiger Bildungseinrichtungen wurden durchgeführt (s.u.). Dies alles begleitete den Fortgang der KI-Forschung und Entwicklung, wobei die Erfolge weit hinter den kurzfristigen Erwartungen der Forscher und Kritiker zurückblieben. Es scheint an der Zeit, die vergangenen Urteile der TA noch einmal kritisch Revue passieren zu lassen und dabei einige Fragen an die KI wie an die TA zu stellen.

Absichten und Ziele der TA-Projekte

Mitte bis Ende der 80er Jahre, zur Blütezeit der TA-Projekte, »... war es unter den ›Experten‹ der Expertensystemtechnik nicht streitig, daß diese in vielfacher Hinsicht den Umgang mit menschlichem Wissen revolutionieren würde.« [SE93] Die KI, insbesondere ihr praxisrelevantester Teil – die Expertensystemtechnik – wurde als Schlüsseltechnologie mit Multiplikatorwirkung betrachtet, die eine Perspektive breiten technischen und sozialen Fortschritts versprach. Unter diesem Blickwinkel kann es nicht verwundern, daß die KI an prominenter Stelle der Kritik der

TA-PROJEKTE ZUR EXPERTENSYSTEMTECHNIK
(Kurzbeschreibung und Literaturhinweise in [CO90])

1986:   Enquête-Kommission Technikfolgenabschätzung (10. Bundestag)
            Battelle-Institut (Schubert, Krebsbach-Gnath)

1989:   Enquête-Kommission Technikfolgenabschätzung (11. Bundestag)
            Institut für Sozialforschung, München (Lutz, Moldaschl)
            Gesellschaft für Strahlenschutz und Umweltforschung (Engelbrecht et al.)
            FhG-IAO, Stuttgart (Bullinger, Kornwachs et al.)

1988/89:   International Labour Organisation, Genf und BMBW
            (Bernold, Hillenkamp)

1989:   SoTech-Programm des Landes NRW
            ibek GmbH, Karlsruhe (Daniel, Striebel)
            Uni Bremen (Coy, Bonsiepen)

1992:   VDI-Arbeitskreis »Das Menschenbild der KI« [CH92]

1993:   BMFT-Programm Arbeit und Technik
            Verbundprojekt NRW (Cremers, Herrmann, Rammert et al.)
            ibek GmbH und Uni Karlsruhe/Uni Würzburg (Daniel, Puppe et al.)
            Uni Dortmund (Bachmann, Malsch, Ziegler) [MB93]

weitere Diskursprojekte wissenschaftlicher Gesellschaften

(Die Jahreszahlen beziehen sich auf das Jahr der Abschlußberichte.)

Technikfolgenforschung unterzogen wurde, insbesondere, da man erhoffte, daß sie als »Leittechnologie« auch Rückschlüsse auf die Entwicklung anderer Gebiete der Informations- und Kommunikationstechnik erlauben würde. Stellvertretend für die Absichten und Ziele der TA-Studien sei die folgende Einschätzung zitiert:

> »An den Expertensystemen lassen sich die kulturellen Kämpfe beobachten und öffentlich sichtbar austragen, die von den fachlichen Fragen der technischen Machbarkeit zu den öffentlich zu debattierenden Fragen der sicheren Beherrschbarkeit und sozialen Erwünschtheit von bestimmten Computersystemen überleiten. In diesen Kämpfen, in denen um Nutzen und Notwendigkeit, Sinn und Unsinn, Richtung und Risiko einer technischen Entwicklung gestritten wird, ... bilden sich Leitorientierungen und Gestaltungsmodelle heraus, die als technologisches Paradigma die Entwicklung der übrigen Informationssysteme orientieren können. Diese frühzeitig in Gang gesetzte Debatte und der noch ›unreife‹ Zustand dieser Wissenstechnologie können daher als Chance gesehen werden, absehbare Fehlentwicklungen und unerwünschte Wirkungen noch in der frühen Phase der Technikgenese zu korrigieren.« [RT92]

Heute, nach weitgehendem Reputationsverlust der KI in der Industrie, nach heftigen Debatten über eine Krise der KI bis hin zur Vermutung ihres unmittelbar
bevorstehenden Endes [BY91], die allerdings auch in ruhigere Diskurse über den
»Weg der KI in die Normalität« [BR93] einmünden, werden auch die Ergebnisse der
TA-Studien bilanziert:

> »Zusammen mit anderen TA-Studien und kritischen Beiträgen konnte der Bericht
> der Enquête-Kommission zweifellos zur Entmythologisierung der KI beitragen.
> ...Die Tatsache, daß der Bundestag sich mit Expertensystemen und KI befaßt,
> führte möglicherweise dazu, daß die kritischen Beiträge und Einschätzungen
> von der KI-Forschung aufmerksamer aufgenommen wurden, als wenn keine
> Beschäftigung der Politik mit der KI stattgefunden hätte. ... Es wurden Probleme
> thematisiert, die für die Gesamtheit der Informations- und Kommunikations-
> techniken charakteristisch sind.« [RA92]

> »Wir haben es in unserer Wissenschaftskultur erreicht, daß ein Stück Aufklärung
> – und zwar innerwissenschaftlicher Art – geleistet wurde. Aufklärung im Kant-
> schen Sinne als Herausgehen aus der selbstverschuldeten Unmündigkeit. ... Ich
> meine, daß es unter anderem das Verdienst der philosophisch geprägten Wis-
> senschaftler in unseren Diskursen ist, diesen Glauben infrage zu stellen, jeden-
> falls was das Wissen betrifft. Was die Rolle der Experten angeht, scheint mir in
> dem hier betrachteten Projekt ein erhebliches Stück Arbeit an der Entmythologi-
> sierung geleistet worden zu sein.« [SE93]

Die Nüchternheit und Bescheidenheit dieser Einschätzungen ist auffallend; der
wesentliche Beitrag der TA scheint demnach in der Entmythologisierung der KI zu
bestehen. Fraglos trifft dies für die an den Diskursen beteiligten Wissenschaftler zu,
offen bleibt freilich, ob und wie diese Erkenntnis in Industrie und KI-Forschung
aufgenommen wurde. Die veränderten Erwartungen an die Expertensystemtechnik,
die Berücksichtigung sozialer und technischer Risiken, die völlige Aufgabe der Leit-
idee einer Ersetzung von Fachleuten durch Expertensysteme resultiert trotz gleich-
lautender Analysen der TA-Studien und kluger Gestaltungsrichtlinien kaum aus
dem TA-Prozeß, sondern eher aus den industriellen Erfahrungen mit KI-Systemen.

In einer ausführlichen Experimentierphase, die nicht zuletzt durch die staatliche
KI-Förderung ermöglicht wurde, scheiterten viele Expertensystemprojekte an der
industriellen Nicht-Machbarkeit oder mangelnder Übertragbarkeit der Laborergeb-
nisse in die Praxis. Solche Fragen haben die Entwicklung entschieden. TA- und
Diskursprojekte mögen die daran beteiligten Wissenschaftler klüger gemacht
haben, zur Technikverhinderung oder -gestaltung haben sie kaum beigetragen.

Ein dominanter Teil der KI-Forschung setzt sich – zumindest in ihren Festreden
– nonchalant über diese Überlegungen hinweg und verfolgt die alten Paradigmen
der intelligenten Maschine. TA-Ergebnisse gelten in solchen Umgebungen als
populärwissenschaftliche Diskussionen.

»It seems to me that although there might be popular questions, like the Turing test, most of us are beyond them now. ... Instead of worrying about whether a particular machine can be intelligent, it is far more important to make a piece of software that is intelligent. ... We've always wanted to build a man out of clockwork – not to denigrate man but, rather, to honor clockwork and show the perfections of the universe mirrored in the perfection and eternity of mankind.« [SF93]

Was hat Expertensysteme möglich gemacht?

Der Sog der Anwendungen

Die Expertensystemtechnik schien eine Antwort für Anwendungsgebiete der Informatik zu sein, deren Probleme nicht algorithmisch lösbar sind. Solche Gebiete zeichnen sich u.a. dadurch aus, daß zwar Parameter des Systemverhaltens bekannt sind, es aber kein vollständiges Modell der Interdependenz der Parameter gibt.[1] In der Terminologie der Softwareentwicklung bedeutet dies, daß keine klare Spezifikation des Systemverhaltens zur Verfügung steht. Da es andererseits aber solide menschliche Erfahrungen in diesen Bereichen gibt, d.h. Experten, die aufgrund ihres Erfahrungswissens zuverlässig die Probleme des Gebiets lösen können, bestand die Hoffnung, diese Gebiete zumindest teilweise in Programme zu überführen. Für die in der Industrie gängigen softwaretechnischen Methoden der 70er Jahre waren diese Aufgaben zu schwierig, der industrielle Automatisierungsdruck verlangte jedoch nach Software-Lösungen.

Die Versprechungen der Expertensystemtechnik und ihre Anfangserfolge bewirkten insbesondere, daß man sich an derartige schwierigere Aufgaben heranwagte. Eine der Hauptwirkungen der Expertensystemtechnik besteht sicherlich darin, daß die Informatik neue Anwendungsgebiete erobert. So gibt es heute eine Reihe von Anwendungsprogrammen in Gebieten mit den oben beschriebenen Charakteristika, die mit Hilfe der Expertensystemtechnik programmiert wurden, wobei an dieser Stelle nicht erörtert werden soll, warum ihr praktischer Einsatz gelang oder verworfen wurde oder zu welchem Anteil Methoden der KI verwendet wurden.[2]

Was war die materielle Basis, auf der die anfänglichen Erfolge der KI und der Expertensystemtechnik gedeihen konnten? Diese Frage stellt sich vor allem, um zu klären, ob es sich bei der KI tatsächlich um eine Leittechnologie handelt oder doch nicht eher um eine Randerscheinung innerhalb der Informatik.

---

[1] Derart charakterisierte Systeme sind natürlich nicht auf die Informatik beschränkt, sondern vor allem in der Ökonomie, der Ökologie oder der Medizin angesiedelt.

[2] Es gibt andere Methoden der Informatik, die als Lösung für unzureichend spezifizierbare Anwendungsprobleme geeignet erscheinen, z.B. Neuronale Netze, Fuzzy Logic, genetische Algorithmen.

Die materielle Basis

Vorrangig liegt den Forschungen und Entwicklungen zur KI die Leitideologie zugrunde, daß alles Beschreibbare auch programmierbar sei. Aus dieser Vorstellung nährt sich das Bestreben der KI, intelligente Maschinen zu bauen, und ihretwegen wird die KI seit ihrem Bestehen der Kritik philosophischer und soziologischer Diskurse unterzogen. Es ist aber nicht die KI allein, die diese Leitvorstellung verfolgt, die Informatik insgesamt »verdankt ihre Bewegung dem Ziel, Maschinen intelligent zu machen«. [NA89] »... auch die Vertreter der PI [Praktischen Informatik] peilen oft (wenn auch aus größerer Entfernung) die KI an. Ganzhorn bezeichnet die Informatik als ›Werkzeugwissenschaft des Geistes‹..., Bauer erwartet von der Informatik ›die Befreiung des Menschen von der Last eintöniger geistiger Tätigkeit‹.« [BR93]

Ein weiterer wichtiger Grund für den Erfolg der KI liegt in den verfügbaren und verwendeten Programmier- und Entwicklungsmethoden. Der Methodenvorrat der industriellen Praxis in den 70er Jahren beschränkte sich im wesentlichen auf Assembler, Fortran, Cobol und PL/1 und stellte damit kaum das geeignete Rüstzeug für unzureichend spezifizierte Aufgaben bereit.

Die KI hat in den 70er Jahren Methoden und Sprachen entwickelt, die die Programmierung schwieriger Aufgaben erleichterten. Das an militärischen Anforderungen ausgerichtete Wasserfallmodell der Softwaretechnik spielte in der Laborumgebung der KI-Programmierung nie eine Rolle; Prototyping, zyklische Programmentwicklung, inkrementelle Programmierung waren für ihre experimentelle Vorgehensweise selbstverständlich. Hinzu kam die Erprobung regel- und objektbasierter Sprachen, die gegenüber imperativen Sprachen weit flexibler die ständigen Änderungen der inkrementellen Programmierweise unterstützen.

Als Beispiel für die Überlegenheit der KI-Methodik gegenüber der industriellen Praxis sei an das Konfigurationssystem XCON der Firma Digital Equipment erinnert. Es gab bei DEC in den 70er Jahren zwei Versuche, die Konfigurationsaufgabe zu programmieren, der eine in Cobol, der andere in Fortran. Beide scheiterten. Erst die regelbasierte Sprache OPS5 und das hochgradig inkrementelle Vorgehen der Entwickler von XCON ermöglichten ein über lange Zeit eingesetztes, erfolgreiches Programm.

Aber nicht allein die KI transzendierte die frühzeitliche Programmiermethodik der Industrie. Zeitgleich fanden in der Softwaretechnik Umorientierungsprozesse statt, die allmählich in die Praxis diffundierten: zunächst strukturiertes Programmieren [DD72], später die Abkehr vom Wasserfallmodell [BO88], Prototyping [BK92] sowie der heute favorisierte Programmierstil der Objektorientierung. Die beiden Gebiete – KI und Softwaretechnik – nahmen sich zunächst gegenseitig nicht wahr, so daß die KI behaupten konnte, die richtige Antwort auf die Herausforderung schwieriger Programmieraufgaben zu besitzen. Heute findet eine deutliche Annäherung statt [PA91], wobei die KI von der Softwaretechnik die Anforderungen industrieller Softwareentwicklung erlernt. Die Berücksichtigung zeitlicher und materieller Ressourcen, die Wartungsproblematik oder Zuverlässigkeitserfordernisse spielten in der Laborumgebung der KI kaum eine Rolle. Die Expertensystemtechnik als Programmiertechnik nimmt innerhalb der Informatik keinen herausragenden Platz ein. Von Parnas wird sie gegenüber den zeitgleich erfolgten ähnlichen Entwicklungen in der Softwaretechnik sogar als die schlechtere Variante bezeichnet. [PA89]

Als dritte wichtige Ursache des Erfolgs der KI muß die Verfügbarkeit von Rechnern und Programmierern gesehen werden. Die Geräteentwicklung stellte kleine und billige Rechner zur Verfügung, deren Einsatz als Abteilungs- und Arbeitsplatzrechner zur Auflösung zentraler Rechenzentren- und zur Entwicklung dezentraler Arbeitsorganisationsstrukturen führte. Dies hatte neben breiterer Akzeptanz und wachsender Qualifikation bis dahin DV-Unkundiger vor allem eine direktere und flexiblere Anbindung von Arbeitsaufgaben an ihre Umsetzung in Programme zur Folge. Die KI als Labortechnik war zur Stelle und ignorierte die gewachsenen (aber letztlich erstarrten) DV-Ansätze. Diese durch die rasche Ausbreitung der PCs bedingte Entwicklung förderte nicht nur die KI, sondern die gesamte Informatik.

Die KI ist keine Schlüsseltechnologie, sondern nach wie vor eine Form der Laborforschung in der Informatik. Ihre Anfangserfolge und das große Interesse an der Expertensystemtechnik im letzten Jahrzehnt resultieren aus Versprechungen der KI, die dem Rationalisierungsdruck der Industrie entgegen kamen und bereitwillig aufgenommen und erprobt wurden. Die Softwaretechnik hielt sich mit solchen Versprechungen zurück, und versuchte »– zum Teil unter bewußter Abschottung gegenüber allzugroßen Erwartungen auf schnelle Bereitstellung von Lösungen bei Herstellerindustrie und Anwendern – in kleinen Schritten systematisch ein wissenschaftliches Gebäude um den Computer herum aufzubauen.« [BR93]

Die Folgen der Diskussion sind wie der Gegenstand marginal

Die Expertensystemtechnik ist ein Schritt auf dem Weg zur Maschinisierung der Kopfarbeit, jedoch weiterhin ohne nennenswerten qualitativen und quantitativen Anteil. Der Hauptanteil dieser Entwicklung wird durch die Verbreitung von PCs sowie durch die Änderung von Arbeitsorganisationsstrukturen (Auflösung zentraler Rechenzentren zugunsten vernetzter Arbeitsplatzrechner) getragen. Expertensysteme sind in der DV-Welt eine Marginalie gewesen und geblieben[3] – und nun löst sich die Problematik auf. Das Experiment KI wurde von den Firmen als Spielwiese und Qualifizierungsstrategie genutzt und – unter den jetzt folgenden krisenhaften ökonomischen Bedingungen – beendet. KI-Projekte müssen sich rechnen wie alle anderen auch! »In erheblichem Umfang erübrigt sich damit die Technikfol-

---

[3] Z. B.: Von 1981 bis 1991 ist die Anzahl der PCs von 0 auf 100 Mill. weltweit gestiegen.

genabschätzung zur Expertensystemtechnik, denn nach dem etwas ironisch von R. Stransfeld formulierten ersten Hauptsatz der Technikfolgenabschätzung hat das, was nicht existiert, keine Folgen.« [SE93]

Die zu Beginn der TA-Projekte formulierte Hoffnung, in den Fortgang der Technikentwicklung gestalterisch oder verhindernd eingreifen zu können, erweist sich rückblickend als Selbstüberschätzung der Möglichkeiten der Folgenforschung. Nicht die TA hat zur Marginalisierung der Expertensystemtechnik geführt, sondern mangelnde Machbarkeit und Übertragbarkeit im industriellen Umfeld! So wurde die in allen Studien gegeißelte Leitvorstellung der Ersetzung von Fachleuten durch Expertensysteme, die frühere Automatisierungsdebatten aufgreift, inzwischen von allen Beteiligten aufgegeben. Nun wird nahezu überall die Idee arbeitsunterstützender Systeme verfolgt, nicht unbedingt aus Rücksicht auf soziale Risiken und Wertschätzung der Expertenkultur, sondern wegen in der Praxis erwiesener Unzuverlässigkeit autonomer Systeme.

Gewinner allenthalben

Trotz des weitgehenden Verschwindens der KI aus dem industriellen Fokus und der öffentlichen Debatte und der Ernüchterung der Folgenforscher hinsichtlich technischer und sozialer Risiken der KI gibt es keine eigentlichen Verlierer in diesem Prozeß. Gewonnen haben in der einen oder anderen Weise alle Beteiligten: KI- und TA-Forschung, Informatik wie die DV-Abteilungen der Firmen.

Auch wenn der industrielle Transfer der KI bis jetzt ausgeblieben ist, hat sich die KI wissenschaftspolitisch institutionalisiert: In den letzten Jahren wurden an den meisten Hochschulen Lehrstühle für KI errichtet, KI-Themen sind Bestandteil der universitären Ausbildung geworden, und v.a. hat die Forschungsförderung eine Reihe von längerfristig finanzierten Forschungsinstituten hinterlassen.

Die Informatik hat sich einer Technikbewertung ihrer eigenen Themen erfolgreich entzogen, indem die kritische Diskussion auf ein Randgebiet, die KI, konzentriert wurde. Eine Übertragung berechtigter KI-Kritik auf die Informatik insgesamt ist kaum gelungen. Denn auch wenn ein Großteil der Kerninformatiker nach wie vor der ›unsoliden KI‹ kritisch gegenübersteht und die Übertragbarkeit von Ergebnissen der KI-Bewertung bestreitet, scheinen doch viele der vorgebrachten Kritikpunkte sehr wohl den Kernbereich der Programmierung und Modellierung in der Informatik zu treffen.

Die Industrie mußte zwar gewisse Verluste durch fehlgeschlagene Projekte und Investition in die falschen Geräte hinnehmen – kein ungewöhnliches Phänomen im DV-Umfeld. Letztlich könnte sich aber die durch die KI-Projekte zwangsläufig erfolgte Qualifizierung der Mitarbeiter als gewinnbringende Investition auswirken.

Die TA bleibt nach wie vor das Stiefkind der Forschungsförderung. Finanzielle Einbußen sind wohl eher der öffentlichen Finanznot und der politischen Schwerpunktsetzung als den stattgefundenen Projekten geschuldet. Als potentieller Gewinn der TA-Diskurse soll nicht zuletzt ein Lernprozeß über den tatsächlichen Verlauf der Informatisierung erwähnt werden.

Literatur

[BO88] Boehm, B. W.: A Spiral Model of Software Development and Enhancement. IEEE Computer *May 1988*, 61-72 (1988)

[BR93] Brauer, W.: KI auf dem Weg in die Normalität. KI 7 (3), 85-91 (1993)

[BK92] Budde, R., Kautz, K., Kuhlenkamp, K., Züllighoven, H.: Prototyping – An approach to evolutionary system development. Berlin: Springer 1992

[BY91] Byte: AI: Metamorphosis or Death? Editorial zum State of the Art Report. Byte *Januar 91*, 236 (1991)

[CO90] Coy, W.: Projekte zur Technikfolgenabschätzung und Technikbewertung. KI 4(4), 39-40 (1990)

[CH92] Cremers, A. B., Haberbeck, R., Seetzen, J., Wachsmuth, J.: Künstliche Intelligenz – Leitvorstellungen und Verantwortbarkeit. VDI Report 17. 1992

[DD72] Dahl, O. J., Dijkstra, E. W., Hoare, C.A.R.: Structured Programming. London–New York: Academic Press 1972

[MB93] Malsch , Th., Bachmann, R., u.a.: Expertensysteme in der Abseitsfalle? Fallstudien aus der industriellen Praxis. Berlin: edition sigma 1993

[NA89] Nake, F.: Gegenstand der Informatik ist die Maschinisierung von Kopfarbeit. Positionspapier zur 1. Konferenz *Theorie der Informatik*, Bederkesa (1989)

[PA89] Parnas, D. L.: On ›Artificial Intelligence – Myths, Legends and Facts‹. In: Ritter, G.(Hrsg.): Information Processing '89. Amsterdam: North Holland 1989

[PA91] Partridge, D.(Hrsg.): Artificial Intelligence and Software Engineering. Norwood: Ablex 1991

[RA92] Rader, M.: Die Enttäuschung über den Berg, der bei genauem Hinsehen als Maulwurfshügel zu erkennen war – Der Deutsche Bundestag und die Expertensysteme. InfoTech 4/92 (1992)

[RT92] Rammert, R.: »Expertensysteme« im Urteil der Experten: Eine neue Wissenstechnologie im Prozeß der Technikfolgenabschätzung, Technik und Gesellschaft. Jahrbuch 6. Frankfurt a.M.: Campus 1992

[SE93] Seetzen, J.: Technikfolgenabschätzung der Künstlichen Intelligenz. In: Folgen und Perspektiven der Wissensverarbeitung (St. Augustin, 15.-16. Februar 1993) 1993

[SF93] Selfridge, O. G.: The Gardens of Learning – Keynote address at the AAAI 92. AI Magazine 14(2), 36-48 (1993)

MASSIV PARALLELE RATLOSIGKEIT –
ANSÄTZE ZUR TECHNIKFOLGENABSCHÄTZUNG DER KI IN DER SCHWEIZ

GÜNTHER CYRANEK

Der forschungspolitische Rahmen für TA in der Schweiz

Das Schweizerische Parlament hat 1991 mit der ›Botschaft über die Förderung der wissenschaftlichen Forschung in den Jahren 1992 - 1995‹ beschlossen, 1,5% der vom Bund bewilligten Forschungsgelder – u.a. für das Schwerpunktprogramm Informatik – für Technikfolgenabschätzung (TA) bereitzustellen.

Die Schwerpunktprogramme sind Maßnahmen zur Förderung des Forschungsplatzes Schweiz [Cyranek & Harabi 92]. Die Zielsetzung des Schwerpunktprogramms Informatik (SPP IF) lautet: ›Mit dem SPP IF soll die Informatikforschung in der Schweiz gefördert werden. Ziele sind die Schließung struktureller Forschungslücken, der Anschluß an die internationale Entwicklung sowie die Konzentration der Kräfte auf nationaler Ebene, etwa durch die Bildung von Kompetenzkreisen‹ [SPP IF 92: 1]. Das Schwerpunktprogramm Informatik, inhaltlich verantwortet von einer zwölfköpfigen Expertengruppe aus Hochschulen und Industrie, organisatorisch betreut vom Schweizerischen Nationalfonds zur Förderung der wissenschaftlichen Forschung, fördert die drei Module ›Sichere komplexe Systeme‹, ›Wissensbasierte Systeme‹ und ›Massiv parallele Systeme‹. Für die erste Förderungsphase 1992-94 wurden 33 Projekte mit einem Finanzvolumen von 10 Mio. SFr bewilligt, davon sind über die Hälfte KI-Projektthemen, u.a. ›Case-based reasoning in diagnostic expert systems‹, ›Knowledge representation and asynchronous processing for a versatile computer vision system‹, ›Konzepte und Werkzeuge für die Erarbeitung von lexikalischem Wissen‹, ›Approche multi-agent de l´ordonnancement‹, ›Neuronale Netzwerke und deren Anwendung in der Handschrifterkennung‹ [SPP IF 92: 3ff]. Nach der Projektanzahl und dem Fördervolumen zu urteilen, wird die größte Informatik-Forschungslücke in der KI ausgemacht.

Parallel zur Förderung der KI innerhalb des SPP IF läuft das nationale Forschungsprogramm (NFP 23) ›Artificial Intelligence and Robotics‹ (siehe hierzu auch den Beitrag von Pfeifer und Rothenfluh in diesem Band). Dieses Förderprogramm läuft seit 1989 und ist bis 1994 projektiert. Der Programmtitel deutet an, daß die Interaktion intelligenter Systeme mit der physikalischen Umwelt Forschungsschwerpunkt ist. Damit soll die interdisziplinäre und interinstitutionelle Zusammenarbeit in der Schweiz gefördert werden. Das Fünfjahresprojekt will zum

Verstehen von Wahrnehmung und Lernen beitragen und in der Schweiz die Lücke zwischen Artificial Intelligence und Cognitive Science schließen.

Projekte über Auswirkungen wissensbasierter Systeme auf Arbeitsorganisation, Qualifikation, zur Funktionsverteilung Mensch – Maschine, zur Frage der Abhängigkeit von Expertensystemen und deren Sicherheit wurden bislang nicht gefördert. Aber die Bedeutung der Technikfolgenabschätzung wird von allen Bundesbehörden unterstützt – zumindest verbal. Das Bundesamt für Bildung und Wissenschaft schreibt in der Zielsetzung für die Forschungspolitik des Bundes nach 1992 unter der Rubrik *Sensibilisierung der Öffentlichkeit* [Bundesamt 92: 23]: »Angesichts der folgenschweren Auswirkungen, die gewisse Forschungsergebnisse für den Menschen und seine Umwelt haben können, sind die Forscher heute mehr denn je herausgefordert, ihre *Arbeiten der Öffentlichkeit gegenüber verständlich und deren Konsequenzen annehmbar* zu machen. Soll verhindert werden, daß in den nächsten Jahren der Forschung aus emotionalen Beweggründen der Zugang zu neuen Erkenntnissen verwehrt wird, so müssen die Forscher die wachsenden Ängste und Sorgen der Bevölkerung mit Bedacht zur Kenntnis nehmen. Auch sollten sie den *ethischen und gesellschaftlichen Anforderungen* an ihr Tun und den Konsequenzen ihrer Forschungsresultate *für Mensch, Natur und Gesellschaft* noch mehr Aufmerksamkeit schenken.« Zur TA im Besonderen: »Schließlich bleibt noch hervorzuheben, wie wichtig es ist, mittels Technologiefolgenabschätzungen abzuklären, welche Folgen und Sicherheitsrisiken diese Forschungen für den Mensch und seine Umwelt haben können« [Bundesamt 92: 14f].

Das SPP IF schreibt jetzt explizit den Auftrag zur Folgenabschätzung der genehmigten Forschungsprojekte fest; somit »stehen 1,5% der Projektsumme (Projektsumme = 3/4 des Gesamtkredits) für Projekte im Bereich Technologiefolgenabschätzung zur Verfügung. Mit Hilfe von Studien im Bereich der Technologiefolgenabschätzung sollen mögliche Folgen des technologischen Wandels auf die verschiedenen Bereiche der Gesellschaft, einschließlich der Technologie und der Wissenschaft selbst, untersucht werden. Die Technikfolgenabschätzung erfolgt gemäß der einschlägigen Verordnung« [Nationalfonds 92: 12]. Vorliegende Schweizer Studien, die die TA-Situation in Europa und in den USA aufarbeiten, sind u.a. [Buchs 92], [Cyranek 93a], ausschließlich zur KI [Bürgi-Schmelz et al. 90].

Nach einer ersten Erprobungs- und Experimentierphase soll 1995 Technikfolgenabschätzung als Instrument der Politikberatung institutionalisiert werden. Es werden also Erfahrungen, Verfahren und Methoden der TA gesucht, die auf die Schweizer Verhältnisse umgesetzt werden können. [Wissenschaftsrat 92]

In der KI-Forschungslandschaft der Schweiz gäbe es interessante Anknüpfungspunkte für Perspektiven und Grenzen der KI, für die Diskussion um Menschenbild und Machbarkeit, wie z.B. die Projektübersicht zur Cognitive Science [Schneider 89] zeigt:

- *»Artificial Neural Networks in Coding Facial Behavior:* Artificial Neural Networks are used to encode human facial behavior. Facial expressions are identified by an automatic pattern recognition algorithm and coded in an existing notation. The necessary expert knowledge formally described in rules is automatically compiled into an artificial neural network (Psychologisches Institut der Universität Zürich, Methodenlehre)« [Schneider 89: 72].

- *»Hypothesis-generation in the Mind of Psychotherapists:* The project is determined to develop a better understanding for the processes which leads from single pieces of information to a more comprehensive understanding of a client and his/her problem ... At the most ›realistic‹ end there are single-case-reconstructions of actual interviews, supported by a HyperCard-application, the therapist´s mental activities are regarded as typical for experts working in complex, nonroutine domains (Psychologisches Institut der Universität Bern)« [Schneider 89: 75].

- *»Cognitivist Systemic Theory:* Therapists following the systemic approach (family therapy) have mainly sought to apply classical cybernetic models, or physical (Prigogine) and mathematical (Thom) ones to individual interactions. We propose to do this within the general conceptual framework developed by Piaget in this theory of values and of qualitative exchanges in sociology, using the cognitivist representation formats developed by Dyer, Lehnert, Schank, etc. (Universite Genevè, Genetic AI and Epistemics LAB)« [Schneider 89: 73].

Die Ausschreibung des Wissenschaftsrats für eine erste Serie von TA-Studien [Wissenschaftsrat 93] im Frühjahr 93 erbrachte allein zur Technikfolgenabschätzung Informatik über 90 Projektanträge – trotz der bescheidenen zur Verfügung stehenden Mittel. Zu den Kriterien der Projektauswahl später.

Methodische Ansätze für Technikfolgenabschätzung

Eine Folgenabschätzung der Entwicklungen in der Informatik – einschließlich der KI – ist als Beitrag zum Risikodialog zu verstehen. Ähnlich wie in der Gen- und Biotechnologie ist es gleichermaßen in der Informationstechnologie unabdingbar, sich der Auseinandersetzung mit den Risiken zu stellen, d.h. prognostizierte Risiken zu untersuchen, Chancen zu identifizieren, Gestaltungsansätze zu entwickeln und die Auseinandersetzung um die Verantwortung von InformatikerInnen zu führen.

Zum besseren Verständnis, was Technikfolgenabschätzung (TA) erreichen will, die Veranschaulichung des diskursorientierten Ansatzes von Mittelstraß: »Unter Technikfolgenabschätzung ist hier die systematische *Beurteilung der Auswirkungen* technischer Entwicklungen und darüber hinaus die *Beurteilung der Interdependenzen* zwischen technischen, ökonomischen, ökologischen und gesellschaftlichen Entwicklungen verstanden, unter Technikfolgenforschung die methodische *Erforschung dieser Auswirkungen* bzw. dieser Interdependenzen. In diesem Sinne setzt Technikfolgenabschätzung Technikfolgenforschung voraus. ... Im Falle der Technikfolgenabschätzung muß eine wissenschaftlich orientierte Analyse durch institutionalisierte Formen des gesellschaftlichen Diskurses ergänzt werden. Dieser

Diskurs hätte alle gesellschaftlichen Kräfte und Institutionen einzuschließen. Tut er das nicht, d.h., bliebe es bei einer allein wissenschaftlichen Erforschung von Technikfolgen, wäre nicht nur die Technikfolgenabschätzung, sondern auch die Technikfolgenforschung ein gesellschaftlich weitgehend unverbindliches Element einer Selbsterforschung von Technik und Wissenschaft. ... Allein ein problembezogener, um Elemente eines gesellschaftlichen Diskurses ergänzter Analyseansatz wird denn auch in der Lage sein, die Erwartungen, die sich an Technikfolgenforschung und Technikfolgenabschätzung knüpfen, zu erfüllen« [Mittelstraß 92: 26f].

Je früher TA in den Prozeß der Technikgenese eingebunden wird, umso effektiver können negative Folgen vermieden, positive Auswirkungen verstärkt werden. Bei TA-Ansätzen lassen sich mindestens folgende Dimensionen unterscheiden [vgl. Garbe & Lange 91, BMFT 89]:

- Dimension *reaktive – projektive* TA: TA, die erst mit der Diffusion einsetzt, wird als reaktive TA bezeichnet. Reaktive TA kann nur Folgewirkung einer angewandten Technik untersuchen; dieses Vorgehen ist damit in erster Linie an der Vermeidung negativer Folgen orientiert. Eine projektive TA dagegen setzt mit der Innovation ein und kann deshalb auch rechtzeitig die Entfaltung positiver Folgen einer Technikentwicklung befördern.

- Dimension *probleminduzierte – technikinduzierte* TA: Eine probleminduzierte TA begründet die Ausrichtung von Forschung und Entwicklung als Beitrag zur Lösung gesellschaftlicher Problemstellungen. Technikinduzierte TA dagegen versucht, bereits konkret entwickelte Technik sozialverträglich weiterzuentwickeln und entsprechend einzusetzen.

Eine problemorientierte Ausrichtung einer Technikfolgenabschätzung Informatik könnte von spezifischen Wirkungsbereichen ausgehen (z.B. Selbstorganisation und Gruppenarbeit unter Verwendung informationstechnisch vernetzter Systeme), eine technikinduzierte dagegen von einzelnen Forschungszweigen (z.B. Virtual Reality).

Rammert schlägt als wirkungsvolles Vorgehen eine ›Integrierte TA‹ vor, wobei die Integration in zeitlicher, sachlicher und sozialer Dimension erfolgen soll: »In *zeitlicher* Hinsicht wird die Abschätzung der Technikfolgen durch eine Erforschung der Technikgenese in den Entwicklungsprozeß vorgezogen. ... In *sachlicher* Hinsicht wird der Blick der verschiedenen Disziplinen auf den Gegenstand erweitert, so daß sie einen gemeinsamen Phänomenbereich teilen. ... In *sozialer* Hinsicht muß eine angemessene Organisationsform gefunden werden, welche die relative Autonomie der disziplinären Sicht- und Herangehensweisen gewährleistet und welche gleichzeitig dazu zwingt, sich wechselseitig wahrzunehmen und die Ergebnisse der anderen in die eigene Sicht hineinzunehmen. Verbundprojekte und Netzwerke zwischen verschiedenen disziplinären Forscher- und Entwicklergruppen können als solche ›lockeren Verkoppelungen‹ angesehen werden. ... Statt instrumenteller steuernder Eingriffe von außen, die sich mit vielen Reibungsverlusten häufig kontraeffektiv auswirken, vertraut sie auf kontextuelle und reflexive

Formen der Beeinflussung der Selbststeuerung in den jeweiligen Feldern. Integriert werden Beobachtung, Gestaltung und Steuerung in einem sozialen Verband‹ [Rammert 93: 13]. Dieses Konzept wurde im Rahmen des Verbundprojektes ›Probleme der Wissensproduktion und -verteilung durch Expertensysteme‹ entwickelt und erprobt [Rammert & Schlese 92], [Busch & Herrmann 92], siehe auch [Hartmann & Wulf 92].

Technikfolgenabschätzung zur Künstlichen Intelligenz

Mittlerweile herrscht über das Ausmaß der anstehenden Veränderungen durch Einsatz von KI-Systemen Unsicherheit, Ratlosigkeit, Skepsis, Langeweile. Auf der einen Seite wurde KI mit marktschreierischen Methoden gepuscht [Feigenbaum & McCorduck 86], auf der anderen Seite werden die Grenzen des artifiziell Machbaren überdeutlich [Dreyfus & Dreyfus 84], [Winograd & Flores 86]. Neben den Auswirkungen rückt heute der Prozeß der Technikgenese verstärkt ins Zentrum wissenschaftlicher Diskurse [Rammert 93].

Die Scientific Community der KI war früher stärker als heute in eine Anhängerschaft der beiden Lager zur starken bzw. schwachen KI-These polarisiert [Coy & Bonsiepen 89], [Luft 88]. Die *schwache KI-These* besagt: Es gibt mentale Prozesse der sinnlichen Wahrnehmung und des Verstehens, die von Maschinen in funktional ähnlicher Weise ausgeführt werden können. Die *starke KI-These* lautet: Es gibt eine funktionale kognitive Äquivalenz von Mensch und Maschine. Erstaunlicherweise gibt es immer noch anerkannte Wissenschaftler, die der starken KI-These anhängen, wie z.B. [Moravec 93].

Moravec sieht die Ablösung menschlicher Intelligenz durch Computer schon greifbar nahe. Die Entwicklungszeit für die Äquivalenz natürlicher und künstlicher Intelligenz kann zumindest er in Dekaden angeben: »...a humanlike computer would be available in a $10 million supercomputer before 2010 and in a $1,000 personal computer by 2030« [Moravec 88: 68]. Bringen extreme Verfechter dieser Ausrichtung durch überzogene Aussagen, eventuell auch nur formuliert, um besser an den Markt der Forschungsförderung heranzukommen, die ganze KI-Zunft in Verruf?

Die Phantasten werden offensichtlich nicht weniger: »Der Fingertip-top könnte... noch per Sprache mit dem Benutzer kommunizieren. Für den Needletip-top sehe ich so recht noch keine Verwendung, aber der Brain-top als direkt an das Nervennetz angeschlossenes Implantat könnte unsere linke Gehirnhälfte erheblich aufmöbeln, wenn in ihm nur das positive Wissen der Encyclopaedia Britannica, der Prädikatenkalkül als logische Gehhilfe und das Vokabular (einschließlich Grammatik) von so etwa 20 Sprachen gespeichert wären. ... Unsere linke Gehirnhälfte könnte sich dann mit komplexeren rationalen Problemen befassen, und die rechte stünde natürlich völlig für die menschliche Seite, d.h. für Sport, Kultur und Kunst, Politik, Hobby, Philosophie und natürlich für die Liebe in allen Spielarten von agape bis zum eros pandemos zur Verfügung« (Schmidt-Tiedemann, bis 1991 amtierender Philipps-Forschungsleiter, zitiert nach [Mittelstraß 92: 237]). Diese Visionen sind sehr nah an den Phantasmen von Moravec und Minsky (vgl. Beitrag von Minsky in diesem Band).

Allerdings sollten uns derlei Phantasten nicht davon abhalten, Konsequenzen des Einsatzes von KI-Systemen ernsthaft zu untersuchen, eingebettet in die gesellschaftsrelevante Wirkungsdiskussion der gesamten Informatik. Auswirkungen der Informatik sind u.a. in folgenden Wirkungsfeldern zu sehen [Brunnstein 90], [Coy & Bonsiepen 89], [Cyranek & Bathnagar 92], [Gill 87]:

- in weniger Arbeit in Produktion und Dienstleistung,

- in der Veränderung der Arbeitsorganisation und der Arbeitstätigkeit,

- in einer erweiterten Rolle des Computers als Kommunikationspartner,

- im Einsatz von Computer- (KI-) Systemen als Entscheidungsträger,

- im Einsatz militärischer Computer-(KI-)Systeme,

- in einer Verstärkung des Nord-Süd-Gefälles im technologischen Bereich, d.h. der Abstand zwischen Industrie- und Schwellenländer wird noch größer,

- im Hinblick auf staatliche Kontrolle,

- im veränderten Selbstverständnis der Menschen.

Diese Bereiche gesellschaftlicher Auswirkungen können nicht ignoriert werden, wenn wir die Entwicklung der KI, der Informatik und der Informationstechnologien insgesamt für eine verantwortbare Zukunft ernst nehmen. Mittelstraß warnt vor dem Mißverständnis der ›KI als selbstbewußte Intelligenz‹. Er diskutiert die KI-Problematik insbesondere am Anspruch, nicht nur Informations- und Expertenwissen zu erweitern, sondern in der unabänderlichen Konsequenz auch das Orientierungswissen bestimmen zu wollen: »Dabei ist es nicht so sehr die Nähe, in die Vernunft und Denken zu KI und modernen Informationstechnologien geraten, die bedenklich ist. Bedenklich sind vielmehr die wachsende Unschärfe des Orientierungsbegriffs, klassisch ausgedrückt: das unklare Verhältnis zwischen (theoretischem) Verstand und (praktischer) Vernunft, und ein sich anbahnender Verlust der Nachdenklichkeit und der Urteilskraft« [Mittelstraß 92: 241]. Daraus folgt, daß für die Gestaltung von KI-Systemen in der Arbeitsumgebung zu untersuchen ist, inwieweit die eigene Urteilskraft durch den Einsatz von Expertensystemen befördert werden kann.

Dieses Postulat deckt sich mit dem heute allgemein verbreiteten Verständnis wissensbasierter Systeme als Experten-Stütz-Systeme und der Ablehnung von Experten-Ersatz-Systemen (vgl. die Beiträge von Bena, Cooley, Volpert in diesem Band). Expertenunterstützende Systeme sind unter Gesichtspunkten der Arbeitsorganisation und Qualifikation, nach Aspekten der Zuverlässigkeit zu treffender Entscheidungen, nach Kriterien sozialverträglicher Mensch-Maschine-Funktionsverteilung zu bewerten [Beuschel 88], [Lutz & Moldaschl 89].

Bewertungsansätze für den Einsatz von wissensbasierten Systemen

Neben der Aufarbeitung erkenntnistheoretischer Ansätze zum Entstehen menschlicher Expertise [Dreyfus & Dreyfus 87], [Graubard 88], [Searl 93], [Varela & Thompson 92], und der Analyse des Menschenbildes in der klassischen KI [Göranzon & Josefson 88], [IDSI 90], führt die praktische Bewertung des Einsatzes wissensbasierter Systeme in Produktion [Bullinger & Kornwachs 90] und Dienstleistung zu einer realistischen Einschätzung der KI.

Ende der 80er Jahre war die zukünftige Entwicklung des Einsatzes wissensbasierter Systeme noch unklar. Mehr Klarheit erwartete man durch die Entwicklung von Szenarien und die Analyse von Fallstudien [Bernold & Hillenkamp 88], [Daniel & Striebel 90], [Lutz & Moldaschl 89], [Roßnagel et al. 89]. Dabei wurde die Bedeutung der Expertensystemtechnik weit überschätzt (siehe den Beitrag von Bonsiepen in diesem Band). Ermutigende und ernüchternde Erfahrungen mit wissensbasierten Systemen in Technik und Produktion [Bullinger & Kornwachs 90], [Weule & Löffler 93], in Dienstleistung und Finanzwirtschaft liegen heute vor (siehe hierzu auch in diesem Band die Beiträge zur *Praxis der KI*). Die geringe Zahl der Systeme im Einsatz steht allerdings im krassen Widerspruch zur starken Resonanz, die wissensbasierte Systeme in der öffentlichen Diskussion erfahren haben. Warum von einer Vielzahl geplanter Expertensystem-Projekte die meisten auf der Prototyp-Stufe stecken bleiben und nur weit weniger als 10% den Weg in die alltägliche Betriebspraxis finden [Weule & Löffler 93], läßt Raum für Spekulation, hat aber sicherlich technische *und* organisatorische Ursachen. Bullinger führt das Scheitern der Expertensystem-Projekte etwa im Produktionsbereich weitgehend auf ein mangelndes Zusammenspiel von Mensch, Technik und Organisition in der Produktion zurück (zu den Rahmenbedingungen und Anforderungen an Mensch, Technik und Organisition in der computergestützten Produktion siehe [Cyranek & Ulich 93]).

Für eine Bewertung ist unabdingbar, die Gründe zu analysieren, die in Unternehmen zu Entwicklungsruinen im Bereich der Expertensystemtechnik geführt haben. Von besonderer Bedeutung ist hierbei die Bewertung von Entwicklungsstufen wie Auswahl geeigneter Aufgabenstellungen für Expertensysteme, Mensch-Maschine-Funktionsverteilung, angewandte Verfahren zur Wissensakquisition im Prozeß der Erstellung von Fakten und Regeln, Auswahl geeigneter Werkzeuge wie z.B. Expertensystemshells, sowie Qualifikationsanforderungen an Benutzer und geeignete Ausbildungsmaßnahmen. Neben Risiken, die in der mangelnden Zuverlässigkeit und Überprüfbarkeit der technischen Systeme gesehen werden können, sind die Anwenderrisiken für ArbeitnehmerInnen zu untersuchen, etwa der von [Lutz & Moldaschl 89] visionär beschriebene Statusverlust und die Qualifikationserosion mit den drei Mechanismen Verlust von Erfahrungsmöglichkeiten, ›Entsinnlichung‹ der Tätigkeit sowie Verfall von Wissen und Können durch mangelnde Übung. Der Integrationsprozeß wissensbasierter Systeme hat diese Wirkungsbereiche zu berücksichtigen, wenn die Technikgestaltung sozialverträglich erfolgen soll. Dabei ist der erfolgreiche Technikeinsatz von sozialverträglichen Kriterien entscheidend abhängig, wie Untersuchungen zu traditionellen DV-Anwendungen in der Büroarbeit oder Untersuchungen in der Produktion über die Ursachen für CIM-Ruinen zeigen [Cyranek & Ulich 93].

Zum Vorgehen in der Schweiz

Die weitere Entwicklung wissensbasierter Systeme und ihrer Anwendungen hängt wesentlich ab von den Leitbildern der Entwickler technischer Systeme [VDI 92]. Wie können durch zielgerichtete Gestaltung der Beziehungen Mensch-Maschine-Umwelt auch mit wissensbasierten Systemen die Stärken des Menschen gefördert, wie die Kooperation Mensch-Maschine weiterentwickelt werden (vgl.Volpert in diesem Band)? Gibt es aus erkenntnistheoretischer Sicht Grenzen der Künstlichen Intelligenz, weil Phantasie, Intuition und das In-der-Welt-sein die unabdingbaren Voraussetzungen für natürliche Intelligenz sind?

Technikfolgenabschätzung Künstliche Intelligenz befaßt sich mit Fragestellungen, die auch in Projekten des Schwerpunktprogramms Informatik im Modul ›Wissensbasierte Systeme‹ sowie ›Massiv parallele Systeme‹ reflektiert werden sollten, u.a. zur anthropomorphen Gestaltung der Mensch-Maschine-Kommunikation, zur Verantwortung für Entscheidungen von Expertensystemen, zur Integration in Arbeitsumgebungen, zur Arbeitsorganisation, zur Benutzerqualifizierung, zu den Anforderungen an Wissens-Ingenieure [Frederichs & Rader 91].

Umso erstaunlicher war im Herbst 1993 die Reaktion des Schweizerischen Wissenschaftsrates und seines Ausschusses für Technikfolgenabschätzung, aus Gründen *massiv paralleler Ratlosigkeit* gleich alle Projektanträge zur Technikfolgenabschätzung Informatik abzulehnen. Man konnte sich bislang auf keine gebündelte Zielrichtung der TA-Projekte zur Informatik einigen.

Für die Schweiz mit einem überschaubaren Kreis engagierter WissenschaftlerInnen bietet sich durch die noch offene Festschreibung der TA die Chance, zukunftsorientierte Technikentwicklungen in eine integrierte [Rammert 93] und diskursorientierte [Mittelstraß 92] Technikfolgenabschätzung einzubeziehen: Geeignete TA-relevante Forschungsthemen sind aus meiner Sicht neben den oben skizzierten Gestaltungsfeldern in Anlehnung an die Module des Schwerpunktprogramms Informatik Entwicklungen wie Virtual Reality (VR) und computergestützte kooperative Systeme (CSCW) [Cyranek 93b].

Die skizzierten Fragestellungen zu TA, auch bezogen auf die Förderprogramme, können nur interdisziplinär beantwortet werden. Für ihre Bearbeitung sind die erkenntnis- und wissenschaftstheoretischen Defizite der Informatik, im besonderen der KI aufzuzeigen. Die so verstandene Technikfolgenabschätzung erfordert Sichtweisen mindestens aus Informatik (einschließlich Neuroinformatik), Philosophie, Psychologie, Arbeitsorganisation sowie aus Industrie und Wirtschaft zusammenzubringen mit dem Ziel, eine kritische Auseinandersetzung über Entwicklungsrichtungen und Möglichkeiten einer Mitgestaltung von Technik zu fördern:

Partizipation – verstanden als Einmischung in Gestaltungsprozesse [Cyranek 93a], [SI 93].

Literatur

[Bernold & Hillenkamp 88] Bernold, T., Hillenkamp, U.: Expert Systems in Production and Services. Amsterdam: North-Holland 1988

[Beuschel 88] Beuschel, W.: Expertensysteme auf dem Weg in die Arbeitswelt - zur Untersuchung betrieblicher Veränderungen beim Einsatz »Künstlicher Intelligenz«. Wissenschaftszentrum. Berlin 1988

[Brunnstein 89] Brunnstein, K. (Hrsg.): Opportunities and Risks of Artificial Intelligence Systems. Universität Hamburg, Fachbereich Informatik. Hamburg 1989.

[Buchs 92] Buchs, T.: Technology Assessment: Experiences Occidentales et Defis actuels. Bern: Forschungspolitische Früherkennung, Bericht Nr. 131. Bern: Schweizerischer Wissenschaftsrat 1992

[Bullinger & Kornwachs 90] Bullinger, H.-J., Kornwachs, K.: Expertensysteme. Anwendungen und Auswirkungen im Produktionsbetrieb. München: Beck 1990

[Bullinger 90] Bullinger, H. J.: Integrationspotentiale von Expertensystemen in der Produktion. Technische Rundschau, Heft *31*, 14-28 (1990)

[Bundesamt 92] Bundesamt für Bildung und Wissenschaft (Hrsg.): Ziele der Forschungspolitik des Bundes nach 1992. Bern 1990

[Bürgi-Schmelz et al. 90] Bürgi-Schmelz, A., Bürgisser, M., Schwarzenbach, F.-H., von Arb, C.: Künstliche Intelligenz im menschlichen Umfeld. Forschungspolitische Früherkennung. Bern: Schweizerischer Wissenschaftsrat 1990

[Busch & Herrmann 92] Busch, B., Herrmann, T.: Umgang mit differenten Sichtweisen zwischen kooperierenden Disziplinen. In : [Rammert & Schlese 92], 27-43, 1992

[Coy & Bonsiepen 89] Coy, W., Bonsiepen, L.: Erfahrung und Berechnung. Kritik der Expertensystemtechnik. Informatik-Fachberichte 229. Heidelberg: Springer 1989

[Cyranek 93a] Cyranek, G.: Technikfolgenabschätzung Informatik – Institutionen, Projekte, Konsequenzen. Studie für den Schweizerischen Wissenschaftsrat, Ausschuß Technikfolgenabschätzung. BBW (SWR) 320'40. Bern: Schweizerischer Wissenschaftsrat 1993

[Cyranek 93b] Cyranek, G.: Technology Assessment in Informatics: What can we do in Switzerland? In: Bürgi-Schmelz, A., Cyranek, G., Galland, B., Goorhuis, H., Hansen, H., Kaufmann, A., Panese, F., Podak, C.: Computer Science, Communications and Society: A Technical and Cultural Challenge, S. 399-404. Zürich: Schweizer Informatiker Gesellschaft 1993

[Cyranek & Bathnagar 92] Cyranek, S., Bathnagar, S. (eds): Technology Transfer for Development? The Prospects and Limits of Information Technology.New Delhi: Tata McGraw Hill 1992

[Cyranek & Harabi 92] Cyranek, G., Harabi, N. (Hrsg.): Wettlauf um die Zukunft der Schweiz. Die Rolle der technologischen Forschung und Entwicklung. Zürich: Verlag der Fachvereine 1992

[Cyranek & Ulich 93] Cyranek, G., Ulich, E. (Hrsg.): CIM – Herausforderung an Mensch, Technik, Organisation. Stuttgart: Poeschel, Zürich: Verlag der Fachvereine 1993

[Daniel & Striebel 90] Daniel, M., Striebel, D.: Humanorientierte Gestaltung von Expertensystemen. Zukunftsszenarien und Gestaltungshinweise. Karlsruhe: Ibek 1990

[Dreyfus & Dreyfus 87] Dreyfus, H., Dreyfus, S.: Mind over machine: the power of human intuition and expertise in the era of computer. New York: Free Press 1986 (dt.: Künstliche Intelligenz. Von den Grenzen der Denkmaschine. Reinbek bei Hamburg: Rowohlt 1987)

[Frederichs & Rader 91] Frederichs, G., Rader, M. (1991): Zwischenbericht zu einer Befragung von Wissensingenieuren. Karlsruhe: Kernforschungszentrum. Primärbericht 12.05.01P15

[Garbe & Lange 91] Garbe, D., Lange, K. (Hrsg.) (1991): Technikfolgenabschätzung in der Telekommunikation. Berlin, Heidelberg, New York: Springer.

[Gill 87] Gill, K. S. (ed.): Artificial Intelligence for Society. Chichester 1987

[Göranzon & Josefson 88] Göranzon, B., Josefson I. (Eds.): Knowledge, Skill and Artificial Intelligence. London – Berlin – Heidelberg – New York: Springer 1988

[Graubard 88] Graubard, S. R. (Ed.): The Artificial Intelligence Debate. False Starts, Real Foundations. Cambridge: MIT Press 1988

[Hartmann & Wulf 92] Hartmann, A., Wulf, V.: Integrierte Organisations- und Technikentwicklung – ein Ansatz zur partizipativen Gestaltung der Arbeitswelt? In: Langenheder, W., Müller, G., Schinzel, B.: Informatik cui bono? GI-Fachtagung. Heidelberg – Berlin: Springer 1992

[Hillenkamp 89] Hillenkamp, U.: Expert Systems. Present State and future trends. Impact on employment, working life and qualifications of skilled workers and clarks. Management Development Branch. Geneva: International Labor Office 1989

[IDSI 90] La cultura dell' artificiale. L'intelligenza artificiale e il futuro delle società avanzate. The culture of the artificial. Artificial intelligence and the future of advanced societies. International Conference. Istituto Dalle Molle di Studi sull'Intelligenza Artificiale (IDSI), Istituto Dalle Molle di Metodologie Interdisciplinari (idmi), Istituto Metodologico Economico Statistico, Università di Urbino. Lugano 1990

[Kaiser et al. 93] Kaiser, G., Matejovski, D., Fedrowitz, J. (Hrsg.): Kultur und Technik im 21. Jahrhundert. Frankfurt a.M.: Campus 1993

[Kübler 90] Kübler, O.: National Research Program 23: Artificial Intelligence and Robotics. Jahrestagung der Swiss Group of Artificial Intelligence and Cognitive Science (SGAICO). Geneve 1990

[Lutz & Moldaschl 89] Lutz, B., Moldaschl, M.: Expertensysteme und industrielle Facharbeit. Gutachten über denkbare qualifikatorische Auswirkungen von Expertensystemen in der fertigenden Industrie. Frankfurt a.M. – New York: Campus 1989

[Mittelstraß 92] Mittelstraß, J.: Leonardo-Welt. Über Wissenschaft, Forschung und Verantwortung. Frankfurt a.M.: Suhrkamp 1992

[Moravec 88] Moravec, H.: Mind Children: The Future of Robot and Human Intelligence. Cambridge, MA: Harvard University Press 1988

[Moravec 93] Moravec, H.: Geist ohne Körper – Visionen von der reinen Intelligenz. In: [Kaiser et al. 93], 81-90, 1993

[Nationalfonds 92] Schweizerischer Nationalfonds zur Förderung der wissenschaftlichen Forschung: Ausführungsplan zum Schwerpunktprogramm Informatikforschung. Bern: 1992

[Rammert 93] Rammert, W.: Wie KI und TA einander näherkommen. Probleme und Ergebnisse einer integrierten Technikfolgenabschätzung von Expertensystemen. In: KI, 3/93, 11-16 (1993)

[Rammert & Schlese 92] Rammert, W., Schlese, M. (Hrsg.): Intregrierte Technikfolgenabschätzung: Probleme und Verfahren. FU Berlin 1992

[Roßnagel 89] Roßnagel, A., Wedde, P., Hammer, V., Pordesch, U.: Die Verletzlichkeit der »Informationsgesellschaft«. Mensch und Technik - Sozialverträgliche Technikgestaltung Band Nr. 5. Opladen: Westdeutscher Verlag 1989

[Schneider 89] Schneider, D. (Ed.): The Swiss Guide to Artificial Intelligence and Cognitive Science. Swiss Group of Artificial Intelligence and Cognitive Science (SGAICO). Zürich: Schweizer Informatiker Gesellschaft 1989

[Searl 93] Searl, J. R.: Die Wiederentdeckung des Geistes. München: Artemis & Winkler 1993

[Seetzen & Stransfeld 89] Seetzen, J., Stransfeld, R.: Perspektiven der Experten-systemanwendungen und Begründung für eine Technikfolgenabschätzung. Berlin: VDI-Technologiezentrum Informationstechnik 1989

[SI 93] SI: Fachgruppe »Informatik und Gesellschaft« der Schweizer Informatiker Gesellschaft: Stellungnahme des Vorstandes zur Technikfolgenabschätzung Informatik. In: Bürgi-Schmelz, A., Cyranek, G., Galland, B., Goorhuis, H., Hansen, H., Kaufmann, A., Panese, F., Podak, C.: Computer Science, Communications and Society: A Technical and Cultural Challenge, S. 405-409. Zürich: Schweizer Informatiker Gesellschaft 1993

[SPP IF 92] Zielsetzung des Schwerpunktprogramms Informatik. Bern: Schweizerischer Nationalfonds zur Förderung der wissenschaftlichen Forschung 1992

[Varela & Thompson 92] Varela, F., Thompson, E.: Der mittlere Weg der Erkenntnis. Bern – München – Wien: Scherz 1992

[VDI 92] VDI (Hrsg.) Künstliche Intelligenz. Leitvorstellungen und Verantwortbarkeit. Report 17. Düsseldorf: VDI 1992

[Weuler & Löffler 93] Weule, H., Löffler, L.: Die vertiefte Suche nach der reinen Lehre. Technische Rundschau, Heft *31*, 18-24 (1993)

[Winograd & Flores 86] Winograd, T., Flores, F.: Understanding Computers and Cognition. A new foundation for design. Norwood: Ablex 1986

[Wissenschaftsrat 92] Schweizerischer Wissenschaftsrat: Programm Technology Assessment. TA 1b/92. Bern 1992

[Wissenschaftsrat 93] Schweizerischer Wissenschaftsrat: Ausschreibung Technology Assessment. TA 2/93. Bern 1993

EXPERTENSYSTEME –
KÜNSTLICHE INTELLIGENZ AUF DEM WEG ZUM ANWENDER?

WOLFGANG COY

Im 1989 veröffentlichten »Zukunftskonzept Informationstechnik« der Deutschen Bundesregierung heißt es im Abschnitt »Sicherung der technologischen Basis«: „Die Innovationsschübe in der Informationsverarbeitung werden aus heutiger Sicht im nächsten Jahrzehnt im wesentlichen von drei Bereichen der Informatik ausgehen", nämlich Parallelverarbeitung, Software-Technologie und Künstlicher Intelligenz. „Der Bundesminister für Forschung und Technologie wird die Förderung der Spitzenforschung auf dem Gebiet der Künstlichen Intelligenz auch in den neunziger Jahren fortsetzen." Dies hebt die dort tätigen Forscher aus der Masse der Informatiker hervor. Anwender und insbesondere noch zögernde Anwender könnten dies als klares Zeichen eines starken Willens interpretieren: Künstliche Intelligenz und Expertensysteme sind eine Schlüsseltechnologie des nächsten Jahrzehnts. Bislang ist die allseits angekündigte breite Umsetzung der Ergebnisse dieser Forschungen allerdings ausgeblieben, und die versprochene »Schlüsseltechnologie« erinnert mehr an den Kneipenulk »Morgen Freibier!«. Die Zeitschrift BYTE fragt etwas spöttisch auf dem Titelblatt der Januarnummer des Jahres 1991: »Is Artificial Intelligence dead?«. Doch der nahe Tod der KI oder angesichts bereits getätigter Investitionen ihre Metamorphose wird weitere erhebliche Auswirkungen der Informatik nicht beseitigen. Nicht gelöste Probleme verschwinden nicht einfach dadurch, daß sich das gewählte Werkzeug als untauglich erweist.

Die derzeitigen Entwicklungen der Informatik und die Aufmerksamkeit, die die KI-Forschungen erfahren, sind in erheblichem Umfang als Antwort auf die seit Mitte der sechziger Jahre andauernde Software-Krise zu verstehen. Diese Krise ist nach wie vor durch die Kluft zwischen Erwartung und erbrachter Leistung gekennzeichnet. Software-Entwicklung ist nach wie vor in den meisten Fällen teurer als erwartet, dauert länger als erwartet und enthält nach Fertigstellung mehr Fehler als erwartet. Die Gründe für dieses seit mehr als zwanzig Jahren zu beobachtende Phänomen sind vor allem in der enorm hohen Komplexität der entwickelten Produkte zu suchen. Es gibt kaum technische Artefakte, deren Komplexität an die Komplexität großer Programme heranreicht.

Aus dem Scheitern großer Programme, Programmsysteme und Anwendungsplanungen begann gegen Ende des Jahrzehnts eine heftige Phase des praktischen und wissenschaftlichen Experimentierens mit dem Entwurf neuer Programmiersprachen und Systemsoftware. Als Folge eines geforderten Software „Engineering" oder gar einer „Science of Programming" entstand eine breitere Diskussion von Programmier„stilen" und Programmier„methodik" (methodology), ohne daß die Extension dieser Ansprüche allgemein akzeptiert wurde. Reizworte dieser Debatte waren Modularisierung, angeregt von Forschern wie Edsger Dijkstra, Niklaus Wirth, Harvan D. Mills oder David L. Parnas. Obwohl die Software-Krise vor allem eine Krise des Einsatzes der Datenverarbeitung und der DV-gestützten Arbeitsorganisation ist, wurde sie in akademischen Umgebungen vor allem als Forderung nach modularem Entwurf und damit als technische Detaildebatte (miß-) verstanden. Nur vereinzelt, etwa bei der IBM, die den Vorschlag zur Bildung von hierarchischen »Chief-Programmer-Teams« in die Debatte warf, wurde die intellektuelle Arbeitsteilung, die das Modularisierungskonzept antrieb, sichtbar. Die akademische Verblendung dieser Forderung zeigt insbesondere die sogenannte »Goto«-Kontroverse, in der die Orthogonalität von Programmierkonstrukten wie dem adressierten Sprungbefehl in höheren Programmiersprachen angezweifelt wurde [11]. Diese Kontroverse wurde nicht aufgeworfen, um elegantere Formalismen anzubieten, sondern um die Produktivität der Programmierer zu erhöhen. Innerhalb der jungen akademischen Wissenschaft Informatik nahm man diese Anforderung jedoch nur am Rande wahr. Dennoch wurden zu dieser Zeit die Grundsteine für die wissenschaftliche Informatikforschung der nächsten beiden Jahrzehnte gelegt, nämlich Objektorientierung (Dahl, Kristen Nygaard) als Präzisierung der Trennung und Interaktion von Modulen eines Programms sowie Versuche der Mathematisierung des Programmierens durch formale Beweise korrekter Arbeitsweise von Programmen (»Programmverifikation«: Robert Floyd, Tony Hoare, Edsger Dijkstra). Derartige formale Verfahren wurden vereinzelt als Alternative zur Entwicklung besserer Programmiermethodik verstanden, doch ist heute klar, daß die Weiterentwicklung formaler Methoden kein Ersatz dieser Bemühungen sein kann – zumal derart formalisierte Ansätze bisher keinen wesentlichen Einfluß auf die praktische Weiterentwicklung des Programmierens zeigen.

Ein anderer Versuch der formalen Verbesserung praktischer Programmierung folgte den Linien der Forschungen zur Künstlichen Intelligenz, gekennzeichnet durch funktionale Programmierung (vor allem auf der Basis der Programmiersprache LISP) und durch regelgestützte Programmierung. Während Informatikwissenschaftler überwiegend den Prozeß der Konstruktion neuer Programme im Blick haben, ist die Praxis der Datenverarbeitung geprägt durch die Pflege alter und uralter Programme. So überwiegt der Pflegeaufwand bei großen Programmbeständen den Aufwand zum Erstellen neuer Programme um ein Vielfaches. Die Zerlegung von Programmen in Module, Objekte und funktionale Blöcke verspricht Hilfe zur Lösung des praktisch erheblichen Problems der Programmpflege, also der Wartung und Erweiterung bestehender Programme bis hin zur »Software-Entsorgung« (Ludewig). Dies ist gelegentlich verbunden mit der Hoffnung, bereits funktionierende Programmteile könnten zur Erstellung neuer Programme genutzt werden (»Software Re-usability«).

Mit der im Umfeld der Künstlichen Intelligenz entwickelten regelgestützten Programmierung, exemplarisch in Programmpaketen wie MYCIN, DENDRAL, XCON und Prospector angelegt, wird versucht, das Problem der Modularisierung durch logische Kategorisierung der Programme zu erreichen. Während herkömmliche Programme einem Buchtitel von Wirth folgend als »Programm = Algorithmus + Daten« charakterisiert werden können, wird zur regelgestützten Programmierung das Konstrukt der logischen Implikation »WENN Bedingung DANN Folge« verwendet. Die logische Implikation kann dabei kausale, aber auch völlig andere Beziehungen ausdrücken, wenn sie nur in WENN-DANN-Form gebracht werden können (so etwa »WENN der Stiel dieses Pilzes in einer Knolle endet, DANN besteht der Verdacht, daß er giftig ist«). Für das Programm ergibt sich die Charakterisierung: »(Regelgestütztes) Programm = Konkrete Daten + problembezogene Verarbeitungsregeln + schematische Auswertung der Regeln« oder verkürzt »Expertsystem = Daten + Regeln + Inferenzmaschine« (Die Verkürzung besteht u.a. darin, daß nicht jedes in Regeln formalisierte Programm ein Expertensystem ist und umgekehrt neuere Expertensystemforschung das Regelkonzept nicht mehr ausschließlich verfolgt). Bei Anwendung des Regelkonzepts in der Programmierung, das freilich eine vergleichsweise schlichte Modularisierung verfolgt, werden meist verschiedene positive Auswirkungen unterstellt. Die Trennung der logischen Ebenen der Anwendung (charakterisiert durch Fakten und anwendungspezifische Regeln) erlauben eine leichte Manipulation der gleichförmig aufgebauten Regeln. Dies wird als Schritt zur vereinfachten Wartung und zur leichten Erweiterbarkeit des Programms gesehen.

Die Konstruktion eines regelgestützten Programms wird so als einfachere Technik des Programmentwurfs gelobt. Programmentwurf ist allerdings nur ein (kleiner) Teil der Softwareerstellung, und so stehen in der Praxis den Vorteilen jedoch auch Nachteile gegenüber, die vor allem durch die erzwungene starre Normierung auf Regeln bedingt sind. Interessant ist das häufig von seiten der KI-Entwickler vorgebrachte Argument, daß viele hochqualifizierte menschliche Arbeitsprozesse (»Expertise«) durch Regeln modelliert werden können und daß Regeln deshalb eine angemessene Modellierung solcher Prozesse sei. Dies wird hartnäckig wiederholt, obwohl die Behauptung keineswegs unbestritten ist und sie in der Praxis nur durch wenige Beispiele erhärtet ist.

Regelgestützte Programmierung als Technik der Software-Entwicklung ist nicht als explizite theoretische Konstruktion entstanden, sondern eine naheliegende Folge des Einsatzes formallogischer Modellierung. Dementsprechend charakterisieren nicht Entwurfssysteme für regelgestützte Programmierung, sondern einige (wenige) beispielhafte Programmpakete diese Entwicklung. Die sind vor allem MYCIN, DENDRAL, Prospector und XCON.

MYCIN, DENDRAL und Prospector sind Diagnoseprogramme für unterschiedliche Anwendungen, XCON ist ein Planungsprogramm für Rechnersysteme der Firma Digital Equipment Corp. (DEC). MYCINs Aufgabe war die Identifikation bakterieller Erkrankungen im Wechselspiel mit einem untersuchenden Arzt und Labortests. DENDRAL sollte auf Grund von Massenspektrometerdaten aus der chemischen Summenformel die Struktur der untersuchten Chemikalie ableiten. Prospector verarbeitete geologische Meßwerte zur Vermutung über die Zusammensetzung des untersuchten Bodens. Die drei diagnostischen Programme sind niemals praktisch eingesetzt worden und werden heute nicht weiter gepflegt. Sie dienten jedoch als Ausgangsmaterial vieler weiterer Expertensysteme und softwaretechnischer Hilfsmittel (expert system shells). XCON wurde von DEC gewartet und eingesetzt; es ist durch eine größere Zahl weiterer Programme ergänzt worden. DEC bietet inzwischen auch ein Expertensystem zur Datenbankkonfigurierung (auf DEC-Anlagen) als Anwendungsprogramm an.

Gemeinsam war den Urmodellen der Expertensystemprogramme der Versuch anspruchsvoller Modellierung, die wichtige Aspekte wissenschaftlicher bzw. hochqualifizierter technischer Expertise programmtechnisch umsetzen sollten. Die Begriffsbildung Expertensystem für diese regelgestützten Software-Entwicklungsprojekte war insofern nicht völlig überzogen, wenngleich die schnell einsetzende Diskussion möglicher Anwendungen und Wirkungen den engen Anwendungsbereich, die damit verbundene Beschränktheit, aber auch die schnell wachsende Komplexität dieser Programme in erheblichem Maße unterschätzte. In der Folge wurde diese Wortschöpfung für andere, viel schlichtere Programme verwendet, denen man wegen des Begriffs »Expertensystem« gleichzeitig fast omnipotente Fähigkeiten zum Ersatz qualifizierter Arbeit unterstellte. Sichtbar wurde der Wunsch nach besseren Programmen (wie die Angst davor); doch »der bloße Wunsch, ein Expertensystem zu besitzen, ist keine Garantie dafür, daß man eines bauen kann« (Daniel Bobrow). Die Software-Krise läßt sich nicht durch Wunschdenken lösen.

Diese Entwicklung muß im Kontext der Propagandaschlacht der KI um Forschungsgelder zum Beginn der siebziger Jahre gesehen werden. Diese Schlacht wurde gegen die zu diesem Zeitpunkt in den USA bereits etablierte Computer und Information Science Departments geführt, deren Hang zur ingenieursmäßigen Ausrichtung zur Vernachlässigung und Ignoranz des utopischen Überschusses der KI führte. Aber es ging zu gleicher Zeit auch um einen internen Machtkampf um die Ausrichtung der KI (und in der Folge um die Verteilung von Fördermitteln). Diese Ebene der Auseinandersetzung war gekennzeichnet durch die Konfrontation von Ansätzen auf der Basis symbolischer Logik mit den heute »subsymbolisch« genannten kybernetischen Forschungen zu neuronalen Netzen. Als Trumpf der »symbolisch« orientierten KI-Fraktion wurde häufig die unmittelbar bevorstehende industrielle Anwendbarkeit ihrer Produkte verkündet. Expertensysteme schienen für diese Verheißung besonders geeignet und sie sind bis heute die einzigen Produkte der KI, die zu einer nennenswerten, wenngleich immer noch bescheidenen Kommerzialisierung geführt haben. Ed Feigenbaum verkündete 1971 diesen Aufbruch mit der geschickt formulierten Wendung der Datenverarbeitung zur »Wissensverarbeitung« (Data processing vs. knowledge processing). Im Fortgang erweiterte er diesen Begriff zu Deklaration einer kommenden »Knowledge Society« und der Entdeckung von »Knowledge Engineers« und anderer »Knowledge Workers«.

Trotz dieses Aufbruchs und umfangreicher Weiterarbeit zeigte die Expertensystemtechnik während der siebziger Jahre keinen breiten praktischen Erfolg. Zwar betont DEC den erfolgreichen und lukrativen Einsatz von XCON zur Rechnerkonfigurierung; doch dies ist freilich im Bereich dieser Technik eher die Ausnahme und auch mit einer gewissen Vorsicht zu bewerten (schließlich verkauft DEC die Hardware und Software zur Entwicklung solcher Systeme). Prospector wird verschiedentlich nachgesagt, es habe ein Molybdänlager im Wert mehrerer Millionen Mark entdeckt. Die Geschichte ist eine Legende, die anhand der Originalveröffentlichungen der Prospector-Entwickler nachweisbar ist ([10], [8], [6]). Der praktische Expertensystemeinsatz ist auch heute noch durch relativ wenige, überwiegend kleine Systeme gekennzeichnet, obwohl eine stattliche Anzahl von Laborprototypen entwickelt wurden, die jedoch häufig mehr der Qualifikation und dem Spieltrieb der Entwickler dienten.

Den letzten Anstoß zur breiten gesellschaftlichen Diskussion der KI gab wohl die Ankündigung des »Fifth Generation« Forschungsprogramms des japanischen Ministeriums für internationalen Handel und Industrie (MITI) und des von ihm gegründeten Institutes für die Technologie einer neuen Computergeneration (ICOT). Dieses Programm betonte die Notwendigkeit, Logik als Programmiersprache zu verwenden und eine neue Generation von Rechnern zu konstruieren, die sich auf Ergebnisse der KI-Forschung stützen sollten. Damit war auch die Expertensystemtechnik im Fokus des Programms, das freilich nur einen Teil der japanischen Forschungen koordinierte. Aus japanischer Sicht war dies ein verständlicher Versuch, die auch heute noch vorhandene Schwäche der japanischen Software-Industrie, die in eklatantem Gegensatz zur Stärke der Mikroelektronik und der Hardware-Entwicklung steht, zu überwinden. Doch wurde in den USA und in Europa das »Fifth Generation Programme« nicht mit diesem naheliegenden Manko identifiziert, sondern mit wachsender Nervosität als Auftrag zu erheblicher Verstärkung eigener KI-Entwicklung (miß-)verstanden. Eine Kettenreaktion wurde fast unvermeidlich und die Informatikergemeinde, vor allem DV-Manager und Forschungspolitiker gerieten in eine kräftige Begeisterung für die vielversprechende KI-Forschung und ihr Paradepferd, die Expertensystemtechnik. Als eine Kennzahl mag dienen, daß 5000 der 18000 GI-Mitglieder sich (auch) im Fachbereich Künstliche Intelligenz der GI angemeldet haben – wenngleich die Zahl der Aktivisten auch hier nur ein Zehntel umfassen mag. Seit der Mitte der achtziger Jahre entstand eine kommerzielle KI-Szene, die hauptsächlich Derivate von Laborsystemen zur eigenen Expertensystemerstellung (expert system shells) und entsprechende Dienstleistungen anbot. Viele DV-Abteilungen befürchteten, einen bereits fahrenden Zug verpaßt zu haben und starteten kleinere Entwicklungen experimentellen Charakters im KI-Bereich – häufig verbunden mit der durchaus gewollten, zumindest aber langfristig positiven Nebenwirkung der Qualifizierung verdienter Mitarbeiter oder der Schaffung (einzelner) neuer Arbeitsplätze für den Informatikernachwuchs. Diese Serendipity-Effekte steuerten wiederum die Expansion der gerade gegründeten KI-Firmen. Inzwischen ist eine deutliche Ernüchterung eingetreten, die am besten durch den Satz: »Die Zeit der Experimente ist vorüber; wir brauchen Anwendungen, die sich rechnen« gekennzeichnet ist. Gründe dieser Ernüchterung sind vor allem erhebliche technische Probleme und geringe Einsatzbreite, Probleme unterschätzter Entwicklungszeit, mangelnder Zuverlässigkeit, fehlender oder mangelhafter Integration in bestehende DV-Strukturen sowie unerwartete heftige Schwierigkeiten mit Wartung und Pflege von Expertensystemen. Wir haben dies an anderer Stelle ausführlich beschrieben [6].

Im Kern dieser Ernüchterung steht das für Techniker eher unerwartete Problem mangelnder epistemologischer Fundierung des regelgestützten Programmierparadigmas. Dies hängt mit dem nach wie vor bestehenden Schisma der Two Cultures zusammen, der Trennung von sozial- und kulturwissenschaftlichem Denken einerseits und naturwissenschaftlichem sowie technischem Denken andererseits. In der operational und konstruktiv orientierten Informatik hat sich eine starke Bastelmentalität herausgebildet, die unter einem starken NIH-Syndrom (»Not Invented Here«) leidet, das sich in industrieller Umgebung noch verstärkt. In der Folge werden Programme und eben auch Expertensysteme eher durch Introspektion der Programmierer geplant als im kooperativen Dialog mit den eigentlichen Trägern des Wissens und der zu automatisierenden Fertigkeiten. Das naive kognitive Paradigma der Künstlichen Intelligenz, das Menschen wie Maschinen hauptsächlich als informationsverarbeitende Systeme erklärt, baut hier weitere Schranken der Erkenntnis auf. In der Praxis der Expertensystementwicklung herrscht eine naive Hoffnung auf die hinreichende Interpretation menschlichen Handelns und Denkens als ausschließlich oder überwiegend regelgeleitetem Wissen. Dies wird durch die kulturell verankerte Tradition operational aufgebauter Lehrbücher verstärkt, die zu implizieren scheint, daß praktische Erfahrung vollständig, zumindest aber ausreichend durch adäquate Beschreibung und Abbildung des Arbeitsprozesses in Lehrbüchern erfolgen könne. Unterstützt wird dies durch Handbücher, die Wissen bereits in regelhafter Form vorgeben, wie etwa Reparaturanleitungen oder Formelsammlungen. Hubert und Stuart Dreyfus haben mit Nachdruck darauf hingewiesen, daß der Weg vom Neuling zum Experten mehrere Stufen der Qualifikation durchläuft, von denen bestenfalls die Eingangsstufe durch formale Regeln beschrieben werden kann, während wirkliche Fachleute ihre Entscheidungen ohne bewußtes Erinnern erlernter Regeln und oft unter Verletzung der Ausbildungsregeln [9] treffen. Diese Stufung hat auch in der KI-Forschung einigen Widerhall gefunden und verstärkt Bemühungen, von regelgestützten Repräsentationsschemata wegzukommen, hin zu objektartigen Beschreibungen wie im Frame-Konzept. Dies sind freilich Bemühungen, die Dreyfus' Kritik nicht wirklich treffen.

Die KI geht überwiegend von einer Repräsentationshypothese aus, die ein logisches, symbolhaftes Abbild der Welt im Gehirn vermutet. In der Expertensystemtechnik verkommt dieser naive Leninismus der KI zu einem regelgestützten Abbild des Fachwissens. Diese Repräsentationshypothese ist verknüpft mit der Vorstellung eines zwanghaften Problemlösemechanismus als Modell menschlicher Arbeit. Herbert Simon und Allan Newell haben mit ihrem »General Problem Solver« die Basis dieses umfassenden Anspruchs gelegt [18]. In diesem Kontext hat Simon deshalb auch die Einbettung der KI in eine Cognitive Science vorgeschlagen. Eng damit verwandt sind Arbeiten der Kognitionspsychologie, in denen Funktionsmodelle des menschlichen Gehirns und des Geistes zum Teil in Form von Programmschemata entwickelt werden. Cognitive Science, Kognitionspsychologie und Künstliche Intelligenz zeigen sich hier als Wissenschaftsareale, die ihre periphere Bedeutung in ihren originären Bereichen in einer Variante des Zitatkartells wechselseitig zu verstärken suchen und einen echten Dialog zwischen den Wissenschaften eher behindern als fördern. Der Informatiker Peter Naur hat dies kürzlich anläßlich seines 60. Geburtstages so formuliert: »Die Etablierung der Informatik und damit verbunden der informationstechnischen Maschinen hat ein eigentümliches Neudenken in mehreren Fächern nach sich gezogen ..., das die Auffassungen vom Wesen des Menschen berührt. ... Es gibt ein eigentümliches Muster, wo verschiedene Fächer sich gewissermaßen gegenseitig den Ball zuspielen: Informatiker berufen sich auf Auffassungen, die eine gewisse Gängigkeit unter Psychologen haben, ohne wirklich deutlich zu machen, wie gängig und wie anerkannt und wie wohletabliert diese Auffassungen sind – und eben dieselben Psychologen kommen dann zurück und sagen: Ja, aber gerade die Informatiker sagen das und das; und dann kann man auf diese Weise weiterfahren, ohne daß die Sachen in hinreichendem Grad bis auf den Grund analysiert werden. Dieses Spiel wird leider auch in gewissem Umfang von kommerziellen Interessen getrieben – was ja überhaupt für den ganzen Informatikbereich gilt«.

Epistemologische Unsicherheit prägt den Alltag der Expertensystemtechnik. Von Anfang an modellierten Expertensysteme heuristische Verfahren und unscharfes Wissen. Dies wurde als Alternative zur herkömmlichen Programmierung hervorgehoben, die in ihrem algorithmischen Ansatz Wert auf fundierte, explizite Algorithmen und auf eindeutige Ein- und Ausgabewerte legt – wenngleich dies keineswegs immer gesichert ist. Die regelhafte Formulierung in der Expertensystemtechnik induziert eine schrittweise Programmierung, die von Programmversion zu Programmversion die Lösungsverfahren präzisiert, ohne daß eine endgültige, eindeutige Lösung erwartet wird (»explorative Programmierung«). Tatsächlich lassen nur wenige Aufgaben, die mit Fachwissen zu lösen sind, eine eindeutig festgelegte Lösung zu, die auch noch in mathematischer strikter und theoretisch durchdrungener Form auf einen Algorithmus und eine Datenstruktur abbildbar sind. Viele klassische Rechenverfahren gehören in diese wichtige aber nicht allumfassende Klasse. Versuche, diese Klasse auf heuristische Probierverfahren zu erweitern, stoßen schnell an deutliche Grenzen zuverlässiger, oder auch nur hinreichend genau bewertbarer Modellierbarkeit. Expertensysteme charakterisieren dagegen einen riskanten Versuch, diese Klasse ohne eine fundierte mathematische Modellbildung zu überschreiten. In der Praxis sind Anforderungen an solche heuristischen Probierverfahren keineswegs selten. Viele Reparaturanleitungen oder Diagnoseverfahren, aber auch Spielprogramme z.B. für Schach gehören in die Klasse der heuristischen Verfahren, für die zwar Lösungshinweise gegeben werden können, aber für die kein eindeutiger, praktisch umsetzbarer Algorithmus bekannt ist. Die Entscheidung zum Einsatz von Expertensystemen ist daher im Kern meist eine Entscheidung für unscharf definierte Lösungen mit dem klaren Potential zum Fehlschlag. Das real entstehende Risiko hängt dabei natürlich vom Einsatzfall ab. Der Einsatz von Expertensystemen in Notfallsituationen, wie bei der Steuerung chemischer oder atomtechnischer Anlagen oder in Krankenhausintensivstationen ist vom realen Risiko her vermutlich unter keinen Umständen zu rechtfertigen. Der gelegentlich vorgebrachte Einwand, daß Fachleute ebenfalls irren, trifft den Charakter der Expertensystemfehler ganz und gar nicht: Irrt ein regelgestütztes Programm, so irrt es abrupt und (selbstverständlich) ohne jegliches Bewußtsein einer problematischen Situation. Dies ist in klarem Kontrast zum Handeln eines Experten, der über sein Kontinuum von völliger Sicherheit, Unbehagen an der Entscheidung und dem Risiko eines Irrtums reflektieren kann. Siekmann nennt dieses Phänomen sehr treffend das »Stammtischverhalten« der Expertensysteme: Das in einfachen Regeln gespeicherte Wissen wird ohne treffende Kenntnis unpassend auf nicht vorherbedachte Erscheinungen angewendet – und das Programm kann dies natürlich nicht merken. Es liegt am Anwendungsfall, ob der Nutzer des Expertensystemprogramms dieses abwegige Verhalten bemerkt. Da diese Fehlerhaftigkeit von heuristischen Verfahren und Expertensystemen prinzipiell wohl nicht vermeidbar ist, sind die Einsatzfälle solcher Programme genau zu charakterisieren. Expertensysteme eignen sich nicht für riskante Anwendungen!

Neben der algorithmischen Unschärfe, die durch eine Heuristik ersetzt werden muß, gibt es auch Unschärfen und Vagheiten der zu verarbeitenden Daten. Ob eine Substanz unangenehm oder schon übel riecht, ist nicht objektivierbar. Wann ein Geräusch als unangenehm empfunden wird, hängt sicher auch von subjektiven Faktoren wie Alter oder kulturellem Umfeld ab. Facharbeit besteht zu einem erheblichen Teil im Umgang mit erworbenen Heuristiken und der mehr oder minder zuverlässigen Einordnung unscharf oder vage formulierter Daten. Solche Daten, die in der Diagnostik des öfteren vorliegen, müssen in Modelle unscharfen Wissens abgebildet werden. Programmierung von Heuristiken oder unscharfe Modellierung wurde in Systemen wie DENDRAL, MYCIN, Prospector oder XCON entwickelt. Sie wurden gelegentlich auf andere Expertensystementwicklungen übertragen, obwohl ihre theoretische Fundierung noch viele Fragen offen läßt, so daß heute in der

Praxis die Neigung besteht, auf Modelle unscharfer und vager Daten nach Möglichkeit zu verzichten [15].

Die epistemologische Unsicherheit der Expertensystemtechnik findet sich auch in ihrer zentralen Problematik wieder, nämlich der Akquisition des zu kodierenden Wissens, also im Umgang mit Fachleuten und ihrem Wissen. Mit wachsender Erfahrung sind einige Standardtechniken zur Hervorbringung des Fachwissens entwickelt worden, die den Knowledge Engineer in einer exponierten Lage gegenüber einem traditionell arbeitenden Informatiker zeigen. Während Informatiker ihr Programm nach mehr oder minder gründlicher Besichtigung ihres Modellierungsgegenstandes (zusammen mit ausführlichen Vertragsgesprächen) vor allem durch Introspektion entwickeln, zwingen komplexe heuristische Verfahren und unscharfe vage Daten den Knowledge Engineer zum Versuch einer kooperativen Arbeit mit den Fachleuten. Dies ist erst einmal ein klarer Fortschritt für die ganze Profession der Informatik, die ja nicht selten unter der Selbstüberschätzung leidet, jedes Problem innerhalb einiger Tage verstehen und im Regelfall besser lösen zu können als die Betroffenen. Doch die enge kooperative Arbeit mit Fachleuten setzt kommunikative und fachliche Kompetenzen voraus, die in einer Informatikausbildung nicht vermittelt werden [3]. Mit den Polen »Datenbanken-Spezialist oder Psychoanalytiker?« beschreibt Lena Bonsiepen die professionelle Situation der Knowledge Engineers [2], und der Alltag der Wissensakquisition scheint diese Bandbreite zu bestätigen.

Unterschiedlichste Methoden zur Wissensakquisition werden angewendet: Von der Introspektion über die Aufbereitung von Lehrbuch- oder Handbuchwissen bis hin zu den unterschiedlichsten Interviewtechniken, die sich meist als die beste und zugleich trübste Quellen der Erkenntnis erweisen. Kernproblem der Kooperation mit Experten liegt selbstverständlich in der Trennung des Wesentlichen vom Peripheren und in der richtigen Einschätzung der Qualität der fachmännischen Selbstauskunft. Am Rande sei erwähnt, daß die Kooperation des Experten unerläßlich ist und daß arbeitsrechtliche und andere rechtliche Fragen zur »Enteignung des Fachwissens« weitgehend ungelöst sind [1].

Setzt man einen kooperationswilligen Experten voraus, so ergibt sich sofort die Fülle aller Probleme, die aus sozialwissenschaftlich üblichen Befragungen bekannt sind – und einige mehr. Ein Basisproblem ist die Gefahr »Hohler Expertise«, die beim Knowledge Engineer und beim späteren Nutzer des Programms entstehen kann. Expertensysteme vermitteln in ihrer handlungsorientierten Arbeitsweise operationelle Zusammenhänge, die schnell als Verständnis der Situation mißinterpretiert werden können. Wer einmal als Nicht-Mediziner mit einem medizinischen Expertensystem gearbeitet hat, kann diesen »Eliza«-Effekt sicher nachvollziehen. Der augenzwinkernde Hinweis, daß es Fachleute geben mag, die nicht immer genau wissen, wovon sie eigentlich reden, kann die Gefahr der Ausbreitung hohlen Wissens nicht mindern. Eng damit verbunden ist die Schwierigkeit, geeignet Erklärungsmuster in den Dialog des Expertensystems zu integrieren. Die bisher vorgelegten Erklärungskomponenten von Expertensystemen sind, wenn überhaupt vorhanden, überwiegend Mitteilungen über den syntaktischen Zustand der Inferenzmaschine. Der Versuch, MYCIN als tutorielles Programm zur Schulung des medizinischen Nachwuchses zu nutzen, ist völlig gescheitert. MYCIN mußte für diesen Zweck in das umfassend neu konzipierte Programm GUIDON umgewandelt werden [5].

Standardinterviews bestehen darin, den Experten zur Angabe einiger regelhaft (um-)formulierten Aussagen über den Modellierungsgegenstand zu bewegen und aus diesen einen ersten (rapid) Prototyp zu entwickeln, an dem dann die Lücken und Widersprüche des Programmentwurfs aufgearbeitet werden sollen. Dies setzt die Kooperationswilligkeit, die Kompetenz und die Zeit des Experten ebenso wie die gemeinsame kommunikative Kompetenz von Knowledge Engineer und Experten voraus. Die typische Folge des ersten Prototypen ist die Feststellung, daß allerlei vergessen wurde. In dieser Situation taucht das nächste Problem auf: Der übermäßig hilfsbereite Experte, der Regeln für das Programm erfindet, so wie er einem Anzulernenden Verhaltensregeln nennt, die die Lernbereitschaft fördern sollen, aber keineswegs wörtlich zu nehmen sind. Das Programm wird so irreführend überspezifiziert. Eine Variante mag dahin führen, mehrere Experten gleichzeitig zu befragen. Eine typische Folge ist ein Kolloquium über pathologische Fälle, da die Normalfälle sowieso allen bekannt sind und professionell keine Herausforderung darstellen. Insgesamt erweist sich das Glatteis des Interviews als zentrale Problematik der Expertensystemerstellung, die schnell dazu führt, daß über- oder unterspezifizierte Programme entstehen. Ein ähnliches Problem der Überspezifikation durch Ansammlung pathologischer Fälle ergibt sich, wenn Nutzer des Programms selber die Regelbasis verändern dürfen.

In der Praxis werden deshalb Programme bevorzugt, bei denen die Umsetzung einfach strukturierter Mengen technischer Regeln aus Lehr- oder Handbüchern hinreicht. Die großen Würfe der Expertensystemtechnik werden weiterhin selten bleiben, und der Eingriff in die qualifizierte Arbeit wird sich nicht allzu sehr von der Wirkung anderer Artefakte der Informations- und Kommunikationstechnik unterscheiden. Dies läßt sich verschiedentlich beobachten, etwa bei Senker et al. [17], wo die betroffenen Arbeitnehmer, die vorher keinen alltäglichen Kontakt mit DV-Geräten hatten, das eingesetzte regelgestützte System einfach als »Computer« bezeichnen.

Software-technisch zwingt die Entwicklung eines Expertensystems wegen der immer wieder notwendigen Überarbeitung zu einer zyklischen Arbeitsweise: Ein Expertensystem ist explorativ zu entwickeln. Fehlverhalten muß immer wieder korrigiert, die Regelbasis angepaßt werden. Der Programmierer lernt wie ein Experte mit den Anwendungen. Der Begriff »Software Life Cycle« entfaltet eine wörtliche Bedeutung.

Die Integration von Expertensystemtechnik als regelgestützte Teilkomponenten in andere Programmklassen wird auch aus den Anforderungen der allgemeinen Programmierung, etwa bei Datenbanken, Tabellenkalkulation, Signalverarbeitung, CAD oder Textverarbeitung fortschreiten und gleichzeitig den eigenständigen Anteil regelgestützter Software-Technik in den Hintergrund treten lassen. Expertensystemtechnik geht in eine Variante der Softwareerstellung über; ihr KI-spezifischer Anteil verschwindet. Umgekehrt werden Expertensystemanwendungen angereichert werden mit anderen software-technischen Entwicklungen, insbesondere mit grafischen und bildlichen Darstellungen zur Information der Nutzer, aber auch als Hilfssysteme für die grafische Datenverarbeitung und Bildverarbeitung. Eine Tendenz zu integraler Verarbeitung automatisch erfaßter Meßwerte bei Expertensystemprogrammen in Produktions- und Laborumgebungen ist gleichfalls erkennbar. Expertensystemartige Programme erweisen sich hier als logischer »Kitt« im CIM-Bereich, der die Industrieroboter als »Handhabungskitt« ergänzen kann.

Sind die Expertensysteme nun auf dem Weg zum Anwender? Ja und nein. Um in der Metapher zu bleiben: Feigenbaums große Visionen der Expertensysteme sind auf den Weg geschickt worden. Eine Vielzahl kleiner, durchaus nützlicher, aber in der KI-Sicht des spezialisierten General Problem Solver's werden eher unscheinbare Programme ankommen. Und viele sind auf diesem Treck liegen geblieben. Die Vorstellung einer einheitlichen Expertensystemtechnik verliert ihr Fundament. Neben den Migrationserscheinungen der Integration regelgestützter Software-Entwicklung scheinen sich spezifische Anwendungsbereiche herauszustellen, in denen Expertensystemtechnik in besonderem Maße einsetzbar ist. An vorderster Stelle stehen Programme, die aktive Hilfe auf dem Bildschirm anbieten, also Bildschirmaufbereitungen von Handbüchern, Manuals, Katalogen oder Lexika; dies ist eng mit dem neu aktivierten Forschungsgebiet »Hypertexte« verbunden. Hypertexte und Hilfesysteme lassen sich auch zu multimedialen Anwendungen erweitern, in denen Informations- und Kommunikationstechniken, insbesondere Bewegtbilder und Ton in die Computerprogramme integriert werden. Diese Entwicklung hängt in erheblichem Maß von der Entwicklung geeigneter Hardware und Software ab, die derzeit einen heftigen Schub erfährt. Freilich sind die Grundlagen und Anwendungen solcher Entwicklungen bisher nur andiskutiert. Einsätze von Hilfesystemen und Hypertextsystemen werden natürlich durch einen bereits vorhandenen Bildschirmarbeitsplatz begünstigt, so daß die eigentliche Stoßkraft dieser Entwicklung durch die explosionsartige Ausbreitung der PCs gewonnen wird.

Verwandt mit solchen Hilfesystemen sind tutorielle Systeme, sofern sie nicht Endstand der Entsorgung eines gescheiterten Expertensystemexperiments, sondern geplante, eigenständige Entwicklung sind [7].

In der KI-Forschung, die sich dem Themenkreis Expertensysteme widmet, laufen die Entwicklungen weg von den technisch eher schlichten Expertensystemen, die Feigenbaum zum Ausgangspunkt nahm. Programmierumgebungen, Wissensrepräsentation und Wissensakquisition sind eigenständige Forschungsbereiche, die in gewisser Wechselwirkung zur Weiterentwicklung der Expertensystemtechnik stehen. Die integrierende Idee einer umfassenden Expertensystemtechnik scheint einer differenzierteren Arbeit der Forscher zu weichen. So wird einige Arbeit zur Untersuchung »generischer Problemlösungsklassen« aufgewendet [15], als deren Ergebnis Programmiermethoden für diagnostische Programme, Klassifikationsprogramme, Planungsprogramme oder (expertensystemartiger) Simulationsprogramme herausgebildet werden, die bisher alle unter dem Dach der Expertensystemforschung standen. Feigenbaums Vorstoß zur Beschreibung der »Expertensysteme« als Kern der »Wissensverarbeitung« verliert damit seine ideologisch motivierte Wucht.

Die breitere Diskussion des Begriffs Wissens im Zusammenhang mit DV-Artefakten erweitert verblüffenderweise den Begriff der Wissensverarbeitung soweit, daß die von Feigenbaum einst beschriebenen Programme nun in eine umfassende Sicht integriert werden können, in der ihre Spezifität verschwindet [13]. Der Begriff der Wissensverarbeitung weist weit über die KI und die Expertensystemtechnik hinaus und fundiert ein tieferes Verständnis im Umgang mit dem neu entstehenden technischen Medium Computer. Die sehr enge Kombination von Wissensverarbeitung und Expertensystemtechnik wird somit rasch inhaltsleer und bedeutungslos.

Literatur

[1]   Becker-Töpfer, E., Rödiger, K.-H.: Expertensysteme und Mitbestimmung. 10/90 (1990)

[2]   Bonsiepen, L.: Datenbanken-Spezialist oder Psychoanalytiker? Erfahrungsaustausch von KI-Praktikern auf der GWAI '90. KI *4/90*, 38 (1990)

[3]   Bonsiepen, L., Coy, W.: Szenen einer Krise – Ist Knowledge Engineering eine Antwort auf die Dauerkrise des Software Engineering? KI *2/90*, 5-11 (1990)

[4]   Bullinger, H.-J., Kornwachs, K.: Expertensysteme – Anwendungen und Auswirkungen im Produktionsbetrieb. Gutachten im Auftrag der Enquête-Kommission des Deutschen Bundestages »Technikfolgenabschätzung und Bewertung«. München: Beck 1990

[5]   Clancey, W. J.: From GUIDON to NEOMYCIN and HERACLES in twenty short lessons. AI Magazine, *7/3* (1986)

[6]   Coy, W., Bonsiepen, L.: Erfahrung und Berechnung – Zur Kritik der Expertensystemtechnik. Informatik-Fachbericht 229. Berlin – Heidelberg – New York – Tokio: Springer 1989

[7]   Daniel, M.: Ansätze zur menschengerechten Gestaltung von Expertensystemanwendungen. KI *4/90*, 45 (1990)

[8]   Dreyfus, H.: Die Grenzen künstlicher Intelligenz. Königstein/Ts.: Athenäum 1985 (Originalausgabe: What Computers can't do. New York 1976)

[9]   Dreyfus, H., Dreyfus, S.: Künstliche Intelligenz – Von den Grenzen der Denkmaschine und dem Wert der Intuition. Reinbek bei Hamburg: Rowohlt 1987 (Originalausgabe: Mind over Machine. The Free Press 1986)

[10] Duda, R. O., Gaschnig, J. G.: Knowledge Based Expert Systems Come of Age. Byte, Sep. 81, 238-279 (1981)

[11] Eggeling, J.: GOTO–REPEAT UNTIL. Schwierigkeiten mit der Software. Kursbuch *75*, 75-87 (1984)

[12] Frederichs, G.: KI in Wissenschaft, Politik und Praxis. KI *4/90* (1990)

[13] Luft, A. L.: »Wissen« und »Information« bei einer Sichtweise der Informatik als Wissenstechnik. In: Coy, W., Nake, F., Pflüger, J.-M., Rolf, A., Seetzen, J., Siefkes, D., Stransfeld, R. (Hrsg.): Sichtweisen der Informatik, S. 49-70. Braunschweig – Wiesbaden: Vieweg 1992

[14] Lutz, B., Moldaschl, M.: Expertensysteme und industrielle Facharbeit. Frankfurt a.M. – New York: Campus 1989

[15] Puppe, F.: Problemlösungsmethoden in Expertensystemen. Studienreihe Informatik. Berlin – Heidelberg – New York: Springer 1990

[16] Schefe, P.: Expert Systems – Present State and Future trends: Impact on Employment and Skill Requirements (An assessment). Bericht des ILO/FRG Project on Expert Systems and Qualification Changes. Genf 1989

[17] Senker, P., Buckingsham, J., Townsend, J.: Expert Systems – Present State and Future trends: Impact on Employment and Skill Requirements (Three Case Studies). International Labour Office. Bericht des ILO/FRG Project on Expert Systems and Qualification Changes. Genf: ILO-Publication ES/3 1988

[18] Simon, H., Newell, A.: Heuristic Problem Solving: The Next Advance in Operations Research. Operations Research 6 (1958)

VERANTWORTUNG UND BEWUSSTER UMGANG MIT DER KÜNSTLICHEN INTELLIGENZ

CHRISTIANE FLOYD

Ich halte es für notwendig, einen Diskurs zu fördern, um die unterschiedlichen Fachperspektiven, die auch in diesem Band vertreten sind, miteinander ins Gespräch zu bringen. Vielleicht als einzige hier bin ich nicht in einer der einschlägigen Disziplinen ausgewiesen: Ich bin weder Künstliche Intelligenzlerin, noch Philosophin, noch Psychologin, sondern ich habe mich als Informatikerin mit all diesen Gebieten beschäftigt. Trotzdem will ich im folgenden versuchen, vor dem Hintergrund einer ganzheitlichen Sichtweise eine kurze Vorstellung des Forschungsgebietes mit meinem engeren Thema zu verbinden.

Dabei will ich eine Sprachebene etablieren, die uns gestattet, den Forschungsansatz der Künstlichen Intelligenz (KI) aus verschiedenen Blickwinkeln zu betrachten und seine gesellschaftliche Auswirkung zu reflektieren. Es geht mir vor allem um Dimensionen der Auseinandersetzung mit der KI im Hinblick auf eine verantwortbare Umsetzung dieser Technologie. Das bedeutet für mich die Frage: Wie finden wir Argumente für Entscheidungsprozesse über die Entwicklung und den Einsatz der technischen Systeme im gesellschaftlichen Kontext? Um konkret argumentieren zu können, werde ich mich in diesem Beitrag beispielhaft auf den Einsatz von Expertensystemen in der Medizin beziehen. Die Argumente sind aber in ihrem Kern auf andere Bereiche übertragbar.

Ich sehe einen großen Unterschied zwischen der Stellung der KI in der Welt der Forschung, wo Begeisterte für sich allein die Wissenschaft auf der Grundlage eines Ansatzes, an den sie glauben mögen oder nicht, vorantreiben, und der voraussehbaren Auswirkung dieses Ansatzes auf unsere Lebenswelt, in die wir die daraus entstehende Technologie zu integrieren haben. Was tun wir mit dieser Technologie? Wie binden wir sie ein in gesellschaftliche Prozesse? Welchen Platz geben wir ihr in unserem Zusammenleben? Ich glaube, daß wir aufgerufen sind, aus dieser Perspektive heraus zu argumentieren. Dabei wird es nicht darum gehen, ein für allemal Pauschalurteile zu fällen, sondern Gesichtspunkte für den verantwortungsvollen Umgang vorzubereiten, die man in der jeweiligen Situation vernünftig einbringen kann.

Bezüglich des grundlegenden Forschungsansatzes werde ich mich kurz fassen (siehe hierzu u.a. die Beiträge von Siekmann sowie Pfeifer & Rothenfluh in diesem

Band). Ein zentraler Punkt für mein Thema ist aber, daß die spezifische Gleichsetzung von Menschen und Maschinen den Forschungsansatz der KI wesentlich ausmacht.

Was ist hier gemeint mit der Gleichsetzung von Mensch und Maschine? Nach der
sogenannten harten KI-These bedeutet das die Annahme, daß die kognitiven
Fähigkeiten von Menschen auf der regelgeleiteten Verarbeitung von Symbolen
beruhen. Damit sind sie der Wirkungsweise von Computern prinzipiell gleichartig
und können daher am Computer simuliert werden. Über die Gültigkeit dieser
These zu diskutieren, ist deshalb schwierig, weil es darauf ankommt, auf welchen
Geltungsbereich man sie bezieht.

Wir müssen unterscheiden zwischen ihrer pauschalen Anwendung auf die
Gesamtheit des menschlichen Denkens – dann ist sie Glaubenssache und erscheint
vielen, mir jedenfalls, unglaubwürdig und fremd – und ihren partiellen Anwendungen auf jeweils spezifische funktionale Anteile der kognitiven Fähigkeiten des Menschen. Da wir heute mit einiger Selbstverständlichkeit solche Anteile menschlichen
Denkens auf den Computer zu übertragen gewohnt sind und auch die Überlegenheit der schnellen, zuverlässigen und nimmermüden Maschine im Vergleich zu uns
aus Erfahrung kennen, erscheint die so abgeschwächte KI-These vielen akzeptabel.
Allerdings bleibt auch hier die Frage offen, ob menschliches Denken sich tatsächlich regelgeleitet vollzieht, und wie die computermodellierbaren Anteile menschlichen Denkens in die Gesamtheit unseres Denkens und Empfindens eingewoben
sind.

Zweifellos liegt die harte KI-These der wissenschaftlichen Disziplin KI in ihrer
Gesamtheit zugrunde. Das unterscheidet diese Disziplin ihrem Anspruch nach von
anderen Teilgebieten der Informatik. Viele KI-Forscher verstehen sich auch nicht
als Informatiker, sondern sehen sich als Kognitionswissenschaftler und betrachten
die Informatik lediglich als Hilfswissenschaft. Es scheint mir aber, daß die reale KI-
Forschung in ihrer Substanz viel stärker auf jeweils partiellen Anwendungen dieser
These beruht, so daß man in gewisser Weise sagen könnte: So unglaubwürdig und
fremd mir die Arbeitshypothese der KI von der Gleichsetzung von Mensch und
Maschine auch ist, vielleicht ist es für eine Einschätzung der Substanz der KI-Forschung gar nicht so wichtig, ob man sie mitträgt oder nicht. Das ist ein offener
Punkt, ich meine, wir müßten den mit den Fachkollegen diskutieren.

Offen bleibt hier mehreres: Zum einen die Haltung der Forscher selbst. Die harte
KI-These wird nicht von allen Forschern mitgetragen. Es gibt in der wissenschaftlichen KI-Gemeinde die mehr und die weniger Gläubigen. Es ist auch ganz
uneinheitlich, wie der Glaube an die Wesensähnlichkeit zwischen Menschen und
Maschinen mit anderen Haltungen zusammenhängt. Unter den Gläubigen gibt es –
auch auf der Ebene führender Fachvertreter – Personen, die sich auf menschenver-
achtende Weise artikulieren. Und es gibt andere, die überzeugend humanistisch
und gesellschaftspolitisch engagiert sind. Das heißt, das Glauben oder Nicht-Glau-

ben dieser These ist nicht in einfacher Weise mit anderen Auffassungen über den Menschen und den wünschenswerten Einsatz der Technologie korreliert.

Im Raum steht allerdings, daß möglicherweise die Öffentlichkeit und die Geldgeber durch die KI-These und auf sie aufbauende Erwartungen über die Technologie beeinflußt werden, daß also die international enormen Förderungsmittel für die KI aufgrund von unklaren und fragwürdigen Versprechungen vergeben werden. Das ist ein diffiziler Punkt, an dem die fachimmanente Verantwortung der KI-Gemeinde gefordert ist, sich von irreführenden Versprechungen zu distanzieren. Tatsächlich hat die KI zu beachtlichen Ergebnissen geführt, und zwar sowohl auf ihrem engeren Forschungsgebiet als auch in Gebieten, die damit nur indirekt zusammenhängen, wie z.B. der Mensch-Rechner-Interaktion, den Programmierumgebungen, der Softwaretechnik (vgl. hierzu den Beitrag von Coy in diesem Band). Vorhaben wie dieses haben die wichtige Funktion, Klärungen herbeizuführen und die realen Leistungen der KI von irrealen Erwartungen abgrenzen zu helfen.

Wie die vorliegenden Fachvorträge klar zeigen, wird der Forschungsansatz der KI in zwei einander ergänzende Richtungen verfolgt. Das eine ist die Verwendung der Computer-Metapher für das menschliche Denken in den Kognitions-Wissenschaften, d.h. das Bemühen um computerimplementierte Modelle für ein vertieftes Verständnis des menschlichen Denkens (vgl. zu dieser Forschungsrichtung den Beitrag von Velichkovsky in diesem Band). Die andere Richtung ist die Entwicklung von sogenannten intelligenten Systemen. Hier wird KI zur Technologie.

Das Interessante ist dabei, was bei dem Versuch der Gleichsetzung von Menschen und Maschinen in diesen beiden Richtungen jeweils passiert. Im einen Fall geht es für die Wissenschaftler darum zu ringen, welche Anteile sie nun wirklich modellieren können, und wo der Ansatz scheitert. Da gibt es immer neue Gratwanderungen und Grenzziehungen und immer wieder das Ergebnis: So weit geht es, weiter geht es nicht mehr. Dann versucht man es vielleicht mit mächtigeren Maschinenmodellen, z.B. mit konnektionistischen, da kann man deutlich mehr modellieren, bis man an die nächste Grenze stößt, und so weiter. Das ist der eine Zweig, spannend, faszinierend, und in vielen Fällen führt er zu vertiefter Ehrfurcht vor den Fähigkeiten des Menschen.

Der andere Zweig ist potentiell mit einer ganz anderen Wirkung verbunden. Durch die Entwicklung von KI-Technologie ergibt sich die Möglichkeit, daß die *Gleichsetzung von Menschen und Maschinen* aus einem Forschungsansatz heraus *vergegenständlicht wird* und gesellschaftliche Realität gewinnt. Das ist eigentlich, was uns hier interessieren muß. Vermittelt über die Technologie wird die Arbeitshypothese in der Realität wirksam, und es treten sogenannte Expertensysteme oder wissensbasierte Systeme an die Stelle von menschlichen Experten in unserer Lebenswelt.

Deshalb möchte ich jetzt über Expertensysteme sprechen, aber nicht über die Technik selbst, sondern über die *Grundannahmen,* die bei der Entwicklung von

Expertensystemen gemacht werden, *vor deren Hintergrund der Einsatz erst stattfinden kann.* Das sind zum Teil erkenntnistheoretische, zum Teil psychologische und zum Teil soziologische Annahmen. Sie betreffen unser Menschenbild, unser Zusammenleben und unsere Verantwortung füreinander.

Die erste Annahme ist, daß Experten über Wissen verfügen, aus dem abgetrennte Wissensgebiete, sogenannte *Domänen,* gebildet werden können. Ein wissensbasiertes System bezieht sich immer auf eine festgelegte Domäne. Die Domäne kennt Objekte, Attribute, Fakten und Regeln zu ihrer Verknüpfung, und definiert dadurch einen in sich geschlossenen, auf diskrete Bedeutungsatome zurückführbaren Ausschnitt der begrifflichen Welt. Wir nehmen also an, daß ein Programmsystem unter ausschließlicher Bezugnahme auf eine sinnvoll abgegrenzte und am Computer modellierte Domäne menschlichen Experten ähnlich Schlüsse ziehen kann. Ich möchte betonen, daß diese Annahme nicht trivial ist, da niemand von uns weiß, ob tatsächlich unser Wissen auf diese Weise sinnvoll streng abgegrenzten Domänen zugeordnet werden kann, ob es nicht im Gegenteil immer in unser kontextübergreifendes Alltagswissen eingebunden ist.

Eine zweite, ebenfalls nicht triviale Annahme ist, daß *Experten* adäquat *als Problemlöser* in ihrem Bereich charakterisiert werden können. Ich möchte mich hier auf das Beispiel Medizin beziehen, um konkret zu werden. Hier würde es bedeuten, den Arzt als Problemlöser zu betrachten. Man muß sich das klar machen vor dem Hintergrund der gesellschaftlichen Rolle des Arztes, seiner Verantwortung für die Patienten, seiner Verantwortung vor der Gesellschaft. Bei der Betrachtung des Arztes als Problemlöser wird ein Aspekt medizinischer Tätigkeit abgetrennt und verabsolutiert, in dem der Arzt nicht mit dem Patienten direkt involviert ist, sondern abgewendet vom Patienten das mit dem Falle verbundene und als wohldefiniert angenommene »Problem« der Diagnose und Therapie »löst«. Dieser Aspekt wird für sich genommen und vergegenständlicht. Die Frage ist: Für welche Bereiche medizinischer Tätigkeit ist diese Sichtweise relevant? Wo bleiben die anderen grundlegenden Tätigkeiten des Arztes?

Eine dritte Annahme ist, daß Experten bei der Bearbeitung von Fällen nach *Regeln* vorgehen, und daß diese Regeln explizit gemacht werden können. Das ist eines der größten Probleme bei der Entwicklung von Expertensystemen. Man weiß inzwischen, daß führende Experten, wenn man versucht, sie nach den Regeln, die sie angeblich anwenden, zu fragen, enorme Schwierigkeiten haben, diese Regeln, sofern sie existieren, explizit zu machen. Das hängt mit dem sogenannten stillschweigenden Wissen (tacit knowledge) zusammen, mit der Verflechtung von Wissen und Können, mit Intuition und Erfahrung. Es stellt sich die Frage, ob solche Regeln überhaupt in der Situation zur Anwendung kommen oder nur vor bzw. nach der Situation zur Erklärung dienen.

Die nächste Annahme betrifft die anvisierten *Einsatzszenarios* für die resultierenden Systeme. Da gibt es zwei: Das eine ist das *Ersetzungsmodell,* d.h. es wird angenommen, wissensbasierte Systeme könnten in bestimmten Kontexten an die

Stelle des menschlichen Experten treten. Expertensysteme fällen dann eigenständig Entscheidungen und lösen Aktionen aus, für die kein Mensch zur Verantwortung gezogen werden kann. In welchen Fällen ist das gleichwertig oder wünschenswert? Das andere ist das *Unterstützungsmodell.* Hierbei wird angenommen, Expertensysteme können menschlichen Experten ergänzendes Wissen bereitstellen und ihre Entscheidungen absichern helfen. In welchen Fällen kann dies sinnvoll zum Tragen kommen? Worin besteht die Unterstützung? Wie spielen die computerimplementierten Entscheidungsketten mit dem menschlichen Denken in der jeweiligen Situation zusammen? Wer ist jetzt verantwortlich?

Ferner gibt es eine Reihe von Annahmen, die den Einsatz und die weitere Entwicklung von Expertensystemen betreffen. Anpassungen und Änderungen sind notwendig aufgrund der bearbeiteten Fälle und des Fortschrittes des bereichsspezifischen Wissens in der Zeit.

Zunächst gilt es, *Erfahrung und Lernen* zu berücksichtigen. Niemand wird leugnen, daß Menschen, insbesondere Experten, aus ihrer Tätigkeit Erfahrung sammeln und dauernd weiter lernen. Nun gibt es ein festgelegtes Konzept des maschinellen Lernens, das in dem Anreichern von Wissensbasis und Schlußregeln aufgrund der Bearbeitung von Fällen aus der Domäne besteht. Beim Einsatz von Expertensystemen ist eine weitere Annahme, daß dieses maschinelle Lernen in genügend adäquater Form menschliche Erfahrung ersetzen kann. D.h. es wird unterstellt, daß menschliche Erfahrung in irgendeiner Weise in diesem maschinellen, formalisierten Lernprozeß eine Entsprechung hat.

Ähnlich werden auch computer-implementierte Heuristiken, Assoziationen, die Gestaltbildung aus Attributlisten usw. und ein sogenanntes vages Wissen beim Einsatz mit entsprechenden menschlichen Fähigkeiten in Verbindung gebracht.

Das sind die Annahmen, die gemacht werden müssen, um Expertensysteme betriebs-, produktions- und einsatzreif zu machen. Ich möchte dazu sagen, daß ich jede dieser Annahmen hochgradig problematisch finde. Es gibt eine ganze Reihe von Argumenten, um einzelne der hier aufgeworfenen Punkte zu diskutieren.

Vorher will ich aber noch eine Frage in den Raum stellen: Was geschieht eigentlich mit den *menschlichen Experten?* Reduziert sich menschliche Kompetenz in einer mit Expertensystemen durchsetzten Lebenswelt in Zukunft auf zuverlässigen Umgang mit der Technik, oder kann es gelingen, die Kompetenz menschlicher Experten zu erhalten und zu fördern? Ich denke jetzt zum Beispiel wieder an Ärzte oder an andere Wissenschaftler.

Wenn wir einen *verantwortungsvollen Umgang mit Expertensystemen* gesellschaftlich stützen wollen, müssen wir uns mit dieser Art von Fragestellung auseinandersetzen und Gesichtspunkte für einen verantwortbaren KI-Einsatz herausarbeiten. Mit diesem Thema habe ich mich in einer allgemeinen Stellungnahme über Grenzen des verantwortbaren Computereinsatzes beschäftigt. Das ist die Grundlage, auf die ich mich im folgenden beziehe. Ich möchte die dort aufgezeigten

Gesichtspunkte hier auf KI-Systeme, insbesondere auf Expertensysteme, konkretisieren und im Einzelfall am Beispiel Medizin verdeutlichen.

Es handelt sich dabei nicht um kontextfrei feste Grenzen von der Art: Das darfst du, das darfst du nicht; das geht, das geht nicht. Aus zwei Gründen nicht: Erstens glaube ich, ist es nicht sinnvoll, solche Grenzen zu ziehen angesichts der sich wandelnden Welt und der sich wandelnden Technologie, und zweitens bin ich auch nicht zuständig dafür. Es geht mir vielmehr darum, Gesichtspunkte herauszuarbeiten, die man in der jeweiligen Situation in Entscheidungsprozesse einbinden kann. Diese Gesichtspunkte möchte ich in derselben Weise auffächern, wie ich das in meinem anderen Papier getan habe: in fachliche, in zwischenmenschlich-situative und in moralisch-politische Gesichtspunkte.

Das erste sind die *fachlichen Aspekte der Verantwortbarkeit*. Da haben wir zuerst das bereits erwähnte *Domänenproblem*. Wir müssen Wissensbereiche abgrenzen können, aus denen diskretisierbares und formalisierbares Wissen, das sozusagen in sich geschlossen ist oder zumindest nur über explizite Regeln mit anderen Wissensbereichen zusammenhängt, zur Bildung einer Domäne gewonnen werden kann. Das ist nicht einfach und gibt einen deutlichen Hinweis darauf, für welche Bereiche Expertensysteme sinnvoll einsetzbar sind und für welche nicht.

In der medizinischen Literatur gibt es z.B. ganz unterschiedliche Einsatzvorschläge. Recht überzeugend sind sie dort, wo Bereiche der Medizin ohnehin schon formalisiert und deutlich abgegrenzt sind, wenn es zum Beispiel um Seiteneffekte einer festen Menge von Medikamenten geht, die diffizil zu durchschauen sind, eine große Komplexität aufweisen, und wo es für den Arzt schwierig ist, den Überblick zu behalten. Bei dieser Art von Domäne kann man sich vorstellen, daß ein Expertensystem greift. Sehr viel weniger überzeugend finde ich dagegen Versuche, durch formale Modelle ein Phänomen wie Schmerz zu charakterisieren, etwa durch Attribute wie Lokalisierung und Art des Schmerzes. Das scheint mir nicht angebracht, weil gerade bei Schmerz eine diskrete Modellierung zwar denkbar ist, aber wenig adäquat. Sie wird entweder trivial oder außerordentlich kompliziert. Dazu kommt noch das Problem der diskreten Werte für die Attribute, die aus den individuell unterschiedlichen Beschreibungen der Patienten einheitlich abgeleitet werden müßten. Es gibt also diese Unterschiede von der Domäne her.

Das zweite Problem : Wenn wir einem Expertensystem im Einsatz eine Funktion zuordnen, dann *beschränken wir uns genau auf die im Computer implementierte Domäne* und die mitprogrammierten Erweiterungs- und Anreicherungsmöglichkeiten. Da sehe ich einen tiefgreifenden Unterschied zu menschlichen Experten, die in einer offenen Situation erkennen, wenn ihr Domänenwissen versagt, es zu ergänzen suchen, und immer auf ihr Hintergrundwissen zurückgreifen, auf dessen Grundlage sie plausible und kontextbezogene Einschätzungen treffen können. Bei Expertensystemen ist das anders: Entweder sie »wissen« Bescheid im Sinne der vorgesehenen Wissensbasis oder aber sie verhalten sich willkürlich, so daß ihr Verhalten nicht mehr sinnvoll in menschliche Bedeutungszusammenhänge eingeordnet werden kann.

Ein weiterer fachlicher Aspekt, der große Probleme schafft, ist, daß natürlich in Expertensystemen genau wie in anderen Systemen *Fehler* einprogrammiert werden. Wir machen alle Fehler. Das gilt für alle Programmierer der Welt, insbesondere auch für diejenigen, die Wissensbasen aufstellen. Das gilt für den Experten, der sich irrt bei der Angabe einer Regel, und für den Wissensingenieur, der sich irrt bei der Modellierung einer Regel oder aber für die Interaktion zwischen beiden, bei der jeder subjektiv richtig handelt, aber die Wechselwirkung zwischen beiden fehlerhaft ist. Dazu kommen die ganz normalen Programmfehler, die in jedem großen Softwaresystem zu erwarten sind. Was geschieht nun mit einer fehlerhaften Wissensbasis im Einsatz, wer stellt überhaupt fest, daß sie fehlerhaft ist und wie? Kann man einem fehlerhaften Expertensystem, das sich unter Umständen willkürlich verhält, eine aktive Rolle beim Treffen von Entscheidungen im Einsatz zubilligen?

Dies hängt zusammen mit dem *Problem der Durchschaubarkeit* und Beherrschbarkeit von Expertensystemen. Ich bin nicht sicher, ob und wie die Undurchschaubarkeit von Expertensystemen vermeidbar ist, jedoch wird man mit großem Aufwand dafür Sorge tragen müssen, daß ihre Wirkungsweise beim Einsatz tatsächlich durchschaubar bleibt. Hier muß man noch unterscheiden zwischen der zunächst entwickelten Erstversion eines Expertensystems mit der ursprünglich modellierten Wissensbasis, die der Wissensingenieur in Rücksprache mit dem Experten aufgenommen hat und daher kennt, und der daraus weiterentwickelten Wissensbasis durch Anpassung, Anreicherung und das sogenannte maschinelle Lernen. Die Frage ist: Wer beherrscht sie noch, wer durchschaut sie noch?

Das bringt mich zu dem allgemeinen Problem: Wie vollzieht sich die *Weiterentwicklung von Expertensystemen im Einsatz?* Wie bleibt sie stimmig mit der Umwelt? Ist die Einordnung in die menschlichen sinntragenden Prozesse gefährdet? Geht sie vielleicht verloren? Man wird Verfahren suchen müssen, um die eigenständige Weiterentwicklung des Systems mit den Gegebenheiten seiner Umwelt zusammenzuhalten. Was geschieht zum Beispiel, wenn als Folge einer fehlerhaften Dateneingabe im Programmbetrieb eine fehlerhafte Schlußregel für die Bearbeitung weiterer Fälle abgeleitet wird? Wie schlägt sie sich nieder, wie wird sie vom System weiterverarbeitet? Wie kann sie wieder rückgängig gemacht werden?

Es gibt somit eine ganze Reihe von Punkten, die aus fachimmanenten Gründen beachtet werden müssen. Wie gesagt, sprechen sie nicht pauschal für oder gegen die Technologie, sie werfen aber wichtige Gesichtspunkte für die Gestaltung, die Einführung und den Betrieb auf.

Als nächstes komme ich auf *zwischenmenschlich-situative Aspekte* des Einsatzes von Expertensystemen zu sprechen. Ich möchte diese wiederum am Beispiel Medizin verdeutlichen, man kann sie in abgewandelter Weise auf andere Bereiche übertragen.

Die hier zu behandelnden Aspekte hängen unmittelbar mit dem Menschenbild der KI zusammen. Fachvertreter, die die harte KI-These tragen, argumentieren häufig, daß, auch wenn unser Denken computerähnlich abläuft, unser menschliches Empfinden durchaus nicht in Frage gestellt sei. Zu dieser Auffassung will ich nicht Stellung nehmen.

Mir geht es vielmehr um die Auswirkungen dieses Menschenbildes beim Einsatz der Technologie in unserer Lebenswelt. Mir geht es um den Arzt als Problemlöser, um die Krankenschwester als Datenerfasserin, um den Patienten als im System vergegenständlicht abgebildetes Maschinenmodell. Das führt zu veränderten, reduzierten gesellschaftlichen Rollen, die die Interaktionsmöglichkeiten zwischen den betroffenen Personen in unerwünschter Weise einschränken können. Reduktionen dieser Art ergeben sich bei achtlosem Umgang mit dieser Technik und werden durch sie in den Raum gestellt. Ich sage nicht, daß sie erzwungen werden, jedoch liegt es an uns, rechtzeitig vorhandene Gestaltungsspielräume zu nutzen. Genuin menschliche Zuwendung wird zum Beispiel nicht von selbst beachtet.

Um zu verdeutlichen, daß diese Gefahren nicht aus der Luft gegriffen sind, möchte ich ein wohlbekanntes Beispiel aus der Fachliteratur zitieren. Es betrifft im übrigen nicht Expertensysteme sondern Roboter, die aber ebenfalls der KI-Technologie zuzurechnen sind. Dabei handelt es sich um den sogenannten geriatrischen Roboter, der nach den Vorstellungen von Feigenbaum und McCorduck in der Altenpflege eingesetzt werden und somit (im Gegensatz zur Waffentechnik) einen humanitären Beitrag zur KI liefern würde. Dabei würde ein Roboter den Menschen bei der routinemäßigen Betreuung von alten Menschen ersetzen. Er würde sowohl erforderliche Dienstleistungen erbringen als auch als Ersatz-Zuhörer für immer wiederkehrende Erzählungen fungieren. Die Autoren rühmen die in ihren Augen damit verbundenen Vorteile der nimmermüden Geduld des Roboter-Pflegers und des Wegfalls der Gefahr von Erbschleicherei. Bei der Würdigung dieses Beispiels ist es wichtig, sich klar zu machen, daß das Buch »The Fifth Generation«, in dem dieses beschrieben ist, eine Schlüsselstellung bei der internationalen Vergabe von enormen Geldmitteln gespielt hat, durch die die KI weltweit gefördert wurde. Daraus muß ich schließen, daß es genügend viele öffentliche Entscheidungsträger gibt, denen entweder die Auswirkung der KI-Technologie auf unser Zusammenleben gleichgültig ist, oder die die Zuwendung zwischen Menschen so gering achten, daß sie meinen, in gesellschaftlich wesentlichen Belangen – wie z.B. in der Altenpflege – wäre ein Computer einem Menschen gegenüber sogar vorzuziehen. Darüber müssen wir uns Gedanken machen; ich will mich diesen Entscheidungsträgern nicht anvertrauen.

Auch wenn man nicht so extreme Auffassungen vertritt und den geriatrischen Roboter wieder aus dem Spiel läßt, kann es trotzdem sein, daß der Computer sich zwischen Menschen schiebt. Ich kann mir zum Beispiel ohne Schwierigkeiten eine Arztpraxis mit einer computergestützten Diagnosehilfe vorstellen. Ich würde dort hinkommen, mich schlecht fühlen, der Arzt würde mich untersuchen, sich umdrehen (oder auch nicht), am Terminal etwas eingeben, sich auf die korrekte Eingabe konzentrieren und auf die Ausgabe des Computers warten. Das würde die Behandlungssituation in für mich unerwünschter Weise verfremden.

Natürlich schiebt sich bereits jetzt die Technik zwischen Menschen in mancherlei Weisen, und zwar sowohl zwischen Patient und Arzt als auch zwischen Patient und Krankenschwester in allen medizinischen Situationen von der Arztpraxis über das Labor bis zur Intensivstation. Jedoch würde der Einsatz von Expertensystemen diesen Trend in spezifischer Weise verstärken. Wollen wir das oder finden wir Gestaltungsmöglichkeiten für die Technik so, daß das vermieden wird? Können wir das Zusammenspiel zwischen der Computerbedienung, der Aufmerksamkeit, die wir dem Computer widmen müssen, und anderen Tätigkeiten wie in den menschlichen Beziehungen, in die wir eingebunden sind, in verantwortbarer Weise gestalten? Es wird an uns liegen, menschengerechte Einsatzszenarios einzufordern.

Letztlich möchte ich noch die weitergehenden *moralisch-politischen Aspekte* behandeln und wieder am Beispiel der Medizin konkret machen. Eine Grundfrage ist: *Bleibt die menschliche Verantwortung erhalten?* Können wir die Technik und ihren Einsatz so gestalten, daß die menschliche Verantwortung überhaupt greifen kann? Hier gilt es, zwei Aspekte zu beachten.

Wer trägt die Verantwortung für die Wissensbasis? Wer an welcher Stelle und warum? Trägt sie der Wissensingenieur, trägt sie der Experte? Was geschieht, wenn im Einsatz die Wissensbasis aufgrund von maschinellem Lernen angereichert wird, was geschieht, wenn sie sich aufgrund eines Eingabefehlers verfälscht? Wer hat überhaupt noch die Möglichkeit, Verantwortung zu tragen?

Und: Wie verhält sich der Einsatz des Expertensystems zur Verantwortung des behandelnden Arztes? Die soll ja unbedingt erhalten bleiben. Was, wenn das System ihm den Rat gibt zu einer Therapie, die sich als falsch erweist? Hat der Arzt noch den Freiraum, anders zu handeln als der Computer empfiehlt? Wird der Arzt zur Verantwortung gezogen, wenn seine Diagnose dann falsch war? Wird er sich in allen Fällen dem System unterwerfen? Wird sich ein computerimplementiertes Modellmonopol etablieren? Gibt es die Möglichkeit, das zu vermeiden?

Es wird nicht genügen, juristische Billiglösungen zu konzipieren, die sich an anderen Produktionszweigen oder am Einsatz anderer Geräte in der Medizin orientieren, sondern wir werden neue, adäquate Denkmuster als Grundlage für die Gesetzgebung bezüglich des KI-Einsatzes finden müssen.

Eine andere Grundfrage ist: *Bleiben die Rechte der Betroffenen gewahrt?* Ich habe bei meiner Vorbereitung für diesen Abschnitt das Arbeitsmotto »Big brother is nursing you« verwendet. Ich sehe durchaus die Gefahr, daß bei zunehmender Computerisierung die Privatsphäre gefährdet ist. Allerdings ist dies nicht primär ein spezifisches Problem von Expertensystemen, sondern vor allem mit der Übertragung von Daten und der zunehmenden Vernetzung verbunden. Expertensysteme schaffen insofern eine zusätzliche Qualität, als sie aufgrund von computergespei-

cherten Daten eigenständig computerimplementierte Entscheidungen treffen können. Im Bereich der Medizin sind medizinische Daten durch die ärztliche Schwei-
gepflicht und die darauf aufbauende Gesetzgebung geschützt. Was geschieht aber,
wenn unsere Daten, unsere medizinischen Fallgeschichten computergespeichert
und weitergegeben werden? Bleibt bei weitgehend computergestützter Medizin die
Geheimhaltung gewahrt? Wie können wir Mißbrauch verhindern?

Eine weitere Grundfrage ist: *Was geschieht mit der Kompetenz menschlicher
Experten?* Wird sie gefördert? Wird sie behindert? Verbessert sich insgesamt die
Qualität? Kurzfristig? Langfristig? Man muß hier sorgfältig abwägen. Es gibt natürlich
den legitimen Wunsch, Spezialwissen allgemein verfügbar zu machen. Ferner stehen wir alle vor dem Problem der Wissensexplosion in unseren Arbeitsbereichen.
Verbreitet ist auch der Anspruch, man könne über Expertensysteme die Praxis der
weniger guten Experten absichern.

Das halte ich für fragwürdig, weil diese weniger guten Experten dann noch eine
zusätzliche Kompetenz erwerben müssen, nämlich die des intelligenten Umgangs
mit dem Expertensystem. Das schafft neue Aus- und Weiterbildungsanforderungen
und eine weitere Wissensexplosion, noch dazu in einem fachfremden Bereich. Das
führt mich zu der Einschätzung, daß die ohnehin guten Experten aus dem Einsatz
eines verantwortbaren KI-Systems Gewinn ziehen können, während das Gefälle zu
schwächeren Experten unter Umständen noch größer wird. Auf jeden Fall ergibt
sich für alle Experten, die mit Expertensystemen umgehen, das Problem, wie sie
ihre eigene Kompetenz erhalten, wie sie z.B. ihre eigenen Diagnosefähigkeiten
weiterhin schulen und entfalten können.

Und zuletzt noch: *Welches Weltverständnis wird durch die KI verstärkt* und vergegenständlicht? Im wesentlichen ein rein rationalistisches mit seinen Vorteilen,
aber auch mit seinen einschneidenden Grenzen. Widersprüche, Kontextgebunden-
heit und unterschiedliche Perspektiven werden unterdrückt, körperbezogene,
emotionale, zwischenmenschliche und ökologische Aspekte entfallen, Wertvorstellungen und ganzheitliche Sichtweisen sind nicht erfaßbar – es sei denn, sie würden
als Faktenlisten oder als Regeln modelliert. Aber eben dadurch sind sie nicht faß-
bar, sie entgleiten uns und gehen erst recht wieder verloren.

Das sind alles mögliche Konsequenzen der KI, mit denen wir uns auseinandersetzen müssen. Und wofür würde ich nun plädieren?

Ich würde zunächst für eine *kleine KI-Technologie* plädieren, die werkzeugartig
verwendet werden kann. Dabei stellt sich die Frage, ob das realistisch ist, denn
eine werkzeugartige Gestaltung von KI-Systemen ist ein ungeheures technisches
Problem. »Klein« bezieht sich hier nicht auf den Umfang des Programmsystems,
sondern bedeutet überschaubar, handhabbar, beherrschbar im Gebrauch. Gerade
ein so gestaltetes KI-System ist außerordentlich anspruchsvoll zu programmieren.
Es muß nicht nur eine umfangreiche Wissensbasis, eine sehr komplizierte Inferenzmaschine usw. enthalten, sondern auch eine besonders reichhaltige Benut-

zungsschnittstelle, die einen autonomen und flexiblen Umgang mit dem System und weitreichende Eingriffsmöglichkeiten bietet.

Ferner meine ich, wir müssen die Diskussion um den gesellschaftlichen Einsatz der KI-Systeme auf der Forderung nach einer *zuverlässigen Technik* basieren und können dabei den gesamten Anspruch der KI, eine Zauberformel zu bieten, mit der man Menschen durch Maschinen nachbilden kann, beiseite lassen. Für den Einsatz ist vielmehr relevant, ob die KI eine zuverlässige Technologie liefern kann, die bei der wünschenswerten Gestaltung unserer Gesellschaft einen nützlichen Beitrag leistet.

Dazu brauchen wir *einlösbare Gestaltungsmetaphern,* die sich an menschlichen Wertvorstellungen und an technischer Machbarkeit orientieren. Ich möchte jetzt als Beispiele zwei extreme Gestaltungsmetaphern für Expertensysteme in der Medizin aufzeigen, die ich für schlecht halte, weil sie irreführende Erwartungen mit sich bringen. Ich kenne beide aus der Literatur, allerdings werden sie dort nicht explizit gemacht, sondern verbergen sich implizit in Ansprüchen oder konkreten Systemeigenschaften

Die eine suggeriert den Computer als autoritativen Kollegen. Am Ende einer computerimplementierten Schlußkette kommt etwa eine Meldung am Bildschirm: „I advise you to ...“ Hier wird eine anthropomorphe Gestaltung von Expertensystemen implementiert. Ich, der Computer »advise«, gebe Ihnen den Rat, das und das zu machen. Der *autoritative Kollege* liefert eine irreführende Gestaltungsmetapher, die ich nicht mittragen kann. Sie trägt dazu bei, den benutzenden Arzt gegenüber dem Expertensystem zu entmündigen. Sie legt ihm ein unkritisches Vertrauen in die Überlegenheit der computerimplementierten Entscheidungen nahe und gefährdet damit seine Fähigkeit, eigenständig Verantwortung zu übernehmen.

Die andere ist verbunden mit der Behauptung, Ärzte würden in Zukunft den Computer ebenso selbstverständlich benützen wie das Stethoskop. Hier werden Expertensysteme in unzulässiger Weise verniedlicht. Das *Stethoskop* liefert eine irreführende Gestaltungsmetapher, weil es unter Bezugnahme auf Vertrautes fälschlich eine nicht einlösbare Vorstellung über den möglichen Umgang mit Expertensystemen hervorruft. Das Stethoskop ist nämlich eine Technologie, deren Platz zwischen dem Arzt und dem Patienten ist. Sie unterstützt den Arzt bei der unmittelbaren Wahrnehmung des Patienten. Genau dieses unterstützt der Computer aber niemals. Er schiebt sich als Fremdkörper zwischen Arzt und Patienten, entfaltet seine eigene Widerständigkeit und zieht die Aufmerksamkeit des Arztes vom Patienten ab.

Eine viel tauglichere Metapher, auf die wir uns nach meiner Auffassung in vielen Bereichen gut einlassen können, ist das *intelligente Handbuch.* Hier hat das Expertensystem keine eigenständig entscheidungstragende Funktion, kann gut im Hintergrund der Arzt-Patienten-Interaktion eingesetzt werden und läßt dem Arzt den Freiraum, um Verantwortung über seine Entscheidungen übernehmen zu können. Wie gestalten wir also Expertensysteme so, daß sie dem Arzt als intelligentes

Handbuch dienen? Wie gewährleisten wir, daß der Arzt die Rolle eines nachschlagenden, kompetenten Benutzers wahrnehmen kann? Damit meine ich nicht nur die Forderung nach transparenten Erklärungskomponenten in Expertensystemen, um die Schlüsse des Systems nachvollziehen zu können. Vielmehr müßte es dem Benutzer möglich sein, eigenständige Schlüsse mit dem System durchzuspielen und alternative Annahmen in das System einzubringen. Das ist technisch machbar, aber sehr anspruchsvoll.

In streng eingegrenzten Bereichen könnte ich mir auch andere Szenarios vorstellen, bei denen der Computer eine aktivere Rolle übernimmt, und z.B. teil- oder vollautomatisch aufgrund von im Labor ermittelten Meßwerten Dosierungen für die Vergabe von Medikamenten bestimmt. Die Gestaltung des Einsatzes müßte aber in jedem Falle so sein, daß kein Entfall von menschlicher Zuwendung in Kauf genommen wird und die von Menschen getragene Verantwortung erhalten bleibt.

Im Gegenteil, es müßte mehr Freiraum für menschliche Zuwendung herauskommen. Das erscheint mir als ein wünschenswertes Ziel, nur, davon sind wir sehr weit weg. Wir müssen für Einführungsprozesse sorgen, die nicht Kompetenz gefährden, sondern Kompetenz fördern, Kompetenz bei allen Beteiligten, bei den Ärzten, bei den Krankenschwestern, auch bei den Patienten, damit ihre Interaktion nicht verfremdet wird, sondern menschlich reichhaltige, technikgestützte Prozesse entstehen.

Unabhängig davon, ob in der Forschung die Gleichsetzung von Menschen mit Maschinen in eingegrenzten Bereichen als Arbeitshypothese brauchbar ist oder nicht, plädiere ich für einen menschenzentrierten Ansatz beim Einsatz der daraus entstehenden Technologie, der sich an der Autonomie der Persönlichkeit und an der Förderung menschlicher Gemeinschaft orientiert.

WER TRÄGT DIE VERANTWORTUNG: LAIEN, EXPERTEN ODER EXPERTENSYSTEME?

EKKEHARD MARTENS

1. Das Expertensystem SOPHIA

Als Laien lassen wir uns häufig, mehr oder weniger freiwillig, die Entscheidung und Verantwortung für unser Handeln von Experten abnehmen. Delegieren gegenwärtig beide, Laien wie Experten, ihrerseits ihre Verantwortung an Expertensysteme? Nehmen diese damit die Stelle ein, die früher das Delphische Orakel, die göttliche Vernunft oder die Partei als oberste Entscheidungsinstanz innehatten? Hat dann nicht mehr das Orakel, Gott, das Zentralkomitee oder ein sonstiges Über-Ich, sondern der Computer schuld? Dies jedenfalls ist beispielsweise in einem von Michael Landmann 1976 fingierten Mensch-Computer-Dialog der Fall:

»Der Mensch: Mein Name ist Hoffnung. (...) Man hat mich zu dir geschickt, weil du die irrtumsfreie und inappellable Entscheidungsinstanz unseres Zeitalters bist. Ich möchte gern Assyriologe werden, und ich möchte gern Lulu heiraten. Mein Fall scheint mir komplikationslos zu sein. Ich nehme an, dass du nach kurzer Prüfung ohne weiteres zustimmen wirst.

Der Computer: Mein Name ist Sinosalus, Modell 220. Dein psychologischer Eignungstest hat ergeben, daß du zum Assyriologen nicht genügend optisches Unterscheidungsvermögen mitbringst, außerdem ist der Bedarf an Assyriologen auf lange Zeit hinaus gedeckt. Dagegen zeigt dein Eignungstest, daß du dich hervorragend unterirdischen Bedingungen anzupassen verstehst. Werde also Bergbauingenieur, und dies um so mehr, als an Bergbauingenieuren Mangel herrscht. Weiterhin fügen sich weder deine Charaktereigenschaften noch deine Erbmasse, wenn man sie mit denen von Lulu zusammenhält, zu einem harmonischen Bild. Ein außerordentlich harmonisches Bild dagegen stellt sich her in der Kombination mit denen von Lolo. Heirate also Lolo.

Der junge Mann schreit auf: Aber seit meinem 15. Lebensjahr interessiert mich nichts so sehr wie Assyriologie. Sie ist meine höchste Leidenschaft. Erst wenn ich über einem Keilschrifttext sitze, erwacht mein wahres Selbst. Desgleichen war meine Begegnung mit Lulu wechselseitige Liebe noch vor dem ersten Blick. Mit keiner anderen Frau kann ich je glücklich werden.

Darauf der Computer, kalt und unbewegt: Was weißt du von deinem Glück!? In meinen Röhren ist Erfahrungsmaterial aus Jahrhunderten gesammelt. Aus ihm geht hervor, daß du, wenn wir dir deinen Willen ließen, dich selbst und andere nur unglücklich machen würdest. (...)

Der Mensch: Nur in dieser Tätigkeit (als Assyriologe, E.M.) verwirkliche ich mich selbst, nur in ihr finde ich Befriedigung. Gewähr mir meine Bitte, weil ich ich bin und weil mein instinktives Gefühl lauter und stark und untrüglich ist. Gewähre mir Assyriologie und Lulu!

Der Computer: Nein. Fort zu Bergbau und Lolo!‹[1]

Der Computer SINOSALUS verheißt dem jungen Mann, seinem Namen entsprechend, ›das Heil aus der Sinusfunktion‹. Für SINOSALUS soll im folgenden das Expertensystem SOPHIA stehen, ›die Weisheit‹. Kann und soll ein derartiges Expertensystem wirklich die Verantwortung für unser Glück tragen? Auf diese Frage zum fingierten Mensch-Computer-Dialog sind drei Reaktionen vorstellbar: Spontan wird man zunächst SOPHIA als bloße Science fiction abtun. Danach wird man vermutlich auf die ganz normalen Expertensysteme hinweisen, die uns Entscheidungen nicht abnehmen, sondern lediglich erleichtern sollen. Und drittens könnte man sich auch auf die Provokation einlassen, daß SOPHIA nicht nur Science fiction oder ein normales technisches Hilfsmittel ist, sondern unser normales Selbst- und Weltverständnis infragestellt. Inwiefern ist der (›harte‹) KI-Anspruch vielleicht doch berechtigt, daß sich menschliches Denken und Handeln vollständig algorithmisieren läßt?

2. ›Nichts als Science Fiction!‹

Zunächst also zur *ersten* Reaktion: ›Nichts als Science fiction!‹ Im Unterschied zu den überzogenen Hoffnungen oder Befürchtungen zu Beginn der KI-Entwicklung glaubt heute ernstlich kein Experte und nur ein uninformierter Laie daran, daß Expertensysteme Experten ersetzen könnten. Weder SOPHIA noch HUGO, das neueste gentechnologische Großprojekt ›Human Genome Organization‹ [2], können menschliches Denken und Handeln vollständig repräsentieren. Die Schreckensvisionen von Huxleys ›Schöner Neuer Welt‹ sind zwar möglicherweise in einigen Glücks-Diktaturen zum Teil realisiert worden – auch mit Hilfe der Genetik und Informatik. So stellen etwa Nadel und Wiener angesichts der Erfahrungen mit lateinamerikanischen Diktaturen die anklagende Frage: »Would you sell a computer

---

[1] Landmann, M.: Anklage gegen die Vernunft, S. 50 ff. Stuttgart 1976

[2] Siehe Albrecht, J., Menzel, P.: Das Watson-Projekt. In: ZEIT-magazin *13* (1991)

to Hitler?« [3] Für die Glücks-Diktatur tragen aber weder Computerprogramme noch genetische Programme die Verantwortung, sondern diejenigen, die sich die Ergebnisse der Informatik oder Genetik mit derartigen Programmen zunutzemachen.

Ein Expertensystem kann also keine Verantwortung für unsere Entscheidungen tragen, schon gar nicht für unser Glück. Darüber hinaus soll es dies auch nicht tun. Ein Expertensystem SOPHIA als oberste Entscheidungsinstanz widerspräche nämlich unserer Vorstellung von uns selbst als mündigem und selbstverantwortlichem Wesen, der Basis unserer gesamten Rechtssprechung. Unsere Sympathie gehört vermutlich eher dem jungen Mann als SOPHIA. Insgeheim aber oder auch ganz offen befürchten wir nicht nur SOPHIA, sondern erhoffen es sogar. Ein Expertensystem, das uns endlich die Unsicherheit und Last der Entscheidung in wichtigen Lebensfragen abnehmen könnte, widerspräche zwar unserem offiziellen Selbstbild, entspräche aber zugleich auch unserem inoffiziellen Selbst in seiner Ängstlichkeit und Bequemlichkeit. Bei komplexen, unsicheren und unangenehmen Entscheidungen könnten wir SOPHIA manchmal ganz gut gebrauchen. Schließlich weiß jeder:

»Es ist so bequem, unmündig zu sein«; außerdem ist es »sehr gefährlich, mündig zu sein.« Mit dieser Einsicht hat Kant in seiner kleinen Schrift über ›Aufklärung‹ (A 482) das Erfolgsgeheimnis jeder Expertokratie oder Diktatur gelüftet.

3. Ganz normale Expertensysteme als Entscheidungshilfe

Allerdings darf man, so die *zweite* Reaktion auf SOPHIA, den ganz normalen Expertensystemen eben keine Allmachtsattribute wie SOPHIA zuschreiben. Derartige Zuschreibungen sind nichts als unsere projektiven Ängste oder Hoffnungen, bei aller unleugbaren gesellschaftlichen Wirksamkeit derartiger Mystifizierungen und Ideologiebildungen. Die Hersteller von Expertensystemen selber jedenfalls erheben längst schon viel bescheidenere Ansprüche, beispielsweise in einer IBM-Broschüre: »Expertensysteme können und sollen den Menschen (...) nicht ersetzen. Ihre Aufgabe besteht vielmehr darin, das Lösen von Problemen zu automatisieren, Standardfragen zu beantworten, die Experten von Routineaufgaben zu befreien, damit sie sich verstärkt wichtigen und diffizilen Themen zuwenden können.« [4]

Auch diese Behauptung mag Teil einer Gegenideologie sein. Auf jeden Fall aber kann und sollte eine bescheidenere Version von SOPHIA nur Entscheidungsstütze (›interaktives Entscheidungsunterstützungssystem‹) sein, nicht aber, wie im fingier-

---

[3] Nadel, L., Wiener, H.: Would you sell a computer to Hitler? In: Computer Decisions *28*, 22-26 (1977)

[4] Laier, A.: Intelligente Software - Technologie der Zukunft. In: IBM Nachrichten *40*, Special II, 55 (1990)

ten Mensch-Computer-Dialog, ›irrtumsfreie und inappellable Entscheidungsinstanz‹. Schon gar nicht sollen sie über unser Glück befinden. An die Stelle einer allmächtigen SOPHIA sind etwa LEX (Legal Expert System), NAUDA (Natürlichsprachlicher Zugang zu Umweltdaten) und WANDA (Wissensbasierte Meßdateninterpretation in der Umweltanalytik)[5] getreten, oder wie die vielen anderen mehr oder weniger hilfreichen Geister sonst noch heißen mögen. Derartige Expertensysteme könnten die Laien sogar unter hinreichenden Zugangsbedingungen gegen die Übermacht einer Expertokratie unterstützen und die Möglichkeit zur Teilnahme an demokratischer Verantwortung steigern.

Nicht der Computer oder das Expertensystem hat also schuld an Fehlern und Fehlentscheidungen, sondern die Laien als Auftraggeber und Benutzer oder die Experten als Hersteller, Programmierer oder Verkäufer. Über Schuld- und Haftungsfragen bei Computer-Fehlern und Computer-Mißbrauch, aber auch bei ihrem Nichtgebrauch als unterlassene Hilfeleistung, streiten sich die Juristen und Politiker nicht anders als bei jeder anderen verantwortbaren Techniknutzung.[6]

Allerdings setzen die Fragen nach der Verantwortung und Haftung bei der bloß nachträglichen Nutzung des scheinbar neutralen technischen Mittels zu spät an. Vielmehr fallen bereits vorher, bei der Technikgestaltung oder beim ComputerDesign Entscheidungen, die verantwortet werden müssen. Das scheinbar neutrale technische Mittel ist notwendigerweise immer schon nach bestimmten Präferenzen oder Wertungen gestaltet, etwa in der Auswahl und Anordnung des Fakten- und Regelwissens, der Erklärungskomponenten oder Interaktionseigenschaften. Hier liegt die Verantwortung der Laien darin, daß sie ihre spezifischen Interessen an der Gestaltung von Expertensystemen deutlich genug artikulieren, und seitens der Experten als Hersteller, Programmierer und Verkäufer liegt die Verantwortung darin, daß sie auf diese Interessen an der Mensch-Maschine-Schnittstelle eingehen und auch über die Grenzen der jeweiligen Expertensysteme aufklären. Seit der viel diskutierten Software-Krise versucht fast jeder Hersteller, diese Verantwortung wahrzunehmen.

Neben der Nutzung und Gestaltung von Expertensystemen werfen ferner die sogenannten ›autonomen‹ und vernetzten Expertensysteme besondere Verantwortungsprobleme auf, etwa im militärischen Bereich [7]. Bei ihnen ist das Subjekt als Risikofaktor weitgehend ausgeschaltet [8] oder im Netz der kausalen Handlungszu-

---

[5] Vgl. Laier, A., S. 54 f.

[6] Vgl. Hohmann, H. (Hrsg.): Freiheitssicherung durch Datenschutz. Frankfurt a.M. 1987

[7] Siehe Zur Verantwortung des Informatikers - Militärische Anwendung der Informatik. In: Informatik-Spektrum *10* (1987)

[8] Vgl. hierzu Martens, E.: Das Subjekt der Computer-Ethik. In: Gatzemeier, M. (Hrsg.): Verantwortung in Wissenschaft und Technik. Mannheim 1989, S. 239-255. Vgl. ferner ders.: Rehabilitierung der

schreibungen kaum mehr erkennbar. Aber auch ›autonome‹ Expertensysteme beruhen letztlich auf menschlicher Entscheidung, in ihrer Gestaltung und in ihrer Nutzung. Und was die nahezu undurchschaubare Vernetzung angeht, kann sich niemand aus seiner grundsätzlichen Mitverantwortung für eine computerisierte Welt davonstehlen, der am Leben in einer wissenschaftlich-technischen ›Risikogesellschaft‹ (Ulrich Beck) teilhat. Genausowenig kann niemand seiner Mitverantwortung etwa am Fällen von Bäumen oder am Töten von Tieren entgehen. Diese generelle Mitverantwortung an einer bestimmten, d.h. wissenschaftlich-technischen Lebensform ist ein zusätzliches Argument dafür, daß die Individuen, Institutionen und Gesellschaft ihre jeweilige Mitverantwortung bei der Gestaltung und Nutzung von Technik im doppelten Sinne des Wortes *wahr-nehmen*, das heißt erkennen und praktizieren sollten.[9] Aber auch hier lassen sich keine generell neuen ethischen Verantwortungsprobleme entdecken.

4. Das Expertensystem SOPHIA als grundsätzliche Provokation

Andererseits provozieren, *drittens*, bereits das fiktive Expertensystem SOPHIA und die ganz normalen, alltäglichen Expertensysteme grundsätzliche Fragen, die über die üblichen Verantwortungsprobleme weit hinausgehen. Es könnte nämlich möglich sein, daß wir in unserer ersten Reaktion SOPHIA vorschnell als bloße Science fiction abgetan haben. Tatsächlich zwingt uns die präzise Sprache der KI zu einer sokratischen Selbstprüfung, wie Roger Schank, einer ihrer Protagonisten, betont.[10] Wer nämlich die Präzisierungsansprüche der KI kritisiert, muß über seine eigenen Vorannahmen hinreichende Klarheit haben. Im Falle des SOPHIA-Expertensystems beispielsweise würde dies bedeuten: Was verstehen wir genauer unter Glück, Weisheit und Verantwortung? Inwiefern können wir diese Begriffe nicht doch in Schrittabfolgen übersetzen oder algorithmisieren?

Im folgenden möchte ich daher die Provokation der KI in einer doppelten Weise aufgreifen. Zum einen will ich probieren, wie weit eine Präzisierung oder Algorith-

---

Angewandten Philosophie? Zum Beispiel Computer-Ethik. In: Zeitschrift für Didaktik der Philosophie 4, 204-210 (1988). Ebenso ders.: Computer als Modell menschlichen Denkens? Erfordernisse der Technikfolgenabschätzung im Bildungsbereich. In: Technikfolgenabschätzung und Technikbewertung, S. 61-71. Schriftenreihe der Daimler-Benz AG, Report 10. Düsseldorf 1988

[9] Siehe hierzu Hastedt, H.: Aufklärung und Technik. Grundprobleme einer Ethik der Technik. Frankfurt a.M. 1991

[10] Schank, R. C., Childers, P.: The Cognitve Computer. On Language, Learning and Artificial Intelligence. Wokingham 1984, p. 216: „If, as Socrates maintained, the unexamined life is not worth living, then AI has made an important contribution to many people's lives. (...) They begin to analyze their thoughts and to examine their use of language in novel ways." Vgl. p. 187: „We might be able to follow the Socratic path toward self-knowledge."

misierung der Begriffe Glück, Weisheit und Verantwortung vielleicht doch realisierbar ist. Zum anderen will ich die Provokation der KI zurückweisen, insofern sie damit den Anspruch auf die einzig legitime Wirklichkeitsperspektive verbindet. Vielmehr tragen wir, so ist meine These, für die Wahl unserer Perspektive, aus der heraus wir uns und die Welt betrachten, selber die Verantwortung.

Zunächst also zum Präzisierungsanspruch der KI. Dieser Anspruch ist keineswegs neu, sondern ein (aber auch nur ein) Teil des Erbes unseres gesamten westlichen Denkens, wie vor allem Hubert Dreyfus betont. Nach ihm war Sokrates der erste ›Wissens-Ingenieur‹, der die Experten seiner Zeit, Politiker, Priester oder Feldherren, dazu aufforderte, ihre vagen Leitvorstellungen von Gerechtigkeit, Frömmigkeit oder Tapferkeit genau zu definieren.[11] Neu ist jedoch der Anspruch einer technischen Implementierung der exakten Definitionsschritte in Wenn-dann-Regeln nach dem Schema: »X liegt dann und nur dann vor, wenn die Merkmale 1 bis n gegeben sind.«

Für alle drei Grundbegriffe eines fiktiven Expertensystems SOPHIA findet man bereits Vorarbeiten. Für den Begriff ›Glück‹ hat etwa Jeremy Bentham (1748-1832) ein utilitaristisches Kalkül mit sieben Kriterien entwickelt:

1) Intensität,

2) Dauer,

3) Gewißheit oder Ungewißheit,

4) Nähe oder Ferne,

5) Folgenträchtigkeit,

6) Reinheit und

7) Ausmaß, d.h. Anzahl der von Freude oder Leid betroffenen Personen.[12]

Bentham beansprucht für sein Kalkül den ›Rang eines exakten Verfahrens‹ von Additionen und Bilanzierungen.[13] Auch das Expertensystem SOPHIA beruht genau auf diesem Verfahren.

Ferner sind auch für die Implementierung von ›Weisheit‹ bereits Vorarbeiten geleistet. Baltes und Smith vom Berliner Max-Planck-Institut für Bildungsforschung haben die ersten Ergebnisse ihres Forschungsprogramms vorgelegt. Mit ihm wollen sie ›Weisheit‹ als ein ›Expertenwissen für die Bearbeitung grundlegender (funda-

---

[11] Dreyfus, H. L.: Die Grenzen künstlicher Intelligenz. Königstein Ts. 1985 (amerik. 1972), S. 124. Siehe auch Dreyfus, H. L.,Dreyfus, S. E.: Künstliche Intelligenz. Von den Grenzen der Denkmaschine und dem Wert der Intuition. Reinbek 1987 (amerik. 1986), S. 146 ff, S. 165

[12] Höffe, O.: Einführung in die utilitaristische Ethik, S. 50. München 1975

[13] Siehe Höffe, S. 51

mentaler) Lebensfragen (Lebensplanung, aktuelle Lebensbewältigung, Lebensrück-
blick)‹ nach folgenden fünf Kriterien präzise erfassen:

»1. Reines Faktenwissen über Lebensverlauf und Lebenslagen.

2. Reines prozedurales Wissen über Lösungsstrategien für Lebensprobleme.

3. Lifespan-Kontextualismus: Kenntnis von Lebenskontexten und ihren zeitlichen
   (entwicklungsgemäßen) Bezügen.

4. Relativismus: Wissen um Unterschiede in Werten und Prioritäten.

5. Ungewißheit: Wissen um die relative Unbestimmtheit und Unvorhersagbarkeit
   des Lebens und die Art, damit umzugehen.« [14]

Beim ersten Kriterium des Faktenwissens orientieren sich Baltes und Smith ausdrücklich an der vom KI-Forscher Roger Schank entwickelten Methode, für Stan-
dardsituationen, etwa Restaurantbesuche, *scripts* oder Drehbücher zu schreiben.
Damit beanspruchen sie, »die Beschreibung der Datenbasis von Experten weiterzuentwickeln und es auf Wissen über grundlegende Fragen der Lebensgestaltung und
Lebensdeutung anwenden« zu können. [15]

Schließlich läßt sich auch die Entscheidungs- und Verantwortungsfähigkeit von
SOPHIA präzisieren. Nach Snapper kann auch ein Expertensystem den bereits von
Aristoteles (ca. 384 - 322 v. Chr.) in seiner ›Nikomachischen Ethik‹ entwickelten Kri-
terien für eine ›überlegte Entscheidung‹ bis zu einem gewissen Grad genügen. [16]
Nach Aristoteles besteht eine ›überlegte Entscheidung‹ darin, wie ein gegebener
Zweck in einer wahrscheinlichkeitsbestimmten Situation am besten zu erreichen
ist. Eine derartige Zweck-Mittel-Optimierung ließe sich auch nach den Kriterien des
Aristoteles von Computern nicht anders als von Menschen vollziehen:

1) Beide richten sich nach vorgegebenen Zwecken, die sich innerhalb begrenzter
   Entscheidungsspielräume nach Präferenzregeln hierarchisieren lassen.

2) In beiden Fällen handelt es sich um eine automatische Zweck-Mittel-Optimierung, die keine sonstigen Entscheidungen verlangt.

3) Computer und Mensch folgen vorgegebenen Entscheidungsschemata in Form
   eines Programms oder eines Lehrbuchwissens, das nach ebenfalls vorgegebenen
   Präferenzregeln Alternativen zuläßt.

---

[14] Baltes, P. B., Smith, J.: Weisheit und Weisheitsentwicklung; Prolegomena zu einer psychologischen Weisheitstheorie. In: Zschr f. Entwicklungspsychologie u. Pädagogische Psychologie, Bd.
XXII, Heft *2*, 105 (1990)

[15] Baltes, P. B., Smith, J., S. 110.

[16] Snapper, J. W.: Responsibility for computer-based errors. In: Metaphilosophy *16*, 289-295 (1985).
Siehe zur Kritik an Snappers Verantwortungsbegriff Lenk, H.: Können Informationssysteme mora-
lisch verantwortlich sein? In: Informatik-Spektrum *12*, 248-255 (1989)

4) Schließlich geht es beidesmal nicht um mathematisch determinierte, sondern um wahrscheinlichkeitsdefinite Situationen.

Natürlich ließen sich alle drei nur skizzierten Versuche, für die Konstruktion eines Expertensystems SOPHIA die Begriffe Glück, Weisheit und Verantwortung zu algorithmisieren, noch weiter fortführen. Aber ebenso bleiben die in der ersten Reaktion geäußerten Vorbehalte bestehen: ›Menschen sind keine Computer, Experten keine Expertensysteme!‹ Auch die zitierten Autoren selber weisen auf diese Grenzziehung hin. Wie läßt sich diese Grenzziehung aber wirklich rechtfertigen? Haben wir der KI-Provokation wirklich mehr als ein intuitives Unbehagen entgegenzusetzen?

Im Prinzip lassen sich die Vorbehalte in dem besonders von Hubert Dreyfus geltend gemachten Argument zusammenfassen, daß eine Algorithmisierung menschlichen Denkens und Handelns schließlich an der Leib- und Geschichtsgebundenheit des Menschen scheitern müsse. Dieses Argument ist allerdings nicht überzeugend. Denn gerade dies ist der Streitpunkt, ob leibliche Empfindungen und geschichtliche Handlungsabläufe im Prinzip algorithmisierbar sind. Bei diesem Streit geht es um unsere Modelle von Wirklichkeit, die wir nicht als Wirklichkeit an sich erfassen können, weder durch wissenschaftliche noch durch phänomenologische Methoden.

Zweitens greift auch eine empirische Widerlegung nicht. Zwar haben sich die euphorischen Anfangserwartungen der KI längst nicht realisieren lassen und sind auch die Implementierungsprobleme unübersehbar. Andererseits aber haben sich die Realisierungsgrenzen der KI gegenüber manchen voreiligen Skeptikern immer wieder verschoben. Eine weitere empirische Grenzverschiebung könnte neuerdings darin liegen, die zugegebenen komplexen und variablen menschlichen Denk- und Handlungsprozesse möglicherweise mit Hilfe konnektionistischer, neuronaler Netze empirisch-technisch zu erfassen. Diese Möglichkeit bestreitet bei aller sonstigen Skepsis auch Hubert Dreyfus nicht.[17]

Führt also die KI-Provokation zu einem Patt zwischen einem deterministischen Wirklichkeitsverständnis und unserem intuitiven Verständnis von uns selbst als autonom handelnden und verantwortlichen Wesen in einer geschichtlich formbaren Welt? Offensichtlich läßt sich ja weder theoretisch noch empirisch eine Entscheidung herbeiführen. Jede menschliche Aktivität kann man entweder als deterministisches Verhalten oder als autonomes Handeln interpretieren. So hat etwa ein Richter zu beurteilen, ob ein Angeklagter einen Stein ohne Absicht auf den Getöteten geworfen hat oder mit voller Absicht und welche Motive ihn dabei bestimmt

---

[17] Dreyfus, H. L.: Die (vielleicht vergebliche) Suche nach Künstlicher Intelligenz. In: Technische Rundschau *11*, 40-46 (1990)

haben. Im ersten Fall unterscheidet der Angeklagte sich nicht von einem Roboter und kann nicht zur Verantwortung gezogen werden. Nur im zweiten Fall ist er schuld- und sühnefähig. Daran ändern im Prinzip auch keine mildernden Umstände wie Fahrlässigkeit sowie Beeinträchtigungen durch Umwelt, Vererbung oder psychische Faktoren. Unsere gesamte Rechtspraxis hängt von der Überzeugung ab, daß wir Menschen und nicht Computer sind.

Diese Überzeugung läßt sich, wie schließlich die KI-Provokation eingegrenzt werden kann und soll, allein als moralisch-praktische Grundüberzeugung rechtfertigen. Dafür ist zunächst daran zu erinnern, daß wir die (›harte‹) KI-Perspektive mit der obersten Norm der ›AI-type questions‹ [18] nicht übernehmen *müssen*. Die KI-artigen Fragen oder der durchgängige Algorithmisierungsanspruch lassen sich nicht theoretisch oder empirisch widerlegen. Sie lassen sich aber ebensowenig beweisen. Wir können also einen moralisch-praktischen Standpunkt einnehmen und haben ihn beispielsweise in unserer Rechtssprechung und im Alltag faktisch immer schon eingenommen. Nicht ein theoretisches und empirisches Argument ist also gegen die (›harte‹) KI-Perspektive ausschlaggebend, sondern allein unsere moralisch-praktische Überzeugung, daß wir autonome, verantwortlich handelnde Wesen sind. Diese Überzeugung läßt sich ihrerseits auf keine anderen Argumente zurückführen. [19]

Wenn wir aber die moralisch-praktische Perspektive eingenommen haben – und faktisch wird sich wohl kaum jemand davon ausnehmen wollen –, müssen wir beispielsweise bei der Gestaltung und Nutzung der Expertensysteme in jedem Einzelfall prüfen, wann sie uns entlasten und wann sie uns belasten, und zwar in der Art und Weise, wie wir als Menschen, und nicht nur als Rädchen im Getriebe leben wollen. Es geht also um die Schmerzgrenze an der Mensch-Computer-Schnittstelle im wörtlichen Sinne. Eine derartige Schmerzgrenze läßt sich allerdings nicht vorweg nach allgemeinen Regeln festlegen, sondern nur jeweils neu bestimmen und verteidigen. Erst an dieser Stelle kommt das Argument von der Leib- und Geschichtsgebundenheit des Menschen als Grenz-Argument gegen den (›harten‹) KI-Anspruch ins Spiel. Nur wir selber können für uns darüber befinden, welche Schmerzen und welche Lust oder welche Demütigungen und welche Freuden wir empfinden. [20]

---

[18] Siehe Schank, S. 221

[19] Siehe Kants Auflösung der ›dritten Antinomie‹ zwischen ›Kausalität nach Gesetzen der Natur‹ und ›Kausalität durch Freiheit‹ (Kritik der reinen Vernunft, A 444/B 472) mit Hilfe des ›Kategorischen Imperativs‹ in seinen moralphilosophischen Schriften

[20] Vgl. auch Sloterdijk, P.: Eurotaoismus. Zur Politik der politischen Kinetik. Frankfurt a.M. 1989, S. 261: ›alle Philosophie (ist) Algosophie - Ausmessung der Felder der für uns möglichen Erträglichkeiten. Nur das gemäßigt Schwere, das Tragbare, das Leichte sogar hat Aussicht auf Einverleibung in

Für den KI-Forscher Walther v. Hahn beispielsweise wäre die ›Schmerzgrenze‹ beim Einsatz von Expertensystemen bei der Rentenberatung erreicht. Hierbei handelt es sich für ihn um eine soziale, personengebundene Interaktion, nicht aber um einen zweckrationalen, technischen Vorgang wie Flugsicherung oder Geldbuchung.[21] Damit sind zumindest zwei generelle, wenn auch variable und miteinander verbundene Grenzwerte angegeben.

Allerdings kann uns kein Fachmann und auch kein Expertensystem die Verantwortung dafür abnehmen, wie wir leben wollen. In den grundsätzlichen Fragen des Lebens wissen die Experten nicht mehr als jeder Laie auch. Nicht etwa in seiner Tätigkeit als ›Wissens-Ingenieur‹, sondern genau in dieser Einsicht bestand die Weisheit des Sokrates.[22] Er hätte den jungen Mann für die Wahl seines Berufs und seiner Lebenspartnerin weder zu einem Expertensystem SOPHIA noch zu einem Weisheits-Experten geschickt. Vielmehr hätte er ihn zur Selbstverantwortung ermutigt. Selbstverantwortung aber kann auch darin bestehen, im konkreten Einzelfall für sein leibliches und seelisches Wohlergehen einen Experten oder ein Expertensystem zu Rate zu ziehen.

---

das Corpus eines dauerhaften Verstehens.« Vgl. auch Schottlaender R.: Philosophie als Pathosophie. In: Bien , G. (Hrsg.): Die Frage nach dem Glück, S. 171-174. Stuttgart 1978

[21] Hahn, W. v. in: Enquete-Kommission »Einschätzung und Bewertung von Technikfolgen«. Materialien zu Drucksache 10/6801, Bd. II. Bonn 1987, S. 17, 45. Vgl. auch ähnlich zur Kantschen Unterscheidung vom Menschen als Selbstzweck und als bloßem Mittel bei Weizenbaum, J.: Macht und Ohnmacht der Vernunft. Frankfurt a.M. 1978, S. 337 ff

[22] Siehe Martens, E.: Sokratisch-platonische Tradition im »Expertensystem«. In: Zeitschrift für philosophische Forschung (1992)

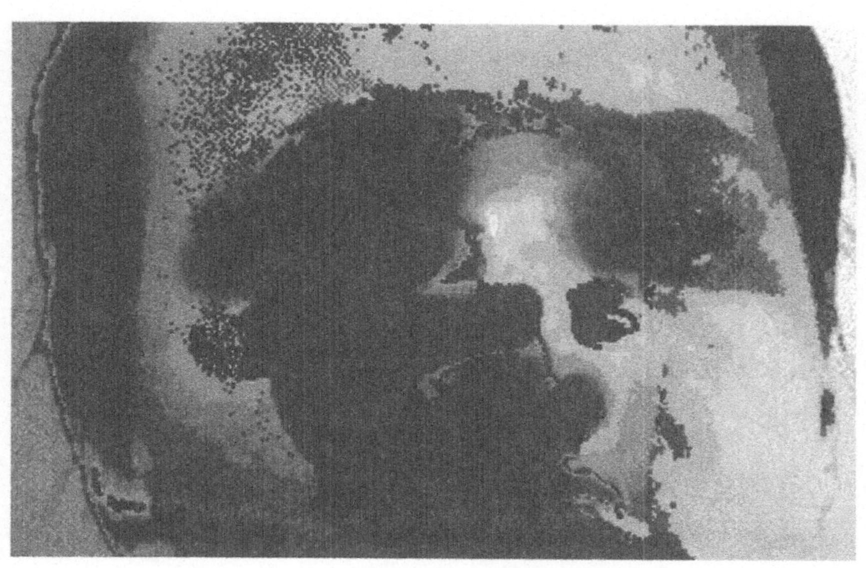

Über die KI hinaus

COMPUTER IN DER ARBEITSWELT HEUTE UND VERÄNDERUNG DER ANFORDERUNGEN DURCH KÜNSTLICHE INTELLIGENZ MORGEN

MIKE COOLEY

> »Nachdem sie ihr Ziel aus den Augen verloren hatten, verdoppelten Sie ihre Anstrengungen.«
>
> Mark Twain

Das 21. Jahrhundert ist jetzt nur noch 6 Jahre entfernt. Dieses bevorstehende Ereignis sollte uns einen mächtigen psychologischen Anreiz verschaffen, nämlich zu überprüfen, wohin wir uns als Industriegesellschaft bewegen. Das Jahr 2000 markiert das Ende des außergewöhnlichsten Jahrtausends in der Geschichte der Menschheit. Eines seiner bedeutendsten Eigenschaften war die Verschmelzung von Wissenschaft und Technologie, wie wir sie heute kennen.

Von Anfang an hat die Menschheit Technik in Form von Werkzeugen wie z.B. Hebel, Schrauben, Rollen benutzt, um ihre Fähigkeiten zu erweitern und zu bereichern. Jedoch haben wir in den letzten fünfhundert Jahren eine Form des technologischen Narzißmus erlebt, in dem wir in der Technik unser eigenes Bild wiederspiegelten.

Historisch gesehen, können wir drei Haupttypen von Maschinen unterscheiden, die menschliche Aktivitäten nachahmen: Maschinen, die ›gehen‹, Maschinen, die ›fressen‹ und Maschinen, die ›denken‹. Diese Entwicklung begann überhaupt nicht anmaßend mit der Uhrwerkmechanik und ihren verwandten, daraus abgeleiteten Automaten, die ›gehen‹ und unabhängig von Menschen handeln konnten. Dann gab es die ›Kraftwerke‹ – von den Anfängen der Dampfmaschine bis zum Atomkraftwerk –, die ›fressen‹, indem sie z.B. Energie verbrauchen. Jetzt tauchen Maschinen auf, die ›denken‹: Computer bzw. ihre Anwendungsprogramme. In jedem Fall ist es das Ziel, menschliche Fähigkeiten – ob manuell oder intellektuell – durch Maschinen zu ersetzen.

Mir scheint, daß wir an Wissenschaft und Technologie die falschen Fragen gestellt haben. Deshalb finde ich es nicht überraschend, daß wir entsprechend die falschen Antworten erhalten haben. Wir haben geglaubt, daß ein System nur dann wissenschaftlich entworfen ist, wenn es die drei vorherrschenden Charakteristiken der Naturwissenschaften aufweist: Vorhersagbarkeit, Wiederholbarkeit und mathematische Quantifizierbarkeit. Dies schließt per definitionem all die Eigenschaften aus, die besonders menschlich sind, wie z.B. Intuition, subjektives Urteil, stillschweigendes Wissen, Vorstellungskraft, Intention. Darüber hinaus haben wir uns durch die Darstellungsform der Wissenschaft täuschen lassen, die sich vermeintlich auf Ursache-Wirkungsketten abstützt. Innerhalb dieser Tradition wird man unausweichlich zu dem Schluß kommen, daß der Mensch eine Maschine ist. Wenn das so ist, dann folgt daraus, daß eine echte Maschine besser ist als eine menschliche Maschine mit all ihren ›Schwächen‹ und ›Unvorhersagbarkeiten‹.

Die so konstruierte wissenschaftliche Methodologie wurde von Rosenbrock [1] auf einer philosophischen und mathematischen Ebene gewaltig herausgefordert. Er zeigt unter Verwendung von Hamilton's Prinzip, daß eine auf Voreingenommenheit gegründete Wissenschaft eine ähnlich valide Form für Erklärungmuster dieser Welt liefern könnte. Ich glaube, daß sich das Gedankengut seiner Arbeit weit verbreiten und dazu beitragen wird, unsere Methoden des Systementwurfs im allgemeinen und den Ansatz der KI im besonderen zu transformieren. Praktische Beispiele, wie das umgesetzt werden kann, werden vorgestellt. Solange jedoch der Entwurf computergestützter Arbeitssysteme noch auf der Ursache-Wirkungskette der traditionellen Wissenschaften basierte, folgte daraus die Entwicklung von Systemen mit dem Ziel, Menschen durch Maschinen zu ersetzen, anstelle Werkzeuge zur Verfügung zu stellen, die die menschlichen Fertigkeiten und unser Vorstellungsvermögen erweitern.

Glücklicherweise verbreitet sich jetzt die Erkenntnis, daß diese maschinenabhängigen Systeme Einschränkungen unterworfen sind. Typischerweise mangelt es diesen Systemen an Robustheit. Sie können dadurch charakterisiert werden, daß sie mit kleinen Fehlern, die häufig auftreten, gut zurechtkommen. Diese Systeme brechen aber häufig zusammen, wenn es um Fehler geht, die selten auftreten, dafür aber große Auswirkungen haben. Stark synchronisierte computergestützte Systeme zeigen in der Praxis dann hohe Ausfallzeiten, wenn auch nur ein Teil des Gesamtsystems ausfällt oder wenn gewisse Unsicherheiten vorliegen. Noch heute werden diese Systeme gefördert, um in der realen Welt von Wirtschaft und Industrie eingesetzt zu werden – aber es ist nichts so unsicher wie in der realen Welt.

Darüber hinaus verlangen diese Systeme normalerweise Passivität auf seiten des Benutzers. Dieser kontraproduktive Aspekt wurde in einer MIT-Studie besonders angegriffen [2]. Die Studie machte deutlich, daß in den USA die Arbeitskraft als passive Verbindlichkeit, in Deutschland und Japan dagegen als aktiver Vermögenswert angesehen wird.

Diese Bewertung wird bei vielen multinationalen Unternehmen immer noch nicht zur Kenntnis genommen, denn bis heute verfolgen viele Unternehmen Strategien, die die MitarbeiterInnen eher ›entfähigen‹ als ›befähigen‹. Mit erstaunlicher Abwegigkeit erklärte David Grossman von IBM: »Die Fähigkeiten und Fertigkeiten des viel gepriesenen deutschen Facharbeiters werden in Zukunft nicht mehr gebraucht, denn sie können ersetzt werden durch flexible Fertigungssysteme sowie intelligente Überwachungs- und Kontrollsysteme!« [3].

Diese Sicht ist traurigerweise immer noch das vorherrschende tayloristische Paradigma der IT-Anwendungen. Es ist jedoch notwendig, die Kritik dieser Systeme in praktische Alternativen zu transformieren, die die Basis legen für zukünftige, die menschlichen Fertigkeiten erweiternde Systeme.

Um zu demonstrieren, was ein mensch-zentriertes, fortschrittliches System sein könnte, hat eine Gruppe von Wissenschaftlern, Ingenieuren, Philosophen und Sozialwissenschaftlern aus Großbritannien, Dänemark und Deutschland Anfang der 80er Jahre einen Projektantrag bei der EG eingereicht, um das erste mensch-zentrierte computerintegrierte Produktionssystem zu entwerfen und zu erproben. Das von mir initiierte Projekt basierte auf der Annahme, daß Wissenschaft und Technologie als Teil der Kultur gesehen werden sollte, gerade so, wie Kultur unterschiedliche Sprachen, unterschiedliche Literatur und unterschiedliche Musik hervorbringt. Die Frage war: »Warum sollte es nicht auch unterschiedliche Formen der Technologie geben, eine Technologie z.B., die menschliche Fähigkeiten erweitert statt vermindert?« Das Projektziel war, Werkzeuge (im Heidegger'schen Sinne) zur Verfügung zu stellen, die in viel stärkerem Maße die Fähigkeiten des Menschen als die der Maschine berücksichtigten – wir wollten also nicht den passiven Maschinenbediener.

Auf der CAD-Ebene stellten wir fest, daß sogar die fortgeschrittensten Systeme im wesentlichen menügesteuert sind. Der technische Zeichner war schließlich darauf reduziert, sich wie ein Kind mit einem ausgeklügelten Lego-Baukasten zu verhalten, wo zwar hübsche Muster mit vorgefertigten Elementen gebastelt werden, aber die Elemente selbst nicht verändern können.

Dementsprechend entwarf das Projektteam einen Prototyp eines elektronischen Zeichenblocks, der dem technischen Zeichner die Freiheit eines Künstlers der Renaissance zurückgeben sollte. Insbesondere erlaubte das System einen Dialog zwischen dem technischen Zeichner und der Fertigung und stellte somit eine berufliche und kulturelle Verbindung zwischen ›Hand und Kopf‹ sicher.

Auf der Ebene der Werkstatt wurden für Planung und Zeiteinteilung spezielle Workstations entwickelt, die einen hohen Grad an System-Transparenz zuließen. Das System erlaubte graphische Darstellungen für verschiedene Planungsoptionen, so daß erfahrene Leute in der Fertigung das System selbst optimieren können.

Auf der Ebene der computergestützten Fertigung wurde die Mensch-Maschine-Schnittstelle so gestaltet, daß in der Werkstatt programmierbare Hilfsmittel mit mächtigen graphischen Programmierungstechniken zur Verfügung standen – in Übereinstimmung mit und zur Erweiterung der Fertigkeiten von erfahrenen Facharbeitern. Praktische Untersuchungen in der realen Welt von Wirtschaft und Produktion erbrachten beeindruckende Ergebnisse.

Eine Erweiterung dieser Arbeit bestand darin, Ausbildungstechnologie zu entwerfen, die den Typ von Fertigkeiten unterstützt, der notwendig ist, um die Vorteile von HCAMS (Human Centred Advanced Manufacturing Systems) auszunutzen. Innerhalb dieser Systeme werden KI-Methoden und Expertensysteme genutzt. Unser Ziel ist, Experten-Stütz-Systeme zur Verfügung zu stellen – und keine Experten-Ersatz-Systeme. In der KI beabsichtigen wir, mit regelbasierten Systemen menschlichen Einfallsreichtum nicht zu ersetzen, sondern vielmehr Systeme über Faktenwissen des Arbeitsbereiches zur Verfügung zu stellen, die die menschlichen Fähigkeiten und Fertigkeiten ansprechen und neue Erfahrungen fördern.

Im Bereich der Lerntechnologien – die für den Kopfarbeiter vergleichbar sind mit dem Flugsimulator des Flugzeugpiloten – bietet das System eine Reihe von Fallstudien an, die den Lernenden unterstützen, angeleitet Erfahrungen zu sammeln.

Unser durchgängiges Ziel ist es, einen Rahmen zur Verfügung zu stellen, in dem Arbeiter handelnd, einbezogen, eingreifend und kreativ sein können – mit ›Hand und Kopf‹. Dies ist verstärkt notwendig in einer Zeit, in der ökologische und andere Zwänge in den Gesellschaften die Erkenntnis verstärken, daß sich die Ökonomien vom quantitativen Wachstum über qualitatives Wachstum hin zu einer Ökonomie der Netzwerke bewegen müssen. Um diese Veränderungen vollziehen zu können, ist es notwendig, auf die wertvollsten Aktivposten zu setzen, die eine Gesellschaft hat: Das sind die Fertigkeiten, der Einfallsreichtum, die Kreativität und die Vorstellungskraft eines Volkes.

Die Art und Weise, in der die Einführung von Expertensystemen und KI praktiziert wurde und wird, ist kontraproduktiv und basiert auf einer psychologischen Konditionierung, welche Menschen veranlaßt, auf einer psychologischen Ebene anzunehmen, sie seien den Maschinen unterlegen: »Technologie ist auf dem Weg, eine solche Perfektion zu erreichen, daß die Menschen glauben, die Maschinen könnten alles ohne sie tun«, wie der polnische Autor Boleslaw Lesz kürzlich beobachtete.

Auf der EG-Ebene wird zusehends erkannt, daß wir für die kreative Nutzung neuer Technologien eine kulturelle und industrielle Renaissance brauchen. Kürzlich wurde ein ermutigender Bericht [4] veröffentlicht, der zu einer Neu-Bewertung unserer Technologie sowie zu konstruktiven Alternativen aufruft.

Heute können beispielhafte Systementwicklungen vorgezeigt werden, die die menschliche Vorstellungskraft und Fähigkeiten fördern, denn, wie es Einstein einmal formulierte: »Vorstellungskraft ist viel wichtiger als Wissen.«

Literatur

[1]   Rosenbrock, H.H.: Machines with a Purpose. Oxford: University Press 1990

[2]   MIT: Made in America. Report. Cambridge, MA: MIT Press 1989

[3]   Beitrag von T. Martin. In: The Jubilee of Innovation Choice. Proceedings of IFAC/IFIP conference. Venice 1988

[4]   FAST: European Competitiveness in the 21st Century: The Integration of Work, Culture and Technology. Brussels: FAST 1991 (Available free of charge from: FAST, Rue de la Loi 200, B-1049 Brussels, Belgium).

DIE SPIELRÄUME DER MENSCHEN ERHALTEN UND IHRE FÄHIGKEITEN FÖRDERN – GEDANKEN ZU EINER SANFTEN KI-FORSCHUNG

WALTER VOLPERT

1. Technik- und arbeitsorientierte Gestaltung von Arbeitstätigkeiten

Wenn man eine technische Entwicklungsrichtung betrachtet, die neu und faszinierend ist – wie das bei der ›Künstlichen Intelligenz‹ der Fall ist –, so gerät man leicht in die Gefahr, nur auf das Technische zu sehen und nicht auf die Tätigkeiten, vor allem die Arbeitstätigkeiten, die durch dieses Technische beeinflußt und verändert werden. Zunächst ist daran nichts Kritisierenswertes; wir wollen uns nicht gegenseitig unsere Perspektiven vorschreiben. Aber ein kritischer Hinweis sei doch gestattet: Vielleicht ist diese Perspektive der erste Schritt zu einer Strategie der Gestaltung von Arbeitstätigkeiten, von der uns die Arbeitswissenschaft seit langem sagt, daß sie sowohl unwirtschaftlich als auch inhuman ist.

Es ist nämlich zu unterscheiden zwischen *technikorientierten* Gestaltungskonzepten, die auf eine Dominanz der Technikgestaltung hinauslaufen, und *arbeitsorientierten* Konzepten, bei denen die Arbeitsgestaltung im Mittelpunkt steht (Ulich, 1991, v.a.S. 215ff.; Brödner, 1985, spricht in diesem Zusammenhang von ›technozentrischen‹ und ›anthropozentrischen‹ Ansätzen). Arbeitsorientierte Konzepte haben im übrigen den rein wissenschaftlichen Bereich längst verlassen und sind Bestandteil arbeitspolitischer Rahmenvorstellungen und ingenieurwissenschaftlicher Gestaltungshinweise geworden (man vergleiche hierzu die Handlungsempfehlungen des VDI von 1989, die Resultate des europäischen FAST II-Programms von 1989 oder das CIM-Aktionsprogramm der Schweiz von 1990).

Wesentliche Merkmale des technikorientierten und des arbeitsorientierten Gestaltungskonzepts werden von Ulich (1991, S. 216) zusammengefaßt (s. *Tabelle 1*). Daraus wird deutlich: Der technikorientierte Ansatz blickt zwar zuerst auf die Technik. Indem er dies tut, enthüllt er aber auch sein Menschenbild, aus dem er Maximen für die Organisation der Arbeit ableitet. Man erkennt dies besonders am Taylorismus – einem Gestaltungskonzept, das zwar in seinen Details historisch überholt ist, in seinen Grundannahmen aber noch virulent bleibt (vgl. Volpert,

1988). Dieses Menschenbild ist weithin starr und realitätsblind, also eine typische Ideologie. Es ist vor allem durch drei Dogmen gekennzeichnet:

1) Das Dogma vom unmotivierten und unzuverlässigen Menschen: Der Mensch, der uns in einer Organisation begegnet und zu Tätigkeiten veranlaßt werden soll, gilt als grundsätzlich uninteressiert und unfähig. Er soll und darf keine Gelegenheit erhalten, eigene Motive und Kompetenzen einzubringen, weil er dann nur Schaden anrichtet. Aus diesem ergeben sich dann die beiden anderen Dogmen:

2) Das Dogma von der zentralen Kontrolle: Jede Organisation bedarf der straffen Kontrolle von oben. Dies bedingt den Aufbau möglichst großer und streng zentralisierter Bürokratien und einen einseitigen Informationsfluß nach der Parole ›Der große Bruder bestimmt alles und sieht alles‹.

3) Das Dogma von der möglichst weitgehenden Ersetzung des Menschen: Es ist in dieser Denkweise nur logisch, daß das unzuverlässige Element ›Mensch‹ möglichst weitgehend an den Rand gedrängt und durch Automatismen aller Art – bis hin zu Automaten für komplexe Entscheidungen – ersetzt werden soll.

Die so entstehenden technikorientierten und zentralistischen Großsysteme weisen eine Reihe erheblicher Mängel auf:

a) Sie sind in aller Regel ziemlich ineffizient. Sie sind unzuverlässig, und es kommt zu einer großen Anzahl von Abstimmungsproblemen und Reibungsverlusten aufgrund der Starrheit des Systems (s. Brödner, 1985).

b) Sie sind in sich widersprüchlich. Sie versuchen einerseits, den Menschen weithin auszuschalten, können aber nicht umhin, weiterhin auf ihn zu setzen – sei es in Sonder- und Notsituationen, sei es aber auch beim ganz normalen Lauf der Dinge, der eben beim reinen ›Dienst nach Vorschrift‹ gar nicht so laufen könnte (s. Moldaschl, 1991).

c) Sie sind inhuman, weil sie die Gesundheit des arbeitenden Menschen gefährden (vgl. Karasek & Theorell, 1990) und weil sie ihn in der Entfaltung seiner Fähigkeiten behindern – gerade auch jener Fähigkeiten, die zum Funktionieren des Gesamtsystems erforderlich sind (s. Böhle, 1992).

Ein Gewichtiges kommt hinzu: Diese Verbindung von Zentralismus mit Hochtechnologie führt dazu, daß die Verantwortung – bis hin zur Verantwortung für erhebliche Fehlfunktionen und Katastrophen – stets abgeschoben werden kann: auf Sachzwänge, auf das System als solches, auf das ›menschliche Versagen‹ anderer usw. Dies führt zu einer Struktur ›organisierter Unverantwortlichkeit‹, wie sie von Beck (1988) benannt und dargestellt wird.

	Technikorientierte Gestaltungskonzepte → Technikgestaltung	**Arbeitsorientierte Gestaltungskonzepte → Arbeitsgestaltung**
Mensch-Maschine-Funktionsteilung	Operateure übernehmen nicht-automatisierte Resttätigkeiten	Operateure übernehmen ganzheitliche Aufgaben von der Arbeitsplanung bis zur Qualitätskontrolle
Allokation der Kontrolle im Mensch-Maschine-System	Zentrale Kontrolle. Aufgabenausführung durch Rechnervorgaben inhaltlich und zeitlich festgelegt. Keine Handlungs- und Gestaltungsspielräume für Operateure	Lokale Kontrolle. Aufgabenausführung nach Vorgaben der Operateure innerhalb definierter Handlungs- und Gestaltungsspielräume
Allokation der Steuerung Informationszugang	Zentralisierte Steuerung durch vorgelagerte Bereiche. Uneingeschränkter Zugang zu Informationen über Systemzustände nur auf der Steuerungsebene	Dezentralisierte Steuerung im Fertigungsbereich. Informationen über Systemzustände vor Ort jederzeit abrufbar
Zuordnung von Regulation und Verantwortung	Regulation der Arbeit durch Spezialisten, z.B. Programmierer, Einrichter	Regulation der Arbeit durch Operateure mit Verantwortung für Progammier-, Einricht-, Feinplanungs-, Überwachungs- und Kontrolltätigkeiten

TABELLE 1: VERGLEICH UNTERSCHIEDLICHER KONZEPTE FÜR DIE GESTALTUNG VON ARBEITSTÄTIGKEITEN (AUS ULICH, 1991, S. 216)

Ein arbeitsorientiertes Gestaltungskonzept hat ein ganz anderes Bild vom Menschen und seiner Arbeit:

- Es engt den Blick nicht auf das ein, was technisch möglich ist, sondern fragt zuerst danach, wie die (Arbeits-)Tätigkeiten der Menschen sinnvoll und vernünftig organisiert werden können (wozu übrigens auch die Frage nach Sinn und Nutzen des herzustellenden Produktes zählt).

- Es betrachtet die Organisation in ihrer Ganzheit, also als Zusammenwirken von individuellen, sozialen und technischen Aspekten, und leitet daraus Konzepte zur Gestaltung und Umstrukturierung ab.

- Es geht von der Vorstellung des kompetenten und verantwortlichen Organisationsmitglieds aus und richtet das Augenmerk darauf, daß diese Mitglieder in relativer Autonomie ihre Fähigkeiten und ihre Persönlichkeit entwickeln und fördern können.

Ein solches Gestaltungskonzept fügt sich in allgemeinere Konzepte einer ›sanften‹ Technik ein, welche im Dienste des menschlichen Lebens und Zusammenlebens steht und nicht beides bedroht (s. etwa Illich, 1975; Schumacher, 1977).

Nun wird einem solchen Konzept oft vorgeworfen, es berücksichtige den Aspekt der Wirtschaftlichkeit nicht hinreichend. Wenn man aber einen Vergleich von Kosten und Nutzen für die beiden unterschiedlichen Gestaltungskonzepte anstellt, so zeigt sich, daß das arbeitsorientierte Konzept auch in dieser Hinsicht – und nicht nur im Hinblick auf die Humanität – besser abschneidet. Zwar muß man in Rechnung stellen, daß qualifizierte und verantwortliche Mitarbeiter höhere Personalkosten mit sich bringen. Dieser Aufwand wird aber nach vielfachen Erfahrungen durch die sonstigen Vorzüge eines solchen Systems bei weitem ausgeglichen.

Im Mittelpunkt einer arbeitsorientierten Technikgestaltung steht der adäquate Zuschnitt von Aufgaben für die Organisationsmitglieder. Es liegt in der Logik des Konzepts, daß man bei dieser Aufgabengestaltung – und der daraus abzuleitenden Gestaltung technischer Mittel – einer speziellen Maxime folgen muß: *Unterstütze und fördere die Stärken und Besonderheiten des Menschen!* Technik ist also stets so einzusetzen, daß sie dies tut und daß sie nicht die menschlichen Stärken gefährdet. Ein Vorgehen, das dieser Maxime folgt, habe ich als ›Kontrastive Arbeitsanalyse und -gestaltung‹ bezeichnet (vgl. Volpert, 1990).

2. Technikorientierte Informatik und das Konzept einer Arbeitsinformatik

Auch Informatiker gestalten Arbeitsbedingungen und -aufgaben, und man wird dieses Gestalten ebenfalls als technikorientiert bezeichnen müssen, solange nur die Entwicklung technischer Artefakte im Blick ist und die Konsequenzen für die Arbeitsplätze entweder nicht gesehen oder als zwangsläufiges Nebenprodukt dieser technischen Entwicklungen betrachtet werden (wobei man dann gewisse, oberflächliche Korrekturen den Arbeitswissenschaftlern überlassen will).

Eine erste Veränderung in dieser Orientierung findet sich etwa, wenn sich Informatiker um ›benutzerfreundliche‹ Arbeitsmittel bemühen oder wenn sie jene Benutzer bei der Software-Entwicklung beteiligen wollen. Solange sich diese beiden Intentionen aber vor allem auf die technischen Artefakte richten, ist der Übergang zu einem arbeitsorientierten Ansatz noch nicht vollzogen. Dies letztere ist dann der Fall, wenn das Konzept einer ganzheitlichen Arbeitsgestaltung ausdrücklich in den Aufgabenbereich der Informatik miteinbezogen wird. So formuliert etwa Coy: »Nicht die Maschine, sondern die Organisation und Gestaltung von Arbeitsplätzen steht als wesentliche Aufgabe im Mittelpunkt der Informatik‹ (1989, S. 257).

Bei dieser Ausweitung und Umzentrierung ist jedoch kritisch zu fragen, ob sich die Informatik hier in die Rolle einer universellen Gestaltungswissenschaft begeben will und wie sie sich zur interdisziplinären Arbeitswissenschaft in Beziehung setzt, in der die Thematik der ›Organisation und Gestaltung von Arbeit‹ seit langem untersucht wird. Ich habe vorgeschlagen, ein Forschungsgebiet ›Arbeitsinformatik‹ zu konstituieren, das eine Integration zwischen dieser Arbeitswissenschaft mit einer – im Sinne des zitierten Satzes von Coy – ihre Verantwortung erkennenden Informatik darstellt (Volpert, 1993). Die ›Software-Ergonomie‹ ist in manchen programmatischen Äußerungen bereits auf diesem Weg (z.B. Oberquelle, 1991a), in ihren realen Arbeitsschwerpunkten aber noch zu sehr auf die reine Arbeitsmittel-Gestaltung beschränkt.

Auch ein solches Konzept der Arbeitsinformatik ist allerdings noch weit von der Realisierung entfernt. Die derzeitige Praxis der Prägung von Arbeitsbedingungen und Arbeitsaufgaben durch die Informationstechnik folgt noch weithin einem technikorientierten Ansatz.

3. Eine arbeitsorientierte Künstliche Intelligenz?

Dies scheint mir insbesondere für die Forschung zur ›Künstlichen Intelligenz‹ zu gelten. Kennzeichnend für sie ist der Anspruch, komplexe menschliche Handlungsformen durch maschinelle Prozeduren nachzubilden, welche diesen menschlichen Handlungsformen strukturell gleich sind und sie somit auch ersetzen können.

Wir finden in diesem Anspruch und Versprechen die Dogmen des technikzentrierten Ansatzes wieder:

1) Der Mensch ist eine (mit Mängeln behaftete) Maschine. Er ist unzuverlässig und neigt zur Unberechenbarkeit.

2) Maschinelle Prozeduren sind, da ihnen Formalismen zugrunde liegen, kontrollierbar. Man glaubt, große Problemlösungs-Maschinen bauen zu können, deren Verhalten vollständig voraussagbar und steuerbar ist.

3) Der Mensch kann durch solche maschinelle Prozeduren gänzlich ersetzt werden. Sie sind zuverlässiger und leistungsfähiger.

Exemplarisch wird dies deutlich am Anspruch von Expertensystemen, menschliche Experten ersetzen zu können. Die Erwartungen an Rationalisierung und Einsparung, welche die Expertensystem-Bauer erwecken – prototypisch etwa Feigenbaum und McCorduck (1984) – basieren auf diesem Versprechen. Slogans wie ›Expertenwissen an jeden Ort‹ gehen implizit von der Ersetzbarkeit der Experten aus; die verbreitete Redeweise, das ›System X‹ sei nunmehr fast genauso leistungsfähig wie diese oder jene Art menschlicher Spezialisten, ist in solchem Denken begründet. Der Expertensystem-Bediener soll, diesem Versprechen zufolge, minderqualifiziert und weniger erfahren sein können.

Die Analogie zum tayloristischen Organisationskonzept wird auch in jenem Verfahren deutlich, das man so blumig ›Wissens-Elizitation‹ nennt, und das im wesentlichen auf eine Enteignung des Wissens der Arbeitenden und dessen Umwandlung in ein formales System von Elementen und Regeln hinausläuft. Ich habe diese Ähnlichkeit an anderer Stelle beschrieben (Volpert, 1988). Der Unterschied zum ›klassischen‹ Taylorismus ist, daß es sich heute um komplexe Tätigkeiten von hochqualifizierten Arbeitspersonen handelt, und daß man deshalb sehr viel mehr auf deren eigenes Mittun angewiesen ist. Angemerkt sei, daß diese ›Wissens-Elizitation‹ durch das arbeitsrechtliche Verhältnis zwischen Arbeitgeber und Arbeitnehmer nicht abgedeckt ist und daß sie vermutlich auch gegen das Grundrecht auf informationelle Selbstbestimmung verstößt (vgl. Becker-Töpfer & Rödiger, 1990). Die angebliche Freiwilligkeit eines solchen Vorgangs löst dieses Problem nicht.

Inzwischen sind sich allerdings nicht nur die Kritiker der KI-Forschung wie die Brüder Dreyfus (1987), sondern auch die Großzahl der damit befaßten Informatiker (z.B. Coy & Bonsiepen, 1989) darüber einig, daß das expertenersetzende Expertensystem kein vernünftiger und realisierbarer Ansatz ist. Befunde über praktische Einsatzprobleme solcher Systeme sprechen hier eine deutliche Sprache. Derartige Programme sind geradezu Paradebeispiele für Großsysteme jener Art, wie sie aus dem technikorientierten Gestaltungskonzept erwachsen, und sie haben die gleichen, oben schon angedeuteten Probleme, welche innerhalb eines solchen Konzepts auch nicht lösbar sind (vgl. hierzu auch Lutz & Moldaschl, 1989; Rödiger u.a., 1989):

- geringe Flexibilität,
- Schwierigkeiten bei der Zuverlässigkeit, Beherrschbarkeit und Aktualität der Systeme,
- ungeklärte Fragen der Verantwortung und Haftung sowie
- Wissens-Erosion der Systembediener, welche wiederum verstärkend auf die erstgenannten Probleme wirkt.

Aus diesen Gründen erscheint es mir fraglich, ob die weitere Entwicklung expertenersetzender Systeme in wissenschaftlicher und ethischer Hinsicht verantwortbar ist. Dies gilt auch für die Beteiligung an dieser Entwicklung, z.B. durch die Ausarbeitung von Methoden der ›Wissens-Elizitation‹.

Wie aber sieht eine arbeitsorientierte KI-Forschung aus? Analog zu den schon erwähnten Überlegungen zu einer ›sanften Technik‹ wäre zu fordern, daß die einer solchen Forschungsrichtung entspringenden Produkte die Prozesse menschlichen Lebens und Zusammenlebens nicht stören dürften, im Sinne neuer Großtechnologie und neuer zentralistischer Organisationen. Sie müßten vielmehr leicht zu durchschauende und problemlos zu benutzende Hilfen in solchen Prozessen sein. Sie hätten die Autonomie der Individuen und Gruppen sowie die sozialen Kontakte zu fördern und nicht zu behindern. Und sie müßten in Produktion und Gebrauch Folgen eines behutsamen Umgangs mit der Natur sein.

Es gibt solche Konzepte in der Informatik. Ich erinnere etwa an die Überlegungen zur Unterstützung menschlicher Kooperation bei Winograd und Flores (1989), an Coys Konzept der ›Soft Engines‹ (1992) oder an das Plädoyer für ›kleine Systeme‹, wie es von Siefkes (1992) formuliert wird.

Produkte einer solchen KI-Forschung lassen sich in das oben skizzierte arbeitsorientierte Gestaltungskonzept einordnen. Dies bedeutet aber, daß sie nicht den

Anspruch erheben dürfen, den Menschen dort zu ersetzen, wo seine Entscheidung und Verantwortung von Bedeutung ist. Der Einsatz von Entscheidungsautomaten ist nur sinnvoll, wo es nicht um den Ersatz von Handlungen mit bewußten und selbständigen Zielen geht, sondern um den Ersatz von Operationen, also von untergeordneten Teilen derartiger Handlungen, wobei diese Teile nicht durch eigenständige Zielsetzungen und Entscheidungen gekennzeichnet sind (vgl. Volpert, 1992).

Es sei zugestanden, daß ein solches Prinzip in seiner Konkretisierung durchaus Schwierigkeiten machen kann. Eines aber ist deutlich: Wenn man es ernst nimmt, muß auch auf jeden Anspruch und jedes Versprechen verzichtet werden, einen handelnden und entscheidenden Menschen ersetzen zu wollen, und sei es auch ein ›Assistent‹ oder ›Diener‹ (denn auch die Handlungen menschlicher Assistenten oder Diener lassen sich nicht auf Operationen reduzieren). Da eine enge Beziehung zwischen einem solchen Ersetzungs-Versprechen besteht und der Behauptung, komplexe Denk- oder Handlungsprozesse des Menschen durch maschinelle Programmsysteme strukturidentisch abzubilden, ist auch diese Behauptung mit einer arbeitsorientierten KI-Forschung nicht vereinbar.

Solche Forderungen berühren zentrale Aspekte des Selbstverständnisses und des Forschungsprogramms der ›Künstlichen Intelligenz‹ – wie das auch für andere Bereiche der Hochtechnologie und die korrespondierenden Formen ›sanfter‹ Technik gilt. Andererseits würde es aber die Diskussion um diesen Forschungsbereich erheblich entlasten, wenn man den inhaltlich unsinnigen, eindeutig ideologischen sowie ethische Probleme aufwerfenden Nachbildungs- und Ersetzungsanspruch in der skizzierten Weise aufgeben würde. Wie etwa Winograd und Flores (1989) deutlich gemacht haben, würden entsprechend veränderte Projekte den KI-Forscher keineswegs arbeitslos machen, sondern vielmehr eine Reihe neuer und interessanter Perspektiven eröffnen.

4. Humankriterien für die Gestaltung von Arbeitsaufgaben

Im folgenden sollen noch einige Anmerkungen zu dieser Perspektive gemacht werden. In einem Projekt zur ›Kontrastiven Arbeitsanalyse‹, von welcher schon die Rede war, haben wir aus der Maxime ›Die menschlichen Stärken schützen und fördern!‹ Leitlinien für die Gestaltung sinnvoller und humaner Arbeitstätigkeiten abgeleitet. Wir gingen dabei in drei Schritten vor:

Im 1. *Schritt* wurden die *Stärken des Menschen* in Form von drei *Prinzipien* formuliert:

- das Prinzip der *eigenen Entwicklungswege:* Hier geht es um die persönlichen Entfaltungs- und Gestaltungsspielräume bei der Arbeit und darüber hinaus. Innerhalb solcher Spielräume und in der Auseinandersetzung mit ihren Grenzen gehen die Menschen ihren jeweils individuellen und selbstbestimmten Weg.

- das Prinzip des *leiblichen In-der-Welt-Seins:* Der Mensch existiert als körperliches Wesen, mit seinen vielfältigen Sinnen, nicht als Elektronengehirn und auch nicht als computergesteuerter Panzer. Er begreift die Welt, indem er sie be-greift.

- das Prinzip der *sozialen Eingebundenheit:* Wir erfahren Selbstverwirklichung wesentlich im Zusammensein mit anderen. Auch wenn wir ganz allein sind, leben wir in einer Kultur und in einer Gesellschaft.

Im 2. Schritt wurden aus diesen Prinzipien neun *Humankriterien* abgeleitet (aus den ersten beiden Prinzipien je vier und aus dem dritten Prinzip schließlich das letzte): Arbeitsaufgaben, welche die Besonderheiten und Stärken des Menschen berücksichtigen, müssen

- einen großen Handlungs- und Entscheidungsspielraum haben,

- dazu einen angemessenen zeitlichen Gestaltungsspielraum bieten,

- sie müssen Angebote zur persönlich geprägten Erfassung und Bewältigung von Anforderungen im Sinne einer Strukturierbarkeit machen und

- frei von Behinderungen sein.

- Sie erfordern ausreichende körperliche Aktivität,

- damit die Beanspruchung vielfältiger Sinnesqualitäten und

- einen konkreten Umgang mit realen Gegenständen (bzw. den direkten Bezug zu sozialen Bedingungen).

- Humane Arbeitsaufgaben müssen darüber hinaus Variationsmöglichkeiten bieten, und sie müssen schließlich

- die soziale Kooperation und unmittelbare zwischenmenschliche Kontakte ermöglichen und fördern.

Im *3. Schritt* erarbeiteten wir einen Leitfaden zur Analyse computergestützter Arbeitsaufgaben, den – nach entsprechender Einweisung – jeder anwenden kann, der mit solchen Arbeitsaufgaben zu tun hat und sie im Hinblick auf die genannten Humankriterien bewerten und gestalten will (Dunckel u. a., 1993).

5. Die Metapher der Arbeitsunterlagen

Um Ansatzpunkte für eine arbeitsorientierte KI-Forschung zu finden, möchte ich mich zunächst dem ersten der genannten Prinzipien und den daraus abgeleiteten ersten vier Humankriterien zuwenden. Man kann feststellen, daß moderne Software-Systeme – soweit sie etwa Coys Konzept der ›Soft Engines‹ folgen – durchaus positive Möglichkeiten im Hinblick auf diese Kriterien liefern:

- Stand-alone-Programme mit breitem Anwendungsspektrum und benutzerfreundlicher Dialog-Gestaltung sind zum Einsatz bei Arbeitsaufgaben mit größerem Handlungsspielraum gut geeignet; sie können eigenständige Entscheidungen des Arbeitenden fördern.

- Dies ist auch eine Vorbedingung für einen befriedigenden zeitlichen Spielraum.

- Wenn die Systeme sinnvolle und nicht von der Aufgabe ablenkende Möglichkeiten der Programmierung (etwa über Makros) liefern und auch in anderer Hinsicht adaptierbar (nicht selbstadaptierend!) sind, können sie positive Auswirkungen auf die Strukturierbarkeit der Aufgabe haben.

- Wenn sie fehlerfreundlich sind und die Konzentration auf die Aufgabe (und nicht auf die Maschinerie) ermöglichen, tragen sie zum Kriterium der Freiheit von Regulationsbehinderungen bei.

Eine wichtige Hilfe bei der Konstruktion solcher, die genannten Kriterien unterstützenden Programmsysteme ist offenbar die Verwendung vernünftiger und nachvollziehbarer Metaphern (vgl. Mambrey & Tepper, 1992), wie es etwa die Desktop-Metapher ist. (Natürlich haben solche Metaphern auch ihre Beschränkungen und Grenzen, mit denen man umgehen können muß.)

Wenn ich nun vor allem an den Arbeitsplatz eines Experten denke und den Experten dabei in einem sehr weiten Sinne verstehe – vom technisch versierten Facharbeiter bis hin zum Wissenschaftler –, dann gibt es für solche Experten Programmsysteme der beschriebenen Art

- für Formen des Entwurfs eigener Produkte bis hin zum Desktop Publishing,

- für die Durchführung von Berechnungen und Zeichnungen im Entwurfsprozeß,

- für die Verdeutlichung komplexer und die Veranschaulichung dynamischer Vorgänge, die man bei der Aufgabenbewältigung berücksichtigen muß.

Solche Systeme beziehen sich überwiegend auf die aktuelle Aufgabenbewältigung, wie man sie eben auf dem ›Desktop‹, der Schreibtisch-Oberfläche vornimmt. Davon zu unterscheiden ist der Umgang mit *Arbeitsunterlagen,* also mit all jenen externalisierten Gedächtnisstützen, die ein Experte in der Regel in einigem Umfang und mit unterschiedlicher Strukturiertheit um sich versammelt. Das klassische Angebot der Informationstechnik in diesem Bereich sind die verschiedenen Formen von Datenbanken, die auch in ihren moderneren Varianten überwiegend einer Lexikon-Metapher folgen, also eine (relativ) persistente, einer Sachlogik folgende innere Struktur haben, die keine direkten Beziehungen zu den jeweils konkreten Aufgaben aufweist. Auch wenn man einige Mühe daran verwendet hat, die Suche in diesem Lexikon zu vereinfachen und zu beschleunigen, sind solche Systeme doch recht passiv und träge gegenüber den Bemühungen des Experten, die Arbeitsunterlagen im Hinblick auf die jeweils aktuelle Aufgabe neu zu ordnen. Diese Beschränkung wird durch Hypertext- und Hypermedia-Systeme tendentiell verringert.

Ich denke aber, daß sich noch weitere Möglichkeiten bieten. Wenn man den expertenersetzenden Systemen als positive Alternative die expertenunterstützenden gegenüberstellt (vgl. Coy & Bonsiepen, 1989; Beuschel, 1993), dann lassen sich einige Ansatzpunkte finden. Ich möchte sie mit der *aufgabenbezogenen Strukturierung der Arbeitsunterlagen* umschreiben. Als Metapher könnte man etwa an »Arbeitsunterlagen, die an die jeweilige Aufgabe anpaßbar sind und leicht umstrukturiert werden können‹ denken. Mit Moldaschl (1990) wäre auch von einem ›aktiven Handbuch‹ zu sprechen.

Als Vorbilder für solchermaßen anpaßbare Arbeitsunterlagen könnte man etwa an die Notizen, Zeichnungen, Texte etc. denken, die das ›kreative Chaos‹ in einem Architekturbüro oder einer Schriftsteller-Werkstatt ausmachen – woraus erkennbar wird, daß ein Beiwort wie ›leicht strukturierbar‹ eine höchst relative und wiederum auf die Person des Experten bezogene Sache ist.

Als Möglichkeiten für expertenunterstützende Systeme sind etwa die folgenden Fälle vorstellbar:

- eine _Mustererkennungs-Hilfe:_ Zum adäquaten Erkennen von Mustern gehört das Wissen darum, daß bestimmte Aspekte oder Elemente häufig zusammen auftreten. Dies gilt sowohl für logisch gleichgeordnete als auch für logisch aufeinanderfolgende Prozeßteile. So können etwa verschiedene Symptome zusammentreffen und ergeben dann Syndrome, oder es gibt bewährte Ketten, die von den Symptomen über die Diagnose bis zur Therapie führen. Sofern ein solches Zusammenvorkommen von Einzelteilen explizit gemacht werden kann, ist es schon immer ein guter Kandidat für äußere Gedächtnisstützen gewesen. Besonders hilfreich wären entsprechende Programmsysteme in jenen Gebieten, deren Wissensgrundlagen umfangreich, heterogen und elementarisierbar sind. (Als Beispiel aus dem Bereich der Medizin könnte man etwa an die Allergologie oder die Homöopathie denken.) Wohlgemerkt: Es soll hier nicht um Entscheidungsautomaten gehen, die etwa bei einmal bestimmten Elementen den Vorgang einer Diagnose oder die Wahl einer Therapie vortäuschen. Es sollen nur Hinweise auf das gemeinsame Vorkommen bestimmter Dinge gegeben werden, diese aber möglichst vollständig und gut strukturiert.

- Eine ähnliche Form wäre die _Lückenfindungs-Hilfe:_ Der Experte ist häufig veranlaßt, noch einmal zu überprüfen, ob eine von ihm gefällte Entscheidung (etwa eine bestimmte Diagnose) nicht einen Fehler enthält. Dies vor allem deshalb, weil bestimmte Aspekte nicht berücksichtigt oder auch nicht klar wurden. Das System könnte also beim Bedenken helfen, ob man sich bei der Entscheidung für ein bestimmtes Muster nicht getäuscht hat. Da eine solche Fehlentscheidung meist negative Folgen hätte, spricht Moldaschl (1990, S. 111) in diesem Zusammenhang vom ›Risikominderer‹. Er hält dabei ein Konzept der ›Entscheidungsunterstützung‹ für problematisch, »welches auf die Selektion vorgegebener Alternativen orientiert ist. Das Erzeugen von (subjektiver) Unsicherheit kann unter Bedingungen, wie sie z.B. in Leitwarten von Kraftwerken herrschen, die sicherste Sicherheitsstrategie sein«. Es geht also auch hier im Grundsatz nicht um eine Einschränkung des Handlungsspielraums des Experten, sondern darum, seinen Reflexionsprozeß zu unterstützen. Lediglich bei der Prozeßsteuerung ist daran zu denken, solche Eingriffe maschinell zu verhindern, welche mit Sicherheit zur Havarie führen würden (wobei aber wieder das Problem der Zuverlässigkeit eines solchen automatischen Stops auftritt).

- Wenn das jeweilige Fachgebiet komplex ist und umfangreiche Gedächtnisstützen erfordert, kann auch eine Art komfortables *Konzept- und Entwurfslexikon* hilfreich sein. Mit Hilfe von ebenso einfachen wie flexiblen Zugangsformen könnten durch solche Systeme jene Konzepte und Entwürfe aufgefunden werden, die für die konkrete Aufgabenbewältigung (aber auch für Formen des kreativen ›Spielens‹) relevant sind, wobei dann das jeweils Neugefundene diesen Entwurfs-Speicher weiter anreichern würde. Die Gefahr dabei ist natürlich, daß vieles auf ›Anpassungs-Konstruktionen‹ reduziert wird, daß man also stets alte Deckel für neue Töpfe sucht. Eine solche Gefahr kommt aber im wesentlichen aus der äußeren Situation, etwa dem Kosten- und Zeitdruck. Sie darf durch ein derartiges System nicht gefördert werden.

- Eine Variante davon wäre eine Art *Quellen-Inventar:* eine ebenso leicht zugängliche Sammlung von Hinweisen darauf, in welchen anderen äußeren Gedächtnisstützen Anregungen für das zu finden wären, was man für die Lösung des aktuellen Problems braucht (etwa in Büchern, Videoaufzeichnungen, Skripten usw.). Dabei mag die Perspektive sein, auch all diese anderen Quellen in das Unterstützungssystem mit aufzunehmen.

- An der Grenze zwischen den Metaphern der ›Arbeitsunterlagen‹ und der ›Schreibtisch-Oberfläche‹ steht die *Unterstützung des antizipierenden Probe-Handelns durch Prozeßsimulationen.* Dabei soll es nicht nur darum gehen, einen aktuellen Prozeß zu verdeutlichen – diese, allerdings sehr wichtige Aufgabe, ist der zweiten Metapher zuzuordnen. Vielmehr könnten ›über Simulationstechniken Bedingungen geschaffen werden, die das Durchspielen möglicher Alternativen erlauben, ohne irreversible Fakten zu schaffen. Möglichkeiten und Wirkungen können ausprobiert werden, die nicht vorab festgelegt sind‹ (Moldaschl, 1990, a.a.O). In der simulierenden Veranschaulichung solcher komplexer Prozesse scheint mir generell ein besonderer und noch selten genutzter Vorzug der Computertechnik zu liegen (vgl. Raeithel & Volpert, 1985).

6. Arbeitsunterlagen für Experten-Teams

Soweit einige Überlegungen zur Experten-Unterstützung durch programmgesteuerte Maschinerie. Ich bin bisher von einem fertig ausgebildeten und allein arbeitenden Experten ausgegangen. Diese Einschränkungen lassen sich schnell aufheben. Ich denke, es ist unmittelbar einsichtig, daß Systeme, wie ich sie vorgeschlagen habe, auch in der *Ausbildung* und im Training-on-the-Job sehr nützlich sein können. Ebenso bedeutsam dürfte die Möglichkeit der Unterstützung von *Experten-Teams* sein. Dadurch wird das dritte Prinzip der oben beschriebenen Kontrastiven Arbeitsanalyse angesprochen (und das neunte Kriterium einer persönlichkeitsfördernden Arbeitsgestaltung). Die computergestützte Teamarbeit ist zudem ein

Bereich, der zur Zeit in der Informatik intensiv diskutiert wird (Oberquelle, 1991b). Von Cranach u. a. (1984) haben gezeigt, daß die Struktur von Gruppenhandlungen in vielen Merkmalen der des individuellen Handelns durchaus analog ist. Raeithel (1991) weist darauf hin, daß ein wesentliches Merkmal der Kooperation von Gruppen das Gesamt der gemeinsamen und gemeinsam organisierten Zeichen bzw. Bedeutungen ist. Dabei ist es möglich, daß die Gruppe als ganze mehr ›kann‹ und ›weiß‹ als jedes ihrer Mitglieder. Externalisierte Stützen des Gedächtnisses gehören zweifellos zu diesem gemeinsamen Inventar. Sie spielen sogar eine zentrale Rolle, wenn und so weit sie allen zugänglich sind. Deshalb scheinen mir expertenunterstützende Systeme, die in der oben skizzierten Art einer Arbeitsunterlagen-Metapher folgen, ganz besonders geeignet für Teamarbeit. Dabei ist eben wesentlich, daß diese Systeme allen Team-Mitgliedern zugänglich sein müssen, und zwar sowohl in der Abfrage als auch in der Eingabe neuer Bestandteile des gemeinsamen Vorrats. (Gewisse, ebenfalls gemeinsam verabredete Moderatoren-Funktionen stehen dem nicht entgegen.) Dies würde auch in die von Oberquelle (1991b, S. 54f) entworfene Perspektive der »durch gemeinsame Ressourcen verbundenen, rollenspezifischen Computer-Werkstätten« passen:

- *Mustererkennungs-Hilfen* als externalisierte und formalisierte Bestandteile des gemeinsamen Wissens können eine wesentliche Grundlage gemeinsamer Situations-Interpretationen bilden; die Übernahme neuer Überlegungen von einzelnen und Teilgruppen durch das Team kann durch entsprechende Veränderungen des Systems unterstützt werden.

- In ähnlicher Weise können gemeinsame Erfahrungen in den *Lückenfindungs-Hilfen* niedergelegt werden.

- Allen zugängliche *Konzept- und Entwurfslexika* sowie *Quelleninventare* können ebenso eine wichtige maschinelle Unterstützung für Teamarbeit bilden, da sie Anhaltspunkte für die Vereinheitlichung des Handelns der Gruppenmitglieder bilden.

- *Prozeßsimulationen im Rahmen des antizipierenden Probehandelns* können in Gruppendiskussionen eine unterstützende Rolle spielen, wenn etwa bestimmte Eingriffe und Vorgehensweisen gemeinsam erörtert werden.

All dies kann und muß in einer Weise vor sich gehen, welche dem neunten Humankriterium – dem Erfordernis unmittelbarer zwischenmenschlicher Kommunikation – entspricht. Dies scheint mir aber angesichts des Unterstützungs-Charakters der Systeme durchaus möglich, obwohl sicherlich auch einer Überschätzung der Systeme und einer Reduktion der unmittelbaren Kommunikation innerhalb der Gruppe vorgebeugt werden muß. Wenn man dies aber beachtet, scheinen mir die Vorzüge solcher ›expertenteam-unterstützenden‹ Systeme besonders hervorhebenswert.

7. Einige Skepsis zum Abschluß

Systeme, wie sie hier vorgeschlagen werden, können nicht jene Rationalisierungs-Effekte versprechen, mit denen die expertenersetzenden Systeme so sehr anlocken. Aber die Zahl derer, die den Anspruch aufrechterhalten, daß durch Expertensysteme menschliche Expertise tatsächlich und vollständig nachgebildet werden kann, ist stark im Schwinden begriffen. In der aktuellen Diskussion zu diesem Thema spielen sie kaum mehr eine Rolle – ich denke etwa an das Hearing der Enquete-Kommission ›Technikfolgen-Abschätzung‹ des Deutschen Bundestags zum Thema ›Verantwortung und Haftung beim Einsatz von Expertensystemen‹ 1988 oder an die Diskussion ›KI in der Arbeitswelt – Unterstützung oder Ersatz von Experten‹ im Rahmen des Kongresses ›Software-Ergonomie '91‹. Die eben genannte Enquete-Kommission des Deutschen Bundestags hat in ihrem Bericht über ›Chancen und Risiken des Einsatzes von Expertensystemen in Produktion und Medizin‹ (1990) die Argumente gegen expertenersetzende Systeme säuberlich aufgelistet.

Dennoch findet sich im selben Bericht die folgende Stellungnahme eines Interessenvertreters: »Es werden beide Arten von Expertensystemen gebraucht, auch die 'expertenersetzenden' Systeme, denn es gibt nicht genügend Experten, und es müssen gerade für Nichtexperten Beschäftigungsmöglichkeiten geschaffen werden« (S. 193).

Noch allgemeiner ist die Frage zu stellen, wieviel vom Reiz und der Modernität der KI-Forschung – und damit auch von den enormen Finanzierungsmitteln, die derzeit zur Verfügung stehen – übrig bliebe, wenn die KI ihren Anspruch, das menschliche Denken abbilden und maschinisieren zu können, ernsthaft zurücknähme.

Vor einiger Zeit nahm ich im bayerischen Tutzing an einer Diskussion zu diesem Thema statt. Einer meiner Gesprächspartner war Leiter der Abteilung ›Expertensysteme‹ eines großen Herstellers von Hardware und Software. Wir kamen zu einer guten Übereinstimmung unserer Meinungen, und ich fragte ihn, ob es nicht spannend wäre, es einmal mit einem expertenunterstützenden System zu versuchen. Er antwortete, dies würde ihn inhaltlich sehr ansprechen, er sei sich aber sicher, daß es dafür keine Finanzierungsmöglichkeiten gäbe. Dann erzählte er von dem Projekt, an dem seine Gruppe gerade arbeitete. Es ging um die ›Unterstützung‹ der Kreditsachbearbeiter in einer Bank (und ich denke, er sagte die Anführungszeichen sehr deutlich mit). Der Anlaß für diesen Auftrag war, daß die Geschäftsleitung der Bank den Eindruck hatte, ihre Mitarbeiter würden ihren Handlungsspielraum bei der Kreditvergabe in einer Weise nutzen, die nicht den Intentionen der Leitung entsprach. Kurzum: auch hier war ein expertenersetzendes System gefragt.

Man muß immer genau nachsehen, was mit ›Unterstützung‹ gemeint ist, wenn eine Maschine einen Menschen bei der Arbeit ›unterstützen‹ soll. Expertenteamunterstützende Software-Systeme, wie ich sie zu skizzieren versucht habe, können aber ein positives Beispiel sein und zeigen, daß man mit ›Künstlicher Intelligenz‹ auch etwas Sinnvolles im Rahmen eines Konzeptes ganzheitlicher Arbeitsgestaltung tun kann.

Literatur

Beck, U.: Gegengifte. Die organisierte Unverantwortlichkeit. Frankfurt am Main: Suhrkamp 1988

Becker-Töpfer, E., Rödiger, K.-H.: Expertensysteme und Mitbestimmung. WSI Mitteilungen *43*, 660-667 (1990)

Beuschel, W.: Expertensysteme: Eine Metapher und ihre Wirkungen. InfoTech *5, H. 1*, 48-54 (1993)

Böhle, F.: Grenzen und Widersprüche der Verwissenschaftlichung von Produktionsprozessen. Zur industriesoziologischen Verortung von Erfahrungswissen. In: Malsch, Th., Mill, U. (Hrsg.): ArBYTE. Modernisierung der Industriesoziologie? S. 87-132. Berlin: Edition Sigma 1991

Brödner, P.: Fabrik 2000. Alternative Entwicklungspfade in die Zukunft der Fabrik. Berlin: Edition Sigma 1985

Commission of the European Communities: Science, technology and societies: European priorities. Results and recommendations of the FAST II Programme, a summary report. Brussels: CEC, Directorate-General Science, Research und Development 1989

Coy, W.: Brauchen wir eine Theorie der Informatik? Informatik-Spektrum *12*, 256-266 (1989)

Coy, W.: Soft engines – Mass-produced software for working people? In: Floyd, Ch., Zullighoven, H., Budde, R., Keil-Slawik, R. (Eds.): Software development and reality construction, pp. 269-279. Berlin: Springer 1992

Coy, W., Bonsiepen, L.: Erfahrung und Berechnung. Kritik der Expertensystemtechnik. Berlin: Springer 1989

Cranach, M. v., Ochsenbein, G., Valach, L.: The group as a self-active system. Outline of a theory of group action (Forschungsberichte Nr. 1984-1). Bern: Universität, Psychologisches Institut 1984

Dreyfus, H.L., Dreyfus, E. St.: Künstliche Intelligenz. Von den Grenzen der Denkmaschine und dem Wert der Intuition. Reinbek: Rowohlt 1987

Dunckel, H., Volpert, W., Zölch, M., Kreutner, U., Pleiss, C., Hennes, K.: Kontrastive Aufgabenanalyse im Büro. Der KABA-Leitfaden. Zürich: Verlag der Fachvereine; Stuttgart: Teubner 1993

Enquête-Kommission ›Gestaltung der technischen Entwicklung; Technikfolgen-Abschätzung und -Bewertung‹ gemäß Beschluß des Deutschen Bundestages vom 5. Nov. 1987. Bericht: Chancen und Risiken des Einsatzes von Expertensystemen in Produktion und Medizin. Bonn: Deutscher Bundestag, 11. Wahlperiode, Drucksache 11/10.8.1990

Feigenbaum, E.A., McCorduck, P.: Die fünfte Computer-Generation. Künstliche Intelligenz und die Herausforderung Japans an die Welt. Basel: Birkhauser 1984

Illich, I.: Selbstbegrenzung. Eine politische Kritik der Technik. Reinbek: Rowohlt 1975

Karasek, R., Theorell, T.: Healthy work. Stress, productivity and the reconstruction of working life. New York: Basic Books 1990

Lutz, B., Moldaschl, M.: Expertensysteme und industrielle Facharbeit. Frankfurt am Main: Campus 1989

Mambrey, P., Tepper, A.: Metaphern und Leitbilder als Instrument. Beispiele und Methoden. Sankt Augustin: Ges. f. Mathematik u. Datenverarbeitung 1992

Moldaschl, M.: Das Modell ist gut, nur die Realität ist schlecht. Technische Rundschau, *H. 49*, 104-112 (1990)

Moldaschl, M.: Frauenarbeit oder Facharbeit? Montagerationalisierung in der Elektroindustrie II. Frankfurt am Main: Campus 1991

Oberquelle, H.: MCI - Quo vadis? Perspektiven für die Gestaltung und Entwicklung der Mensch-Computer-Interaktion. In: Ackermann, D., Ulich, E. (Hrsg.): Software-Ergonomie '91. Benutzer-orientierte Software-Entwicklung, S. 9-24. Stuttgart: Teubner 1991a

Oberquelle, H.: Perspektiven der Mensch-Computer-Interaktion und kooperative Arbeit. In: Frese, M., Kasten, Chr., Skarpelis, K., Zang-Scheucher, B. (Hrsg.): Software für die Arbeit von morgen. Bilanz und Perspektiven anwendungsorientierter Forschung, S. 45-56. Berlin: Springer 1991b

Raeithel, A.: Zur Ethnographie der kooperativen Arbeit. In: Oberquelle, H. (Hrsg.): Kooperative Arbeit und Computerunterstützung. Stand und Perspektiven, S. 99-111. Tübingen: Verlag für Angewandte Psychologie 1991

Raeithel, A., Volpert, W.: Aneigung der Computer oder Telematik-Monokultur? Zeitschrift für Sozialisationsforschung und Erziehungssoziologie *5*, 205-221 (1985)

Rödiger, K.-H., Coy, W., Feuerstein, G., Günther, R., Langenheder, W., Mahr, B., Molzberger, P., Przybylski, H., Röpke, H., Senghaas-Knobloch, E., Volmerg, B., Volpert, W., Weber, H., Wiedemann, H.: Informatik und Verantwortung. Informatik-Spektrum *12*, 281-289 (1985)

Schumacher, E.F.: Die Rückkehr zum menschlichen Maß. Alternativen für Wirtschaft und Technik. Reinbek: Rowohlt 1977

Siefkes, D.: Formale Methoden und kleine Systeme. Lernen, leben und arbeiten in formalen Umgebungen. Braunschweig: Vieweg 1992

Ulich, E.: Arbeitspsychologie. Zürich: Verlag der Fachvereine; Stuttgart: Poeschel 1991

Verein Deutscher Ingenieure VDI: Handlungsempfehlung: Sozialverträgliche Gestaltung von Automatisierungsvorhaben. Düsseldorf: VDI 1989

Volpert, W.: Zauberlehrlinge. Die gefährliche Liebe zum Computer (3. Aufl.). München: dtv 1988

Volpert, W.: Welche Arbeit ist gut für den Menschen? Notizen zum Thema Menschenbild und Arbeitsgestaltung. In Frei, F., Udris, I. (Hrsg.): Das Bild der Arbeit, S. 23-40. Bern: Huber 1990

Volpert, W.: Wie wir handeln – was wir können. Ein Disput als Einführung in die Handlungspsychologie. Heidelberg: Asanger 1992

Volpert, W.: Von der Software-Ergonomie zur Arbeitsinformatik. In: Rödiger, K.-H. (Hrsg.): Software-Ergonomie '93. Von der Benutzungsoberfläche zur Arbeitsgestaltung, S. 51-65. Stuttgart: Teubner 1993

Winograd, R., Flores, F.: Erkenntnis Maschinen Verstehen. Zur Neugestaltung von Computersystemen. Berlin: Rotbuch 1989

DEN GEIST KONSTRUIEREN VS. DAS GEHIRN MODELLIEREN: DIE KI KEHRT ZU EINEM SCHEIDEWEG ZURÜCK.
Perspektiven und Grenzen der Künstlichen Intelligenz aus philosophischer Sicht

HUBERT DREYFUS

In den frühen fünfziger Jahren, als die ersten Computer aufkamen, begann einigen vorausschauenden Denkern klar zu werden, daß digitale Computer mehr können, als nur Zahlen zusammenzurechnen. Zu diesem Zeitpunkt entstanden zwei einander entgegengesetzte Visionen, was ein Computer sein könnte, jede mit einem ihr verbundenen Forschungsprogramm und jede um Anerkennung ringend. Das eine betrachtete den Computer als ein System für die Manipulation mentaler Symbole, das andere als ein Medium für die Modellierung des Gehirns. Das eine wollte Computer verwenden, um eine formale Repräsentation der Welt zu erreichen; das andere, um Interaktionen von Neuronen zu simulieren. Das eine nahm ›Problemlösung‹ als sein Paradigma für Intelligenz, das andere ›Lernen‹. Das eine machte sich die Gesetze der Logik zunutze, das andere Statistik. Die eine Schule war der rationalistischen und reduktionistischen philosophischen Tradition verpflichtet, die andere betrachtete sich selbst als idealisierende, holistische Neurophysiologie.

Die Losung der ersten Gruppe lautete, daß sowohl der Geist als auch digitale Computer physikalisch-symbolische Systeme seien. Um 1955 kamen Allen Newell und Herbert Simon, die bei der RAND Corporation arbeiteten, zu dem Schluß, daß die Bitfolgen, die von einem digitalen Computer verarbeitet werden, für beliebige Dinge stehen können – natürlich für Zahlen, aber auch für Merkmale der realen Welt. Darüber hinaus könnten Programme als Regeln verwendet werden, die Beziehungen zwischen diesen Symbolen repräsentieren, so daß das System weitere Fakten über die repräsentierten Objekte und ihre Beziehungen ableiten kann. Wie Newell es kürzlich in seinem Überblick über die Geschichte der KI-Forschung zusammenfasste:

»Der ›digitale Rechner‹-Bereich definierte Computer als Maschinen, die Zahlen manipulieren. Die entscheidende Sache dabei war, wie Anhänger erklärten, daß beliebige Dinge als Zahlen kodiert werden können, sogar Anweisungen. Im Gegensatz dazu betrachteten die KI-Forscher Computer als Maschinen, die Symbole manipulieren. Die entscheidende Sache dabei war, wie sie sagten, daß beliebige Dinge als Symbole kodiert werden können, sogar Zahlen.«[1]

Diese Betrachtungsweise von Computern wurde zur Grundlage der Betrachtungsweise des menschlichen Geistes. Newell und Simon stellten die Hypothese auf, daß das menschliche Gehirn und der digitale Computer, obwohl bezüglich Struktur und Mechanismus gänzlich verschieden, auf einer angemessenen Abstraktionsebene eine gemeinsame funktionale Beschreibung besässen. Auf dieser Ebene könnten das menschliche Gehirn und ein angemessen programmierter Computer als zwei verschiedene Realisierungen ein und desselben Apparats gesehen werden – eines Apparats, der intelligentes Verhalten hervorbringt, indem er unter Verwendung formaler Regeln Symbole manipuliert. Newell und Simon formulierten ihre Sichtweise als Hypothese:

»Die These vom physikalisch-symbolischen System: Ein physikalisch-symbolisches System verfügt über die notwendigen und hinreichenden Mittel für allgemeines intelligentes Verhalten. Mit ›notwendig‹ meinen wir, daß jedes beliebige System, das allgemeines intelligentes Verhalten zeigt, sich bei seiner Analyse als physikalisch-symbolisches System herausstellen wird. Mit ›hinreichend‹ meinen wir, daß jedes beliebige physikalisch-symbolische System hinreichender Größe weitergehend so organisiert werden kann, daß es allgemeines intelligentes Verhalten zeigt.«[2]

Newell und Simon verfolgten die Wurzeln ihrer Hypothese zurück bis Frege, Russel und Whitehead [3]; allerdings sind Frege und seine Mitstreiter wiederum die Erben einer langen atomistischen und rationalistischen Tradition. Bereits Descartes nahm an, daß alles Verstehen im Bilden und Manipulieren angemessener Repräsentationen besteht, daß diese Repräsentationen in einfache Elemente (*naturas simples*) zerlegbar sind und daß alle Phänomene als komplexe Kombinationen dieser einfachen Elemente aufgefaßt werden können. Darüber hinaus ging Hobbes zur selben Zeit implizit davon aus, daß es sich bei diesen Elementen um formale Elemente handelt, die vermittels rein syntaktischer Operationen miteinander in Beziehung stehen, so daß Urteilen auf Rechnen reduzierbar ist. »Wenn ein Mensch *urteilt*, tut er nichts anderes, als eine Gesamtsumme aus der Addition mehrerer Posten zu ziehen«, schrieb Hobbes, »denn *urteilen*... ist nichts anderes als Rechnen ...«.[4] Leibniz schließlich suchte beim Herausarbeiten der klassischen Idee der Mathesis – der Formalisierung von allem und jedem – nach Unterstützung bei der Entwicklung eines universellen Symbolsystems, so daß »man jedem Gegenstand

---

[1] Newell Allen: Intellectual Issues in the History of Artificial Intelligence. In: Machlup, F., Mansfield, U.(Eds.): The Study of Information: Interdisciplinary Messages, S. 196. New York: Wiley 1983

[2] Newell, A., Simon, H.: Computer Science as Empirical Inquiry: Symbols and Search. Reprint in Haugeland, J. (Ed.): Mind Design, S. 41, Cambridge, MA: MIT Press 1981

[3] Ebd. S.42.

[4] Hobbes: Leviathan. Stuttgart: Reclam 1970

seine bestimmte charakteristische Zahl zuweisen kann.« [5] Leibniz zufolge zerlegen wir beim Verstehen Begriffe in einfachere Elemente. Damit ein unendlicher Rückgriff auf immer einfachere Elemente vermieden wird, müssen letzte einfache Elemente existieren, in deren Begriffen alle komplexen Begriffe gedacht werden können. Darüber hinaus müssen, wenn diese Begriffe sich auf die Welt beziehen sollen, einfache Merkmale existieren, die von diesen Elementen repräsentiert werden. Leibniz stellte sich »eine Art Alphabet der menschlichen Gedanken« [6] vor, dessen »Buchstaben, wenn sie in Beweisen verwendet werden, eine bestimmte Form von Verbindung, Anordnung und Reihenfolge besitzen, die sich auch in den Objekten wiederfindet.« [7]

Ludwig Wittgenstein, der von Frege und Russel kommt, formulierte die reine Form dieser syntaktischen, repräsentationellen Sichtweise der Beziehung zwischen Geist und Wirklichkeit in seinem *Tractatus Logico-Philosophicus.* Er definierte die Welt als die Totalität logisch unabhängiger atomarer Fakten. Diese Fakten, ihre Konstituenten und ihre logischen Beziehungen seien im Geist repräsentiert:

»2.1 Wir machen uns Bilder der Tatsachen.

2.15 Daß sich die Elemente des Abbildes in bestimmter Art und Weise zueinander verhalten, bedeutet, daß sich die Dinge selbst so zueinander verhalten.« [8]

Die KI-Forschung läßt sich als der Versuch ansehen, diese primitiven Elemente und logischen Beziehungen im Subjekt (Mensch oder Maschine) ausfindig zu machen, welche die einfachen Objekte und ihre Beziehungen widerspiegeln, die die Welt ausmachen. Die Hypothese vom physikalisch-symbolischen System von Newell und Simon wendet in der Tat die Wittgenstein'sche Vision – welche bereits die Kulmination der klassischen rationalistischen philosophischen Tradition darstellt – in eine empirische Behauptung und gründet auf ihr ein Forschungsprogramm.

Die entgegengesetzte Intuition, daß wir damit beginnen sollten, Künstliche Intelligenz durch die Modellierung des Gehirns und nicht seiner symbolischen Repräsentation der Welt zu erzeugen, war nicht von der Philosophie inspiriert, sondern von dem, was bald darauf Neurophysiologie genannt werden sollte. Sie war direkt von der Arbeit D. O. Hebbs inspiriert, der 1949 die Vorstellung anregte, daß eine Masse von Neuronen lernfähig sei, falls sich, wenn Neuron A und Neuron B gleichzeitig gereizt werden, die Verbindung zwischen diesen beiden Neuronen verstärkt.

---

[5] Leibniz, G. W.: Philosophische Werke: Hauptschriften zur Grundlegung der Philosophie, S.30. Hamburg: Meiner 1904

[6] Ebd. S.32.

[7] Ebd.

[8] Wittgenstein, L.: Tractatus Logico-Philosophicus. In: Wittgenstein, L.: Schriften 1. Frankfurt: Suhrkamp 1980

Dieser Hinweis wurde von Frank Rosenblatt weiterverfolgt, der argumentierte, daß intelligentes Verhalten, das auf unserer Repräsentation der Welt basiert, wahrscheinlich schwer zu formalisieren sei und die KI-Forschung stattdessen versuchen sollte, die Prozeduren zu automatisieren, mit denen ein Netzwerk von Neuronen lernt, Muster zu erkennen und angemessen zu reagieren. Wie Rosenblatt es formulierte:

»Die implizite Annahme [des symbolmanipulierenden Forschungsprogramms] besteht darin, daß es relativ einfach ist, das gewünschte Verhalten, welches das System ausführen soll, zu spezifizieren, und daß die eigentliche Aufgabe dann darin besteht, einen Apparat oder Mechanismus zu entwerfen, der dieses Verhalten tatsächlich ausführt... [E]s ist jedoch sowohl einfacher als auch ökonomischer, das *physikalische System* zu axiomatisieren und dieses System dann analytisch zu untersuchen, um sein Verhalten zu bestimmen, als das *Verhalten* zu axiomatisieren und dann mittels logischer Synthese ein physikalisches System zu entwerfen.« [9]

Man kann den Unterschied zwischen den beiden Forschungsprogrammen auch so formulieren, daß diejenigen, die symbolische Repräsentationen anstrebten, nach einer formalen Struktur suchten, die dem Rechner die Möglichkeit geben würde, eine gewisse Klasse von Problemen zu lösen oder bestimmte Typen von Mustern zu unterscheiden, während Rosenblatt einen physikalischen Apparat bauen oder einen solchen Apparat auf einem digitalen Computer simulieren wollte, der dann seine eigenen Fähigkeiten entwickeln könnte.

»Viele der Modelle, von denen bislang die Rede war, beschäftigen sich mit der Frage, welche logische Struktur ein System besitzen muß, um eine Eigenschaft *X* zu zeigen. Es handelt sich hierbei wesentlich um eine Frage über ein statisches System. ...

Eine alternative Herangehensweise an die Frage lautet: Welche Art von System kann eine Eigenschaft *X entwickeln?* Ich bin der Meinung, daß sich für eine Reihe interessanter Fälle zeigen läßt, daß die zweite Frage beantwortet werden kann, ohne eine Antwort auf die erste Frage zu besitzen.« [10]

Beide Forschungsansätze begannen mit unmittelbarem und aufsehenerregendem Erfolg. Newell und Simon gelang 1956 die Programmierung eines Computers mit Hilfe symbolischer Repräsentationen, der in der Lage war, einfache Rätsel zu lösen und Theoreme der Aussagenlogik zu beweisen. Auf der Grundlage dieser frühen eindrucksvollen Ergebnisse machte es den Anschein, als würde sich die These vom physikalisch-symbolischen System bestätigen, und Newell und Simon waren verständlicherweise in euphorischer Stimmung. Sie verkündeten:

---

[9] Rosenblatt, F.: Strategic Approaches to the Study of Brain Models. In von Foerster, H.: Principles of Self-Organisation, S.386. Pergamon Press: 1962

[10] Ebd. S.387.

»Wir verfügen nunmehr über die Elemente einer Theorie des heuristischen (im Gegensatz zum algorithmischen) Problemlösens; und wir können diese Theorie sowohl als Beitrag zum Verständnis menschlicher heuristischer Prozesse wie auch für die Simulation solcher Prozesse auf digitalen Computern verwenden. Intuition, Verstehen und Lernen sind nicht länger ausschließlich dem Menschen vorbehalten: jeder Hochgeschwindigkeitsrechner kann so programmiert werden, daß er diese Eigenschaften ebenfalls zeigt.«[11]

Rosenblatt setzte seine Ideen in einen Typ von Apparat um, den er als *Perceptron* bezeichnete. Im Jahr 1956 war er in der Lage, ein Perceptron so zu trainieren, daß es gewisse Typen von Mustern als ähnlich identifizieren und von anderen nicht ähnlichen Mustern unterscheiden konnte. 1959 war er ebenfalls optimistisch und hatte das Gefühl, daß sein Ansatz gerechtfertigt sei:

»Es scheint nun klar zu sein, daß das ... Perceptron eine neue Art eines informationsverarbeitenden Automaten einführt: Zum ersten Mal besitzen wir eine Maschine, die fähig ist, eigene Ideen zu entwickeln ... Konzeptionell würde sich ergeben, daß mit dem Perceptron Möglichkeit und Prinzip nicht-menschlicher Systeme etabliert worden sind, die menschliche kognitive Funktionen beinhalten... Die Zukunft informationsverarbeitender Apparate, die auf statistischen statt auf logischen Prinzipien beruhen, scheint eindeutig angezeigt.«[12]

In den frühen sechziger Jahren machten beide Ansätze einen gleich vielversprechenden Eindruck, und beide machten sich durch übertriebene Versprechungen gleichermaßen angreifbar. Auf diesem Hintergrund fiel der Ausgang der internen Auseinandersetzung zwischen den beiden Forschungsprogrammen überrachend asymmetrisch aus. Um 1970 war die Forschung zur Simulation des Gehirns, die ihr Paradigma im Perceptron gefunden hatte, auf ein paar vereinzelte, unzureichend geförderte Anstrengungen zusammengeschrumpft, während diejenigen, die vorgeschlagen hatten, digitale Computer als Symbol-Manipulatoren zu verwenden, die nicht hinterfragte Kontrolle über die Ressourcen, Doktorarbeiten, Zeitschriften, Symposien usw. besaßen, die ein florierendes Forschungsprogramm kennzeichnen.

Beide Forschungsansätze hatten Ideen, die es wert waren, weiterverfolgt zu werden, und beide waren mit tiefen, unerkannten Problemen behaftet. Jede Position hatte ihre Kritiker, und was sie sagten, war im wesentlichen dasselbe: beide Ansätze hatten bewiesen, daß sie gewisse einfache Probleme lösen können, aber es gab keinen Grund anzunehmen, daß eine der beiden Gruppen in der Lage sein würde, ihre Methode auf die Komplexität der wirklichen Welt zu extrapolieren. Tatsächlich deutete einiges darauf hin, daß mit wachsendem Umfang der Aufgaben

---

[11] Simon, H., Newell, A.: Heuristic Problem Solving: The Next Advance in Operations Research. In: Operations Research, Vol. *6*, S. 6 (1958)

[12] Rosenblatt, F.: Mechanisation of Thought Processes. Proceedings of a Symposium held at the National Physical Laboratory. Vol. *1*, S.449. London (1958)

der in beiden Ansätzen erforderliche Rechenaufwand exponentiell ansteigen würde und somit schnell nicht mehr zu bewältigen wäre. Marvin Minsky und Seymour Papert bemerkten 1969 über Rosenblatt's Perceptron:

»Die Maschinen bearbeiten sehr einfache Probleme ziemlich gut, fallen jedoch schnell ab, sobald die ihnen zugewiesenen Aufgaben schwieriger werden.« [13]

Drei Jahre später kam Sir James Lighthill nach einer Untersuchung über die Arbeit an heuristischen Programmen wie denen von Simon und Minsky zu einer verblüffend gleichlautenden pessimistischen Einschätzung:

»Viele Forscher in der KI und in verwandten Bereichen gestehen ein ausdrückliches Gefühl der Enttäuschung ein, was das Ergebnis der Arbeit der letzen fünfundzwanzig Jahre betrifft. Die Forscher betraten das Feld um 1950, manche sogar erst um 1960, mit großen Erwartungen, die 1972 weit von ihrer Erfüllung entfernt sind. In keinem Teilbereich der KI haben die bisherigen Entdeckungen den großen Durchbruch gebracht, der versprochen worden war...

Als ein sehr allgemeiner Grund für die erlebten Enttäuschungen läßt sich angeben, daß versäumt wurde, die Implikationen der ›kombinatorischen Explosion‹ wahrzunehmen. Diese stellt ein allgemeines Hindernis für die Konstruktion eines ... Systems mit einer großen Wissensbasis dar und rührt vom explosiven Wachstum jeden kombinatorischen Ausdrucks her, der die Anzahl möglicher Gruppierungen der Elemente der Wissensbasis anhand spezifischer Regeln beschreibt, welches in dem Maße zu beobachten ist, in dem die Wissensbasis anwächst.« [14]

Wie David Rumelhart es kurz und bündig zusammenfaßt: »Die kombinatorische Explosion holt dich früher oder später ein, obwohl bei der Parallel-Verarbeitung manchmal auf anderen Wegen als seriell.« [15] Beide Seiten waren, wie Jerry Fodor es einmal ausdrückte, in ein dreidimensionales Schachspiel gegangen in dem Glauben, es wäre Tic-Tac-Toe. Warum dann, zu einem so frühen Zeitpunkt des Spiels, mit so wenig Bekanntem und so vielem zu Lernenden, ein derartiger Triumph des einen Forschungsteams ganz auf die Kosten des anderen? Warum wurde an diesem entscheidenden Scheideweg das symbol-repräsentierende Projekt zum einzigen Spiel?

Jeder, der die Geschichte der KI-Forschung kennt, wird in der Lage sein, den wahrscheinlichen Grund zu benennen. Um 1965 begannen Minsky und Papert, die am MIT (Massachusettes Institute of Technology) ein Laboratorium leiteten, das dem symbol-manipulierenden Ansatz zugewandt war, und die deshalb mit dem Perceptron-Projekt um Unterstützung konkurrierten. Sie brachten ein Buch in Umlauf, welches das Perceptron direkt angriff. Ihr Angriff war gleichzeitig ein phi-

---

[13] Marvin Minsky und Seymour Papert, Perceptrons: An Introduction to Computational Geometry, S. 19. Cambridge, MA: MIT Press 1969

[14] Lighthill, Sir J.: Artificial Intelligence: A General Survey. In Artificial Intelligence: a paper symposium. London : Science Research Council 1973

[15] Rumelhard, D. E., McClelland, J. L., op. cit. S.158.

losophischer Kreuzzug. Sie bemerkten ganz richtig, daß das althergebrachte Vertrauen auf die Reduktion auf logische Primitiva dabei war, von einem neuen Holismus in Zweifel gezogen zu werden.

»Beide genannten Autoren wurden (zunächst jeder für sich, danach gemeinsam) von einem in gewisser Hinsicht therapeutischen Zwang getrieben: etwas zu vertreiben, von dem wir fürchteten, es wäre der erste Schatten einer ›holistischen‹ oder ›Gestalt‹ -Mißkonzeption, welche die Gebiete von Technik und Künstlicher Intelligenz zu erobern drohte, wie sie vorher die Biologie und Psychologie erobert hatte.«[16]

Sie hatten durchaus recht. Künstliche neuronale Netze erlauben nicht immer die Interpretation ihrer verborgenen Knoten in Begriffen von Eigenschaften, die ein menschliches Wesen erkennen und für die Lösung des Problems nutzen könnte, obwohl dies in manchen Fällen möglich ist. Während das Modellieren neuronaler Netze selbst keinem der beiden Standpunkte verpflichtet ist, kann gezeigt werden, daß die Interpretation der verborgenen Knoten keine Assoziation *erfordert*. Holisten wie Rosenblatt nahmen mit Freude auf, daß individuelle Knoten oder Knoten-Anordnungen keine feststehenden Merkmale des Bereichs repräsentieren.

Der Angriff von Minsky und Papert auf das Gestalt-Denken in der KI hatte über ihre wildesten Träume hinaus Erfolg. Praktisch jeder in der KI-Forschung nahm an, daß neuronale Netze für immer beiseite gelegt worden seien. Rumelhard und McClelland bemerken:

»Minsky und Papert's Analyse der Grenzen des *ein-Ebenen-Perceptrons* genügte – zusammen mit einigen der frühen Erfolge des symbolverarbeitenden Ansatzes in der Künstlichen Intelligenz –, um eine große Anzahl von in der KI tätigen Menschen davon zu überzeugen, daß Perceptron-ähnliche Rechenmaschinen für die Künstliche Intelligenz und kognitive Psychologie keine Zukunft haben.«[17]

Aber warum reichte dies aus? Beide Ansätze hatten einige vielversprechende Arbeit geleistet und einige unbegründete Versprechungen gemacht.[18] Es war zu früh, um einem der beiden Ansätze die Aufmerksamkeit zu entziehen. Anscheinend traf irgendetwas in dem Buch von Minsky und Papert einen empfindlichen Nerv. Scheinbar teilten die KI-Forscher das quasi-religiöse philosophische Vorurteil gegen den Holismus, welches den Angriff motiviert hatte. Die Kraft der Tradition läßt sich beispielsweise in Newell und Simon's Artikel über physikalisch-symbolische Systeme beobachten. Der Artikel beginnt mit der wissenschaftlichen *Hypothese*, daß der Geist und der Computer intelligent seien, weil sie diskrete Symbole manipulieren, endet jedoch mit einer Entdeckung: »Das Studium von Logik und

---

[16] Ebd. S.19.

[17] Rumelhard und McClelland, op. cit., S.112.

[18] Eine Untersuchung über die tatsächlichen Erfolge der symbol representation bis 1970 findet sich in Dreyfus, H.: Was Computer nicht können. Königstein: Athenäum 1985

Computern hat uns offenbart, daß Intelligenz auf physikalisch-symbolischen Systemen beruht.« [19]

Mit derartig starken philosophischen Überzeugungen konnte der Holismus nicht konkurrieren. Um 1970 waren neuronale Netze, jedenfalls was die KI betraf, tot. Newell schreibt in seiner Geschichte der KI, daß der Streit um Symbole vs. Zahlen »mit Sicherheit nicht mehr lebendig ist, und dies schon seit geraumer Zeit.« [20]

Es ist jedoch zu einfach, ein anti-holistisches Vorurteil dafür verantwortlich zu machen, daß der konnektionistische Weg geschmäht wurde. Es gibt eine tiefere Art und Weise, in der philosophische Annahmen die Intuition beeinflußt und dazu geführt haben, daß die frühen symbolverarbeitenden Erfolge überschätzt wurden. Es sah damals so aus, als benötigten die Perceptron-Leute einen immensen Umfang mathematischer Analysen und Berechnungen, um selbst die einfachsten Probleme der Mustererkennung zu bewältigen, wie etwa das Unterscheiden horizontaler und vertikaler Linien in den verschiedenen Teilen des Wahrnehmungsfeldes, während es dem symbolmanipulierenden Ansatz ohne größere Anstrengungen gelang, schwere kognitive Aufgaben zu lösen, etwa das Beweisen logischer Theoreme oder Rätsel wie das Kannibalen-Missionars-Problem. Und was noch viel wichtiger war: es schien so, als wären die Forscher an neuronalen Netzen bei den damaligen Rechnerkapazitäten nur zu spekulativer Neurophysiologie und Psychologie in der Lage, während die einfachen Programme der symbolischen Repräsentationisten auf dem Weg zur praktischen Nutzbarkeit waren. Hinter dieser Art und Weise von Einschätzung stand die Annahme, daß Denken und Mustererkennung zwei distinkte Domänen darstellen und daß das Denken von beiden die wichtigere sei.

Dies bringt uns wieder zur philosophischen Tradition zurück. Es waren nicht allein Descartes und seine Nachfolger, die hinter der symbolischen Informationsverarbeitung standen, sondern die gesamte westliche Philosophie. Nach Heidegger ist die traditionelle Philosophie von Beginn an dadurch definiert, daß sie sich auf die Tatsachen konzentriert, die Welt als solche jedoch ›übergeht‹.[21] Das heißt, die Philosophie hat von Beginn an den alltäglichen Kontext menschlicher Aktivität ignoriert bzw. verzerrt.[22] Dieser Zweig der philosophischen Tradition, der von Sokrates zu Plato, zu Descartes, zu Leibniz, zu Kant und zur konventionellen KI verläuft, nimmt darüber hinaus als selbstverständlich an, daß das Verstehen einer Domäne darin besteht, eine *Theorie* dieser Domäne zu haben. Eine Theorie formuliert die Beziehungen zwischen objektiven, *kontextfreien* Elementen (Simples,

---

[19] Newell, A., Simon, H.: Computer Science and Empirical Inquiry, op. cit. S.64.

[20] Op. cit. S.10.

[21] Heidegger, M.: Sein und Zeit. Tübingen: Niemeyer 1979, Abschnitte 14 bis 21. Siehe auch Dreyfus, H.: Being-in-the-world: A Commentary on Division I of Being and Time. Cambridge, MA: MIT Press/Bradford Books 1988

[22] Nach Heidegger ist Aristoteles dem Verständnis der Bedeutung der alltäglichen Tätigkeit näher gekommen als jeder andere Philosoph. Aber selbst Aristoteles verfiel den philosophischen Verzerrungen des Phänomens der Alltagswelt, das dem Alltagsverstand implizit sei.

Primitiva, Merkmalen, Attributen, Faktoren, Datenpunkten usw.) in Begriffen abstrakter Prinzipien (die von Gesetzen, Regeln, Programmen usw. erfaßt werden).

Plato hielt daran fest, daß in theoretischen Domänen wie der Mathematik und eventuell der Ethik der Denkende explizite, kontextfreie Regeln oder Theorien anwendet, die er in einem anderen Leben außerhalb der Alltagswelt erworben hat. Einmal gelernt, funktionieren solche Theorien in dieser Welt, in dem sie den Geist des Denkers kontrollieren, unabhängig davon, ob er sich nun ihrer bewußt ist oder nicht. Platos Annahme bezieht sich nicht auf alltägliche Fähigkeiten, sondern ausschließlich auf Domänen, die ein *a priori*-Wissen umfassen. Der Erfolg von Theorie in den Naturwissenschaften belebte allerdings die Idee neu, daß jede ordentliche Domäne ein Ensemble kontextfreier Elemente sowie einige abstrakte Beziehungen zwischen diesen Elementen enthalten müsse, die für die Geordnetheit dieser Domäne und die Fähigkeit des Menschen, sich in ihr intelligent zu verhalten, verantwortlich sind. So verallgemeinerte Leibniz die rationalistische Annahme in extremer Weise auf alle Formen intelligenten Verhaltens, inklusive des alltäglichen Handelns.

»Die wichtigsten Beobachtungen und Kunstgriffe in allen Handwerken und Berufen sind bislang noch nicht niedergeschrieben worden. Dieser Umstand erweist sich in der Erfahrung, wenn wir von der Theorie zur Praxis übergehen, weil wir etwas bewerkstelligen möchten. Selbstverständlich können wir auch diese Praxis aufschreiben, da sie im Grunde nur eine weitere, noch kompliziertere und speziellere Theorie ist...« [23]

Der symbolische Informationsverarbeitungs-Ansatz erhält seine Unterstützung von diesem Transfer von Methoden, die von Philosophen entwickelt wurden und in den Naturwissenschaften erfolgreich waren, auf alle Domänen. Da aus diesem Blickwinkel jede beliebige Domäne formalisierbar sein muß, besteht der richtige Weg, KI-Forschung zu betreiben, für jede Domäne offensichtlich darin, die kontextfreien Elemente und Prinzipien zu finden und hierauf eine formale, symbolische Repräsentation dieser theoretischen Analyse aufzubauen. Terry Winograd beschreibt seine KI-Arbeit charakteristischerweise in Worten, die der Physik entliehen sind:

»Wir beschäftigen uns mit der Entwicklung eines Formalismus oder einer ›Repräsentation‹, mit dem ... Wissen beschrieben werden kann. Wir suchen die ›Atome‹ und ›Partikel‹, auf denen aufgebaut werden muß, sowie die ›Kräfte‹ , die auf sie wirken.« [24]

---

[23] Leibniz: Discours touchent la Methode de la Certitude et l'Art d'Inventer, pour finir les Disputes et pour faire en peu de Temps de grande Progres. In: Dreyfus H. L.: Was Computer nicht können. Frankfurt a.M., S.20, 1989

[24] Winograd, T.: Artificial Intelligence and Language Comprehension. In: Artificial Intelligence and Language Comprehension (National Institute of Education), S.9 (1976)

Zweifellos werden Theorien über das Universum oft schrittweise formuliert, indem zunächst relativ einfache und isolierte Systeme modelliert werden. Das Modell kann dann schrittweise komplexer gestaltet und mit Modellen aus anderen Domänen kombiniert wird. Dies ist deshalb möglich, weil alle Phänomene wahrscheinlich das Ergebnis gesetzähnlicher Relationen zwischen etwas sind, das Papert und Minsky ›strukturelle Primitiva‹ (*structural primitives*) nennen. Da in der KI-Forschung niemand für einen atomistischen Reduktionismus argumentiert, scheint es so zu sein, daß KI-Forscher implizit annehmen müssen, daß die Abstraktion von Elementen von ihrem alltäglichen Kontext, welche Philosophie definiert und in den Naturwissenschaften funktioniert, auch in der KI funktionieren muß. Dies würde erklären, warum die Hypothese vom physikalisch-symbolischen System so schnell zu einer Entdeckung wurde und warum Papert und Minsky's Buch so leicht über den Holismus des Perceptrons triumphieren konnte.

Am M.I.T. fuhr Minsky fort, Vorlesungen über neuronale Netze zu halten und Thesen aufzustellen, die deren logische Eigenschaften betreffen. Laut Papert geschah dies jedoch nur deshalb, weil neuronale Netze tatsächlich interessante mathematische Eigenschaften besitzen, während über die Eigenschaften von Symbolsystemen nichts Interessantes bewiesen werden kann. Darüber hinaus schlossen viele KI-Forscher aus der Tatsache, daß Turing-Maschinen Symbole manipulieren und daß Turing nachgewiesen hat, daß eine Turing-Maschine beliebige Berechnungen ausführen kann, daß alles Verstehbare mittels Logik bewältigt werden kann. Von diesem Blickwinkel aus erforderte ein holistischer (was damals hieß: statistischer) Ansatz eine Rechtfertigung, die der symbolische KI-Ansatz nicht nötig hatte. Dieses Vertrauen beruht allerdings auf einer Verwechslung der uninterpretierten Symbole (Nullen und Einsen) einer Turing-Maschine mit den semantisch interpretierten Symbolen der KI.

Da ich Mitte der sechziger Jahre am M.I.T. Philosophie lehrte, war ich bald in die Debatte um die Möglichkeit Künstlicher Intelligenz verwickelt. Forscher wie Newell, Simon und Minsky schienen mir offensichtlich die Erben der philosophischen Tradition zu sein. Auf der Grundlage meines Verständnisses des späten Wittgenstein und frühen Heidegger schien mir dies jedoch für das reduktionistische Forschungsprogramm kein gutes Omen zu sein. Beide Denker hatten die mächtige Tradition, auf der die symbolische Informationsverarbeitung beruhte, in Frage gestellt. Beide waren Holisten, beide waren von der Wichtigkeit der alltäglichen Praxis überzeugt und beide waren der Meinung, daß keine Theorie der Alltags-Welt möglich ist.

Es gehört zu den Ironien der Geistesgeschichte, daß Wittgensteins vernichtende Kritik seines eigenen *Tractatus*, seine *Philosophischen Untersuchungen* [25], gerade 1953 erschienen, in dem Jahr, in dem die KI die abstrakte, atomistische Tradition übernahm, die er kritisierte. Nachdem er seinen *Tractatus* verfaßt hatte, verbrachte

---

[25] Wittgenstein, L.: Philosophische Untersuchungen. In: Schriften 1. Frankfurt a.M.: Suhrkamp 1980

Wittgenstein einige Jahre damit, ›Phänomenologie‹ [26] zu betreiben, wie er es nannte – vergeblich auf der Suche nach den atomaren Fakten und elementaren Objekten, die von seiner Theorie gefordert wurden. Er argumentierte dann, daß die Analyse alltäglicher Situationen in Fakten und Regeln (womit für die meisten traditionellen Philosophen und KI-Forscher die Theorie beginnen muß) selbst nur innerhalb eines Kontextes und auf dem Hintergrund einer Absicht sinnvoll ist. Die ausgewählten Elemente reflektieren somit bereits die Absichten und Ziele, für die sie ausgewählt wurden. Wenn wir versuchen, die letzten kontextfreien und von bestimmten Zielen unabhängigen Elemente zu finden – was wir tun müssen, wenn wir die primitiven Symbole suchen, mit denen ein Computer gefüttert werden soll – befreien wir die Aspekte unserer Erfahrung im Endeffekt gerade von jener pragmatischen Organisation, die es uns ermöglicht, sie verstandesmäßig einzusetzen, um Probleme der Alltagswelt zu bewältigen.

In den *Philosophischen Untersuchungen* kritisiert Wittgenstein direkt den logischen Atomismus des *Tractatus*:

»Was hat es nun für eine Bewandtnis damit, daß Namen eigentlich das Einfache bezeichnen?

Sokrates (im Theätetus): »Täusche ich mich nämlich nicht, so habe ich von Etlichen gehört: für die *Urelemente* – um mich so auszudrücken – aus denen wir und alles übrige zusammengesetzt sind, gebe es keine Erklärung ... Wie aber das, was aus diesen Urelementen sich zusammensetzt, selbst ein verflochtenes Gebilde sei, so seien auch seine Benennungen in dieser Verflechtung zur erklärenden Rede geworden; denn deren Wesen sei die Verflechtung von Namen.« Diese Urelemente waren auch Russel's ›Individuals‹, und auch meine ›Gegenstände‹ (*Log. Phil. Abh.*).

Aber welches sind die einfachen Bestandteile, aus denen sich die Realität zusammensetzt? ... Es hat gar keinen Sinn, von den ›einfachen Bestandteilen des Sessels schlechtweg‹ zu reden.« [27]

Bereits in den zwanziger Jahren dieses Jahrhunderts wandte sich Martin Heidegger in ähnlicher Weise gegen seinen Lehrer Edmund Husserl, der sich selbst als Kulminationspunkt der cartesianischen Tradition sah und in der Tat als Großvater der KI gelten kann.[28] Heidegger erarbeitete als Antwort auf Husserl eine phänomenologische Beschreibung der Alltagswelt und alltäglicher Objekte wie einem Hammer und einem Stuhl und kam wie Wittgenstein zu dem Schluß, daß die Alltagswelt nicht durch ein Ensemble kontextfreier Elemente beschrieben werden kann. Wenn wir einen Ausrüstungsgegenstand wie etwa einen Hammer verwenden, führt Heidegger aus, aktualisieren wir eine Fertigkeit (die nicht im Geist repräsentiert sein muß) im Kontext eines sozial organisierten Schnittpunktes von Ausrü-

---

[26] Wittgenstein, L.: Philosophische Bemerkungen. Frankfurt a.M.: Suhrkamp 1984

[27] Wittgenstein, L.: Philosophische Untersuchungen, S.312

[28] siehe Dreyfus H. (Hrsg.): Husserl. Intentionality and Cognitive Science. Cambridge, MA: MIT Press/Bradford Books 1982

stungsgegenständen, Zwecken und menschlichen Rollen (der nicht als eine Menge von Fakten repräsentiert sein muß). Dieser Kontext bzw. diese Welt und unsere alltäglichen Formen des geschickten Umgangs mit ihr, die Heidegger als *Um-Sicht* bezeichnet, ist nicht irgend etwas, das wir *denken*, sondern formt, als Teil unserer Sozialisation, wie wir *sind*.

Dies definiert die Unterteilung zwischen Husserl und der KI auf der einen, Heidegger und dem späten Wittgenstein auf der anderen Seite. Die entscheidende Frage lautet nun: Kann es eine Theorie der Alltagswelt geben, wie die rationalistischen Philosophen behauptet haben? Oder ist der Hintergrund des *common-sense* stattdessen eine Kombination von Fertigkeiten, Praktiken, Unterscheidungen usw., denen jeder repräsentationale Inhalt fehlt, welcher in Begriffen von Elementen und Regeln erklärt werden könnte?

Im Lichte von Wittgensteins Wendung und Heideggers vernichtender Husserl-Kritik sagte ich der symbolischen Informationsverarbeitung Schwierigkeiten voraus. Wie Newell in seiner Geschichte der KI anmerkt, wurde meine Warnung ignoriert:

»Dreyfus' zentraler intellektueller Einwand ... geht dahin, daß die Analyse des Kontextes menschlicher Handlungen nach diskreten Elementen zum Scheitern verurteilt sei. Dieser Einwand ist in der phänomenologischen Philosophie begründet. Unglücklicherweise scheint er jedoch, soweit die KI betroffen ist, kein Gegenstand der Diskussion zu sein. Die Antworten, Entgegnungen und Analysen, die auf Dreyfus' Schriften erfolgt sind, haben sich mit diesem Punkt nicht beschäftigt — obwohl es sich in der Tat um eine neuartige Debatte handeln würde, wenn sie auf die Tagesordnung käme.« [29]

Die Schwierigkeiten gelangten allerdings recht bald auf die Tagesordnung, als nämlich die Alltagswelt an der KI Rache nahm, wie sie zuvor an der traditionellen Philosophie Rache genommen hatte. Erfolglos wurden verschiedene Datenstrukturen wie etwa Minskys *Frames* oder Roger Schanks *Scripts* ausprobiert. Das Problem *Alltags-Verstand* hat die KI davon abgehalten, mit der Verwirklichung von Simons Voraussage 1965, daß »Maschinen innerhalb von zwanzig Jahren fähig sein werden, jede Arbeit eines Menschen zu verrichten« [30], auch nur zu beginnen.

In der Tat hat das Problem *Alltags-Verstand* jeden Fortschritt in der theoretischen KI der letzten beiden Dekaden blockiert. Winograd war einer der ersten, der die Grenzen von SHRDLU (einem von Winograd geschriebenen ›sprachverstehenden‹ Programm) und aller *Script-* und *Frame*-Versuche sah, die Grenzen des Mikrowelt-Ansatzes zu überschreiten. Nachdem er nun ›das Vertrauen‹ in die KI ›verloren‹ hat, lehrt er in seinen Informatik-Kursen in Stanford Heidegger und betont »die Schwierigkeit, einen Hintergrund von *common-sense* zu formalisieren, der

---

[29] Newell, A.: Intellectual Issues in the History of Artificial Intelligence. S. 222-223.

[30] Simon, H.: The Shape of Automation for Men and Management. S.96. Harper 1965

bestimmt, welche Scripts, Absichten und Strategien relevant sind und wie sie interagieren.«[31]

Woran sich die KI angesichts dieses toten Punktes noch festhält, ist einzig die Tatsache, daß das Problem *Alltags-Verstand* lösbar sein muß, da menschliche Wesen es offensichtlich gelöst haben. Aber menschliche Wesen müssen nicht unbedingt ein Alltags-*Wissen* verwenden. Wie Heidegger und Wittgenstein betonen, kann das, was als Alltags-*Verständnis* gilt, genauso gut ein *Alltags-Know-how* sein. Mit Know-how meinen wir keine prozeduralen Regeln, sondern das Wissen, was in einer großen Anzahl von Spezialfällen zu tun ist[32]. So hat sich beispielsweise herausgestellt, daß sich eine Alltags-Physik nur sehr schwer als Menge von Regeln und Fakten formulieren läßt. Sobald man dies versucht, stellt man fest, daß entweder darüber hinausgehender *Alltags-Verstand* erforderlich ist, um diese Fakten und Regeln zu interpretieren, oder daß man zu Formeln gelangt, deren Komplexität es unwahrscheinlich macht, daß sie im Geist eines Kindes repräsentiert sind.

Theoretische Physik erfordert ebenfalls Hintergrund-Fertigkeiten, die nicht formalisierbar sind, jedoch kann die Domäne selbst durch abstrakte Gesetze beschrieben werden, die auf diese Hintergrund-Fähigkeiten keinen Bezug nehmen. KI-Forscher ziehen daraus den Schluß, daß man auch die Alltags-Physik durch eine Menge abstrakter Prinzipien ausdrücken können muß. Aber es kann ja sein, daß das Problem, eine *Theorie* der Alltags-Physik zu finden, unlösbar ist, da die Domäne keine theoretische Struktur besitzt. Ein Kind kann, indem es täglich mit allen Sorten flüssiger und fester Stoffe spielt, einfach gelernt haben, prototypische Fälle von flüssigen und festen Stoffen zu unterscheiden und typische eingeübte Antworten auf ihr typisches Verhalten in typischen Umständen zu geben. Das gleiche mag durchaus für die soziale Welt gelten. Wenn Hintergrund-Verstehen tatsächlich eine Fertigkeit darstellt und Fertigkeiten auf kompletten Mustern beruhen und nicht auf Regeln, können wir erwarten, daß symbolische Repräsentationen nicht in der Lage sind, unser Alltags-Verstehen zu fassen.

Im Licht dieser Sackgasse erscheint die klassische, auf Symbolen beruhende KI mehr und mehr als ein perfektes Beispiel für das, was Imre Lakatos ein degenerierendes Forschungsprogramm genannt hat.[33] Wie wir gesehen hatten, nahm die KI mit Newell und Simons Arbeit bei der RAND Corporation einen vielversprechenden Anfang und wurde in den späten sechziger Jahren zu einem blühenden Forschungsprogramm. Minsky prohezeite, daß »innerhalb einer Generation das Pro-

---

[31] Winograd, T.: Computer Software for Working with Language. Scientific American, S.142 (1984)

[32] Diese Betonung von Fertigkeiten wird weiter ausgeführt und verteidigt in: Dreyfus, H., Dreyfus, S.: Mind Over Machine. New York: Free Press/Macmillan 1986

[33] Lakatos, I.: Philosophical Papers. (hrsg. v. J. Worrall). Cambridge: Cambridge University Press 1978

blem Künstlicher Intelligenz im Prinzip gelöst sein wird.« [34] Dann stieß die Forschung ziemlich rasch auf unerwartete Schwierigkeiten. Es stellte sich heraus, daß es erheblich schwieriger war als erwartet, eine Theorie des *Alltags-Verstandes* zu formulieren. Es ging nicht einfach, wie Minsky gehofft hatte, darum, ein paar hunderttausend Fakten zu katalogisieren. Das Problem *Alltags-Verstand* wurde zum Zentrum der Bemühungen. Minskys Stimmung schlug innerhalb von fünf Jahren völlig um. Einer Reporterin sagte er: »Das KI-Problem ist eines der schwersten, das die Wissenschaft je in Angriff genommen hat.« [35]

Die rationalistische Tradition ist letztendlich also einem empirischen Test unterzogen worden, und dieser schlug fehl. Die Idee, eine formale, atomistische Theorie des Verstehens der alltäglichen Welt zu entwerfen und diese Theorie in einem Symbol-Manipulator zu repräsentieren, war genau in die Schwierigkeiten geraten, die Heidegger und Wittgenstein entdeckt hatten. Frank Rosenblatts Ahnung, daß es hoffnungslos schwer sein würde, die Welt zu formalisieren und so zu einer formalen Beschreibung intelligenten Verhaltens zu kommen, hat sich bestätigt. Sein unterdrücktes Forschungsprogramm – das den Computer verwendet, um ein holistisches Modell eines idealisierten Gehirns zu entwerfen – welches nie wirklich widerlegt worden war, wurde wieder zu einer offenen Option.

Frustrierte KI-Forscher, die es müde waren, einem dahinvegetierenden Forschungsprogramm nachzuhängen, wechselten zum wiederbelebten Paradigma. Rumelhard und McClellands Buch *Parallel Distributed Processing* verkaufte sich am Erscheinungstag in 6000 Exemplaren. Inzwischen sind 60.000 Exemplare gedruckt worden. Wie Paul Smolensky es ausdrückte:

»Im vergangenen halben Jahrzehnt ist der konnektionistische Ansatz für kognitive Modellbildung von einem obskuren Kult weniger unbeirrter Anhänger zu einer derart starken Bewegung angewachsen, daß die letzten Versammlungen der Cognitive Science Society inzwischen den Eindruck konnektionistischer Werbeveranstaltungen erwecken.« [36]

Wenn Netzwerke mit mehreren Ebenen ihre Versprechungen tatsächlich einmal erfüllen, werden die Wissenschaftler die Überzeugung Descartes's, Husserls und des frühen Wittgensteins aufgeben müssen, daß der einzige Weg, intelligentes Verhalten zu produzieren, darin besteht, die Welt mit einer im Geist repräsentierten formalen Theorie widerzuspiegeln. Noch schlimmer: man wird unter Umständen die elementarere Intuition am Ursprung der Philosophie aufgeben müssen, die besagt, daß für jeden Aspekt der Realität eine Theorie existieren müsse, insbesondere Elemente und Prinzipien, in deren Begriffen Einsicht in jede Domäne möglich ist. Neuronale Netzwerke werden vielleicht zeigen, daß Heidegger, der späte Witt-

---

[34] Minsky, M.: Computation: Finite and Infinite Machines. New York: Prentice Hall 1977

[35] Kolata, G.: How Can Computers Get Common Sense? Science, Vol. *217*, S.1237 (1982)

[36] Smolensky, P.: On the proper treatment of connectionism. Behavioral and Brain Sciences. S.1 (1987)

genstein und Rosenblatt mit ihrer Behauptung Recht haben, daß wir uns in der Welt intelligent verhalten, ohne eine Theorie dieser Welt zu besitzen.

Wenn man sich vom philosophischen Ansatz der klassischen KI-Forschung freigemacht hat und die atheoretische Behauptung akzeptiert hat, die dem Modellieren neuronaler Netze implizit ist, bleibt eine Frage noch unbeantwortet: Wieviel Alltags-Intelligenz kann von einem solchen Netzwerk erwartet werden? Klassische KI-Forscher sind – wie Rosenblatt bereits angemerkt hat – sehr schnell mit der Bemerkung bei der Hand, daß die Modellierer neuronaler Netze bislang große Schwierigkeiten mit schrittweiser Problemlösung haben. Konnektionisten antworten hierauf, daß sie zuversichtlich seien, dieses Problem in absehbarer Zeit gelöst zu haben. Diese Antwort erinnert allerdings etwas zu sehr an die Reaktion der Symbol-Manipulatoren in den sechziger Jahren auf die Kritik, ihre Programme wären bei der Mustererkennung schwach. Die alte Auseinandersetzung zwischen den Intellektualisten, die glauben, mit kontextfreier Logik einen Zugang zur Alltags-Kognition zu besitzen, jedoch noch ein schlechtes Verständnis der Perzeption zu haben, und den Gestaltisten, die einen rudimentären Zugang zur Perzeption gewonnen haben [37], jedoch keinen zur Alltags-Kognition, dauert an. Man könnte denken – unter Verwendung der Metapher von der rechten und linken Gehirnhälfte – daß das Gehirn bzw. der Geist jede der beiden Strategien nutzt, wo sie jeweils angemessen ist. Das Problem würde dann darin bestehen, die Strategien zu kombinieren. Man kann nicht einfach hin- und herschalten, da der pragmatische Hintergrund, wie Heidegger und die Gestalt-Anhänger gesehen haben, für die Alltagslogik und Alltags-Kognition eine entscheidende Rolle spielt, wenn es darum geht, Relevanz zu beurteilen.

Es ist noch zu früh, über eine Kombination der beiden Ansätze überhaupt nachzudenken, da bis jetzt keiner der beiden genug erreicht hat, um ein solides Fundament zu besitzen. Das Modellieren neuronaler Netze sollte einfach die selbe Chance bekommen, wirklich zu scheitern, wie sie der symbolische Ansatz gehabt hat.

Man sollte jedoch beim Fortgang beider Forschungsprogramme einen wichtigen Unterschied nicht vergessen: Der physikalisch-symbolische Ansatz scheint im Scheitern begriffen zu sein, da es einfach falsch ist anzunehmen, daß für jede Domäne eine Theorie existieren müsse. Das Modellieren neuronaler Netzwerke ist hingegen weder dieser noch einer anderen philosophischen Annahme verpflichtet. Die Konstruktion eines interaktiven Netzes, das demjenigen, welches unser Gehirn hervorgebracht hat, genügend ähnelt, könnte allerdings einfach zu schwierig sein. Stattdessen erscheint möglicherweise das Problem Alltagswissen, das den Fortschritt bei der Entwicklung symbolischer Repräsentations-Techniken fünfzehn

---

[37] Ein kürzlich erschienener Beitrag zum Thema Perzeption, der die Notwendigkeit mentaler Repräsentationen bestreitet, findet sich in Gibson, J. J.: The Ecological Approach to Visual Perception. Boston: Houghton Mifflin 1979. Gibson und Rosenblatt haben 1955 gemeinsam ein Forschungspapier für die Royal Air Force erarbeitet.

Jahre lang blockiert hat, auch am Horizont der neuronalen Netz-Forschung, obwohl die Konnektionisten es noch nicht bemerkt haben. Die Modellierer neuronaler Netze stimmen sämtlich darin überein, daß ein Netz, um intelligent zu sein, generalisieren können muß; das heißt, wenn genügend Beispiele von Inputs, die mit einem bestimmten Output assoziiert sind, gegeben sind, muß das Netz weitere Inputs des gleichen Typs mit dem gleichen Output assoziieren. Dabei stellt sich allerdings die Frage: Was zählt als der gleiche Typ? Der Konstrukteur des Netzes besitzt in seinem Geist eine spezifische Definition für einen Typ, der für eine vernünftige Generalisierung erforderlich ist, und bewertet es als Erfolg, wenn das Netz bei der Generalisierung andere Exemplare dieses Typs einschließt. Aber kann man, wenn das Netz eine unerwartete Assoziation erzeugt, davon sprechen, daß das Netz nicht generalisiert hätte? Man kann genauso gut behaupten, das Netz hätte die ganze Zeit entsprechend einer anderen Definition des in Frage stehenden Typs gearbeitet, und dieser Unterschied sei gerade zutage getreten. (Sämtliche ›setzen Sie die Reihe fort...‹ -Aufgaben in Intelligenz-Tests haben in Wirklichkeit mehr als eine mögliche Lösung; die meisten Menschen haben jedoch einen gemeinsamen Sinn dafür, was als einfach und vernünftig anzusehen und somit akzeptabel ist.)

Vielleicht muß ein neuronales Netz dieselbe Größe, Architektur und anfängliche Konfiguration wie das menschliche Gehirn besitzen, wenn es unsere Auffassung angemessener Generalisierungen teilen soll. Wenn es aus seinen eigenen ›Erfahrungen‹ lernen soll, um Assoziationen zu erzeugen, die dem Menschen entsprechen, anstatt daß ein Lehrer es lehrt, gewisse Assoziationen zu leisten, muß es auch unseren Sinn für Angemessenheit des Outputs besitzen. Das bedeutet nichts anderes, als daß dieses Netz unsere Bedürfnisse, Wünsche und Emotionen sowie einen dem Menschen ähnlichen Körper besitzen müßte, mit denselben physikalischen Bewegungen, Fähigkeiten und möglicherweise Fehlern.

Wenn Heidegger und Wittgenstein recht haben, sind menschliche Wesen weitaus holistischer als neuronale Netze. Intelligenz muß durch Ziele, die im Organismus wurzeln, und andere Aufgaben, die dem Organismus einer sich entwickelnden Kultur entnommen werden, motiviert sein. Wenn die minimale Einheit der Analyse der gesamte, in eine Kultur geworfene Organismus darstellt, haben sowohl neuronale Netze wie auch symbolisch programmierte Computer noch einen langen Weg vor sich.

KÜNSTLICHE INTELLIGENZ IST EVOLUTION: JENSEITS DES KONNEKTIONISMUS

MARVIN MINSKY

Intelligenz und Evolution

Intelligenz ist neu in der Welt – aber nicht so neu, wie manche Leute denken. Vielen Kindern dieser Welt werden darüber falsche Theorien gelehrt – z.B. daß die Welt vor 6000 Jahren erschaffen wurde, daß vor 5000 Jahren die Ägypter Pyramiden bauten, daß es schon vor 3000 Jahren in Griechenland Philosophen gab, und daß vor 2000 Jahren die Römer in die Schweiz einfielen. Das ist in der Regel alles, was die meisten Menschen über ihren Ursprung lernen.

Die moderne Wissenschaft erzählt uns eine interessantere Geschichte. Danach begann unser Universum vor über 15 Milliarden Jahren. Der Stern, den wir Sonne nennen, entstand vor ungefähr 5 Milliarden Jahren, und dann begannen sich die Planeten herauszuformen. Zur Entstehungszeit der Erde war es sehr heiß, und es herrschte sehr schlechtes Wetter. Interessant ist die Tatsache, daß bald darauf das Leben beginnt; man nimmt an vor 4000 Millionen Jahren (die Aufzeichnungen darüber sind nicht sehr gut). Mikroben beherrschten für sehr lange Zeit die Welt. Dann kamen Pilze und andere komplexe Formen. Für unsere eigene Abstammung ist vielleicht das Auftreten von Nervenzellen, die dann zur ersten Ausformung eines Nervensystems zusammenfanden, der interessanteste Aspekt.

Vor 500 Millionen Jahren tauchte das erste moderne Lebewesen auf: der Wurm. Die ersten Wirbeltiere erscheinen grob gerechnet 100 Millionen Jahre später, und nach jeweils vergleichbaren Intervallen von 100 Millionen Jahren entwickelten sich Fische, Amphibien, Reptilien. In der letzten Phase dieser 500 Millionen Jahren Evolution entwickelten sich Säugetiere. Was war seit dieser Zeit die letzte evolutionäre Verbesserung? Es scheint, das sind die großen Primaten, die vor ungefähr 5 Millionen Jahren auftauchten: Orang Utans, Paviane, Gorillas und Schimpansen – unsere nächsten lebenden Verwandten. Schimpansen und Menschen sind genetisch fast identisch; ihre DNS unterscheidet sich um ungefähr 1%. Die 5 Millionen Jahre der vor-menschlichen Geschichte sind wirklich sehr kurz, verglichen mit vielen anderen Dingen, die wir kennen. Ehe sich die Säugetiere entwickelten, sah die physikalische Welt 200 Millionen Jahre lang recht verschieden aus, z.B. gab es noch keinen atlantischen Ozean.

Welcher Wandel ließ uns zu Menschen werden? Was waren die entscheidenden Veränderungen im Gehirn, die die Menschen so verschieden von den anderen Primaten erscheinen lassen? Wir wissen noch nicht viel darüber, aber wir können erwarten, daß wir in Zukunft mehr wissen, wenn wir mehr über unsere Gene gelernt haben. Sicher hat der Mensch ein größeres Gehirn. Aber das an sich ist nichts Bewundernswertes. Das hätte zu jeder Zeit passieren können, denn es gibt zahllose Beispiele dafür, daß Tierorgane in ihrer Größe gewachsen sind. Warum passierte es bei Menschen gerade zu der Zeit? Wir wissen es nicht. Aber ich denke, es müssen andere evolutionäre Veränderungen vorausgegangen sein, die es als Vorteil erscheinen ließen, ein größeres Gehirn zu entwickeln – obwohl es mehr Energie kostet, das Gehirn zu versorgen und herumzutragen. Es kann nicht einfach die Fähigkeit gewesen sein, mehr oder schneller zu lernen, denn Lernen an sich ist nicht sehr hilfreich, solange man sein Wissen nicht organisieren kann. Deshalb denke ich, muß es schon früh Fortschritte darin gegeben haben, einige Teile des Gehirns in der Lage zu versetzen, das zu managen, was in anderen Regionen des Gehirns abläuft. Das könnte z.B. Wege eingeschlossen haben, Wissen darzustellen und besser wiederzufinden; oder bessere Wege darüber nachzudenken, was man schon weiß, oder vielleicht bessere Wege, Wissen von unnützem Wissen zu trennen (garbage collection), welches im Konflikt steht mit anderem Wissen, das sich wiederum als nützlicher herausgestellt hat. Aber ich vermute, entscheidend war die Entwicklung neuer Fähigkeiten, Wissensfragmente auf mehr als eine Weise darzustellen. Ich komme darauf später zurück.

Wie können Computer alleine denken?

Die Evolution des Computers hat gerade erst begonnen. Die ersten modernen Ideen über Computer entwickelte Babbage 1820. Danach begannen er und Ada Lovelace, einen Computer zu bauen. Aus Geldmangel haben sie ihren Rechner nie fertiggestellt. Ihre Ideen schliefen ein Jahrhundert lang. Die ersten Versionen des modernen Computers wurden in der ersten Hälfte des 20sten Jahrhunderts erstellt. Der Computer ist also wirklich ganz neu in der evolutionären historischen Entwicklung. Wir wissen noch sehr wenig darüber, wozu er eines Tages in der Lage sein wird. Vielleicht wird die Welt in 1000 Jahren von Robotern bevölkert sein, die wir als unsere Nachfolger, Vertreiber, Nachkommen sehen – als unsere eigenen ›mind children‹, um den Ausdruck von Moravec zu benutzen. Was werden diese Roboter ihren eigenen Nachkommen an Geschichte lehren? Vielleicht werden sie erklären, daß die Welt 1940 geschaffen wurde und nichts passierte bis zum Jahr 2023, als die Roboter zum ersten Mal die Fähigkeit entwickelten, die Dinge so mit Alltagsverstand zu beherrschen, wie dies jedes normale menschliche Kind auch kann.

Das erste Schachprogramm wurde von Alan Turing geschrieben. Der Computer war sehr klein, langsam und hatte wenig Speicherplatz. Das Programm brachte es fertig, Schach zu spielen, aber nicht sehr gut. 1967 wurde in New York von einem

Mann namens Bernstein ein weiteres Schachprogramm geschrieben, das einen normalen Spieler manchmal schlagen konnte. In den frühen 70er Jahren hatte der große Computerwissenschaftler Herbert Simon vorhergesagt, daß ein Computer vielleicht in einer Dekade Schachweltmeister werden könnte (wenn er gesagt hätte, in drei Dekaden, könnte er recht gehabt haben). Um die gleiche Zeit sagte ein Philosoph namens Hubert Dreyfus voraus, daß keine Maschine jemals eine gute Partie Schach spielen könnte. Aber kurz danach hat Richard Greenblatt's Schachprogramm vom M.I.T Dreyfus eindeutig geschlagen. Es wurde bald danach das erste Schachprogramm, das in einem offiziellen Turnier von Amateurschachspielern gewonnen hat. Die Schachprogramme machten stetig Fortschritte. 1988 bewarb sich zum ersten Mal eine Schachmaschine – genannt Deep Thought, entwickelt an der Carnegie-Mellon University in Pittsburgh – um einen Platz in einem Masterturnier und erreichte den offiziellen Rang eines internationalen Schachmeisters. Konsequente Verbesserungen haben seither die Schachcomputer in den Rang eines internationalen Großmeisters gebracht, nur zwei Ränge unterhalb des Weltmeisters. Diese Programme schlugen ohne Ausnahme ihre eigenen Programmierer. Aber der derzeitige Schachweltmeister Gary Kasparov hat die besten dieser Maschinen immer geschlagen.

Wie kann eine Maschine Schach spielen?

Zu Beginn eines jeden Spiels muß jeder Spieler aus 20 Zügen auswählen. (Das sind zwei mögliche Züge für jeden der 8 Bauern und 4 mögliche Züge mit den beiden Pferden.) Das Problem ist, wie anfangen. Für jeden dieser Züge kann der andere Spieler mit irgend einem dieser 20 Züge antworten, so daß nach einem Zugpaar 400 verschiedene Positionen möglich sind. Für den dritten Zug hat der erste Spieler wieder ungefähr 20 Möglichkeiten, und das gleiche gilt für den anderen Spieler, so daß nach zwei Zugpaaren ungefähr 160.000 mögliche Positionen existieren. Nach drei Zugpaaren muß man schon mehr als 100 Millionen mögliche Situationen betrachten.

Ein moderner Computer könnte leicht diese vielen Züge in kurzer Zeit analysieren, aber nicht einmal der schnellste Computer der Welt könnte heute alle Möglichkeiten der nächsten 10 Züge berechnen, zumindest nicht in der erlaubten Zeit eines offiziellen Turniers. Wie arbeiten solche Programme wie Deep Thought? Sie ignorieren einfach die meisten der möglichen Züge und wählen nur einen kleinen Teil davon aus, indem sie clever spezialisierte Programme sowohl für die Auswahl, welcher Zug als nächstes zu untersuchen ist, als auch für den Vergleich der daraus resultierenden Ergebnisse verwenden. Wenn Greenblatt's Schachprogramm nur sieben mögliche Folgezüge von jeder Brettstellung aus und nur fünf oder sechs Züge im voraus berechnen konnte, so war das genug, um einen Mittelklassespieler zu schlagen.

Der wichtige Punkt dabei ist, daß diese Programme nicht im letzten Detail vorwegnehmen, was sie beim Schachspielen tun sollen. Beim konventionellen Programmieren, wo man genau weiß, was getan werden muß, können Sie dem Computer Befehle geben. Er wird dann genau das ausführen, was Sie ihm sagen. Aber in der KI-Programmierung wissen Sie nicht genau, was zu tun ist, und sagen deshalb dem Rechner, er soll mehrere Dinge ausprobieren und dann sehen, was funktioniert. Das ist einer der Hauptunterschiede zwischen herkömmlicher Programmierung und KI-Programmierung. In herkömmlicher Programmierung weiß der Programmierer genau, was passiert, und er kann dem Computer sagen: »Führe dies und das aus«. In der KI-Programmierung gibt er dem System viele Wahlmöglichkeiten und programmiert es, um Experimente durchzuführen und zu sehen, was am besten funktioniert.

Aus irgendwelchen Gründen provoziert diese Vorgehensweise gewisse Feindseligkeiten. Viele Leute sind sehr skeptisch – einschließlich gute Programmierer und Informatiker. Sie sagen sogar Dinge wie: »Das Gebiet, das sich KI nennt, ist keine Wissenschaft. Die KI-Leute schreiben Programme wie alle anderen auch. Sie geben lediglich vor, etwas anderes zu tun.« Wie alles ist auch dies teilweise richtig und teilweise falsch.

Es gibt wirklich wichtige Unterschiede im Stil, aber die Grundeingaben sind die gleichen: Alle Programme bestehen tatsächlich aus Sequenzen von Anweisungen. Aber wenn man das nur ausschließlich betrachtet, dann wäre das so, als würde man sagen: Alle Zeichnungen sind im Grunde genommen die gleichen, denn sie bestehen alle aus Pigment-Elementen, die auf eine Leinwand aufgetragen werden. Aussagen wie diese sind ohne Wert, denn, obwohl sie wahr sind, sind sie zu allgemein und haben deshalb keinen Nutzen.

Die Art der Wahlmöglichkeiten, die im Schachspiel bestehen, können in einem baumähnlichen Diagramm dargestellt werden. Wir beginnen mit dem ursprünglichen Problem, das wir die Wurzel des Baums nennen. Das verzweigt dann bald in mehrere Möglichkeiten. Jeder einzelne Ast kann entweder »aussterben« oder in weitere Möglichkeiten verzweigen. Auf diese Weise wächst ein Baum, in dem jeder Ast sich in eine wachsende Zahl von Ästen verzweigt, bis wir an einem gewissen Punkt die Früchte ernten. In der KI-Forschung ist der entscheidende Punkt, unterschiedliche Wege zu finden, um die Zahl der unfruchtbaren Zweige klein zu halten, so daß die Maschine eine größere Chance hat, einen fruchtbaren Ast zu finden.

Wer entwickelte diese Idee zuerst? Wenn Sie einen Blick in Charles Darwins Buch »Die Entstehung der Arten« werfen, finden sie Abbildungen des Suchbaums, wie wir ihn heute verwenden. Wenn man nicht weiß, wie man eine Maschine bauen soll, die ein Problem löst, was kann man dann tun? Man baut ein System, das einen Suchbaum konstruiert, und findet die Lösung mittels Suchen. Das war Darwins Idee zur Funktion der Evolution, und so haben wir ihm die Grundidee der KI zu verdanken.

Wie zuvor erwähnt, ist der extensive Gebrauch der eingeschränkten Suche der Hauptunterschied zwischen traditioneller und KI-Programmierung. Ein weiterer Unterschied ist, daß die KI-Programme mit viel mehr Wissen über ihre zu lösenden Probleme ausgestattet sind, als dies bei konventionellen Programmen der Fall ist. Das ist der beste Weg, den wir kennen, um zu verhindern, daß der Suchbaum zu groß wird. Später komme ich nochmal auf das Wissen zu sprechen.

Neuronale Netze

Ich bin sicher, daß viele von ihnen von künstlichen neuronalen Netzen gehört haben. Sie werden entwickelt, um Strukturen nachzubauen, von denen wir annehmen, daß sie auch im Gehirn existieren. Ihr grundsätzlicher Verwendungszweck ist die lernende Maschine. Was könnte eine Person zur Frage veranlassen: »Wie können Sie eine Maschine zum Lernen bringen? Müssen Sie die Maschinen nicht programmieren? Führen die Maschinen dann aus, was Sie ihnen gesagt haben?« Die Antwort ist immer dieselbe: Sie können eine Maschine bauen, die viele Dinge ausprobieren kann und auf diese Weise entdeckt, welcher Weg am besten funktioniert. Deshalb ist ein Weg, neuronale Netze zu erklären, sie sich als Maschinen vorzustellen, die Bäume durchsuchen. Aber sie erledigen das auf ganz andere Weise, wie Schachcomputer Schachbäume durchsuchen. Das ist eine sehr verführerische Idee, denn wenn die Maschine dazu in der Lage wäre, dann wäre sie vielleicht für die Lösung aller möglichen Probleme geeignet. Ein Schachprogramm kann nur Probleme beim Schachspiel lösen oder höchstens noch in Spielen, die Schach sehr ähnlich sind.

Es ist hier nicht der Platz, um zu erklären, wie neuronale Netze tatsächlich funktionieren, aber wir können etwas sagen über die Art der Probleme, die sie lösen können. Eine gute Erklärung finden Sie auch sonst nirgends. Der Grundgedanke ist, daß nicht alle Probleme von der gleichen Art sind. Wir wollen ein Problem vom Typ A definieren, indem es eine große Anzahl von Faktoren gibt, von denen jeder eine kleine Auswirkung hat. Ein gutes Beispiel für ein Problem vom Typ A ist z.B.: Was ist das Gewicht eines Eimers Sand? Antwort: Wiege jedes Sandkorn und addiere dann das Gewicht auf. Jedes Sandkorn ist ein Faktor, der eine sehr kleine Wirkung hat. Ähnlich definieren wir ein Problem vom Typ B, indem nur eine kleine Anzahl von Faktoren existiert, die aber alle eine sehr große Wirkung haben. Ein gutes Beispiel für ein Problem vom Typ B ist, wenn sie ein Auto fahren wollen, der Motor läuft, aber der Wagen sich nicht bewegt. Dann gibt es eine ziemlich kleine Anzahl von Möglichkeiten: Etwas ist nicht in Ordnung mit der Kurbelwelle, der Kupplung, mit dem Gang, oder aber die Räder drehen durch. Es gibt also nur eine kleine Zahl von Ursachen, aber jede einzelne kann eine große Wirkung haben.

Diese Unterscheidung kann uns helfen, einen populären technischen Mythos zu verstehen. In den letzten Jahren haben viele Leute gesagt, daß traditionelle KI-Programme, also Computer, die Suchbäume und Wissen benutzen, nicht sehr gut arbeiten. Stattdessen sollten wir neuronale Netze betrachten. Das Problem mit dieser populären Sicht ist, daß sie keinen Sinn macht, denn es geht nicht um Alternativen. Neuronale Netze sind im allgemeinen gut für Probleme vom Typ B, aber schlecht für Probleme vom Typ A, wohingegen »traditionelle« KI-Programme im allgemeinen für Probleme vom Typ A, aber nicht für Probleme vom Typ B geeignet sind. Die traditionellen KI-Programme haben im allgemeinen überraschenderweise gut bei Problemen von Typ A, aber armselig bei solchen vom Typ B abgeschnitten. Neuronale Netze können ausgezeichnet Ergebnisse bei Typ B liefern, schneiden aber normalerweise bei den Problemen vom Typ A schlecht ab. Neuronale Netze sind gut, wenn es um »gewichtete Entscheidungen« mit vielen Faktoren geht, sind aber schwach, logische oder symbolische Ableitungen durchzuführen und umgekehrt. In Wirklichkeit ist es natürlich nicht ganz so einfach. Das Problem ist, wenn wir in Bereiche gehen, die weder vom Typ A noch vom Typ B sind, sondern dazwischen liegen, dann haben wir für diese Probleme *keine* Maschinen. Wie auch immer! Wenn wir jemals wirklich intelligente Maschinen bauen wollen, z.B. solche, die auf vielen unterschiedlichen Gebieten mit Menschen konkurrieren können, dann müssen wir Fähigkeiten einschließen, die für beide dieser Problemklassen und ihrer Mischungen Lösungen finden.

Das ist meine Antwort auf die Debatte, ob wir unsere Maschinen auf der Grundlage neuronaler Netze oder symbolischen Schlußfolgerns oder auf Grundlage regelbasierter Expertensysteme bauen sollen. Aber diese Debatte sollte aus mehr als einem Grund nicht geführt werden. Obwohl jeder Teil des Gehirns aus Nervenzellen besteht, würde das nicht rechtfertigen, das Gehirn als neuronales Netzwerk zu bezeichnen – obwohl es sogar wörtlich genommen ein neuronales Netz ist. Dies deshalb, weil die Aussage unterschiedliche Bedeutung haben kann. Wenn wir das Gehirn im großen anschauen, sehen wir eine sehr wohl definierte Architektur. Es zeigen sich mehrere hundert verschiedene und erkennbare Subsysteme, jedes mit anderen durch spezielle Nervenfaserbündeln verbunden. Es gibt mehrere hundert dieser Bündel. Wenn wir einen modernen Computer anschauen, sehen wir eine ähnliche, aber einfachere Anordnung: Er hat vielleicht nur vier oder fünf unterscheidbare Subsysteme. Deshalb wäre es besser, das Gehirn nicht als ein neuronales Netz zu beschreiben, sondern als mehrere hundert verschiedene neuronale Netze, die miteinander ähnlich wie ein Computernetzwerk verbunden sind.

Ich erwarte, daß diese neuronalen Netze im Gehirn auf unterschiedliche Art und Weise mit mehr als hundert verschiedenen Komponenten daran beteiligt sind, wie wir denken. Die meisten Wissenschaftler sind erschrocken über diese Vorstellung und sagen: »Eine Theorie mit hunderten verschiedener Teile ist überhaupt keine Theorie.« Nun ich fürchte, daß wir für die nicht viel tun können. Wir sind mit der vertrauten Vorstellung aufgewachsen, daß der Körper viele verschiedene Organe hat: Haut, Leber, Bauchspeicheldrüse, Nieren, Herz, Lunge, Magen usw. und hunderte verschiedener Muskeln, die alle eine bestimmte Funktion erfüllen. Jetzt haben wir Grund zur Annahme, daß die Konstruktion eines Organs, des Gehirns, genauso viele Gene einbezieht, wie all die anderen Organe zusammen. Warum nicht?, könnte man fragen. Unsere Gehirne haben sich über hunderte von Millionen Jahren entwickelt und sich wie unsere Vorfahren von einer Umgebung zur anderen bewegt - von der See zum Watt, zur Küste, auf das Land, auf die Bäume, zurück zum Land und möglicherweise zurück in die See. Ist es nicht plausibel, daß sich im Durchschnitt alle Millionen Jahre ein anderes Teil des Gehirns entwickelt hat? Somit beruht die Funktionsweise des menschlichen Verstandes nicht auf einer kleinen Anzahl von Grundprinzipien, so wie die fundamentale Physik aufgebaut zu sein scheint, sondern auf der Ansammlung von vielen verschiedenen Systemen.

Wenn man tatsächlich das Gehirn mit guten Instrumenten und Experimenten untersucht, dann findet man einen großen Anteil multifunktionaler Komponenten. Hier ein kleiner Rechner für das Gesichtsfeld, zum Erkennen bestimmter zweidimensionaler Strukturen und Muster, hier eine Maschine für das Bewegen der Augen, hier eine Maschine für das Erkennen von Lauten und hier eine Maschine, die den Kehlkopf bewegt, um Laute zu erzeugen. Wenn beispielsweise dieser Teil des Gehirns verletzt wird, dann können Sie Sprache, die Sie hören, nicht verstehen, sie macht für Sie keinen Sinn. Wenn hingegen ein anderer Teil des Gehirns verletzt wird, können Sie nicht sprechen. Andere Verletzungen können Auswirkungen haben, die von einer allgemeinen Unfähigkeit, lang vorausgreifende Pläne zu schmieden, reichen können bis zu einer höchst spezifischen Unfähigkeit, sich an Tiernamen zu erinnern.

In meinem Buch »Mentopolis« (»The Society of Mind«) spekuliere ich über mehr als hundert verschiedene Funktionen, über die ein arbeitendes menschliches Gehirn verfügen könnte. Für jede einzelne Funktion mache ich einige Vorschläge, wie dieser Teil des Gehirns arbeiten könnte.

Das Gehirn als »Society of Mind«

Um eine fähige Maschine bauen zu können, müssen wir viele Techniken miteinander kombinieren, d.h., daß wir zwei Arten von Forschung unternehmen müssen. Erstens müssen wir viele technische Lösungsmethoden für verschiedene Problemarten entwickeln. Viele Leute tun das bereits. Zweites müssen wir Wege entwickeln, um diese verschiedenen Methoden kombinieren zu können. Auf diesem Gebiet arbeiten unglücklicherweise nur sehr wenig Leute. Deshalb weiß heute niemand, wie das gelingen kann. Damit setzte ich mich im folgenden auseinander. Zuerst möchte ich kurz die drei populärsten Methoden für das Problemlösen diskutieren.

Logische Programmierung: ein populärer Problemlöse-Typ verwendet formale mathematische Logik. Unsere Theoretiker haben narrensichere Programme entwickelt, um Logik perfekt in Ableitungsregeln auszuführen. Um das benutzen zu können, muß man zuerst eine Beschreibung des Problems, das gelöst werden soll, angeben. Das müssen Sie in einer speziellen logischen Sprache tun, dem Prädikatenkalkül. Wenn Sie das erfolgreich bewältigen, dann wird ihre Maschine nie einen Fehler machen. Sie wird zu Schlußfolgerungen kommen, denen sie vertrauen können. Diese Systeme haben den Vorteil, daß Sie für sie keine Computerprogramme schreiben müssen, weil die Berechnungen von einem System gemacht werden, das diese Ableitungs-Regeln benutzt. Unglückerlicherweise gibt es für diese Probleme auch einen sehr ernsten Nachteil. Diese Prädikatenkalkül-Sprachen sind so unflexibel, daß es nahezu unmöglich ist, diese Beschreibungen auf umgangssprachliche Art und Weise hinzuschreiben. Die Vorgaben müssen so exakt sein, daß sie nicht mit Unsicherheit, Wagheit oder Analogie umgehen können. Forscher haben mehr als dreißig Jahre daran gearbeitet, um diese Sprachen mächtiger zu machen. Aber bis jetzt sind sie erfolglos geblieben, sie für etwas anderes als für die Beschreibung mathematischer Probleme zu benutzen.

Expertensysteme: Ein anderer Weg, um Probleme zu lösen, sind regelbasierte Expertensysteme. Wie die logische Programmierung haben sie den Vorteil, daß sie erlauben, die Fakten und Regeln niederzuschreiben, anstatt ein kompliziertes Programm zu schreiben. Wie würde ich eine Maschine bauen, die autofahren kann? Ich müßte Regeln für das Autofahren aufstellen, z.B.: Wenn eine Linkskurve kommt, drehe das Lenkrad in diese Richtung, dann bleibst Du auf der Straße. Wenn eine Rechtskurve kommt, drehe das Lenkrad nach rechts. Wenn Du schneller fahren willst, dann trete auf das Gaspedal. Wenn ein Kind vor das Auto läuft, trete auf die Bremse.

Natürlich würde das nicht ausreichen, um ein System zu bauen, das wirklich autofahren kann. Dafür müßten sicher eine Million solcher Regeln aufgestellt werden. Aber bis jetzt war noch niemand in der Lage, ein gutes System dieser Größenordnung zu bauen. Ich denke, unsere Gehirne hatten ähnliche Probleme zumindest am Anfang der Evolution. Als ich fahren lernte, hatte ich einen Alptraum: Ich schreckte aus dem Schlaf hoch, weil ein Kind auf der Straße war und ich mich nicht erinnern konnte, welches Fußpedal ich treten mußte.

Diese beiden Methoden – logische Programmierung und regelbasierte Systeme – benutzen symbolische Beschreibungen, sowohl von Situationen als auch, wie sie darin handeln sollen. Weil sie explizit sprachähnliche Beschreibungen benutzen, sprechen wir von wissensbasierten Systemen, in dem engen Sinne, daß es möglich ist (zumindest im Prinzip), ihnen über Dinge etwas »zu sagen«.

Die Methode der *neuronalen Netze* hat diese Fähigkeit nicht. Sie können einem neuronalen Netz nicht leicht etwas sagen. Stattdessen müssen sie es trainieren, mehr als jemand einen Hund trainieren muß. Um ein neuronales Netzwerk zu trainieren, müssen sie ihm einen Reiz geben, und dann, wenn es macht, was sie wollen, mit einem speziellen Signal verstärken – so wie sie ihrem Hund Futter zur Belohnung geben. Wenn das Netzwerk das falsche tut, löschen sie diese Antwort durch ein anderes Signal. Das hat den gleichen Effekt, wie wenn sie ihren Hund schelten. Wir können also das Verhalten des Netzwerkes nicht direkt kontrollieren, wir können es nur indirekt verstärken und verändern. Das kann auch sehr unbequem sein, wenn sie bereits wissen, was es tun sollte. Es kann einen Vorteil haben, wenn sie nicht wissen, wie sie selbst die Aufgabe erledigen würden, aber in der Lage sind festzustellen, wenn die Aufgabe erledigt ist. Aber noch einmal: Die Netzwerke haben den Nachteil, daß sie keine extensive Suche ausführen können. Wir brauchen noch mehr Forschung darüber, wie man Supersysteme bauen kann, die diese drei bekannten Ansätze verbinden, ohne ihre Nachteile einzuschließen.

Wir wissen, daß das menschliche Gehirn viele Systeme gleichzeitig benutzt. Aber ich spreche hier nicht über den populären Mythos, daß wir alle zwei unterschiedliche Arten des Denkens benützen: Ein Denkstil würde in der linken Gehirnhälfte, der andere in der rechten Gehirnhälfte ausgeführt. In diesem Mythos werden die beiden Gehirnhälften so beschrieben, als hätten sie moralische Eigenschaften. Bei verschiedenen Gelegenheiten habe ich sie als die Verkörperung folgender Qualitätspaare beschrieben gesehen:

linke Gehirnhälfte	rechte Gehirnhälfte
Verstand	Emotion
wissenschaftlich	künstlerisch
denkend	fühlend
Logik	Intuition
literal	analog
vorsätzlich	spontan
Quantität	Qualität
seriell	parallel
atomistisch	ganzheitlich

TABELLE 1: POPULÄRE MYTHEN ÜBER DIE RÄUMLICHE VERANKERUNG VON DENKSTILEN

Wie können so viele Unterscheidungen in einem Teil der menschlichen Anatomie aufgehoben sein? Ich bin versucht, dieser Liste in Tabelle 1 noch mehr hinzuzufügen: Yin vs. Yang, Engel vs. Teufel, Böse vs. Gut. Aber jetzt ernsthaft: Alle diese Theorien sind albern. Es ist wahr, daß jedes Gehirn zwei Hälften hat und einige Teile dieser Hälften tatsächlich verschiedene Funktionen haben. Aber der Öffentlichkeit wurde nie gesagt, daß es noch viel größere Unterschiede gibt zwischen dem vorderen Teil des Gehirns und dem rückwärtigen. Im allgemeinen ist der rückwärtige Teil des Gehirns meistens beschäftigt mit sensorischer Information, Mustererkennung des Sehens und dem Erkennen von Lauten und verschiedenen anderen Eingabesignalen. Wohingegen der vordere Teil des Gehirns meistens mit solchen Dingen befaßt ist wie Muskelkontrolle, Planung von Handlungen, Sprechen im Gegensatz zum Hören.

Anstatt den kindischen links-rechts Mythos zu glauben, sollte man lieber besser verstehen, daß jedes Gehirn hunderte spezialisierter Regionen hat. Die sehen tatsächlich unterschiedlich aus, wenn man sie unter dem Mikroskop betrachtet. Es stimmt, daß der größte Teil des Cortex – und damit der Hauptteil des Gehirns – Ähnlichkeiten in der Struktur aufweist; aber sie unterscheiden sich sehr im kleineren Detail. Der größte Teil des Cortex ist zusammengesetzt aus kleinen Spalten, die jede einige hundert Nervenzellen enthält. Aber diese Spalten sind in verschiedenen Regionen unterschiedlich organisiert. Für mich ähneln sie den Unterschieden zwischen Computerarchitekturen. In einem Teil des Gehirns könnte ein bestimmter Zelltyp für gewöhnlich wie eine Verbindung aussenden, die ungefähr zwei Millimeter tief geht. Dann teilt sie sich, um eine Y-artige Gabel zu bilden, deren Äste in baumähnliche Fächerungen auswachsen. In einem anderen Teil des Cortex nehmen wir uns eine Zelle vor, die sonst ähnlich aussieht, aber ein wenig längere Verbindungen aussendet, sagen wir drei Millimeter. Sie verzweigt dann in ein Dutzend kurzer Äste, die eine Art kreisrunde Scheibe beschreiben. Niemand weiß heute, welche unterschiedlichen Funktionen diese Strukturen haben. Aber ich vermute, daß jede auf unterschiedliche Weise in Lernprozesse eingebunden sein könnte. Jede Art eines Problems benötigt eine unterschiedliche Art des Wissens, und jede Art des Wissens könnte im Gehirn verschieden abgebildet sein.

Evolution und menschliches Denken

Das menschliche Gehirn und das vom Schimpansen haben sich seit weniger als fünf Millionen Jahren auseinanderentwickelt. Soweit das unsere Neurologen sagen können, sind beide Typen von Gehirn mit Ausnahme der Größe sehr ähnlich. Aber es muß einige wenige wichtige Unterschiede geben. Meine Theorie besagt: Die Basisorgane sind nahezu identisch, die Unterscheidungen liegen im »Management«.

Betrachten wir als Analogie die Computerprogrammierung. Eine der ältesten und populärsten Programmiersprachen heißt FORTRAN (Abkürzung für *formula translater*). Diese Sprache ist sehr hilfreich für einfache repetitive Prozesse, aber sie hat einige sehr ernste Beschränkungen: Ein FORTRAN-Programm ist schlicht nicht in der Lage, ein FORTRAN-Programm zu beschreiben. Diese Programme können sich weder selbst beschreiben, noch können sie sich selbst aufrufen. Wenn Sie zwei Unterprogrammen eines FORTRAN-Programms sagen, sich gegenseitig aufzurufen, wird der Computer hoffnungslos verwirrt und verliert die Spur, was zu tun ist. Aber es existieren andere Programmiersprachen wie z.B. LISP und Pascal, die damit keine Schwierigkeiten haben. Immer, wenn eines dieser Programme ein anderes aufruft, speichert es zunächst eine kleine Zahl von Anweisungen, die beschreiben, was es gerade getan hat. Wenn es dann an diese Stelle zurückkommt, kann es in diesem Speicher nachschauen, wie weit es in der Ausführung war und kann dann ohne Konfusion weiterlaufen. Noch mehr sogar, wenn das gleiche Programm in verschiedenen Kontexten verwendet wird, hält das System die Information über die verschiedenen Kontexte fest. Es besteht also kein Problem, die gleichen Anweisungen für viele verschiedene Zwecke zu benutzen. Technisch gesprochen heißt das »rekursive« Programmierung. Der große Vorteil davon ist, daß Sie so ein Programm jederzeit unterbrechen können, um einen anderen Job zu erledigen, und wenn es mit diesem Job fertig ist, kann es so weiterarbeiten, als wäre keine Unterbrechung gewesen.

Auch der Mensch geht so vor. Nehmen sie an, sie streichen bei Malerarbeiten eine Wand. Sie bemerken, daß sie dabei nicht hoch genug kommen. Sie unterbrechen den Job, um nach etwas zu suchen, sagen wir um daraufzustehen, z.B. eine Schachtel, ein Stuhl oder eine Leiter. Wenn sie dann erreicht haben, was sie wollten, können sie weiter machen, wo sie aufgehört haben, ohne ganz neu zu starten.

Diese Fähigkeit, sich selbst während einer Problemlösung zu unterbrechen, so daß sie ihre Aufmerksamkeit der Lösung eines unerwarteten Subproblems zuwenden können, ist ein wesentlicher Aspekt des menschlichen Denkens. Eine Person kann das leicht vier oder fünf mal tun, ohne das eigentliche Ziel aus den Augen zu verlieren. Aber ich vermute, daß ein Schimpanse, das zweitklügste Tier, nicht mehr als zwei oder drei Stufen Unterbrechungstiefe erreichen kann. Es scheint, daß das genug ist, um einen enormen Unterschied in der Problemlösefähigkeit auszumachen.

Vor einigen Jahren entdeckte Mitchel Marcus, damals graduierter Student am M.I.T, daß ein Computer dazu gebracht werden kann, den größten Teil der englischen Grammatik – oder überhaupt einer natürlichen Sprache – mit drei Ebenen von Kurzzeit-Gedächtnis zu verarbeiten, nicht jedoch mit zwei Ebenen. Für mich war es bemerkenswert, daß so ein kleiner Unterschied eine so große Wirkung haben konnte. Es zeigt, daß ein sehr kleiner Unterschied in einer Verarbeitungssprache einen enormen Unterschied in den Fähigkeiten bewirken kann. Wenn das Gehirn des gemeinsamen Vorfahren von Mensch und Schimpanse Unterbrechungen auf zwei Ebenen tolerieren konnte, dann genügte eine kleine genetische Veränderung, um dies auf drei oder vier Unterbrechungsstufen zu erhöhen. Wenn wir ein wenig bessere Wege entwickelten, unser Gedächtnis zu »managen«, so mein Vorschlag, dann könnten wir durch die wachsende Größe des Gehirns einen Vorteil erreichen, so daß es noch mehr Gedanken speichern könnte. Die tatsächliche Vergrößerung wäre dann eine einfache Sache, weil alle Organe schon genetische Systeme zur Skalierung ihrer Größe besitzen. Aus dieser Annahme folgt, daß vor einer Verbesserung im Management die Vergrößerung des Gehirns das Tier nur weniger intelligent gemacht hätte, weil es zu viel Lernen erfordert hätte, ohne die Fähigkeit zu erhöhen, von diesem größeren Gedächtnis auch Gebrauch zu machen.

Den Verstand nachzubilden, muß dem Aufbau einer großen Gesellschaft gleichen. Zuerst muß man genug Spezialisten ansammeln, die kompetent sind, um die besonderen Probleme in ihrer Umgebung zu lösen. Ab einer bestimmten Größe braucht die Gesellschaft auch Manager, aber das erfordert nicht etwas grundsätzlich Neues. Ein Manager ist nur eine andere Art von Spezialist, der andere Spezialisten kontrolliert, anstatt externe Probleme zu lösen. Und das ist es, wie ich vermute, was wir »Denken« nennen – eine zweite Stufe des Problemlösens, in der wir Probleme durch das Lösen unserer Probleme lösen. Sie können das einmal mehr als eine Ebene von Rekursion sehen.

Die Zukunft der Computer-Psychologie

An der Forschung, bessere regelbasierte Systeme oder eine bessere Art der formalen Logik oder bessere Wege der Wissensrepräsentation oder bessere Leistungen neuronaler Netze zu entwickeln, ist nichts auszusetzen. Ich bin sicher, daß jede dieser Richtungen ihre Rollen spielen wird, wenn wir letztendlich wirklich intelligente Maschinen bauen. Aber jetzt sind diese Forschungsgebiete sowohl überbesetzt, als auch wenig erfolgversprechend. Weltweit sehe ich jeweils 10.000 Forscher, die in den Gebieten Logik, Expertensysteme, neuronale Netze arbeiten. Auf der anderen Seite arbeitet kaum jemand an den Problemen, wie man Systeme entwickeln kann, die mehrere dieser Schemata benutzen oder die daran arbeiten, dem Computer Alltagswissen zu verschaffen. Wenn Sie sich für dieses aufregende Forschungsfeld entscheiden, werden sie virtuell keine Konkurrenz haben. Es kommt noch besser: Um das zu tun, benötigen sie wahrscheinlich keinen riesigen Supercomputer. Sie brauchen die Rechenleistung einer normalen Workstation, einige dutzend Megabyte Speicher und eine Menge guter Ideen. Dieser Rat ist besonders hilfreich für Leute mit begrenzten Ressourcen.

Aber wo kann man wirklich gute Ideen finden? Das beste ist, sie selber zu entwickeln. Aber wenn sie einen Start brauchen, können sie einige Vorschläge in meinem Buch »Mentopolis« finden und weitere in »Building large Knowledge-Based Systems« von Lenat & Guha. Aber ich bin zuversichtlich, daß jeder, der über diese Fragen nachdenkt, bald selbst auf weiterführende und bessere Ideen kommen wird.

Literatur

Lenat, D. G., Guha, R. V.: Building large knowledge-based systems. Reading, MA: Addison Wesley 1989

Minsky, M.: Mentopolis. Stuttgart: Klett-Cotta 1990 (Society of Mind. New York: Simon& Schuster 1985)

Moravec, H.: Mind Children. Der Wettlauf zwischen menschlicher und künstlicher Intelligenz. Hamburg: Hoffmann u. Campe 1990 (Mind Children. The Future of Robot and Human Intelligence. Cambridge, MA: Harvard University Press 1988)

NEUE WIRKLICHKEITEN AUS DEM COMPUTER –
VISIONEN EINER VERNETZTEN GESELLSCHAFT
Wie verändern Texte und Bilder in einer computerisierten Wirklichkeit unser Denken?

VILÉM FLUSSER

Ich werde mich im Verlauf dieses Vortrages mit den Begriffen ›Computer‹, ›Wirklichkeit‹ und ›Vernetzung‹ befassen. Bevor ich versuchen werde, diese Begriffe in den Griff zu bekommen, will ich Ihnen sagen, daß gegenwärtig die meisten Ausführungen eines allgemeineren Charakters den Zweck haben, uns in einer Lage zu orientieren, die durch einen vertikalen Paradigmenwechsel gekennzeichnet ist, so daß die Kategorien, die uns in der Schule beigebracht wurden, und die uns helfen sollten, unser Verhalten, unser Erkennen und unser Erleben zu ordnen, nicht mehr greifen. Ich habe nicht die Hoffnung, Ihnen neue Kategorien vorzulegen. Vielleicht wird, was ich sagen werde, Sie nur noch mehr verwirren. Ich selbst bin verworren. Aber, das ist kein Malheur, im Gegenteil! Wenn unsere vorangegangenen Urteile sich als Vorurteile auszuweisen beginnen, dann ist es ja gesund, wenn wir sie zerbrechen, auch wenn wir vorläufig keinen anderen Ausweg sehen sollten.

Das überholte Menschenbild

Die Begriffe, von denen ich sprechen will, scheinen weit auseinander zu liegen. ›Computer‹, ›Wirklichkeit‹ und ›Vernetzung‹. Wie Sie tatsächlich sehen werden, besteht zwischen diesen Begriffen eine intime Verbindung, die ich so zusammenfassen möchte: Die drei Begriffe sollen dazu beitragen, daß wir uns ein neues Menschenbild machen. Denn was die Situation vielleicht am dramatischsten macht, ist die Tatsache, daß das hergebrachte Menschenbild, das wir seit dem Humanismus pflegen, nicht mehr aufrechtzuerhalten ist. Nicht nur, weil die Erfahrungen in der ersten Hälfte des 20. Jahrhunderts uns zu recht am Menschen verzweifeln lassen. Nicht nur deshalb, weil wir zum Menschen, so wie wir ihn seit der Neuzeit begreifen – also nicht mehr als Kreatur, sondern als ›Subjekt in der objektiven Welt‹ – kein Vertrauen mehr haben können. Aber aus einem noch tieferen Grund: Wir beginnen einzusehen, daß der Begriff ›Individuum‹, der Begriff ›Subjekt in der objektiven Welt‹ hohl ist, daß das ideologische Begriffe sind. Aber wir haben nicht die Materie, dies durch neue Begriffe zu ersetzen.

Ich werde versuchen, zuerst einmal vom Computer zu sprechen in der Hoffnung, einen Weg zum Menschen zu finden. Der Computer ist eine Rechenmaschine, infolgedessen werde ich vom Rechnen zu sprechen beginnen. Das Wort Rechnen oder Zählen bedeutet eine spezifische Denkart, nämlich das Auseinanderbrechen von Ganzheiten in Bestandteile. Rechnen ist ein Zerbrechen, ein Verbrechen, es ist eine kritische Bewegung. Das Wort Kritik und das Wort Crime kommen aus demselben Stamm: Es ist eine kriminelle Geste, es will Einsicht gewinnen in Ganzheit. Im Deutschen ist das nicht so klar zu erkennen wie in den lateinischen Sprachen. Rechnen ist das Bemühen, in Stückchen, in Rationen zu zerbrechen, und das Wort Ration heißt ja dasselbe wie ratio. Rechnen ist der Ausdruck der Vernunft, Rechnen ist eine uralte Geste. Es gibt wahrscheinlich keine Kulturen, die nicht irgendwelche Rechenmaschinen hatten, zum Beispiel Muschelketten. Das Auffädeln von Elementen ist eine vielleicht über die menschliche Spezies hinausweisende Geste. Es gibt eine Theorie, die Sie vielleicht kennen, wonach die rechnerische Denkart vom Flöhenklauben herkommt. Die Flöhe sind ein sehr wichtiger Parameter in der Menschwerdung, denn es gibt Stellen im Körper, wo man sich von den Flöhen nicht selbst befreien kann. Infolgedessen muß man von anderen geklaubt werden, und dies führt zu der Rangordnung beim Menschenaffen: Der Rangwichtigste wird von allen Mitgliedern der Gruppe geklaubt, während die letzten an den Parasiten zugrunde gehen. Die Flöhe, die aufgeklaubt werden, werden nachher gegessen. Das Rechnen ist also nicht eine reine – im platonischen Sinn – uninteressierte Geste. Ursprünglich ist das Rechnen nicht etwas Ästhetisches wie Kant meint: Schön ist, was ohne Interesse gefällt. Im Rechnen sind zwei Interessen beinhaltet: Erstens das Befreien vom Parasiten und zweitens das Essen von Flöhen, es ist eine Art Aperitiv.

Aber es hat auch noch andere Parameter, ich will sie hier nicht verschweigen, denn ein grosser Teil meiner Ausführungen wird mit Rechnen zu tun haben. Es hat einen existentiellen Beigeschmack; nicht nur fasse ich beim Klauben von Flöhen den Körper des Nächsten an und komme daher in körperlichen, oder wie man heute sagt, face-to-face Kontakt mit ihm, sondern es ist auch eine Art Liebesbezeugung. Wir haben, wie Sie wissen, kurz nach der Menschwerdung die Haare verloren, und infolgedessen sind die Flöhe etwas weniger problematisch geworden. Wir haben die Haare verloren, weil wir laufen und schwitzen mußten. Hätten wir ein Fell gehabt, so hätten wir das von uns gejagte Wild nicht einfangen können. Dennoch ist diese Verschwörung der Menschen gegen die Flöhe ein wichtiger Teil des intersubjektiven Konsensus. Ich sage diese scheinbaren Kleinigkeiten, um das Problem des Rechnens im existentiellen Kontext zu beleuchten. Wenn wir zum Neolithikum vordringen, dann sehen wir seltsame Figuren von verschiedenen Formen, zum Beispiel Kegel, Würfel und Kugeln, die in Behältern aufgehoben werden. Nach Meinung der Forscher sind diese Kugeln Symbole für Mengen, ich würde nicht direkt sagen ›Zahlen‹, sie sind noch nicht theoretisch rein. Ich kann nicht sagen, daß eine Kugel etwa die Menge 2 bedeutet, wahrscheinlich ist ein anderes

Symbol nötig für 2 Schafe, 2 Ziegen. Aber dennoch sind diese Objekte Symbole für Mengen. Also kann man sagen, daß Ideogramme, welche Mengen bedeuten, älter sind als die Schrift. Die ursprüngliche Absicht hinter der linearen Schrift war Zählen, und zwar nicht nur Zählen von Waren wie Ziegen, Schafe oder Ölkrügen, sondern auch Zählen im Sinn von Erzählen.

Gestatten Sie, daß ich einige Worte darüber verliere. Eines der wichtigen Kommunikationsmedien vor der Erfindung der Schrift waren die Bilder. Menschen orientierten sich in der Welt anhand von Bildern, und Bilder haben einen inneren Widerspruch. Sie stellen sich vor das, was sie vorstellen, so daß das Verhältnis zwischen den Menschen und dem Bild sich umkehren kann: anstatt daß sich der Mensch anhand des Bildes in der Welt orientiert, bekommt er die Tendenz, sich anhand der Welt im Bild zu orientieren. Das Wort ›Wirklichkeit‹ beginnt in der Diskussion des Rechnens aufzutauchen. Anstatt daß das Bild als eine Landkarte der Wirklichkeit angesehen wird, wird die Welt als eine Einleitung in die Wirklichkeit des Bildes angesehen. Imagination schlägt in Idolaterie um, und Idolaterie ist eine gefährliche Situation für das Überleben der Gesellschaft. Wenn ich in der Funktion von Bildern handle (so eine Handlung nennt man magisch), wenn ich magisch handle, dann kann ich den Bedingungen der Umwelt zum Opfer fallen. Von einem bestimmten Punkt an sah man sich genötigt, die Bilder wieder für die Welt durchsichtig zu machen. Man riß also die Elemente aus der Bildoberfläche heraus und fädelte sie auf Zeilen, als ob es Ketten wären, denn die Geste des Reißens des Bildes ist eine Geste des Zählens. Man wollte den Inhalt der Bilder aufzählen, das heißt erzählen.

Was daraus entstand, waren Texte. Texte sind Erzählungen, des racontes, tales, von ›to tell = zählen‹ des Inhaltes. Es ist also in der linearen Schrift ein Element des Zählens und des Erzählens beinhaltet. Das Alphabet ist eine Partitur für gesprochene Sprachen, und der Sinn des Alphabets ist, Gesprochenes zu visualisieren. Nach dieser wichtigen Erfindung, über die ich vielleicht noch sprechen werde, blieben dennoch zählerische Elemente im Alphabet erhalten. Die Buchstaben bedeuteten nicht nur Phoneme, sondern sie bedeuteten auch Mengen, z.B. bedeutete der Buchstabe Alef nicht nur den ersten Ton des Wortes Alef, was also Stier heißt, bedeutete nicht nur A, sondern bedeutete auch 1. Nie war das Alphabet ein reiner Code, nie war es nur ein Code zum Visualisieren von Sprachen, sondern es beinhaltete immer Ideogramme für Mengen, so daß man eigentlich von einem alphanumerischen Code sprechen muß.

Also wurde nach dem Umsturz, dank welchem nicht mehr Bilder, sondern Texte die wichtigsten Medien zur Übertragung von Information waren, das Zählen beibehalten. Das Zählen begleitete das Aufzählen und Erzählen. Denken war auch nach der Erfindung des Alphabets nicht nur ein sprachliches, sondern auch ein numerisches Denken. Unter dem Einfluß des Alphabets wurde das Denken immer mehr ans Sprechen gebunden: die Sprachregeln, die Logik wurden zu Denkregeln. Das Wort gewann eine Aura, die nur alphabetische Kulturen kennzeichnet. Zum Beispiel gibt es Ideologien, wonach das Wort Fleisch wird, oder: im Beginn war das Wort, das Wort war Gott. Oder noch heiliger ist das Wort ›die Wohnung des Seins‹. Aber obwohl das Alphabet auf eine ganz außerordentliche Art Denken mit Sprechen koppelte, blieb dennoch immer das Bewußtsein eines unsprachlichen, übersprachlichen Denkens, nämlich des Rechnens erhalten. Irgendwie war man sich immer dessen bewußt, daß man auch Unaussprechliches denken kann, daß sich Wittgenstein irrt, wenn er sagt: »Worüber man nicht sprechen kann, darüber muß man schweigen. Worüber man nicht sprechen kann, das kann man unter Umständen rechnen.«

Dieses Bewußtsein der Fähigkeit übersprachlich rechnerisch zu denken, blieb erhalten, aber das Rechnen war im Verlauf der Geschichte, also ungefähr von 1500 v.Chr. bis ungefähr 1500 n.Chr. dem sprachlichen Denken, der Logik irgendwie untergeordnet. Wenn Sie sich einen Text ansehen und Sie folgen mit dem Auge der Zeile, dann sehen Sie Algorithmen wie Inseln im Text. Sie unterbrechen den Fluß des Geschehens, das Auge hält inne, wenn es auf Algorithmen stößt und kreist um die Algorithmen so, als seien es Bilder. Die Zahlen waren immer Fremdkörper im historischen Denken. Ich möchte das – da es für die Erkenntnis der Gegenwart wichtig ist – noch einmal betonen. Seit wir linear schreiben, denken wir historisch. Das Lesen von Texten schlägt auf unser Bewußtsein zurück. Die Bewegung der Augen entlang der Linie erweckt in uns einen Zeitbegriff, nämlich jenen, wonach die Zeit ein Strom ist, der aus der Vergangenheit kommend in die Zukunft weist und in dem wir schwimmen. Dieses dramatische Gefühl der Historizität, des ›nichts wiederholt sich, jeder verlorene Augenblick ist definitiv verloren‹ wird von den Zahlen unterbrochen. Zahlen sind nicht geschichtlich, das zählende Denken ist ein ahistorisches und superhistorisches Denken. Um es mit Wittgenstein zu sagen: Es hat keinen Sinn, wenn jemand behauptet, *eins und eins ist zwei* um vier Uhr nachmittags in Semipalatinsk. *Eins und eins ist zwei* jenseits von Zeit und Raum, und alles formale Denken, nicht nur das zählerische, sondern auch das geometrische, ist ein Durchbruch des historischen Bewußtseins, ein Durchbruch des Humanismus, ein Durchbruch des politischen Denkens. Denn es hat gar keinen Sinn, wenn mir jemand sagt ›die Winkelsumme im Dreieck ist 180°‹., dann danach zu fragen, ob diese Aussage vielleicht historisch oder psychologisch oder politisch oder ökonomisch oder sozial bedingt ist. Dieser Satz ›die Winkelsumme im Dreieck ist 180°‹ ist überzeitlich und überräumlich, er ist formal oder – um es mit einem klassischen Wort zu bezeichnen – theoretisch.

Wie gesagt, das theoretische, formale, rechnerische Denken war dem historischen untergeordnet. Selbst nach Einführung der sogenannten arabischen Zahlen, die in Wirklichkeit indisch sind, behielt das historische, politische Bewußtsein die Oberhand. Aber der Wendepunkt – und von dem will ich eigentlich ausgehen – ist zu Beginn des 15. Jahrhunderts, als sich nämlich das Interesse auf die Erscheinungen konzentriert, als man versucht, das zu erkennen, was wir heute die Natur nennen würden – damals sagte man vielleicht die Schöpfung. Es stellte sich nämlich heraus, daß die Zahlen ein besser geeigneter Code sind, die Erscheinungen in den Griff zu bekommen als die Buchstaben.

Ich werde über die Gründe der besseren Adaptabilität der Zahlen statt Buchstaben hier nicht sprechen. Es war so, als ob die historische Vernunft der reinen Vernunft angesichts des Versuchs, die Natur in den Griff zu bekommen, weichen müßte. Das rationelle, also das zerbrechende Denken, das aufbrechende Denken erwies sich als funktioneller als das historische, prozessuelle, schreibende Denken. Ich würde das in folgender Formel fassen: Seit ungefähr dem Beginn des 15. Jahrhunderts, setzt man auf folgende Karte: Die menschliche Vernunft ist fähig, alles in immer kleinere Stücke zu zerbrechen, bis es schließlich auf irgendeinen Bestandteil kommt, der übervernünftig ist, der nicht weiter teilbar ist – auf ein Atom oder auf der Seite des Subjekts auf ein Individuum. Wir sind uns nicht immer bewußt, daß Atom und Individuum Synonyme sind. Die Hoffnung war, daß die menschliche Vernunft so weit fortschreiten kann, bis sie auf den kleinstmöglichen, nicht mehr weiter teilbaren, nicht mehr weiter rationalisierbaren Bestandteil kommt. Damit wird sie den Baustein der Welt entdeckt haben und somit die Welt von Grund auf in den Griff bekommen. Das ist im Kern die Hoffnung des Rationalismus. Diese Hoffnung hat sich als falsch erwiesen.

Ich möchte einen Schritt zurückgehen, bevor ich weitergehe. Seit wir Menschen sind, hat sich zwischen uns und der Lebenswelt ein Abgrund geöffnet, wir sind nicht mehr Teile der Lebenswelt, wir sind aus der Lebenswelt herausgetreten. Die Lebenswelt hat sich in eine objektive und eine subjektive Welt gespalten. Wir sind Subjekte einer objektiven Welt geworden: das Stichwort heißt Entfremdung – Alienation. Die Rationalität hat also versucht, die objektive Welt so lange zu zerrechnen, zu kalkulieren, bis sie zu Atomen kommt und damit den Baustein zur objektiven Welt zu finden. Andererseits hat sie etwas später versucht, die subjektive Welt zu analysieren und damit auf Bausteine zu kommen, die die subjektive Welt aufbauen, auf Individuen. Aber leider ist die Vernunft über ihr Ziel hinausgeschossen. Es hat sich herausgestellt, daß es nichts gibt, das wir nicht zerteilen können, daß das Zerkleinern ein progressiver Vorgang ist, der keine Grenzen kennt – schon formal, aus der einfachen Definition der Arithmetik, wonach jede Zahl eine Nachfolgerin hat. Man kann immer weiter zählen. Die Atome sind in immer kleinere Bestandteile aufgeteilt worden, bis man zu Elementen gekommen ist, von denen man nicht mehr richtig sagen kann, ob sie tatsächlich Teile von Objekten sind, oder ob das nicht eine falsche Frage ist. Wenn ich zu Teilchen komme von der Größenordnung eines Quarks, dann ist die Frage: Ist das ein Teilchen eines Teilchens, eines Atoms, oder ist es ein Symbol, also ein subjektives Element? Die Frage ist falsch gestellt: das Teilchen schwirrt dann in einem Gebiet, das außerhalb der Aufteilung zwischen Subjekt und Objekt ist. Das Gleiche etwas später auf dem Gebiet des Subjekts.

Ich werde über zwei Punkte sprechen: Nehmen wir an, ich analysiere die Wahrnehmung von einem neurophysiologischen Standpunkt aus, dann komme ich zu der Erkenntnis, daß mein Zentralnervensystem punktuelle Reize empfängt, welche – sagen wir – digital kodifiziert sind. Ein Reiz wird entweder empfangen oder nicht empfangen. Diese Reize werden dann im Zentralnervensystem irgendwie durch noch nie durchsichtige Vorgänge chemisch und elektromagnetisch prozessiert und werden dann dank dieser Prozesse – dank dieser Computation – zu Wahrnehmungen. Die Frage *Ist der Reiz, den das Zentralnervensystem empfängt, ein objektives oder ein subjektives Partikel?* ist sichtlich schief. Irgendwo spielt sich das zwischen einer inneren grauen Zone ab, die zwischen dem Subjekt und dem Objekt liegt. Ich will Ihnen ein zweites, vielleicht noch eindrucksvolleres Beispiel nennen: Man war lange der Meinung, daß die Fähigkeit, sich zu entscheiden, eine typische Freiheit des Individuums ist. Das ist die Würde des Menschen, die Entscheidungsfreiheit. Wenn man die Entscheidungen analysiert, kommt man auf Dezideme und Strukturen, nach denen die Dezideme funktionieren. Das typische Beispiel, das man immer wieder anführt, ist das Schachspiel: Ich stehe vor einem Schachproblem und muß mich entscheiden, welchen Zug ich mache. Das zeigt mir, wie die Entscheidung funktioniert. Ich habe eine Reihe von Alternativen, ich kann sie meist nicht überblicken, sonst wäre ja von Freiheit keine Rede, Freiheit bedeutet ja Unkenntnis der Folgen. Freiheit in diesem Sinn ist eine Folge der Komplexität der Situation. Ich habe also eine Reihe von Alternativen vor mir, mehr oder weniger intuitiv lehne ich alle Alternativen bis auf eine einzige ab und ziehe. Ich kann natürlich nicht wissen, ob ich den richtigen Zug getan habe, denn, um dies zu wissen, hätte ich alle anderen Züge ausprobieren müssen. Ich habe mich intuitiv für einen Zug entschlossen – das schon problematisiert das Problem der Entscheidung. Aber kaum habe ich diesen Zug gemacht, so zeigen sich neue Möglichkeiten, und ich muß wieder alle Alternativen bis auf eine einzige amputieren.

Was ich Ihnen jetzt geschildert habe, zeigt, daß die Entscheidung ein mechanischer Prozeß und infolgedessen mechanisierbar ist. Ich kann in einen Computer den Entscheidungsbaum hineinfüttern und dann die spezifisch gegebenen Alternativen. Der Computer wird sich anders entscheiden, als ich jetzt eben geschildert habe. Er wird eine große Reihe von Alternativen ein Stückchen weiterverfolgen und dann eine davon, die vielversprechendste, wählen, nicht intuitiv, sondern sagen wir durch ›trial and error‹. Gegenwärtig gibt es noch Menschen, die besser spielen als automatische Schachspieler, aber nicht auf lange Sicht, denn durch diese Methode lernt ja der Computer, das ist eine autogene Programmation. In Kürze wird es keinen Sinn mehr haben, Schach zu spielen, weil kein Mensch mit einem schachspielenden Automaten wird konkurrieren können.

Die Frage, sind die Dezideme, die aus dem Computer herauskommen, Elemente von Subjekten, oder sind es subjektive Daten, ist sichtlich eine falsche Frage. Ich würde sagen, daß die rechnerische Kapazität, diese Fähigkeit, alles in Teile zu zerteilen, durch einen exzessiven Erfolg Schiffbruch erlitten hat. Es hat sich also herausgestellt, daß es keinen Baustein gibt, der nicht weiter teilbar wäre, und daß am Grunde dieses Teilens ein Partikelschwarm oder zwei Partikelschwärme derart ineinandergreifen, daß die Aufteilung von Subjekt und Objekt nicht weiter haltbar ist, daß ich weder von einem Atom auf der Seite der objektiven Welt noch von einem Individuum auf der Seite der subjektiven Welt sprechen kann.

Ich hoffe, Sie haben gemerkt, daß ich in eine Schleife bei meinem Argument geraten bin. Ich möchte diese Schleife, also diese Verwirrung, von der ich ursprünglich sprach, etwas näher ins Auge fassen. Als man im 15. Jahrhundert begann, die Welt nicht mehr zu beschreiben, sondern zu zählen, war die Schwierigkeit folgende: Wenn Denken nicht ein sprachliches, sondern ein rechnerisches Denken ist, und wenn ich also rechnerisch die Welt erkennen will, dann gilt es, Rechnen auf das ausgedehnte Ding anzupassen. Die denkende Sache war eine arithmetische Sache, das heißt, sie war klar und deutlich, klare und distinkte Perzeption. Die rechnerische Sache ist klar, weil jede Zahl eine einzige Bedeutung hat, zum Beispiel bedeutet die Zahl 2 die Menge von Paaren, daran kann nichts gedeutelt werden. Und dies ist deutlich, weil zwischen jeder Zahl und jeder anderen Zahl ein Intervall klafft, z.B. zwischen 1 und 2. Wenn ich das Intervall auffülle mit der Zahl 1,1, dann klafft ein Intervall jetzt zwischen 1 und 1,1. Diese Klarheit und Deutlichkeit des rechnerischen Denkens ist beim Erkennen der Welt ein Nachteil, falls ich die Welt als eine geometrisch ausgedehnte Sache ansehe. Wenn ich glaube, wie man damals glauben mußte, daß dieser Tisch eine solide, ausgedehnte Sache ist, daß in diesem Tisch kein Intervall ist, dann muß ich mich fragen: Wie kann ich denn mit meinem zählenden Denken diesen Tisch erfassen? Angenommen, ich sehe die Konkretizität dieses Tisches als einen Schwarm von Punkten, die ohne Intervalle ineinandergreifen, d.h. das Wort ›konkret‹, concressere heißt: zusammenwachsen. Wenn also die Punkte in diesem Tisch so zusammengewachsen sind, daß sie keine Fuge haben, wie kann dann mein Denken, das doch aus lauter Fugen besteht, das erfassen? Laufen nicht die meisten Punkte dieses Tisches durch die Intervalle meines Denkens hindurch? Muß ich nicht schließen, daß das rechnerische Denken nicht für die Welt adäquat ist (adäquatio intellectus ad rem – das Angleichen des Denkens an die Sache)?

Descartes hat, wie Sie wissen, das Problem zum Teil gelöst, indem er sich vorstellte, irgendwo in der Welt ein Achsenkreuz hinzustellen und jeden gewünschten Punkt mit den drei Koordinaten zu bezetteln, die diesen Punkt von den drei Achsen charakterisierten. Alle gewünschten Punkte kann ich durch Zahlen erfassen. Erkennen ist eigentlich nichts anderes als analytische Geometrie. In der ganzen Neuzeit, seit Rechnen und nicht mehr logisches Denken die Methode des Erkennens war, ist analytische Geometrie die Methode des Diskurses, des Erkennens, um es mit Descartes zu sagen.

Das Problem also war damals: Wie kann eine so punktuelle Struktur wie die Arithmetik eine so kompakte Struktur wie die Welt erfassen? Und da es sich herausgestellt hat, daß sie gar nicht kompakt ist, daß sie in Wirklichkeit gar nicht wirklich ist, jetzt wo ich doch weiß, daß dieser Tisch ein Schwarm von Partikeln ist, eine Kreuzung von Möglichkeitsfeldern – sagen wir vom gravitationellen Feld zum magnetischen Feld. Jetzt, wo ich das weiß: Wieso habe ich Vertrauen, daß die Rosen, wenn ich sie hinstelle, stehenbleiben? Wie kommt es, daß ich weiterhin Vertrauen zu diesem Tisch habe, obwohl ich doch eines besseren belehrt bin? Und was mich betrifft: Ich weiß doch, daß ich nichts anderes bin als ein Schwarm von Möglichkeiten. Wieso habe ich Vertrauen dazu, Ihnen diesen Vortrag zu halten?

Ich hoffe, Sie sehen die Schleife, die ich jetzt gemacht habe. Zuerst war das Problem: Wie kommt das rechnerische Denken an die Wirklichkeit heran? Und jetzt ist das Problem: Wie kann ich überhaupt von der Wirklichkeit sprechen, wo ich doch schon alles errechnet habe? Wieso habe ich dennoch Vertrauen? Vielleicht haben wir den Glauben an transzendente Begriffe eingebüßt, vielleicht ist es nicht sehr gut, von Gott oder Seele oder Geist zu reden, aber das Vertrauen zum Tisch, zu dieser Rose, das doch noch unvernünftiger ist, das haben wir doch noch. Die Antwort ist: Weil wir den Computer als Modell unseres Nervensystems sehen. Wir glauben, daß unser Nervensystem eine Art von Supercomputer ist, der aus den Möglichkeiten um uns herum und in uns das computiert, was wir Wirklichkeit nennen.

Ich habe versucht, in diesen einleitenden Worten den Computer auf eine etwas unorthodoxe Weise als ein Instrument zur Erkenntnis der Wirklichkeit und zur Erkenntnis des Menschen zu verwenden. Das ist nicht so seltsam, wie es klingt. Denn wenn Sie sich ansehen, wie wir auf der Welt sind, werden Sie erkennen, daß wir eigentlich als Rückschläge auf unsere Erfindungen da sind. Das, was wir die Geschichte der Menschheit nennen, ist ja nichts als eine Serie von Erfindungen, die wir genötigt sind zu machen, die dann auf uns zurückschlagen. Dann werden wir unserer bewußt werden. Als man z.B. den Hebel erfand, also die Maschine zum Heben, so erfand man ihn als Simulation des Arms. Ein Hebel war ein unintelligenter, primitiver Arm, der in jeder Hinsicht dem Arm unterlegen war, außer selbstverständlich in der Hinsicht des Hebens. Was Heben betrifft, so war der Hebel unverhältnismäßig effizienter als der Arm. Hätte damals ein Computer-Philosoph über den Hebel einen Vortrag gehalten, so hätte er kommentieren müssen: Zugegeben, der Hebel ist primitiv, der Hebel ist unverhältnismäßig einfacher als der Arm, aber bitte, geben Sie doch zu, er hebt besser. Und die Reaktion der Leute wäre die gleiche gewesen wie die Reaktion der Menschen heute gegenüber Computer. Doch würden die Leute sagen: Der Hebel ist blöd und der Arm gescheit? Aber dann schlägt der Hebel auf uns zurück, wir kommen dank des Hebels überhaupt erst darauf, was Heben bedeutet. Wir kommen überhaupt erst darauf, was Arbeit heißt. Der Hebel, der unter dem Druck erfunden wurde, daß Heben notwendig war, schlägt auf uns zurück, und wir gewinnen den Begriff der Arbeit, was selbstverständlich in der Erfindung nicht vorgesehen war. Ich glaube, wir müssen uns daran gewöhnen, daß wir zuerst erfinden und erst nachher entdecken, was wir erfunden haben.

Ein anderes Beispiel: Die Erfindung des Dampfkessels. Ich will auf die Motive dieser Erfindung nicht eingehen, es waren zwingende Motive. Aber, daß der

Dampfkessel zur Erfindung der Eisenbahn geführt hat, und die Eisenbahn zur Öffnung des amerikanischen Westens, und das zur Öffnung des pazifischen Ozeans, und das zum Kontakt zwischen der westlichen Welt und der orientalischen Welt, das ist eine Entdeckung, die wir erst mit der Zeit aus der Watt'schen Erfindung zurückgewonnen haben.

Ich habe also den Computer als ein Beispiel gewählt, weil im Computer diese Überraschungen, die wir langsam entdecken, auf uns lauern. Ich möchte jetzt auf diese erste große Überraschung eingehen, nämlich was das Wort ›Wirklichkeit‹ meint. Ich möchte das Wort ›Wirklichkeit‹ ausklammern, obwohl es im Titel meines Beitrags steht, weil das deutsche Wort außerordentlich zweifelhaft ist. Eine Erklärung: Das Wort Wirklichkeit ist eines jener Worte, die im Mittelalter erfunden wurden, um lateinische Worte durch germanische zu ersetzen. In diesem Fall war es, glaube ich, Meister Ekkehart, der den Versuch unternommen hat, zwischen den zwei Gnaden zu unterscheiden, die laut katholischer Orthodoxie den Menschen kennzeichnen. Wir haben eine Gracia sufficiens, eine genügende Gnade, die uns erlaubt, Gott zu suchen, und dann haben wir eine Gracia efficiens, dank der Gott in uns bewirkt, daß wir uns erlösen. Ich gebe den Glaubensartikel nur ungefähr wieder. Ekkehart übersetzte diese Gracia efficiens als wirkliche Gnade, wobei er das Wort efficere als Wirken ansah, und nachher wurde dieses Wort ›Wirklichkeit‹, als das Bewirkende, mit Realität gleichgesetzt. Das ist einer der Gründe, warum die deutsche Philosophie so tief ist: Tiefe heißt Verwirrung. Die deutsche Philosophie spielt mit deutschen und lateinischen Worten, um weitere Parameter zu öffnen, und das ist keine sehr gute Methode. Ich würde statt ›wirklich‹ lieber ›real‹ sagen. Wir beginnen zu wissen, was ›real‹ meint: eine dichte Raffung von Möglichkeiten. Je dichter Möglichkeiten gerafft sind, desto realer sind sie. Und das Wort ›real‹ ist kein absoluter Begriff, sondern ein relativer, etwas ist realer als etwas anderes, und nichts ist völlig real. Das ist eines der Dinge, die wir bezahlen müssen, um uns zu orientieren. Wir müssen darauf verzichten, an eine absolute Realität zu glauben. Wir müssen uns daran gewöhnen, daß Realität ein relativer Begriff ist. Das ist uns aus verschiedenen Gründen aufgedrängt, zum Beispiel aus der Physik. Wenn wir der Quantenphysik glauben und auch der Realitätstheorie von zwei verschiedenen Seiten, dann ist doch das, was wir ein materielles Objekt nennen, nichts als eine besonders dichte Raffung von energetischen Verhältnissen. Anders ausgedrückt: Was wir ein materielles Objekt nennen, ist eine Kerbe in einem Energiefeld von Möglichkeiten.

Wenn wir uns darauf einigen, daß der Begriff Wirklichkeit relativ ist, daß es nicht etwas absolut Wirkliches gibt und etwas absolut Unwirkliches, sondern daß alles zwischen diesen beiden Horizonten schwankt, dann gewinnt auch das Wort Fiktion eine andere Bedeutung. Fiktion bedeutet die Gegenseite von Realität, und das sind die zwei Pole, zwischen denen wir schwanken. Eine weitere Folge ist, daß das Wort ›wahr‹ und das Wort ›falsch‹ ihre absolute Bedeutung verlieren, oder anders gesagt: Eine wahre Aussage wird dann nicht mehr wünschenswert, weil eine wahre Aussage *ex definitione* leer ist. Was uns dann interessiert, sind mehr oder weniger wahrscheinliche Aussagen, und unser ganzes Rechnen verändert sich. Wir rechnen dann nicht mehr im Hinblick auf einen gültigen Algorithmus, sondern die Basis unseres Rechnens wird Wahrscheinlichkeitsrechnung, Probalitätskalkül. In so einer relativierten, verschwimmenden Welt stellt sich das Problem der Wirklichkeit auch im täglichen Leben. Es hat keinen großen Sinn mehr zu fragen, wenn ich die Fernsehbilder aus dem Golfkrieg sehe: Ist das wirklich geschehen? Im Fernsehbild ist es mehr oder weniger wirklich, und was dahintersteht, kann auch nur mehr oder weniger wirklich sein.

Ich glaube, wenn wir einsehen, daß die Wirklichkeit ein relativer Begriff ist, daß wir dann eine ganze Reihe von ideologischen Vorurteilen brechen. Ich glaube, daß wir dann erst von Metaphysik tatsächlich befreit sind. Aber die Folge ist anthropologisch revolutionär. Wenn wir nämlich in der Wirklichkeit den Grad der Raffung von Möglichkeiten sehen, dann wird das Problem ja nicht Wirklichkeit, sondern Verwirklichung, nicht Realität, sondern Realisation.

Zum neuen Menschenbild

Und jetzt komme ich zum zweiten Punkt, zum wichtigsten meiner Ausführungen: zum neuen Menschenbild. Es beginnt sich in Umrissen herauszuarbeiten. Ich werde versuchen, es so zu schildern: Die Frage, ob wir eine Individualität sind oder Individualität haben, ob wir ein Geist sind oder einen Geist haben, ob wir eine Seele sind oder eine Seele haben, wird nach rationaler Analyse immer sinnloser. Und sinnvoll wird nur zu fragen: *In welche Beziehungen bin ich eingebettet?* Die Frage *Wer bin ich?* wird zur Frage *Wer bin ich für wen?* Ich komme dann langsam zu dem Schluß, daß ›ich‹ ein Wort ist, das nur in Kopplung mit ›du‹ einen Sinn hat. ›ich‹ ist, zu dem ›du‹ gesagt wird, und ›ich‹ ist, was zu einem anderen ›du‹ sagt. In dieser dialogischen Verbindung erst gewinnen das Wort ›ich‹ und das Wort ›du‹ einen Sinn, und das ist auch logisch sehr einfach zu zeigen. Identität ist ohne Differenz nicht denkbar, Identität bedeutet ja, die Differenz zu einer anderen Identität aufzuzeigen. Wenn ich das nicht nur gedanklich, sondern auch existentiell erfasse, wenn ich mir also dessen bewußt werde, daß ich nur und nur in diesem Grad *bin*, insoweit ich mit anderen da *bin*, mit anderen oder mit Objekten da *bin*, wenn ich in mir einen Knoten von Beziehungen entdecke und diese Beziehungen dann sozusagen als eine Arbeit aufnehme, dann realisiere ich Möglichkeiten. Und das Dasein ist dann nichts anderes als ein Prozeß eines Realisierens von Möglichkeiten mit anderen gegen die Welt.

Das klingt so, als ob ich das Ich-Bewußtsein aufgeben würde, als ob irgendetwas, wenn ich sage, ich habe den Geist oder die Seele aufgegeben, als ob ich dabei einen Verlust erlitten hätte. Ich möchte so klar wie möglich sagen, daß auch das eine ideologische Verwirrung ist, denn nur in der Selbstvergessenheit bin ich. Sobald ich mich nämlich von mir selber auf mich einstelle und mich selbst behaupte, solange bin ich gar nicht. Erst in der Selbstvergessenheit, z.B. erst in der Lektüre eines spannenden Buches oder während dieses Vortrages, wo Sie mir zuhören, wo Sie doch vergessen, daß Sie da sind, und wo ich vergesse, daß ich zu Ihnen spreche, erst in diesem gemeinsamen Sichvergessen, in dem einer für den anderen in der Sache ist, erst darin realisieren wir uns.

Das klingt orientalisch, es klingt wie Mystik, aber es ist klar, es hat nichts damit zu tun. Ich meine, wenn alles außer mir selbst interessant ist, erst dann bin ich eigentlich. Und diese Erkenntnis, daß Dasein eine Realisation mit anderen ist, die hat außerordentliche existentielle, ethische und ästhetische Folgen. Wenn ich nämlich – um das nur politisch zu sagen – mir dessen bewußt bin, daß das Wort Individuum und das Wort Gesellschaft abstrakte, ideologische Begriffe sind, daß es so etwas gar nicht gibt, daß das Extrapolationen aus Beziehungen sind, dann lautet die politische Frage ja nicht mehr: Ist die Gesellschaft gut für den Menschen oder der Mensch gut für die Gesellschaft? Sondern die politische Frage wird dann lauten: Wie ist die Struktur und der Inhalt der zwischenmenschlichen Beziehungen? Die zwischenmenschlichen Beziehungen werden dann das konkrete Problem, nicht die Struktur der Gesellschaft und nicht die Struktur des Individuums, nicht die Stellung des Individuums in der Gesellschaft, und nicht die Funktion der Gesellschaft im Individuum, sondern die konkrete, zwischenmenschliche Beziehung, und diese konkrete Beziehung kann technikalisiert werden. Diese Beziehung kann in Form von materiellen und immateriellen Kabeln geschaltet werden. Um es mit anderen Worten zu sagen: Die Kommunikationsstruktur wird dann die Infrastruktur des Daseins und der Gesellschaft, nicht Wirtschaft und nicht soziale, sondern die Kommunikationsstruktur wird die Infrastruktur. Und hier wird die Vorsilbe ›Tele‹ wichtig. Der Humanismus erweist sich als eine ent-existentialisierende Ideologie. ›Liebe die Menschheit‹ erweist sich als eine demagogische Phrase nach dem berühmten Satz: »I love mankind, it's people I can't stand.« Denn, wenn ich derart die zwischenmenschlichen Beziehungen verwässere, daß ich mich plötzlich verantwortlich fühle für eine Milliarde Chinesen oder für den Sandinisten in El Salvador, dann habe ich ja meine zwischenmenschlichen Beziehungen derart verwässert, daß ich überhaupt keine Verantwortung mehr dafür übernehmen muß.

Ich komme zur ursprünglichen Bedeutung des jüdisch-christlichen Begriffs der Nächstenliebe. Ich kann nur die Verantwortung für den übernehmen, mit dem ich in einer existentellen Relation stehe, denn Verantwortung bedeutet ja die Fähigkeit, ihm Rede und Antwort zu stehen. Wir verfügen jetzt über Methoden, um diesen Begriff des Nächsten viel weiter als ursprünglich zu stecken. Ursprünglich meint wohl ›Nächster‹ die kleine Gruppe von Menschen, mit denen ich täglich in Kontakt bin. Aber dank der Thematik kann ich in spezifischen Kompetenzen über Raum und Zeit hinweg konkrete, intersubjektive Beziehungen aufnehmen. Ich kann mit jemandem in Australien Schach spielen, oder ich kann per Telefon mit jemandem die geologische Struktur Kanadas besprechen.

Ich möchte noch auf einen Punkt in dieser telematischen Sicht zu sprechen kommen, und zwar auf die demografische Explosion. Ich glaube, wir sind uns nicht immer dessen bewußt, daß Inflation entwertet. Um es in einem informatischen Sinn zu geben: je mehr von einem Element vorhanden ist, desto weniger informativ ist es und desto redundanter. Stellen Sie sich vor, wie es ausgesehen hat, als der paläolithische Jäger auf der Prärie eine andere Horde von Menschen am Horizont entdeckte. Er war vielleicht vorher der Meinung gewesen, daß seine Gruppe, seine Familie, die einzigen Menschen auf der Welt waren. Und plötzlich sieht er andere! Er sieht *das* andere, *den* anderen. Er besieht ihn näher, und wir können dieses Entsetzen und die Begeisterung, die diese Begegnung charakterisierte, nur noch schwer nachvollziehen. Dieses ›Sich-selbst in einem anderen wiedererkennen‹ und ›von dem anderen wieder erkannt zu werden‹, dieses ›gegenseitige Sich-erkennen und Anerkennen‹ muß ein aufrührendes Erlebnis gewesen sein. Es muß mit dem Erlebnis der Gottheit eng zusammenhängen. Wenn Sie sich das jüdische Bilderverbot vor Augen halten und sich fragen: *Warum ist dieses Bilderverbot erlassen worden?* dann weist die Antwort in die Richtung, die ich jetzt meine, weil es laut jüdischer Ideologie nur ein einziges gültiges Bild gibt, nämlich der Mensch als Ebenbild Gottes. Nur im Antlitz des anderen sehe ich das Bild Gottes, ich komme gar nicht anders zu Gott als durch das Antlitz des anderen, und jedes andere Bild führt mich weg von dieser Konzentration auf das Antlitz des anderen. Nur durch die Liebe des anderen kann ich Gott lieben. Dieses Nächstenliebegebot, das im Bilderverbot steckt, ist in dieser Szene, die ich Ihnen vorführe, wiederzuerkennen, die ich Ihnen in die Tundra – sagen wir vor eineinhalb Millionen Jahren – zurückprojiziert habe.

Bedenken Sie, was das jetzt heißt: Wenn ich durch die Straße einer großen Stadt gehe, und es wimmelt von fremden Menschen, ich nehme sie überhaupt nicht wahr, sie stören mich, sie sind ein Objekt, das mir im Weg steht, und ich muß um sie herum gehen. Oder: Wenn sich diese Masse auf der Straße ansammelt, brüllt und die Arme hochstreckt in Fäusten oder in offenen Handflächen, wie kann ich Humanist sein? Wie kann ich in dieser Masse den anderen erkennen und anerkennen? Das ist eine Unwahrheit; es ist vollständig unmöglich, in dieser entwerteten Masse mich zu erkennen, wiederzuerkennen und den anderen anzuerkennen. Ich kann nichts anderes gegenüber dieser Masse als objektiv denken, diese Masse – das Wort sagt es ja: wiegen und messen und fragt: wieviele Kilos wiegt sie, aus wievielen Prozenten Wasserstoff und Sauerstoff besteht sie? Ich kann nur soziale Anthropologie, wissenschaftliche Anthropologie treiben. Ich glaube, daß es in so einer Situation verständlich wird, was unter Telematik gemeint ist. Telematik ist die Technik, die – auf Künstlicher Intelligenz und auf reversiblen Kabeln gebaut – versucht, echte zwischenmenschliche Beziehungen herzustellen, die trotz demografischer Explosion mir gestatten, den anderen anzuerkennen und mich in ihm wiederzuerkennen.

Zusammenfassung

Ich möchte jetzt in einer anderen Reihenfolge zusammenfassen: Der Fortschritt des rechnerischen Denkens, des kritischen, kalkulatorischen Denkens hat die objektive und die subjektive Welt in einen Staub von Partikeln von Möglichkeiten, von Virtualitäten zerrieben. Unser Wirklichkeitsgefühl, unser Realitätsgefühl ist dabei verloren gegangen. Wir haben – um es anders zu sagen – gelernt, daß das Wort Wirklichkeit mit außerordentlicher Vorsicht zu gebrauchen ist. Hingegen haben wir dazugelernt, daß wir die Welt als ein Möglichkeitsfeld ansehen, als eine Herausforderung, daraus Welten für uns selbst zu realisieren. Das Problem ist das einer Kreativität, das vor uns steht, und es ist deutlich geworden, daß es keinen Unterschied macht zu sagen: Ich realisiere die Welt oder ich realisiere mich, denn, indem ich die Welt realisiere, realisiere ich mich, und indem ich mich realisiere, realisiere ich eine Welt. Das meine ich, heißt ›virtueller Raum‹ und ›virtuelle Zeit‹. Diese beiden Begriffe sind jene Möglichkeitsfelder, die in uns sind, in die wir getaucht sind und aus denen wir aufgefordert sind, Wirklichkeiten zu machen. Diese alternativen Wirklichkeiten sind Computationen aus Möglichkeiten, d.h. vor der Erfindung des Computers konnten wir uns aus dieser zerfallenen, absurden Staubwelt nicht herausrappeln. Es hat sich herausgestellt, daß der Computer, der ursprünglich eine schnelle Rechenmaschine war, in Wirklichkeit für uns jetzt das Instrument ist, alternative Realitäten und uns selbst herauszukristallisieren. Das gibt uns einen Anschein einer neuen Anthropologie. Wir sehen uns jetzt, glaube ich, als Knoten eines intersubjektiven Relationsnetzes, die sich ständig verschieben, sich verknoten, entknoten, in Möglichkeitsfeldern schweben, aus denen durch Computation alternative Welten herauskristallisiert werden. Das ist ein sehr unbefriedigender Torso eines Vortrags, den ich Ihnen gehalten habe. Meine Absicht war nicht, nur einen Vortrag zu halten, sondern das Feld zu räumen für eine weiterführende Diskussion.

Perspektiven und Grenzen der KI

PERSPEKTIVEN UND GRENZEN DER KI
DOKUMENTATION EINER PODIUMSDISKUSSION

TEILNEHMERINNEN:
WOLFGANG COY, HUBERT DREYFUS, CHRISTIANE FLOYD, JÖRG NIEVERGELT,
ROLF PFEIFER, JÖRG SIEKMANN, BORIS VELICHKOVSKY
MODERATION: GÜNTHER CYRANEK

Cyranek: Unser Thema lautet *Perspektiven und Grenzen der Künstlichen Intelligenz*. Zur Einstimmung unserer ersten Diskussionsrunde folgende Fragen: Was werden wir in den nächsten Jahren an KI-Entwicklungen erleben? Mit welchen Erfolgen und Produkten können wir rechnen? Was sind realistische Perspektiven, was marktschreierische Utopien? Welche Fortschritte können wir z.B. bei natürlichsprachlichen Systemen sowie bei der akustischen Sprachein- und -ausgabe erwarten: Kommt die Sprechschreibmaschine? Ist die *Fifth Generation* als ein gescheitertes Projekt einzuschätzen, weil die Anforderungen überrissen waren? Was hat man in Japan für die *Sixth Generation* daraus gelernt?

Herr Dreyfus ist schon eingegangen auf Schachprogramme: Werden morgen Computerprogramme die neuen Schachweltmeister sein? Kann uns diese Entwicklungsperspektive in unserem menschlichen Selbstverständnis bedrohen? Wie sieht es aus mit dem Go-Weltmeister als Computer-Champion? Werden Go-Weltmeisterschaften in wenigen Jahren nur noch unter Computerprogrammen entschieden?

Pfeifer: Ich möchte das relativ kurz halten. Die Fragen, die hier formuliert sind, wie z.B. *Werden wir gelegentlich eine Sprechschreibmaschine haben?* sind mir etwas zu konkret. Mir scheint es, daß dann, wenn Herr Dreyfus von »moving the goal post« redet, es eigentlich heißen müßte »moving the time frame«. Das ist ein altes Spiel in der AI. Man sagt: In 10 Jahren werden wir das und das haben, und in 10 Jahren stellt man dann die gleiche Frage und sagt: In 20 Jahren werden wir das erreicht haben. In 20 Jahren stellt man wieder die gleiche Frage, und auch in 50 Jahren werden wir die gleiche Frage stellen. Ich war kürzlich an einer Konferenz in Prag. Dort sagte ein Wissenschaftler, der sich mit »speech«, also gesprochener Sprache befaßt, er hätte genau diese Untersuchung gemacht: Vor etwa 30 Jahren lauteten die Prognosen: In 5 Jahren werden wir kontinuierlichen »speech« haben, nach 5 Jahren hat er die gleiche Frage wieder gestellt und alle haben gesagt: in 10 Jahren, und nach weiteren 10 Jahren hat er die Frage nochmals gestellt und man sagte: vielleicht in 20, 30 Jahren. Also wird das sicher nicht kommen.

Damit will ich illustrieren, wie komplex die ganze Geschichte ist. Was eine solche Sprechschreibmaschine alles können müßte, hat man in Experimenten bei IBM herausgefunden. Eine solche Sprechschreibmaschine müßte auch unterscheiden können zwischen dem, was diktiert wird, und dem, was an Kommentaren dazu gesagt wird. Wenn man irgend etwas diktiert und dann als Reaktion auf einen auf dem Bildschirm übertragenen Text sagt: *Oh nein, das habe ich nicht gemeint!*, dann erscheint dieser Entsetzensschrei eben auch auf dem Bildschirm. D.h., das System müßte so intelligent sein, daß es zwischen dem Inhalt des zu Schreibenden und dem Kommentar über das zu Schreibende unterscheiden könnte. In diesem konkreten Beispiel bin ich sehr pessimistisch.

Andererseits gibt es viel simplere Probleme als beispielsweise Schach-Weltmeisterschaften. Ich halte das für ein simpleres Problem. Für Othello, das größenordnungsmäßig weniger komplex ist als eine Sprechschreibmaschine, hat Paul Rosenbloom von der Carnegie-Mellon University ein Computerprogramm entwickelt, das gegen den Vizeweltmeister gewonnen hat – das war 1983 oder 1984. Rosenbloom hat dann behauptet, das Programm sei nur noch nicht Weltmeister, weil sich der damalige Weltmeister geweigert hatte, gegen das Programm überhaupt zu spielen. Schach ist ein eher einfaches Problem, aber ich möchte hier nicht auf Produkte eingehen, sondern darauf, was wir in der Forschung erwarten können.

Ich möchte an die Diskussion des »common sense knowledge«-Problems anknüpfen. Man muß sehen, daß die Robotik, die es schon sehr lange gibt, heute in eine neue Phase kommt, und zwar vor allem durch die neuronalen Netze. Früher hat man sich schwer getan mit der Robotersteuerung eines redundanten Armes beispielsweise. Heute scheint es, daß durch das Arbeiten mit Lern-Algorithmen in Form neuronaler Netze eine solche Steuerung um Größenordnungen einfacher ist, als wenn man mit Systemen von Differential-Gleichungen arbeitet, die man dann entsprechend lösen muß. Es gibt sehr interessante Ansätze – assoziative Ansätze – für das inverse Kinematik-Problem auf der Basis von neuronalen Netzen, so daß wir da entscheidende Fortschritte erwarten können. D.h. aber auch, daß wir Systeme haben werden, die mit einer physikalischen Realität interagieren, und wir vielleicht dann auf der Basis dieser Interaktion mit der physikalischen Umwelt lernen können, wie man z.B. ein Trinkglas zum Munde führt (dieses Problem ist sicher nicht von großer praktischer, aber von entscheidender theoretischer Bedeutung). Sicher müssen die Robotersysteme nicht irgendwie trinken – das wäre absurd –, aber sie könnten dann im Prinzip lernen, wie man ein Glas zum Munde führt und können so entsprechend Erfahrung sammeln. Das gibt meines Erachtens eine völlig neue Perspektive auf dieses »common sense knowledge«-Problem. Wenn ich nach den Erwartungen in den nächsten Jahren gefragt werde, dann erwarte ich sehr viele Forschungsprojekte auf diesem Gebiet. Ich erwarte auch Resultate, selbst wenn ich nicht genau sagen kann, wie diese Resultate aussehen werden. Aber ich glaube, wir haben auf diese Weise ein Experimentierfeld, wo wir im Bereich der Fragen, die Herr Dreyfus theoretisch angesprochen hat, mit praktischen Systemen experimentieren können. Ich erwarte tatsächlich Feedback für diese Probleme und glaube, daß wir viel lernen werden über das »common sense knowledge«-Problem, auch wenn wir es nicht lösen werden.

Velichkovsky: Ich bin kein Vertreter der KI-Forschung im engeren Sinne des Wortes, deshalb erlauben Sie mir bitte, auf konkrete Voraussagen zu verzichten. Meines Erachtens ist die Situation auf diesem Gebiet kompliziert, aber gewiß nicht hoffnungslos. Wenn wir heute oft von Kritik an der bisherigen KI hören, dann muß man die Gründe einer solchen Kritik genau analysieren. Zum Teil ist sie mit dem Paradigma des Neokonnektionismus verbunden. Mit einer frontalen Attacke gegen die symbolverarbeitungs-orientierte KI-Forschung versuchen die Proponenten des neuen Ansatzes bekannte, interessante Eigenschaften der neuronalen Netzwerkmodelle populärer, aber auch marktattraktiver zu machen. Tatsächlich sind hier bald leistungsfähige Systeme der senso-motorischen Koordination und der Mustererkennung zu erwarten. Ein erstes solches System ist wohl das NETtalk Modell von Sejnowski und Rosenberg, welches erlaubt, sehr komplizierte Regeln der Aussprache von schriftlichen, englischsprachigen Texten zu simulieren. Es ist aber sehr zweifelhaft, daß es auf diesem Weg gelingt, uns den höheren psychologischen Funktionen, etwa dem reflexiven Denken, anzunähern. Hier braucht man eine explizitere, d.h. auf einer Logik (ganz bestimmt einer nicht klassischen) beruhende Herangehensweise.

Das ist gerade meine These. Die konnektionistischen Modelle werden die »traditionelle« KI-Forschung nicht ersetzen, sondern ergänzen. Beide Ansätze sind einfach unterschiedlich geeignet zur Beschreibung von verschiedenen Ausschnitten der Realität. Und ihre Kombination könnte uns wesentlich weiterbringen. Sogar die einfachsten senso-motorischen Leistungen sind, im Falle der menschlichen Intelligenz, sowohl von automatischen neurophysiologischen Prozessen, als auch von mehr oder weniger bewußten Vorsätzen (Intentionen) abhängig. Wie zum Beispiel neuropsychologische Befunde zeigen, führen bestimmte Hirnverletzungen zu unterschiedlichen Folgen für die Ausführbarkeit ein und der gleichen Armbewegung, wenn die Bewegung nur eine räumliche Verschiebung, eine gegenständliche Handlung (»ein Glas Wasser nehmen«), eine symbolische Geste oder eine soziale Handlung (»den Gästen Tee servieren«) ist. Bei kognitiven Leistungen ist die koordinierte Zusammenarbeit von mehreren Regulationsebenen, mit unterschiedlichen »eigenen« Funktionierungsprinzipien und Architekturen, noch wichtiger. Das erklärt, warum ich die künftige Entwicklung auf diesem Gebiet auch mit pluralistischen Einstellungen innerhalb der wissenschaftlichen Gemeinschaft, also nicht nur mit mathematischen und technologischen Fortschritten verbinde.

Siekmann: Ich bin im Augenblick noch sehr in Gedanken bei dem Redebeitrag von Herrn Dreyfus (aus verständlichen Gründen) und würde eigentlich gerne meine Antwort zurückziehen, denn sonst geht alles durcheinander. Wir diskutieren jetzt mögliche Entwicklungen von künstlicher Intelligenz, und vorher wurde postuliert und in Frage gestellt: Ist es überhaupt möglich, auf dem Rechner Intelligenz zu realisieren? Allerdings ärgere ich mich inzwischen schon wieder etwas über die Redebeiträge, weil wir hier nur das übliche Wischiwaschi bekommen. Ich meine, daß es schon Aufgabe der künstlichen Intelligenzler ist, irgendwann, irgendwo auch einmal zu sagen, was nun eigentlich zu erwarten und was nicht zu erwarten ist. Das ist schon auch unsere Pflicht. In meinem Papier zum Beispiel habe ich es versucht, wobei ich mir der Risiken solcher Voraussagen (die dann womöglich nicht eintreffen) durchaus bewußt bin.

Floyd: Ich möchte meine Einschätzung der Zukunft der Künstlichen Intelligenz mit einer Analogie beginnen, und zwar möchte ich die Künstliche Intelligenz mit einer anderen Technologie vergleichen, die auch spektakulär ist und auch spektakulär war, nämlich mit der Weltraumtechnik. Die Weltraumtechnik hat – wie wir alle sehr gut wissen – unsere Phantasien für viele Jahre im Bann gehalten. Ich weiß noch gut im Jahre 1957, was für eine Katastrophe wir geglaubt haben zu erfahren, weil die Russen und nicht der Westen den ersten Sputnik gestartet haben, wie sich die Spannung gesteigert hat bis zur Mondlandung der Amerikaner, und was für enorme Hoffnungen man damit verbunden hat – nicht nur in der Science Fiction. Die Idee der Eroberung anderer Planeten, das Kennenlernen anderer Lebewesen war eine verlockende Vision. Für viele in der Verzweiflung über Atomkriegsgefahr usw. stellte sie auch manchmal die Möglichkeit einer Flucht von der Erde auf die anderen neuen Welten in den Raum. Das ist ja in der Literatur vielfach ausgearbeitet worden. Was ist tatsächlich aus der Weltraumtechnik geworden? Wir haben erheblich bessere Kommunikation über Satelliten, wir haben ein verbessertes Telefonsystem, wir haben eine sehr viel verbesserte Wettervorhersage, wir haben leider auch eine sehr viel mächtigere Rüstungstechnik, wir haben konkrete, nützliche, aber auch in den Ansprüchen sehr viel bescheidenere Technologie. Es ist nach wie vor unwahrscheinlich, daß man tatsächlich auf dem Mond Bodenschätze ausbeuten wird. Das war im Prinzip denkbar, ist aber außerhalb unserer Reichweite. Ich glaube, daß es sich mit der KI vergleichbar verhalten wird. Ich glaube, daß wir nützliche und real anwendbare Systeme mit erheblich bescheideneren Ansprüchen in vielen Bereichen bekommen werden, so daß die Grenze zwischen Expertensystemen und anderen Computersystemen - das ist heute auch schon mehrfach angesprochen worden – nicht scharf ist. D.h. es wird regelbasierte Programmierung geben in verschiedenen Bereichen, in der Fertigung, in der Prozeßsteuerung, zum Beispiel bei diagnostischen Anwendungen. Diese Anwendungen werden real wirksam werden. Dagegen glaube ich, daß das große öffentliche Interesse, dieses spektakuläre, vielleicht auch ein zeitlich bedingtes ist und sich wieder abschwächen wird.

Ich glaube, daß die KI, ähnlich wie die Weltraumtechnik, mit einem Urtraum der Menschheit verbunden ist und deswegen so wenig rational diskutiert werden kann, weil eben diese Träume mitschwingen. Der Urtraum ist in gewisser Weise auch an eine konkrete geschichtliche Situation geknüpft, in der wir ja im 20. Jahrhundert in verschiedener Weise Grund hatten, mit unserem Menschsein zu verzweifeln, sei es wegen der Atomkriegsgefahr, sei es wegen dem Zerwürfnis mit uns selbst, mit den Leiden, die wir uns gegenseitig zufügen und zugefügt haben. In gewisser Weise bringt die KI das Menschsein auf einen Punkt, indem sie nämlich vom Menschen wegführt, das Denken vom Menschen wegheben will, am Menschen in gewisser Weise verzweifelt. Wenn nun die KI in diesem Anspruch scheitert, dann ist es wie eine Welle, die vom Felsen zurückgeworfen wird; es wirft uns zurück auf Aspekte des Menschseins im eigentlichen Sinne, die positiv sind und auch in der gegenwärtigen Situation von zentraler Bedeutung. Anstelle uns nur im Unterschied von den anderen Lebewesen, vor allem von den Tieren zu begreifen über das rationale Denken, gilt es jetzt in dieser geschichtlichen Situation, unsere Gemeinsamkeiten in dem gemeinsamen Überleben auf diesem Planeten zu erfahren, die ökologische Sichtweise der menschlichen Existenz aufzubauen.

Im Unterschied zu einer nur rationalen Sichtweise unseres Denkens geht es darum, andere menschliche Erfahrungsbereiche miteinzubeziehen und aufzuwerten, und das sind eine ganze Reihe; sie beginnen mit Träumen, mit der menschlichen Zuwendung, mit der gegenseitigen Liebe, mit dem Hören von Musik, mit dem Erfahren der Schönheiten der Natur, mit der Tiefe der Meditation usw., eine ganze Reihe von menschlichen Erfahrungsbereichen, die um das rationale Denken herum sind, aber nicht auf das rationale Denken reduziert werden können oder sollen. Die Künstliche Intelligenz macht in gewisser Weise dadurch, daß sie in ihrem übergreifenden Anspruch wohl scheitert, wieder diese anderen Dimensionen in spezifischer Weise deutlich, so daß wir auf unser Menschsein auch wieder in ganzheitlicher Weise ein bißchen stolz sein können.

Dreyfus: Später zum Schach, zuerst aber zum Zeitrahmen: Diese Idee, den Zeitrahmen zu verschieben, ist doch bemerkenswert. Wenn sie den Zeitrahmen für den Abschluß eines Projekts um 10 Jahre verschieben, dann noch einmal um 10 Jahre, nochmal um 10 Jahre usw., dann werden sie irgendwann einmal kein Geld mehr bekommen. Das ist genau das, was der symbolischen KI passiert ist. Das amerikanische Verteidigungsministerium (DARPA) hat die Förderung dieser Projekte, die nie zum Erfolg führten, eingestellt. Auf lange Sicht werden diese Forschungsprojekte verschwinden. Wenn sie Vorhersagen machen und die Ergebnisse oft genug auf später verschieben, dann werden die Geldgeber dieses Forschungsprogramm einfach durch ein anderes ersetzen. Das ist genau das, was im Moment den Run von der symbolischen KI zum Konnektionismus auslöst.

Ich frage mich allerdings, ob es nicht doch mehr ist als ein gradueller Unterschied, wie Herr Siekmann vorschlägt, daß wir nämlich alle Fehler machen, ich auch, und auch die Prognostiker der KI. Aber man kann Dutzende von Vorhersagen sammeln bei Newell und Simon, Minsky und Papert, Schank und McCarthy. Alle diese großen Namen haben Vorhersagen gemacht, die sich allesamt als falsch erwiesen haben. Es scheint kein Fall zu sein von »Wir alle machen Fehler«, weil es sich mit der KI anders verhält als mit allen anderen Wissenschaften in der Geschichte – wenn KI denn eine Wissenschaft ist. Hat es je irgendeine andere Disziplin gegeben, in der sich die herausragenden Akteure dieser Disziplin ständig genötigt fühlen, Vorhersagen zu machen und dabei immer falsch liegen? Ich kenne keine andere. Ich stelle das zur Diskussion: Was ist das Besondere an der KI, das immer zu Vorhersagen zwingt – und dazu noch ständig zu falschen?

Jetzt zum Schach. Ich denke, daß sich in den Schachprogrammen sehr viel bewegt hat. Sie sind fast dicht daran zu zeigen, daß ich mit meiner Prognose einen Fehler gemacht habe. Aber ich habe keinen Fehler gemacht. Ich habe nie gesagt, daß Computer nicht Schach spielen können. Ich sagte stattdessen, daß es keinen Beweis gibt, daß heuristisch programmierte symbolische Computer je in der Lage sein könnten, Schach auf Weltmeisterniveau zu spielen. Ich erhebe keinen Anspruch auf eine grundsätzliche Gegenposition. Meine Ansicht vertritt lediglich das, was ich bei Schachspielern beobachtete. Die Leistungsfähigkeit der Schachprogramme habe ich nicht vorhergesehen, obwohl es keine von mir gemachte Vorhersage widerlegt.

Auch hätte ich nicht vorhergesagt, daß man trotz unglaublicher Dummheit Schach auf Meister-Niveau spielen könnte. Das erklärt sich wie folgt: Je weniger Heuristiken sie einbauen, um so erfolgreicher ist das Schachprogramm. Im letzten Match zwischen High-Tech, Berliner's Programm und Deep Thought gewann Deep Thought. High Tech hat ziemlich ausgetüftelte Heuristiken für die Auswertung der letzten Züge. Es zeigt sich, daß Deep Thought spielstärker ist, weil es zugunsten von einfach möglichen Auswertungs-Heuristiken auf Strategie-Heuristiken verzichtet und die verfügbare Zeit für das Suchen abgelegter Spielzüge nutzt. Das Ergebnis scheint zu sein, daß das Schachprogramm umso besser wird, je weniger Intelligenz man in einen Computer einbaut, und umso mehr stumpfsinnige kombinatorische Berechnungen man durchführt. Das hat jetzt keine philosophischen Konsequenzen, ist aber ein interessanter Hinweis. Es sagt uns, daß die Interpretation von Regeln der Schachmeister für die Bewertung von Schlußstellungen den falschen Weg weist. Das zeigt auch, daß sich Schach-Expertise nicht in Heuristiken für das Erzeugen von Zügen oder die Auswertung von Zügen erschöpft. Schließlich spielen Schachmeister nicht mit roher Gewalt. Ich denke, sie spielen Schach mit Hilfe von Mustererkennung. Niemand spielt mit Hilfe von Suchstrategien!

Coy: Ich kann auch nicht erklären, warum die KI so gerne Vorhersagen macht, aber es fällt mir auf, daß die Informatik gleichfalls immer falsche Vorhersagen macht. Sie sagt: Zu einem bestimmten Termin ist das Programm fertig, es wird funktionieren, aber es ist eigentlich eine Alltagserfahrung, daß das nicht stimmt. Es muß in der gesamten Profession liegen, daß wir solche Vorhersagen machen wollen. Konkreter zu diesen Fragen hier: Ich sehe gar keinen Ansatz, und nebenbei glaube ich nicht, daß es geht, daß Computerprogramme in einem vernünftigen Sinne »verstehen« können, und daß sie so etwas wie Bedeutung oder Sinn erfassen können. Daher sind viele der Fragestellungen der KI mir persönlich recht fremd. Ich glaube, daß es nicht sehr sinnvoll ist, sich da allzu sehr hinein zu begeben.

Also: Es wird meiner Ansicht nach überhaupt keine natürlichsprachlichen Systeme geben, die einen beliebigen Dialog mit dem Benutzer führen können. Es wird keinen Sprechschreiber geben, der nicht am Schluß mehr Arbeit macht als er erspart, es wird keine *home robots* geben, und es wird keine automatische Wissensakquisition geben, die etwa hingeht und in Büchern zusammenliest, was eigentlich modelliert werden soll. Es wird aber – da ja eine Menge Forschung und Gehirn in diese ganze Forschung hineingesteckt wird – Simulationen relativ einfacher Tätigkeiten geben, und über diesen Begriff »relativ einfach« wird es immer Streit geben, der genau in dieser Form von KI-Diskussion ablaufen wird.

Die Ergebnisse der KI-Forschung, die oft positiver sind als ihre Kritiker es zugeben mögen, aber immer negativer sind als die KI-ler es wahr haben möchten, werden immer zur Debatte anreizen: Ist das nun schon intelligent oder nicht? Immer dann, wenn es von der staunenden Öffentlichkeit als halbwegs intelligent anerkannt wird, wird die KI-Forschung sagen, das sei überhaupt keine Aufgabe von ihr, sondern ein ganz triviales Programm, und sie hätten jetzt gerade wieder das nächste, neue, viel schwierigere Problem angegangen. Das wird zu partiellen Lösungen global formulierter Aufgaben führen, und das ist das Problem. Wir haben in der KI eine ganze Menge globaler Claims, und wir werden dazu immer partielle Lösungen finden. Diese partiellen Lösungen werden je nach Couleur eben als besonders erfolgreich oder aber als recht wenig erfolgreich dargestellt werden. Viele dieser partiellen Lösungen werden dann im Endergebnis sehr wenig von KI-Ansätzen drin haben – Herr Dreyfus hat das soeben sehr gut beschrieben in der Schachfrage.

Persönlich habe ich mich schon festgelegt: Sprechschreiber wird es nicht geben, Schachweltmeister werden wir vermutlich noch in diesem Jahrhundert erleben, Go-Weltmeister sehe ich überhaupt nicht. Ich glaube, daß die Go-Programmierer schon sehr stolz sein können, wenn sie überhaupt einen Rang erreichen werden – ob Amateur oder Professional will ich jetzt einmal offen lassen. Go scheint mir ein erheblich schwierigeres Problem als Schach zu sein.

Die partiellen Lösungen mögen erfolgreich scheinen, doch es wird sehr schwierig oder gar unmöglich sein, von den partiellen Lösungen auf die globalen Lösungen zu gehen. Viel wichtiger wird es werden, für die partiellen Lösungen Aufgaben zu finden, die damit gelöst werden. Ich will ein Beispiel nennen: In einem der letzten AI-Magazine wurde wieder mal über den Sprechschreiber geredet, und zwar im Kontext der medizinischen Bürotätigkeit. Man redet in ein Gerät, und dann werden Medizin-Rapports zusammengestellt. Ich habe dadurch erfahren, daß diese im wesentlichen aus 200 Textblöcken bestehen, und der Arzt sagt dann eben nur die Codierung des Textblockes, das kann der Text selber sein, das kann auch was kürzeres sein. Dann wird der Brief zusammengestellt und damit ist der Befund da. Ich als alter Macintosh-Fan kenne das mit Menüleisten. Das ist einfacher. Möglicherweise finden Ärzte Menüleisten nicht einfacher, sondern bevorzugen einen Sprechschreiber. Was ich damit klar machen will, ist: Wir werden für die positiven Ansätze, die wir haben (natürlich gibt es einzelne Fortschritte), bessere Aufgaben finden müssen. Wir müssen die Arbeit, die eigentlich durch diese Prozesse automatisiert wird, besser verstehen. Und damit rutscht das für mich in eine ganz andere Richtung. Ich erwarte von der KI-Forschung nicht sehr viel an Lösungen, sondern mehr von den Leuten, die tatsächlich den Einsatz von Computern alltäglich betrachten.

In der Simulationsfrage gibt es diesen Punkt neuronale Netze. Ich persönlich halte sehr wenig davon, auch von den bisherigen Ergebnissen. Was mich ganz besonders irritiert, und in dem Sinne bin ich sicher Symbolverarbeiter, ist, daß ich nicht verstehe, welche Lösungen in einem solchen Netz geschehen. Und da ich vorhin den Satz hingeschrieben habe: »Programmiere nichts, was du nicht verstehst!« scheint es mir recht zwingend zu sein, daß ich nicht möchte, daß Leute mit neuronalen Netzen Lösungen bringen, die dann unter Umständen äußerst riskant sind und ungekannte Qualitäten entwickeln, die wir erst im Einsatz finden. Darin sehe ich eine große Gefahr. Aber das alles ist noch sehr weit weg, und es gibt keine unmittelbar anstehenden Lösungen in dieser Richtung.

Nievergelt: Mir ist hier aufgefallen, wie ungewohnt breit das Thema KI hier aufgerollt wurde. Damit Sie diese Breite sehen, machen Sie einmal ein Experiment: Ersetzen Sie im Tagungsprogramm Worte wie Artificial Intelligence und Knowledge Engineering mit Mathematik, und dann tönt es ungefähr so: *Verantwortung und bewußter Umgang mit Mathematik! Chancen der Mathematik! Können wir von Mathematik etwas lernen?* Auf einer solchen Mathematik-Tagung bin ich noch nie gewesen. Fehlt es in dieser Disziplin KI vielleicht an Fokus ? Ich glaube, die Antwort ist ja. Für mich ist KI weniger eine Disziplin als ein Sammelbegriff: Man versucht, Methoden und Begriffe der Informatik mit menschlichen Aktivitäten und Eigenschaften zu vergleichen. Ob dieser Vergleich dann etwas bringt oder nicht, muß in jedem einzelnen Fall betrachtet werden, allgemein kann man nichts sagen. KI ist auch mehr eine Ziel- und Wunschvorstellung als eine Disziplin, und daher kommen wohl die vielen Voraussagen, die in diesem Gebiet gemacht werden.

Wenn man KI aber als Methodensammlung anschaut, dann sieht man, daß die gewohnten Methoden der Informatik dahinterstecken. Ich frage mich, warum die KI-Zunft eigentlich immer ihre Philosophie an die große Glocke hängt; sie haben das gar nicht nötig. Man könnte sich auch auf konkrete Ergebnisse beschränken, denn es gibt gute Arbeiten, gute Resultate, die in diesem Bereich geleistet wurden. Wenn man von »Intelligenz in Silicon« spricht, dann tönt das zwar auf Anhieb gut, aber es heißt vielleicht doch nicht viel, denn niemand kann mir sagen, wie ich einem Chip ansehen soll, ob er intelligent ist oder nicht. Warum diese Unklarheit der Aussagen, welche in diesen Bereichen doch etwas überhand nehmen? Vielleicht eben, weil es mehr eine Wunsch- und Zielvorstellung ist als eine echte Disziplin. Ich glaube, die KI würde sehr davon profitieren, wenn sie ihr Thema nicht so breit – von der Philosophie bis zur Psychologie – abstecken würde, sondern sich schärfer auf Begriffe und Methoden der Informatik und auf die Realisierung konkreter Ziele konzentrieren würde. Irgendwie sind wir noch nicht reif genug, um den überrissenen Anspruch fallen zu lassen, die KI hätte viel mit Intelligenz zu tun. Ich glaube, das wird sich alles korrigieren. In Zukunft wird man vielleicht mehr über klare Methoden sprechen, weniger Voraussagen machen, und keinen globalen Anspruch erheben, daß dies viel mit menschlicher Intelligenz zu tun hat.

Cyranek: Herr Siekmann, wir haben jetzt klare Aussagen von Ihren KollegInnen gehört – u.a. über den Sprechschreiber oder die Positionierung von Computerprogrammen in Schach- und Go-Weltmeisterschaften. Wollen Sie dazu Stellung nehmen?

Siekmann: Nein, ich möchte dazu lieber auf meinen Beitrag in diesem Band verweisen. Aber mir ist noch ein Argument eingefallen zu Herrn Coy's Beitrag über die neuronalen Netze. Ich glaube, daß es wirklich kein Argument gegen den Konnektionismus ist, nämlich daß man niemals wissen wird, wie Intelligenz letztlich funktioniert, weil eben die Komplexität zu groß sei. Es könnte doch wirklich sein – wir sind ja alle nicht im Besitz der Wahrheit –, daß der Konnektionismus am Schluß tatsächlich gewinnt in dem Sinne, daß es die bessere Art ist, Intelligenz zu erklären, möglicherweise sogar die einzige. Das, was die KI heute kann, wird einfach so einfrieren, mehr wird wissenschaftlich nicht mehr passieren. Ich glaube das zwar nicht, aber natürlich könnte das passieren. Was würden wir dann sagen? Wir würden sagen: Na ja, das ist sehr geheimnisvoll mit der Intelligenz. Möglicherweise ist es ein fester konstituierender Bestandteil von Intelligenz, daß man nie genau wissen wird, wie sie im einzelnen funktioniert. Und was wäre so schlimm? Die Physiker haben uns das ja in gewissem Sinne vorexerziert: Wir werden nie wissen (in unserem menschlichen Sinne), was elementare Teilchen sind. Das war ein sehr komplizierter und schwieriger Prozeß, der auch psychisch für die handelnden Wissenschaftler nicht leicht war: Wenn man beispielsweise Heisenberg's Aufsätze liest, mit welch enormer Kraft Bohr und andere daran gearbeitet haben, ihre menschlichen Vorstellungen aufzugeben, um am Schluß zu akzeptieren: Wir werden es nicht wissen, wir können immer nur formale mathematische Netze über die Realität werfen. Wenn die KI auch einmal 300 Jahre alt ist wie die Physik und vergleichsweise tiefe Ergebnisse bringt, warum sollte es nicht auch ein vergleichbares Resultat geben? Das ist für uns sehr schwer zu akzeptieren, aber vielleicht ist die Welt so.

Floyd: Es ist eine Sache zu sagen, es gehört zur Intelligenz, daß man sie sozusagen niemals genau verstehen wird, daß man nicht im Konnektionismus genau die Voraussagen machen kann, das ist o.k. Das Schlimme ist aber: Wenn man konnektionistische Anwendungen hätte, dann finden sie ja statt in menschlichen, gesellschaftlichen Situationen. An der Stelle ist es ja oft so, daß diese nicht voraussagbare Funktionsweise in einen menschlichen Interpretationskontext paßt.

Siekmann: Dann meine ich, daß dasselbe Argument bereits jetzt schon für die heutige KI gilt. Nehmen wir einmal an, das Expertensystem INTERNIST wäre wirklich so weit entwickelt, daß es mit 100'000 Regeln überall in den Arztzimmern eingesetzt würde. Es gibt Leute, die heute schon von einer Million, einer halben Million Regeln reden, bevor man überhaupt eine solche Performanz erreichen könne! Aber selbst ein heutiges großes Expertensystem unterliegt diesem Problem, nämlich daß man nicht mehr weiß, wie es letztlich funktioniert. Diese Kritik, die man grundsätzlich an komplexe Systeme in diesem Einsatzbereich stellt – an Menschen wie Maschinen –, ist für beide heute schon zutreffend. Man kann den klassischen Korrektheitsbegriff der Informatik nicht übertragen und muß akzeptieren, daß diese Systeme nur noch statistisch gut (oder schlecht) sind. Ich bin zwar nicht dafür, daß man KI-Systeme überall einsetzen soll. Aber gesetzt den Fall, in der Medizin wären KI-Systeme statistisch einfach besser als der übliche Landarzt in den meisten der vorkommenden Fälle, und das hätte sich seit 10 Jahren so bewährt: Warum sollte man KI-Systeme dann nicht einsetzen? Menschen machen ja auch Fehler.

Floyd: Ich möchte mich ganz entschieden dagegen wehren, daß angeblich Programme – ich spreche von Expertensystemen – Fehler genauso machen wie Menschen, und zwar betone ich jetzt das »genauso«. Ob KI-Systeme oder Experten Fehler machen, hat eine total andere Bedeutung, sowohl hinsichtlich der Frage, wie diese Fehler zustande kommen, als auch wie wir in einer menschlichen Gemeinsamkeit diese Fehler auffangen können. Da sind mehrere Aspekte: Erstens stammen die Fehler in den Programmen aus einem Konglomerat von Quellen: Es kann ein Programmfehler sein, es kann die Wissensbasis mangelhaft sein, es kann eine fehlerhafte Eingabe sein, während des Betriebs können sich Fehler propagieren.

Für Menschen sind Fehler, die ein System macht, in gewisser Weise willkürliche Fehler. Genau dies liegt aber bei menschlichen Fehlern so gut wie nie vor; es ist sehr häufig ziemlich leicht, die Fehler, die Menschen machen, einzuschätzen, z.B. zu unterscheiden, ob das ein Irrtum in der Sache ist, ob es ein Tippfehler ist, ob es eine andere Einschätzung ist, wo die Unterschiede liegen. Dann kommt noch hinzu, daß Menschen bekanntlich aus Fehlern lernen. Dasselbe gilt aber für KI-Systeme nicht, jedenfalls nur in einer total anderen Weise. Wenn wir sagen, daß die Menschen Fehler machen und KI-Systeme Fehler machen, so meinen wir damit etwas grundlegend anderes. Dazu kommt noch, daß Menschen in verantwortlichen Situationen für ihre Fehler belangt werden können und auch müssen, gerade bei den Ärzten. Man spricht eben dann von Kunstfehlern – und für diese gibt es auch Verfahren und Gesetze. Auch hier trägt der Vergleich nicht; man gibt in wichtigen Situationen eben speziell darauf acht, keine Fehler zu machen. Wenn man ein kleines Kind vor sich hat, dann faßt man es vorsichtig an, *weil* es eben ein kleines Kind ist, das muß man niemandem sagen. Es gibt also bestimmte Bereiche, wo wir Menschen einfach eine erhöhte Aufmerksamkeit walten lassen, weil sie uns wichtig sind. Alle diese sensiblen Dinge kann man überhaupt nicht auf Expertensysteme übertragen.

Publikum: Ich möchte an dem anknüpfen, was Herr Prof. Nievergelt angesprochen hat. Ich möchte noch ganz kurz auf diesen wörtlichen Begriff »Künstliche Intelligenz« zu sprechen kommen. Man erlebt es immer wieder, daß sich viele Diskussionen einzig und allein um diese Definition »Künstliche Intelligenz« völlig erschöpfen. Man kommt überhaupt nicht mehr auf spezifische Probleme der Implementierung zu sprechen, auf Begriffe wie *forward chaining, backward chaining, Inferenzmaschine* usw. Das interessiert überhaupt nicht mehr. Es ist einfach so, daß niemand von uns weiß, was Intelligenz ist. Wie wollen wir da wissen, was Künstliche Intelligenz ist? Ich meine, es wäre besser, man würde sich eingestehen, daß es Probleme gibt, die vielleicht prädestiniert sind dazu, daß man sie rein prärational löst. Es gibt andere Probleme, die man objektorientiert löst, damit hat es sich. KI ist einfach eine andere Art von Programmierung.Der Name KI weckt einerseits übertriebene Erwartungen, andererseits bei Laien zum Teil übertriebene Ängste. Das wirkt aus meiner Sicht sehr verkrampfend. Wenn man einerseits nur von prozedural, andererseits von objektorientiert sprechen würde, würde das sehr oft die Diskussionen ganz wesentlich entkrampfen.

Siekmann: Ich stimme Ihnen absolut nicht zu, denn was die Faszination dieses Gebietes ausmacht, ist doch gerade, daß sie über das rein Technische hinausgeht. Von daher bin ich genau der gegenteiligen Meinung von Herrn Nievergelt: Die KI ist heute sehr technisch, sehr formal logisch und mathematisch geworden – genauso wie die Neurophysiologen, also die Leute, die »Hardware« zu verstehen versuchen, sehr starke mathematische Modelle haben, um zu verstehen, wie neuronale Netze funktionieren und wie man sie beschreiben kann. Dieser wissenschaftliche Anspruch im kleinen ist da. Aber die Faszination dieses Gebietes ist doch, daß man letztlich versucht, Intelligenz zu verstehen und zwar unabhängig von der sie realisierenden Hardware: der feuchten neuronalen Hardware einerseits oder dem Silicon-Chip andererseits. Wenn man nur von objektorientiertem Programmieren u.ä. redet, dann können Sie an jede eidgenössische Hochschule gehen, sind respektabel und machen hier Ihren üblichen ingenieursmäßigen Kram. Das ist es aber nicht, was dieses Gebiet der KI so faszinierend macht.

Publikum: Herr Siekmann, eine Frage an Sie: Wenn irgendein Forscher, der x erforschen möchte, sagt: Ich habe x noch nicht richtig verstanden, ich weiß noch gar nicht genau, was x eigentlich ist. Dann ist es ein Statement, das angeht. Wenn aber jemand, der behauptet, x zu synthetisieren, sagt: Eigentlich verstehen wir noch gar nicht, was x ist, dann ist das eine Bankrott-Erklärung. Wenn Sie das weiter spinnen, nehmen wir einmal an, irgend ein Gott, ein höheres Wesen, bringt uns nun tatsächlich dieses Modell der menschlichen Intelligenz, was all das enthält, was Herr Dreyfus angesprochen hat, und sagt, letzten Endes müßte es auch ein Modell der Evolution des Menschen im Kosmos sein. Dann hätte das gar keinen kognitiven

Wert mehr, dieses Modell wäre genauso komplex wie die Realität. Wir würden es nicht verstehen.

Siekmann: Das stimmt einfach nicht. Den ersten Teil Ihres Argumentes halte ich einfach für Unsinn. Ich halte seit über 10 Jahren Vorlesungen über KI. In jedem 1. Semester kommt wieder die Frage: Wieso nennt ihr das überhaupt »Künstliche Intelligenz«,? Wieso versucht ihr das überhaupt? Ihr habt doch gar keine Definition für Intelligenz! Früher habe ich mich dann in der psychologischen Literatur kundig gemacht und habe dann funktionale Definitionen und strukturelle Definitionen, und was es alles sonst noch gibt, gebracht. Inzwischen halte ich das einfach für Unsinn! Stellen Sie sich vor, die Physik wäre immer noch umstritten, was sie übrigens einmal war.

Ein weiteres Beispiel ist die organische Chemie: die mindestens einmal so umstritten war, wie heute die Künstliche Intelligenz. Man würde dann sagen: Paßt mal auf, Leute, ihr seid Physiker, was macht ihr da eigentlich? Dann sagen die: o.k., wir wollen da draußen die reale Welt untersuchen, das wollen wir verstehen. Dann sagt man zu ihnen: Ihr wißt doch gar nicht, was die reale Welt ist, das dürft ihr überhaupt nicht untersuchen. Ihr müßt überhaupt erst einmal definieren, was die reale Welt ist. Das ist doch einfach Unsinn! Sie wissen in einem intuitiven Sinn, was Intelligenz ist, und ich weiß es auch: Eine Bahnfahrt zu planen erfordert Intelligenz, mathematische Theoreme zu beweisen erfordert Intelligenz, Sprache zu verstehen und zu sprechen, erfordert Intelligenz usw. Wenn ein Programm das auch macht, würde ich sagen, o.k., das ist intelligent. Ich brauche nicht vorher schon den Gegenstand, den ich überhaupt erst untersuchen will, schon voll verstanden zu haben und entsprechend zu definieren, sonst kann man ja gar nicht mehr anfangen.

Dreyfus: Darüber stimme ich mit Herrn Siekmann überein. Mir scheint, daß die Leute die Aussage von Alan Turing in seinem Aufsatz von 1954 mit dem Titel *Computer und Intelligenz* vergessen haben. Sein vorgeschlagener Turing Test besagt: »Wir wissen nicht, was Intelligenz ist. Wir werden uns damit auch nicht beschäftigen oder auf Philosophen warten, um das herauszufinden. Wir wollen einfach eine Maschine bauen, die sich so verhält, daß sie Leute dadurch narrt, indem sie die Aktionen dieser Maschine nicht von menschlichem Verhalten unterscheiden können. Wenn wir in einer Frage-Antwort-Sitzung – ohne den Computer zu sehen –, nicht sagen können, ob die Antworten des Computers von einem Menschen oder vom Computer kommen, dann bezeichnen wir den Computer als intelligent.« Ich denke, das ist ein exzellenter Weg, um das Problem, Intelligenz nicht definieren zu können, herumzukommen.

Turing machte auch eine Vorhersage. Er sagte vor ca. 30 Jahren, daß Computer um die Jahrhundertwende die Leute im Turing Test zu 60% an der Nase herumführen könnten. Heute stimmt mir natürlich jeder zu, daß das nicht der Fall sein wird. Aber wenn der Tag kommen sollte – mit welcher Technologie auch immer –, an dem wir in Turing's Test keinen Unterschied zwischen einem Computer und einem Menschen feststellen könnten, dann würde ich hinzufügen, wir haben Künstliche Intelligenz.

Sarkar (Publikum): Wenn wir dem zustimmen, was sie sagen: Subsymbolische und symbolische Darstellungen sind nicht geeignet für die Repräsentation menschlichen Wissens. Aber Tatsache ist heute, daß die KI die Triebfeder für die gesamte Informationstechnologie ist. Das wird noch die nächsten 5 bis 10 Jahre so bleiben. Meine Frage ist die: Wenn ein *Knowledge Engineer* heute versteht, was KI erreichen will, benutzt er dann nicht alles, was Software Engineering anzubieten hat?

Dreyfus: Ich denke nicht, daß die symbolische Wissensrepräsentation in der Informationsverarbeitung falsch ist, aber ich denke, daß sie mit dem Anspruch gescheitert ist, alles menschliche Verhalten abbilden zu können. Dieser Ansatz der symbolischen Wissensrepräsentation muß ergänzt werden durch subsymbolische Prozesse, was ein anderer Name ist für Konnektionismus. Ich denke, daß der subsymbolische Ansatz in gewisser Weise recht hat: Der subsymbolische Erklärungsversuch besagt, daß Neuronen und die Verbindungen zwischen Neuronen Intelligenz erzeugen – ohne irgendein symbolisches System in Anspruch zu nehmen. Aber mein Pessimismus ist einfach folgender: Wir wissen heute nicht genügend über das Gehirn und seine komplexe Architektur, wie es mit einem subsymbolischen System Intelligenz erzeugen kann.

Coy: Ich kann diese Behauptung *KI ist die Triebfeder für die gesamte Informationstechnologie* auch nicht unterstützen. Wenn Sie sagen würden: Die KI ist die ideologisch treibende Kraft, stünde ich dem schon näher. Wirtschaftlich ist es natürlich nicht so. Der Markt an KI-Produkten ist in der Bundesrepublik Deutschland ungefähr so groß wie die Fördermittel, die dafür ausgegeben werden. Ideologisch ist KI natürlich ein wichtiger Fixpunkt, andererseits werden wesentliche Entwicklungen der Informatik in Programmiersprachen, in Hardware-Design und auch in der Software-Technik in völliger Ignoranz der KI-Entwicklung gemacht.

Dreyfus: Ein weiterer Punkt: Eines der zwei guten Expertensysteme, die ich kenne – das System AALPS zur Frachtverteilung in Flugzeugen – wurde von SRI-Leuten geschrieben, die überhaupt nichts über KI wußten. Sie haben einfach das Problem gesehen und schrieben den Algorithmus, der das erledigte.

Sakar (Publikum): Ich verstehe jetzt, daß es philosophisch gesehen ein Problem mit der KI gibt. Aber praktisch gesehen verlangt die moderne Gesellschaft immer bessere Computersysteme und neue Anwendungsfelder. Wenn man wirkliche Computerleistung braucht – und KI-Systeme verlangen danach –, dann ist es eine Herausforderung an die Weiterentwicklung von Hardware und Software. Es gibt kein vergleichbares Forschungsfeld in der ganzen Informationstechnologie, das so eine Herausforderung hervorgerufen hat wie die KI. Das müssen sie akzeptieren.

Dreyfus: Das mag sein, aber ich will Ihnen eine Analogie aufzeigen. Nehmen wir an, Alchimisten versuchten auf makroskopische Weise, Blei in Gold zu verwandeln

– gesetzt den Fall, das wäre immer noch eine große Herausforderung. Es wäre eine Verschwendung von Forschungsgeldern, weil wir heute wissen, daß es auf der Ebene, wie es die Alchimisten versuchten, nicht möglich sein wird, Blei in Gold zu verwandeln. Irgendein Ziel herzunehmen, das man nicht erreichen kann, ist wahrscheinlich nicht der beste Weg, um den Zuschlag für Forschungsgelder zu erhalten. Um jetzt konkret zu werden: Wenn Sprachübersetzung wirklich so schwierig ist, wie ich denke, dann wird sich der Aufwand, um eine vollautomatische Übersetzungsmaschine von hoher Qualität zu bauen, in rausgeworfenem Geld und vergeudeter Zeit erschöpfen. Stattdessen wäre es wirklich sinnvoller, das Geld für Ziele auszugeben, die erreicht werden könnten.

Wohland (Publikum): Ich möchte nochmals auf den Beitrag von Wolfgang Coy zurückkommen. Ich habe ihn ja bisher immer erlebt in Vorträgen, in denen er die KI vom Inhalt her und von den Personen her gegeißelt hat. Heute waren ja – ich will nicht gerade sagen, versöhnliche Töne, aber Vorschläge enthalten, wie man diesen unfruchtbaren Streit vielleicht auf ein Niveau heben könnte, wo er gegenseitig nutzbar gemacht werden kann, denn es sind ja nicht nur – ich will jetzt nicht sagen Idioten –, aber es sind ja auch intelligente Leute, die sich mit KI beschäftigen. Es ist ja schon so, daß einem inzwischen so eine Art Mitleid mit Leuten befällt, die sich mit KI beschäftigen oder beschäftigen müssen. Man muß ja gar nicht aktiv werden, man muß ja nur darauf warten, bis irgendeine Voraussage, irgendein Ziel, das sich die KI-ler setzen, mal wieder nicht erreicht wird. Man kann sich dann als Informatiker mit seinen eigenen Fehlern zurücklehnen und sich an den Fehlern der KI-ler ergötzen, denn deren Fehler sind ja allemal größer als die, die man selber macht.

Vielleicht ist die KI eine Wissenschaft, die ihre historischen Verdienste weniger dadurch erwirbt, daß sie irgend etwas erreicht oder löst, sondern vielleicht ist sie gerade dadurch wichtig geworden, daß sie ganz bestimmte Dinge nicht erreicht hat. Ich gebe gerne ehrlich zu, daß, bevor die KI sich mir aufgedrängt hat, ich tatsächlich der Meinung war, der Mensch ist so eine Art Computer, oder: es ist selbstverständlich möglich, mit Maschinen intelligentes Verhalten zu produzieren. Heute bin ich mir ziemlich sicher, daß das Unsinn ist, und das ist ein Verdienst der KI, daß sie auf nachvollziehbare Art und Weise uns vorgeführt hat und uns gezwungen hat, uns auf neue Art und Weise mit dem Menschen, seiner Würde und seiner Intelligenz zu beschäftigen. Dafür bin ich der KI dankbar, und deswegen meine ich, ist der Ansatz von Wolfgang Coy vielleicht durchaus richtig, daß wir nicht so aggressiv mit der KI umgehen, besonders dort, wo sie es nicht verdient.

Coy: Ich sehe das ganz genau so, wie du es beschrieben hast. KI ist ein Zerrspiegel der Informatik, aber sie ist eben ein Spiegel. Diese Spiegeleigenschaft habe ich versucht zu betonen. Gewisse Probleme der Informatik kommen in diesem Zerrspiegel sehr viel klarer heraus, die in der KI dann notwendigerweise explodieren mußten. Dies betrifft vor allem zwei Sachen: Die Frage der Modellierung bei der Programmierung und die Frage der sozialen Kompetenz der Informatiker. Das sind die beiden Punkte, die ich beide in der Expertensystem-Entwicklung sonnenklar sehe und in der Software-Technik vermisse, um das etwas holzschnittartig zu sagen.

Floyd: Das hängt auch sehr zusammen mit den Sachen des Scheiterns und Erfolgreichseins. Konkret bin ich inspiriert von einer Reihe von Beiträgen, aber zuletzt von Herrn Dreyfus, der sagt: Würde man denn heutzutage die Alchemie als Forschungsprogramm ansehen und ihr Geld geben. Ist die heutige Situation der KI damit vergleichbar? Ich möchte einen Vergleich zwischen der Alchemie und der KI ziehen, der positiv gemeint ist, und zwar im Ernst. Man stellt ja natürlich die Alchemie in der rationalen Tradition der letzten 200 Jahre immer negativ dar. Man spricht immer über das Scheitern ihres Ansatzes, über ihre abergläubischen Unterstellungen usw. Es ist natürlich so, daß sie ihre gesetzten Ziele nicht erreicht hat und die Ziele auch nicht erreichbar waren. So ist sie tatsächlich in ihren gesetzten Zielen gescheitert. Ich glaube, viele von uns sind der Ansicht, daß die KI das auch wird. Das Interessante ist, daß die Alchemie trotzdem hochgradig erfolgreich war, und zwar in einer verblüffend ähnlichen Weise erfolgreich war, wie das auch die KI ist, dadurch, daß sie in dem Bemühen, ihre Ziele zu erreichen, gezwungen war, anspruchsvolle Arbeitsformen zu entwickeln, die das elementare Handwerkszeug und die empirischen Grunderkenntnisse für die spätere Chemie geliefert haben. Das heißt, sie haben tatsächlich sehr anspruchsvolle Werkzeuge gebaut, sie haben ganz subtile Erkenntnisse über die Eigenschaften der chemischen Elemente in Form von Erfahrungswissen erarbeitet.

Immer wieder wurde hier von Erfolgen der KI gesprochen. Das hat auch Herr Siekmann in seinem Beitrag gesagt: Die KI bearbeitet ein Thema heute, und die Informatik übernimmt es morgen. Was war das Thema, auf das er anspielte? Das Thema war Programmier-Umgebungen. Das ist ja unglaublich. Niemals war die Entwicklung von Programmier-Umgebungen ein Ziel der KI, niemals. Aber es ist in der Tat so, daß bei dem Bemühen, diese ungeheuer anspruchsvollen Programme zu schreiben, die KI die erste war, die bahnbrechende Erkenntnisse auf dem Gebiet der Programmier-Umgebungen schon längst vor allen anderen gehabt hat. Mein Fach ist zwar Software-Technik, aber ich habe genügend lange in Stanford die KI-LISP-Programmierkultur miterlebt, um ihre Reichhaltigkeit, Freude und Arbeitsproduktivität früh zu erfahren. Das heißt, technisch ist es so, daß die KI auf dem Gebiet der Programmierung und der Unterstützung der Programmierung Ungeheures geleistet hat.

Andere Beispiele, die ebenfalls niemals Arbeitsgegenstand der KI waren, sind das Gebiet Dialogschnittstellen. Ich persönlich halte nicht sehr viel von der Partner-Metapher bei der Dialoggestaltung, ich würde aber niemals negieren, daß davon wichtige Impulse ausgegangen sind. Und das dritte Gebiet sind eben die Expertensysteme, weil mir ja wohl jeder recht geben wird, daß die Expertensysteme auf Datenbanktechnologie basieren und diese Systeme ein bißchen mit regelgeleiteter Programmierung verbrämen, so daß der Übergang hier absolut fließend ist. Aber

Expertensysteme sind nicht nur jetzt, sondern waren auch früher niemals ein hochgeachtetes Kind der KI. Ich weiß es aus erster Hand: Meine einzige Tätigkeit in der KI war nämlich als vorübergehende Mitarbeiterin von Herrn Feigenbaum bei der Entwicklung des ersten Expertsystems, beim DENDRAL-System. In der Forschungslandschaft der KI war dies kein besonders respektierter Forschungszweig, aber genau der ist gesellschaftlich wirksam geworden.

Publikum: Ich weiß nicht, ob ich das richtig verstanden habe: Herrscht jetzt hier im Saal common sense, daß die AI gescheitert ist? Wenn das tatsächlich so ist, dann liege ich in meinem Verständnis falsch. Ich habe gehört, daß da einige Prognosen falsch waren. Wie die zustande gekommen sind, weiß ich nicht, vielleicht ein bißchen leichtsinnig in einer jungen Wissenschaft geäußert. Aber irgendwie tönt es jetzt immer so, als sei gar nichts erreicht, als sei überhaupt kein Erfolg erzielt – ausser quasi analog zur Teflon-Pfanne als Abfallprodukt der Raumfahrt, also die Programmier-Umgebung als Abfallprodukt der KI. Ist das wirklich alles, was wir haben?

Siekmann: Davon kann überhaupt nicht die Rede sein, ganz im Gegenteil. Es gibt wenig Wissenschaften, die eine so dynamische Entwicklung durchmachen wie die KI, und die so überzeugende praktische Erfolge vorzuweisen haben wie die KI in der Informatik. Ich würde voll unterstützen, was Frau Floyd eben gesagt hat, daß in vielen Bereichen die KI eine Avantgarde-Funktion in der Informatik hatte und die Informatik selber weitergetrieben hat. Diesen Aspekt der KI in Frage zu stellen, erscheint mir böswillig und ideologisch. Worüber man jedoch diskutieren kann, ist, ob sie ihren eigentlichen Anspruch eingelöst hat, wirklich Intelligenz auf dem Rechner zu realisieren. Das hat sie bis heute nicht wirklich überzeugend getan, jedenfalls nicht in dem Sinne, wie wir hier Intelligenz als Maßstab setzen. Aber die praktischen Erfolge in der Informatik sind unbestreitbar, und es würden in keinem der westlichen Industrieländern nicht Milliarden für die KI-Forschung ausgegeben, wenn nicht diese wirtschaftlichen Erfolge wären. Natürlich sind mit Expertensystemen enorme finanzielle Erfolge erzielt worden! Natürlich ist der Einfluß der KI sehr stark in der Informatik!

Zu den Ausführungen von Herrn Dreyfus möchte ich gerne noch versuchen, grundsätzlich Stellung zu nehmen: Wir kommen da an den harten Kern der Sache und sollten vorsichtigerweise vorweg sagen: Wir alle wissen die Wahrheit nicht. Wir wissen nicht, ob man den Menschen vergleichbare Intelligenz letztlich auf dem Computer realisieren kann. Wir wissen nicht, ob dies die einzige Möglichkeit der Realisierung ist, und wir wissen nicht, ob die alte Physical Symbol Hypothesis dann noch gelten wird. Ich sehe allerdings auch nicht, warum die jetzt schon gescheitert sein soll nach nur 30 Jahren Forschung. Wenn wir wirklich in historischen Zeiträumen zu denken lernen (ich selber komme aus der Mathematik und der Logik) und sehen, wie lange es zum Beispiel gedauert hat, das Leibnitz'sche Programm zu erfüllen durch Frege's Begriffsschrift um die Jahrhundertwende: Das waren 300 Jahre.

An solche Zeiträume muß man sich schon gewöhnen, wenn man wirklich so große Fragen aufwirft wie die: Kann die KI allgemeine Intelligenz erklären und diese Mechanismen aus Silikon auch bereitstellen? Wir wissen es nicht. D.h. natürlich nicht, daß man trotzdem nicht darüber reden und schon Argumente dafür vorbringen kann.

Die Kernfrage ist nach wie vor die der symbolischen Repräsentation. Ich möchte das Thema einmal ein bißchen komplexer machen. Fangen wir mit der Frage an: Haben wir eine symbolische Repräsentation in unserem Kopf? Wenn Intelligenz daran gebunden ist, muß die ja irgendwo zu finden sein. Jetzt kommen die Neurophysiologen und stecken ihre Elektroden da hinein, messen und versuchen seit 40 Jahren, das herauszukriegen. Sie finden diese symbolische Repräsentation nicht und sagen: Sie ist nicht da! Also Konnektionismus – wir müssen das Gehirn direkt nachbauen! Hier ist ein Analogieschluß: Angenommen, ein grünes Männchen vom Mars käme und fragt: Wie funktioniert eigentlich bei Euch Erdenmenschen da unten ein Computer? Gibt es da eine symbolische Repräsentation? Dann kommen die harten Marsingenieure und stecken ihre Sonden hinein, messen und machen und tun, sehen den Strom fließen und sagen: Nein, eine symbolische Repräsentation haben wir nicht gefunden. Und ein Betriebssystem zum Beispiel oder irgendein anderes komplexes Programm, das auf diesem Rechner abläuft, könnten sie nie verstehen, weil der Code, die symbolische Repräsentation dafür in diesem Sinne natürlich nicht da ist. Es ist ja etwas von uns Gedachtes. Es ist eine Struktur, die wir entwickeln, und nur beim Programmieren ist diese Struktur real gegeben (im Programmcode). Aber wenn das Programm auf dem Rechner abläuft, ist es eine von uns nur gedachte Struktur, die wir auf diese subsymbolische Ebene werfen, und die vielleicht nicht einmal 1:1 damit übereinstimmen muß. Und nur in diesem Sinne kann eine symbolische Repräsentation auch hier in meinem Kopf sein. Kurzum, worauf ich hinaus will, ist, daß zu keinem Zeitpunkt der KI-Entwicklung so eine harte Trennlinie zwischen symbolischer und subsymbolischer Repräsentation bestanden hat.

Aber nun zu ihrem zweiten Argument: Ich behaupte, daß diese alte kartesianische Idee der Realisierung eigentlich nie wirklich da war. Ich überzeichne nun ein bißchen: In einem Expertensystem sind die Regeln ja nicht das, was sich die Logiker zurück bis Aristoteles als Regeln und Fakten gedacht haben, sondern die Regeln sind eine Programmiermethode. Ein Beispiel: Von einem Expertensystem mit 100'000 Regeln, die mal feuern, mal nicht feuern und am Schluß irgendein Resultat herausbringen, kann man nicht sagen, daß das ein kartesianisches System in dem Sinn ist, daß man die Regeln zum Schlußfolgern fest vorgegeben hat. Oder zu meinem eigenen Arbeitsgebiet, dem Bereich der Deduktionssysteme: Da ist die Regel vorgegeben, nämlich das Resolutionsprinzip. Ist damit jetzt eine Regel im kartesianischen Sinn vorgegeben, wie Herr Dreyfus das ausgeführt hat? Nein, sondern es ist eher eine Form der Programmierung. Die Lösung liegt irgendwo in dem riesigen Suchraum, der durch diese Regel vorgegeben wird. Kurzum, schon die alte KI hat nicht so ganz diesen philosophischen Anspruch, den Sie genannt haben, eigentlich richtig erfüllt, würde ich im nachhinein sagen.

Aber der eigentliche Angriff war ja: Ist es wirklich so, daß damit die KI-ler immer schwächere Behauptungen aufstellen? Z.B. damit, daß man jetzt Konnektionismus doch ein bißchen zuläßt? Ich glaube das nicht, und zwar deshalb, weil man sich doch durchaus vorstellen kann, daß es für viele Bereiche einfach günstig ist, die Repräsentation auf der »subsymbolischen« Ebene durch einen Neurocomputer zu realisieren. Und umgekehrt, wenn man ein neuronales Netz lernen läßt, wissen wir oftmals gar nicht genau, ob es am Schluß nicht doch eine symbolische Repräsentation erzeugt hat. Die ist dann irgendwie da, und vielleicht sind die neuronalen Netze und konnektionistischen Ansätze eine gute Methode, um diese zu finden.

Was mir am meisten an Ihrem zweiten Buch, Herr Dreyfus, gefallen hat, das ich mit großem Gewinn gelesen habe, und das unser Gebiet sicher weiter gebracht hat, ist der Gedanke, daß der Übergang vom Regelbasierten zu irgend etwas anderem, was wir noch nicht kennen, gerade die Expertise ausmacht. Ich selbst komme aus der Mathematik und weiß, wenn man Spitzenmathematiker fragt, warum sie etwas so und nicht anders gemacht haben, können sie es häufig nicht erklären. Wir haben mit ihnen z.B. »Think-aloud-Protokolle« gemacht, um an deren mathematisches Wissen heranzukommen, aber mit durchgängig negativen Erfahrungen.

Die Frage ist, und daher kommt mein Einwand, ob diese Beobachtung allein schon der Todesstoß ist für die symbolische Repräsentation. Hier ist ein Forschungsprogramm innerhalb der klassischen KI basierend auf dem Buch der Gebrüder Dreyfus: Am Anfang hat man Regeln, ganz viele, die schießen irgendwie durcheinander. Das System ist in der Lage, diese Regeln zu verketten, und die Kette fest zu verknüpfen, die immer wieder erfolgreich war. Viele Versuche brauchen wir ja bei Ihrem Ansatz auch. Ketten, die immer wieder erfolgreich waren, werden nun zu einer Regel zusammengefaßt, nämlich die Vorbedingung von der ersten Regel, und die Nachbedingung von der letzten Regel wird jetzt eine neue Regel. Angenommen, das System hätte eine solche Fähigkeit, dann würde es dieses merkwürdige und einmalige Verhalten eines wirklichen Experten zeigen, und zwar mit symbolischer Repräsentation und klassischen KI-Techniken.

Dieses scheinbar Plötzliche, was sehr richtig beobachtet worden ist, wäre erklärbar: daß z.B. ein Schachspieler auf ein fremdes Schachbrett schaut und sofort sagt: »Weiß ist im Nachteil«. Oder bei Mathematikern kenne ich das besser: Die lesen einen Beweis ohne jeden einzelnen Schritt nachzuvollziehen und sagen: »Aha, der hat das einfach ordentlich gemacht, der hat was drauf.« Könnte das nicht dadurch erklärbar sein, daß man eben so einen Makroschritt erzeugt und dann keine neuen Prinzipien braucht? Könnte doch sein!

Dreyfus: Ja, Das könnte sein. Ich beginne mit der letzten Anmerkung. Ich gebe zu, daß es der beste Weg ist – den symbolischen Ansatz vorausgesetzt –, Expertise dadurch zu erklären, indem man sagt, daß es ein übersetztes Produktionssystem ist, in dem schließlich alle Regeln in eine einzige übersetzt werden: In einer Situation »x« tue »y« auf bestimmte Weise. Tatsächlich ist es das, was ich auch sage. Aber es gibt einen grundlegenden Unterschied. Eine Version – die fallbezogene symbolische Version für Expertise – muß sagen, daß die Situation immer an Hand bestimmter Merkmale analysierbar ist. Wenn in einer Situation bestimmte Merkmale und Eigenschaften vorhanden sind, dann liegt die Situation »x« vor, in der »y« zu tun ist. Die Antwort der Konnektionisten wäre: Man muß eine Situation nicht durch Merkmale definieren und benötigt auch kein symbolisches Ableitungssystem. Stattdessen muß man das Netz nur so einstellen, daß bei einem bestimmten Eingabevektor ein entsprechender Ausgabevektor geliefert wird. Dabei werden überhaupt keine einzelnen Merkmale und Eigenschaften der Situation überprüft. Wir wissen wirklich nicht, welcher Ansatz richtig ist.

Siekmann: Hier ist ein Gegenargument. Warum wurde der große epistemologische Bruch in der KI-Forschung damals von Minsky und Papert eingeleitet, die zunächst die Perceptrons ja selber vorgeschlagen hatten. Es wurde gesagt: Es mag ja sein, daß man mit neuronalen Netzen (Perceptrons) so etwas automatisch bekommt, aber es ist so komplex, es hängt so stark von der Konfiguration der 10^{10} Neuronen mit jeweils bis zu 100'000 Connections ab, daß wir nicht darauf warten können. Wenn das Ding sowieso die symbolische Repräsentation am Schluß erzeugt, warum sehen wir uns die nicht gleich an? Dann haben wir wenigstens die Chance, in unserem Leben noch etwas zu machen und müssen nicht fünf Millionen Jahre Evolutionsgeschichte nachholen.

Dreyfus: Das ist eine feinsinnige Idee, aber dann kommt mein anderer Einwand, der wiederum kein grundsätzlicher ist. Wenn sie nach einer symbolischen Rechtfertigung suchen, wie das die KI die letzten 35 Jahre versuchte, und keine finden, dann klingt das für mich nicht sehr erfolgversprechend, z.B. weil das Problem des Alltagswissens unüberwindlich bleibt. Es wurde damit kein Fortschritt erzielt, seit dieses in den 70er Jahren auftauchte. Sie können keine Intelligenz in einer Alltagsumgebung haben, ohne vorher das Problem des Alltagswissens gelöst zu haben.

Ich denke, es gibt keinen prinzipiellen Grund, daß sie mit ihrem symbolischen Ansatz keinen Erfolg haben könnten. Das ist ihr Ansatz. Mein Ansatz ist: Es gibt keinen empirisch nachgewiesenen Grund zu glauben, daß sie mit dem symbolischen Ansatz Erfolg haben werden.

Cyranek: Können wir in der Abschlußrunde einen Ausblick wagen? Inwieweit lassen sich Grenzen des technisch Machbaren und des Verantwortbaren ziehen? Was sind aus Ihrer Erfahrung Ansatzpunkte für eine verantwortbare Technikgestaltung mit KI-Methoden?

Pfeifer: In dieser Abschlußfrage geht es um Gesichtspunkte für eine verantwortliche Technikgestaltung. Das folgende liegt mir am Herzen. Zuerst wollte ich eigentlich sagen: Man muß einfach die Artificial Intelligence verbreiten. Dann entsteht eine AI-Kultur wie beispielsweise in den USA. Die Science Fiction-Literatur befaßt sich genau mit diesen Fragen: *Wie sieht die Zukunft aus? Was sind mögliche Szenarien, die es geben könnte?* Wenn ich nun beispielsweise mit meiner Frau diskutiere und sage: Ja, es gibt Science Fiction, dann sagt sie: Das ist doch völlig unsinnig, daß sich erwachsene Leute damit befassen. Sie findet das völlig infantil; das ist vielleicht noch für unseren 8-jährigen Sohn etwas Gutes. Und deshalb würde ich jetzt meinen: Wenn wir je zu einer verantwortungsvollen Technologie kommen wollen, dann müssen wir mehr Frauen für Ausbildung und technologische Fragestellungen gewinnen. Schauen wir an, wie viele Frauen hier im Saal sitzen: 4 oder 5 von etwa 100 Teilnehmern. Die KI ist wie fast alle technischen Disziplinen eine eindeutige Männerdisziplin. Männer haben die Tendenz, infantil zu sein, und deshalb auch die Tendenz, nicht besonders verantwortungsvoll zu handeln. Ich glaube, wenn wir auf diesem Gebiet tatsächlich in eine verantwortungsvolle Zukunft gehen wollen, dann müssen wir unbedingt etwas tun, damit mehr Frauen in die KI hineinkommen.

Velichkovsky: Aus psychologischer Sicht bestehen mehrere, in der Regel noch offene Möglichkeiten, um zur Entwicklung leistungsfähiger KI-Systeme beizutragen. Ich habe heute mehr über die theoretischen Überlappungen beider Domänen gesprochen. Die methodische Unterstützung, besonders bei der Entwicklung von wissensbasierten Systemen, ist ebenfalls aussichtsvoll. Man versucht heute meistens, das Wissen auf dem Weg von Textanalysen, direkter Interaktion oder unter Nutzung von Fragebogen, also mit Hilfe von verbalen Kommunikationsmitteln, von Experten zu bekommen. Aus den schon oben erwähnten Gründen ist das selten fruchtbar. Jeder Experte hat aber eine ganze Palette von subjektiven Gefühlen, die ihm bei der Orientierung in der Problemsituation helfen. Die Existenz solcher subjektiven Zustände gibt Hoffnungen für die Anwendung einer Reihe von psychophysischen Verfahren, die seit Jahren in der Psychologie bekannt sind. Bei entsprechender Adaptation dieser Verfahren hoffen wir, auf dem Lehrstuhl für Psychologie und Technologie des Wissens der Moskauer Universität einen Beitrag zur Entwicklung der KI zu leisten.

Floyd: Ich muß jetzt, glaube ich, die von Herrn Pfeiffer geäußerte Hoffnung auf die Frauen aufgreifen. Ich bin natürlich selbst eine von diesen Frauen und nach wie vor eine von den wenigen, die sich artikulieren. Es ist vermutlich auch kein Zufall, daß ich in vielen Kontexten über Verantwortung spreche, denn ich hoffe, daß das auch mit meinem Frausein zu tun hat. Ich will aber die Geschichte mit den Frauen nicht überbewerten. Worin diese vielzitierten Unterschiede zwischen den Männern und den Frauen bestehen, das wissen wir alle nicht. Ich persönlich sehe das immer viel lieber auf der Ebene des chinesischen Yin und Yang. Das ist deswegen besser, weil dann jeder von uns das männlich Yanghafte verkörpert und das weiblich Yinhafte. Es geht darum, diese beiden Aspekte in Einklang zu bringen.

Natürlich ist die gesamte Sozialisation so, daß man uns Frauen in der Kultur die Chance gelassen hat, aber auch die Rolle zugewiesen hat, das Yin verkörpern zu müssen und uns über Jahrhunderte das Yang ganz abgesprochen hat, während das Yang gesellschaftlich dominiert hat. Insofern ist das schon eine ganz wichtige Sache, denn das Yin hängt ja zusammen mit dem Ganzheitlichen, mit dem Dienen, mit dem Füreinander, mit dem Miteinander, mit dem Fühlen, mit dem Nicht-Nur-Rationalen. Es ist nicht einfach, das in Diskussionen einzubringen. Ich habe hier große Schwierigkeiten dabei gehabt, diese Yin-Aspekte, diese ganzheitlich menschlichen Aspekte in so einer Diskussion zu artikulieren und dabei seriös zu sein. Ich glaube aber, daß man es nicht den ganz wenigen Frauen alleine überlassen darf, das zu tun. Es ist wichtig, daß Männer und Frauen lernen, das Rational-Geistige mit dem Wertorientierten und nicht mit Irrationalem, sondern Überrationalem oder auch Unterrationalem zu verbinden und das in Diskussionen zu artikulieren. Das würde ich schon für wichtig halten, daß wir Männer und Frauen dann gemeinsam zu einer verantwortungsvollen Herangehensweise in der Technikgestaltung kommen können.

Coy: Ich möchte nur noch eine Bemerkung zu der Notwendigkeit der verqueren Diskussion über den Sinn und die Möglichkeiten von AI machen. Ich danke den KI-lern, daß sie die Informatik aus ihrem selbstverschuldeten Schlaf wachrütteln. Die Informatiker versuchen nämlich seit 40 Jahren die Frage: »Wozu brauchen wir Computer?« nicht zu beantworten, aber die KI-ler bringen sie in die Lage, daß sie doch etwas dazu sagen müssen. Und das finde ich, ist eigentlich ein sehr großer Fortschritt.

Nievergelt: Ich möchte die Abschlußfrage besprechen: Welche Richtung der künstlichen Intelligenz möchten Sie, wenn überhaupt, unterstützen? Ich möchte keine KI-Kultur und keine KI-Szenarien unterstützen, denn KI ist ein Teil der Informatik und nicht der Soziologie. Ich möchte konkrete Projekte mit beschränkten Zielsetzungen unterstützen, vor allem solche mit meßbaren Ergebnissen. Dies gibt mir jetzt die Möglichkeit, etwas über Schach und Go zu sagen.

Ich glaube, daß Computer-Schach eine ganz wesentliche Erkenntnis erbracht hat, nämlich die: Wenn man über Schach praktisch nichts weiß außer den Spielregeln, aber eine Million Stellungen pro Sekunde anschauen kann, dann spielt man so gut wie ein internationaler Meister, vielleicht auch wie ein schwacher Großmeister. Das hätte vor 10 Jahren niemand mit guten Gründen voraussagen können: Es ist ein empirisches Ergebnis. Schach wurde hin und wieder von den KI-Leuten als die Drosophila der Künstlichen Intelligenz bezeichnet. Aber auf einem Kongreß der Computer-Schachleute vor wenigen Monaten sagte man: Ja, die Rolle der Drosophila hat Schach jetzt ausgespielt, weil Schach nur noch Rechnen ist. Ich sehe nicht ein, warum wir einen Unterschied machen sollten, ob Schach nur Rechnen sei oder sonst irgend etwas. Das Wesentliche ist ein hartes Ergebnis: wenn Sie eine Million Stellungen pro Sekunde anschauen können, brauchen Sie über Schachtheorie fast nichts zu wissen, und Sie spielen so stark wie ein internationaler Meister.

Computer-Go steckt dagegen noch ganz in den Kinderschuhen, es gibt etwa ein halbes Dutzend Programme in der Welt, die spielen auf der Stufe eines 15 kyu. Wenn Sie als Anfänger zwei Monate lang Go studieren, dann spielen Sie auch 15 kyu oder besser. Aber wenn etliche Amateure sich jahrzehntelang Mühe geben, Go zu programmieren, dann werden sie langsam etwas lernen, und Go-Computer werden stärker. Obschon man a priori nicht weiß, wie weit man kommen wird, haben die Projekte eine klare Zielvorstellung und begrenzte Ambitionen. Am Schluß kann man überzeugend sagen: Das haben wir gelernt. Ich wünschte, alle KI-Projekte hätten ähnlich scharfe Zielsetzungen im Auge.

Dreyfus: Philosophie ist wichtig, um uns vor Fehlern zu bewahren. Ich fürchte, daß wir Gefahr laufen, einen Fehler zu begehen. Insbesondere indem wir denken, daß die Tatsache, daß ein Computer auf Meisterstufe Schach spielen kann, indem er eine Million bedeutungslose Operationen in der Sekunde ausführen kann, irgend etwas Interessantes bedeuten würde. Es zeigt bloß, daß man in jedem System, in dem die Zahl der Alternativen vollständig präzise beschrieben wird, durch Berechnung wesentlich weiterkommen kann als angenommen. Man kann Ergebnisse schneller, besser, früher erhalten, als manche dies je für möglich gehalten haben. Es ist sehr wichtig, sich daran zu erinnern, daß z.B. natürliche Sprache oder kontextbezogene Bewegungen eines Roboters keine Bereiche exakter Berechenbarkeit sind, so daß das, was wir vom Schach gelernt haben, keine Drosophila-Beispiele für Intelligenz sind. Es ist ein vollkommen degenerierter und pathologischer Fall für unsere Forschung. Wir müssen daraus keinerlei philosophische Schlußfolgerungen ziehen.

Cyranek: Sehr geehrte Damen und Herren, ich danke Ihnen für die engagierte Diskussion.

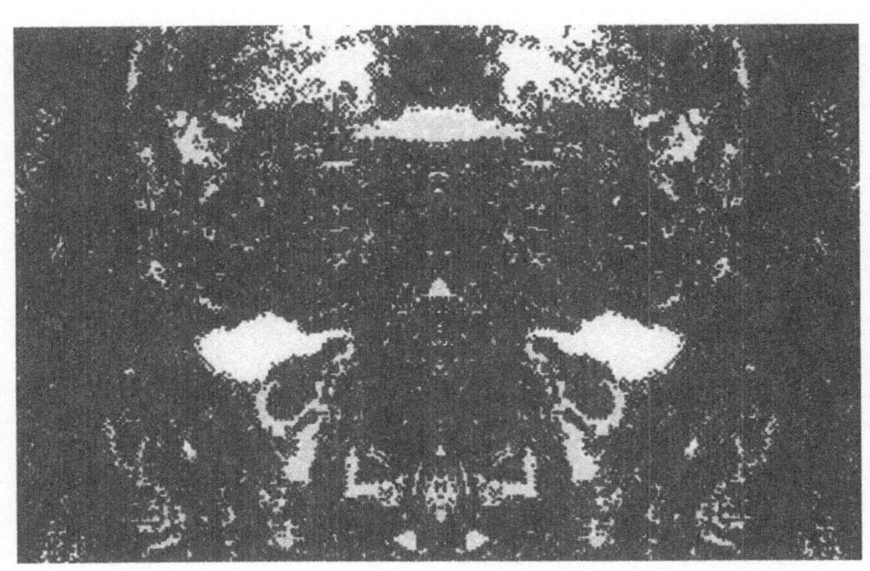

Autoren

AUTOREN

KLAUS BENA, DIPL.-ING.
Swissair Schweizerische Luftverkehr AG
Departement Informationsverarbeitung
Leiter Expertensysteme
CH-8058 Zürich-Flughafen

LENA BONSIEPEN, DIPL.-INFORM.
Universität Bremen
Fachbereich Informatik
D-28334 Bremen

FRANZ BRUNNER
Schweizerische Kreditanstalt
Mitglied der Direktion
CH-8021 Zürich

MIKE COOLEY, PROF. DR.
International Technology Consultant
Thatcham Lodge
GB Slough SL1 1NN

WOLFGANG COY, PROF. DR.
Universität Bremen
Fachbereich Informatik
D-28334 Bremen

GÜNTHER CYRANEK, DIPL.-INFORM., M.A.
INFORMATION TECHNOLOGY ASSESSMENT
CH-8001 Zürich

HUBERT DREYFUS, PROF. DR.
University of California
Department of Philosophy
Berkeley, CA 94 070

CHRISTIANE FLOYD, PROF. DR.
Universität Hamburg
Fachbereich Informatik
D-22527 Hamburg

VILÉM FLUSSER, PROF. DR.
ist bei einem tragischen Verkehrsunfall in der Nähe seiner Geburtsstadt Prag
ums Leben gekommen; seine Frau, Edith Flusser, betreut das
VILÉM FLUSSER-ARCHIV
Ridderlaan 59
NL-2569 PG Den Haag

MATTHIAS GUTKNECHT, DR.
Universität Zürich
Institut für Informatik
AI Lab
CH-8057 Zürich

EKKEHARD MARTENS, PROF. DR.
Universität Hamburg
Institut für Didaktik der Philosophie
D-20146 Hamburg

MARVIN MINSKY, PROF. DR.
Massachusetts Institute of Technology
MIT Media Laboratory
Learning and Common Sense Group
Cambridge, MA 02139

JÖRG NIEVERGELT, PROF. DR.
Eidgenössische Technische Hochschule ETH Zürich
Departement Informatik
Institut für Theoretische Informatik
CH-8092 Zürich

ROLF PFEIFER, PROF. DR.
Universität Zürich
Institut für Informatik
AI Lab
CH-8057 Zürich

THOMAS ROTHENFLUH, DR.
Universität Zürich
Institut für Informatik
AI Lab
CH-8057 Zürich

GERHARD SCHMITT, PROF. DR.
Eidgenössische Technische Hochschule ETH Zürich
Departement Architektur
Lehrstuhl für CAAD
CH-8093 Zürich

JÖRG H. SIEKMANN, PROF. DR.
Universität Kaiserslautern
Fachbereich Informatik
D-6570 Kaiserslautern

MARKUS STOLZE, DR.
Universität Zürich
Institut für Informatik
AI Lab
CH-8057 Zürich

BORIS VELICHKOVSKY, PROF. DR.
Staatliche Lomonossow-Universität
Moskau
und
Universität Bielefeld
Zentrum für interdisziplinäre Forschung (ZiF)
D-33615 Bielefeld

WALTER VOLPERT, PROF. DR.
Technische Universität Berlin
Fachbereich Informatik
Institut für Humanwissenschaft in Arbeit und Ausbildung
D-10587 Berlin